机械制图与CAD

主 编　刘卫东　张艳华

同济大学出版社 · 上海
TONGJI UNIVERSITY PRESS · SHANGHAI

内 容 提 要

本书将制图基础理论与CAD绘图实践相结合，以任务驱动的形式对教材内容进行编排，符合现代教育理念，贴近行业实际需求，旨在培养既有扎实理论基础，又具备熟练CAD操作技能的高素质机械工程技术人才。本书内容包括手工绘图与AutoCAD绘制基础、正投影和三视图、组合体、机件表达方法、标准件和常用件、识读与绘制零件图、识读与绘制装配图共七个学习情境。书中相应配套电子资源包括课程简介与所涉及的国家标准，全书重难知识点微课视频等，可供学生自主学习使用。

本书的适用目标群体为应用型本科高校和技能型职业院校机械类、近机械类、非机械类等专业学生，以及相关专业技术人员。本书可作为专业课程教材，也可作为机械设计与制造类岗位技能培训的参考资料。

图书在版编目(CIP)数据

机械制图与CAD / 刘卫东，张艳华主编. —上海：同济大学出版社，2024.6

ISBN 978-7-5765-1161-1

Ⅰ.①机… Ⅱ.①刘… ②张… Ⅲ.①机械制图–AutoCAD软件–教材 Ⅳ.①TH126

中国国家版本馆CIP数据核字(2024)第101189号

机械制图与CAD

主　编　刘卫东　张艳华

责任编辑　任学敏　**助理编辑**　朱华茗　府晓辉　**责任校对**　徐逢乔　**封面设计**　潘向蓁

出版发行　同济大学出版社　www.tongjipress.com.cn

(地址：上海市四平路1239号　邮编：200092　电话：021-65985622)

经　　销　全国各地新华书店

排　　版　南京文脉图文设计制作有限公司

印　　刷　常熟市大宏印刷有限公司

开　　本　787mm×1092mm　1/16

印　　张　17.5

字　　数　404 000

版　　次　2024年6月第1版

印　　次　2025年8月第2次印刷

书　　号　ISBN 978-7-5765-1161-1

定　　价　68.80元

编委会

主　编

刘卫东　张艳华

副主编

林翠青　唐细永

参　编

陈　绒　许文燕　栗　江

主　审

刘　越

前言

职业教育的目标是培养具备职业素质和创新精神的高素质技术技能型人才。党的二十大报告指出:"深入实施人才强国战略,培养造就大批德才兼备的高素质人才,是国家和民族长远发展大计。"本书以《国家职业教育改革实施方案》为指南,以学习者为中心,围绕学习成果开发,是集知识与实践为一体的新型活页式教材。

本书具有以下主要特色。

(1) 编写理念先进,符合职业教育特点。首先,全面贯彻落实党的二十大精神,打破思政教育在专业课程教学中存在的"孤岛"困境,在每个学习情境中的"教学目标"中融入了思政元素,实现"立德树人"的培养目标。其次,本书在项目化教学实践的基础上编写而成,采用学习情境导向、任务驱动的模式。任务包含学习任务单、知识概述、任务实施(单)、拓展练习四个基本环节,内容的编排符合现代职业教育特点。

(2) 反映新技术、新标准。本书中CAD绘图内容以AutoCAD 2022为蓝本,凸显了该版本的操作便捷性及更强大的绘图功能。书中引用了机械制图和技术制图现行标准的相关内容,体现了制图国家标准的学用一致性。

(3) 体例新颖、便于组织教学。本书知识呈现结合表单应用凸显了内容的结构化,明确的目标和具体的操作步骤便于师生开展教学活动,同时增强了练习的针对性和便捷性,便于学生自主学习。

(4) 理论够用,突出应用。第一篇制图基础知识模块突出空间想象力的培养及图样画法的锻炼,第二篇机械零件图与装配图模块着重培养工程图样的表达与识读能力,以图形实例任务的形式,规范绘制各类图样,以提高学生绘图水平。

(5) 课证融通。结合CAD相关考试要求,在CAD绘图习题中引用了大量CAD技能考试题目,满足"1+X"证书制度的工作需要。

本书由广州南洋理工职业学院刘卫东、广东科技学院张艳华任主编,广州南洋理工职业学院林翠青、唐细永任副主编,广东科技学院陈绒,广州南洋理工职业学院许文燕、栗江参与本书编写。其中,刘卫东编写绪论、学习情境一、学习情境二,张艳华编写学习情境三、学习情境五,林翠青编写学习情境六,唐细永编写学习情境四,许文燕、栗江编写学习情境七,陈绒编写附录。刘越教授主审本书。感谢广东翔泰精密机械有限公司为本书提供了丰富的案例资料,助力内容更加贴合实际。本书对应"机械制图与CAD"课程简介和附录资源可扫描文后二维码了解。

由于编者水平有限，书中难免有不足之处，欢迎读者批评指正。同时，本书在编写过程中参考了许多文献资料和相关教材，在此表示感谢。

编　者

2024 年 6 月

"机械制图与 CAD"
课程简介与附录资源

目 录

第二篇　机械零件图与装配图模块

第一篇

制图基础知识模块

学习情境一

手工绘图与 AutoCAD 绘图基础

情境概述

机件的轮廓形状多种多样，但在技术图样中，用于表达它们各部位结构形状的图形都是由直线、圆和其他曲线组成的平面图形。掌握平面图形的看图和绘图方法是机械制图的一项基本技能。

学习目标

- 熟悉国家标准关于图幅、比例、线型、字体和尺寸注法等的基本规定；
- 熟悉常见几何图形的作图方法，掌握平面图形的分析与绘图方法；
- 熟悉 AutoCAD 2022 的工作界面、图形文件的基本操作以及系统选项设置等内容；
- 熟悉 AutoCAD 2022 的基本绘图与编辑功能。

教学目标

通过介绍制图的相关国家标准，培养学生认真负责的工作态度、严谨细致的工作作风，养成严格遵守制图相关国家标准规定的习惯。

任务一
手工绘制平面图形

学习任务单

<table>
<tr><td>任务名称</td><td>手工绘制平面图形</td></tr>
<tr><td>任务描述</td><td>在 A4 图纸上按 1∶1 的比例绘制如图 1-1 所示扳手轮廓图，并标注尺寸。
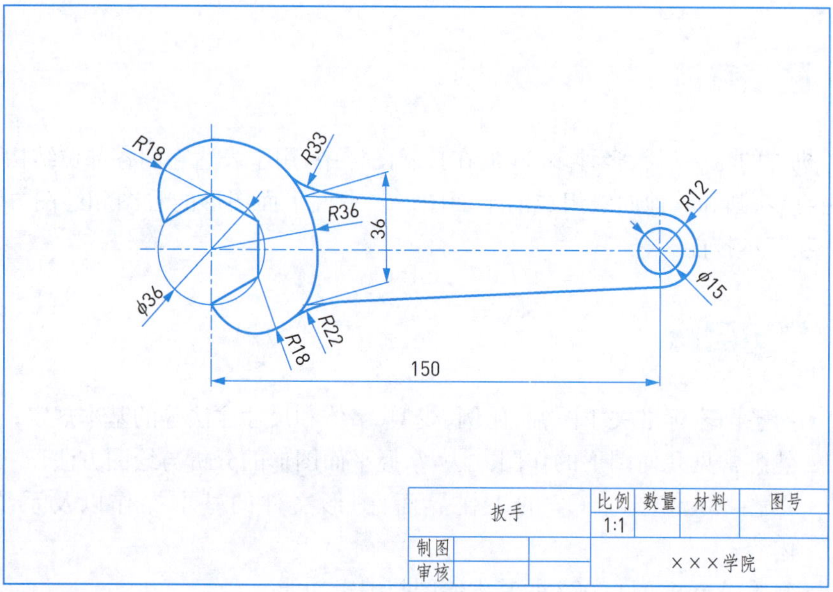

图 1-1　扳手轮廓图</td></tr>
<tr><td>任务分析</td><td>要绘制扳手轮廓图，首先要分析尺寸和线段间的关系，明确图形的作图顺序和方法，还必须遵守国家标准的相关规定，重点需掌握图纸幅面、线型、线宽、尺寸标注等标准的相关知识与绘图技能。</td></tr>
<tr><td>成果展示与评价</td><td>各组成员每人完成扳手轮廓图的 A4 图纸一张，自评或小组互评后由教师综合评定成绩，填写评定表(表 1-1)。
表 1-1　手工绘制平面图形任务评定表
<table>
<tr><th>能力目标</th><th>相关知识</th><th>权重</th><th>自测分数</th><th>教师评分</th></tr>
<tr><td>了解相关知识</td><td>图线、字体、比例、图幅、尺寸注法等在国家标准中的规定</td><td>20 分</td><td></td><td></td></tr>
<tr><td>熟练掌握知识点</td><td>(1) 图纸幅面与图框格式；
(2) 比例的定义及选用原则；</td><td>60 分</td><td></td><td></td></tr>
</table>
</td></tr>
</table>

（续表）

<table>
<tr><td rowspan="3">成果展示与评价</td><td>能力目标</td><td>相关知识</td><td>权重</td><td>自测分数</td><td>教师评分</td></tr>
<tr><td>熟练掌握知识点</td><td>（3）汉字、数字、字母的书写要求；
（4）图线的形式及应用；
（5）尺寸注法基本原则、尺寸组成及标注方法</td><td>60 分</td><td></td><td></td></tr>
<tr><td>应用知识分析案例</td><td>（1）字体、线型的练习；
（2）尺寸注法错误案例的修正</td><td>20 分</td><td></td><td></td></tr>
</table>

知识概述

一、制图的基本规定

机械制图和技术制图相关的国家标准是工程中重要的技术标准，也是绘制和阅读机械图样的准则和依据。为了正确绘制和阅读机械图样，必须熟悉有关标准和规定。本任务重点介绍机械制图领域中有关图纸幅面和图框格式、比例、字体、图线和尺寸注法等的基本规定。

1. 图纸幅面和图框格式

1）图纸幅面

为了使图纸幅面统一，便于装订和管理，《技术制图 图纸幅面和格式》(GB/T 14689—2008)规定了五种基本幅面，其图框尺寸见表 1-2。

表 1-2　基本幅面的图框尺寸

单位：mm

<table>
<tr><td colspan="2">幅面代号</td><td>A0</td><td>A1</td><td>A2</td><td>A3</td><td>A4</td></tr>
<tr><td colspan="2">尺寸 $B \times L$</td><td>841×1 189</td><td>594×841</td><td>420×594</td><td>297×420</td><td>210×297</td></tr>
<tr><td rowspan="3">图框</td><td>a</td><td colspan="5">25</td></tr>
<tr><td>c</td><td colspan="3">10</td><td colspan="2">5</td></tr>
<tr><td>e</td><td colspan="2">20</td><td colspan="3">10</td></tr>
</table>

注：摘自《技术制图 图纸幅面和格式》(GB/T 14689—2008)。

2）图框格式

在图纸上必须用粗实线绘出图框，其格式分为留有装订边和不留装订边两种，同一产品的图样均应采用同一种格式。两种格式的周边尺寸 a、c、e 按表 1-2 中的规定选取。

留有装订边的图纸的图框格式如图 1-2 所示。

不留装订边的图纸的图框格式如图 1-3 所示。

3）标题栏的方位和格式

每张图纸上都必须绘出标题栏，其内容和格式详见《技术制图 标题栏》(GB/T 10609.1—2008)的规定。标题栏应位于图框的右下角。为了简化作图，在制图作业中建议采用如图 1-4 所示的简化标题栏和明细栏。

为了学习方便，建议学生作业中的标题栏采用如图 1-5 所示的推荐格式。

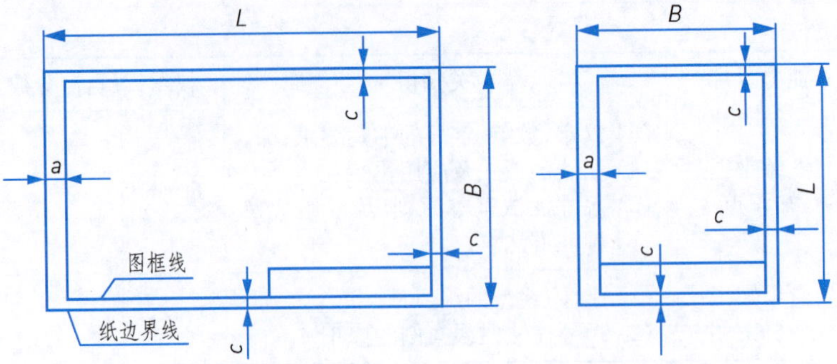

(a) X型图纸　　(b) Y型图纸

图 1-2　留有装订边图纸的图框格式

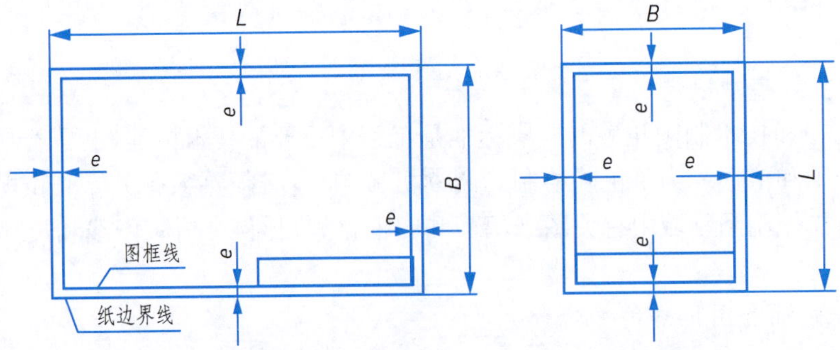

(a) X型图纸　　(b) Y型图纸

图 1-3　不留装订边图纸的图框格式

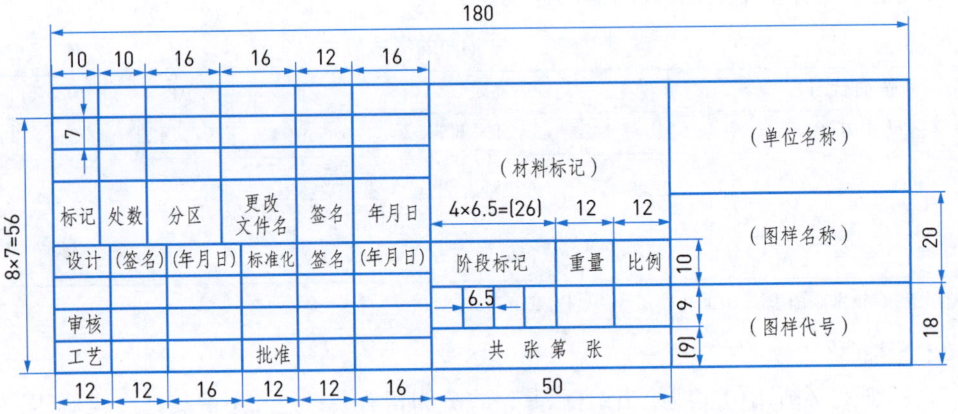

图 1-4　简化标题栏和明细栏

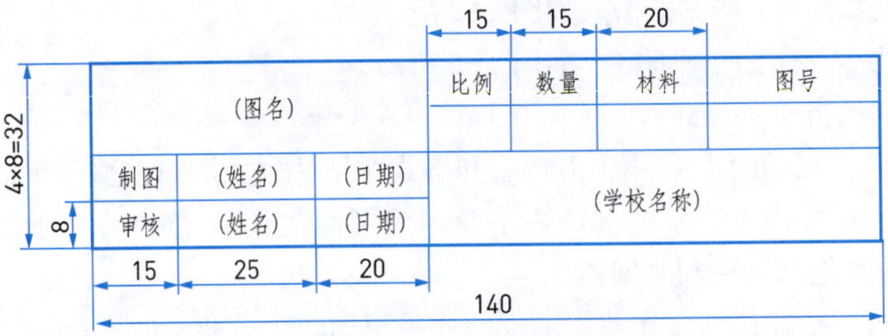

图 1-5　学生作业中推荐使用的标题栏格式

当标题栏的长边置于水平方向并与图纸的长边平行时，则构成 X 型图纸，如图 1-3(a)所示；当标题栏的长边与图纸的长边垂直时，则构成 Y 型图纸，如图 1-3(b)所示。

工程人员在看图时有两种情况：第一种情况是按标题栏的方向看图，即以标题栏中的文字方向为看图方向；第二种情况是按方向符号指示的方向看图，即以绘制在对中符号上的等边三角形位于图纸下边的方向看图。一般采用第一种看图方式，第二种看图方式是为了更好地利用预先印制好的图纸，允许将 X 型图纸的短边置于水平位置使用或将 Y 型图纸的长边置于水平位置使用，如图 1-6 所示。

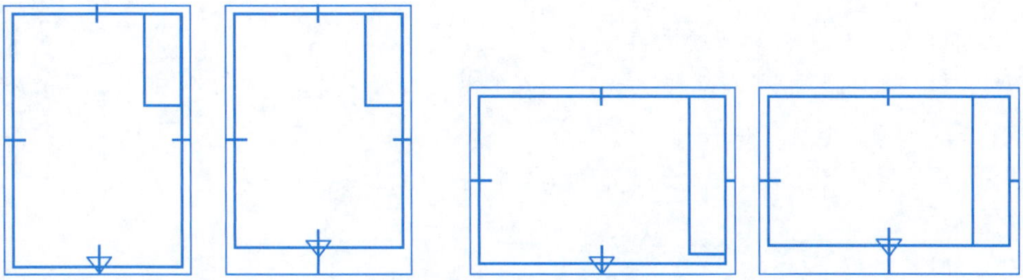

图 1-6　对中符号和方向符号

2. 比例

比例是指图样中图形与其实物相应要素的线性尺寸之比。比例分为原值比例、缩小比例、放大比例三种，一般注写在标题栏中的比例栏内。绘图时，应优先选用比例系列一（表 1-3），必要时也允许选用比例系列二（表 1-4）。

标注比例时，比例符号应以"："表示，如 1：1，1：2，2：1 等。比例一般应标注在标题栏的比例栏中。原则上，对于同一张图样上的各个图形应采用相同的比例绘制，但当机件的局部需要放大表达时，可采用不同比例绘制，将比例数值写在相应视图的上方。

表 1-3　比例系列一

种类	比例
原值比例	1：1
放大比例	5：1　2：1 5×10^n：1　2×10^n：1　1×10^n：1
缩小比例	1：2　1：5　1：10 1：2×10^n　1：5×10^n　1：10×10^n

注：① n 为正整数。
② 摘自《技术制图 比例》(GB/T 14690—1993)。

表 1-4　比例系列二

种类	比例
放大比例	4：1　2.5：1 4×10^n：1　2.5×10^n：1

（续表）

种类	比例
缩小比例	1∶1.5　1∶2.5　1∶3　1∶4　1∶6 $1:1.5\times10^n$　$1:2.5\times10^n$　$1:3\times10^n$　$1:4\times10^n$　$1:6\times10^n$

注：① n 为正整数。

② 摘自《技术制图 比例》(GB/T 14690—1993)。

【提示】

为了能从图样上得到实物的真实尺寸，应尽量采用原值比例绘图。如不适宜采用 1∶1 的原值比例，可根据实际情况选择适当的放大比例或缩小比例绘图。但不论采用何种比例，图样上所标注的尺寸均为机件的实际尺寸，与比例无关，如图 1-7 所示。同时注意，带角度的图形，不论放大或缩小，仍应按实际角度绘制和标注。

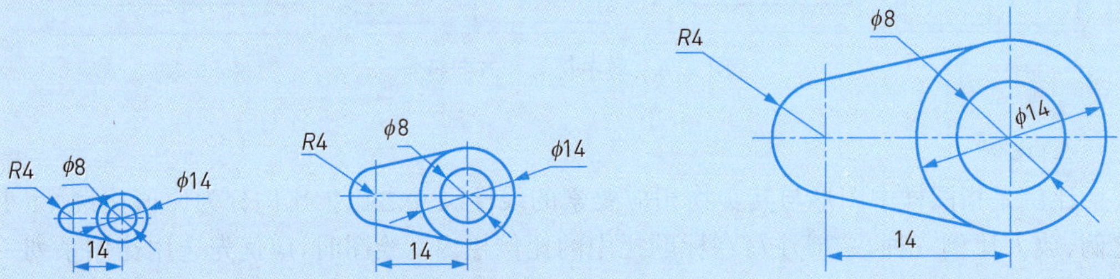

(a) 缩小比例1∶2　(b) 原值比例1∶1　(c) 放大比例2∶1

图 1-7　用不同比例绘出的图形

3. 字体

图样中除了用视图表示机件的结构形状外，还需要用文字和数字来说明机件的技术要求和大小。图样中的字体要求：字体端正、笔画清楚、排列整齐、间隔均匀。

① 字体高度（用 h 表示）的公称尺寸系列：1.8 mm、2.5 mm、3.5 mm、5 mm、7 mm、10 mm、14 mm、20 mm 八种。如需要书写更大的字，其字体高度应按 $\sqrt{2}$ 的比例递增。字体的号数代表字体高度，如 10 号字的高度为 10 mm。

② 图样上的汉字应写成长仿宋体，并采用国家正式公布推行的简化字。汉字的高度 h 不小于 3.5 mm，其字宽一般为 $\frac{h}{\sqrt{2}}$。书写长仿宋体的要领：横平竖直、注意起落、结构匀称、填满方格。书写时，笔画起落时应有笔锋，字要一笔写成，不要勾描，写成的字应该字体细长、字体挺拔、棱角分明。要写好长仿宋体，应在基本笔画和结构布局两方面进行练习。汉字书写示例如图 1-8 所示。

字体端正　笔画清楚　排列整齐　间隔均匀

写长仿宋体要领：横平竖直　注意起落　结构匀称　填满方格

图 1-8　汉字书写示例

③ 字母和数字按笔画宽度情况分为 A 型和 B 型。A 型字体的笔画宽度 d 为字高 h 的$\frac{1}{14}$；B 型字体的笔画宽度 d 为字高 h 的$\frac{1}{10}$。但在同一图样上，只允许选用一种形式的字体。字母和数字可写成斜体或直体。斜体的字头向右倾斜，与水平基准线成 75°，图样上一般采用斜体字。在同一图样上，只允许选用一种形式的字体，拉丁字母(B 型)、希腊字母(A 型)与阿拉伯数字的示例如图 1-9～图 1-11 所示。

(a) 大写斜体

(b) 小写斜体

图 1-9　拉丁字母(B 型)

图 1-10　希腊字母(A 型)

(a) 斜体

(b) 直体

图 1-11　阿拉伯数字

4. 图线

现行的图线相关国家标准有两个：《技术制图 图线》(GB/T 17450—1998)和《机械制图 图样画法 图线》(GB/T 4457.4—2002)。

1) 图线的形式及其应用

图线是构成图样的基本要素。GB/T 17450—1998 中规定了图线的基本线型，GB/T 4457.4—2002 中规定了机械图样中采用的各种线型及其应用场合，如表 1-5 和图 1-12 所示。

表 1-5　机械制图的图线型式及应用

线型	名称	一般应用举例
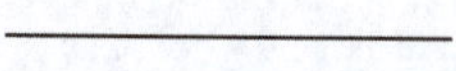	细实线	过渡线、尺寸线、尺寸界线、剖面线、重合断面的轮廓线、短中心线、螺纹牙底线及辅助线等
	波浪线	断裂处的边界线、视图与剖视图的分界线
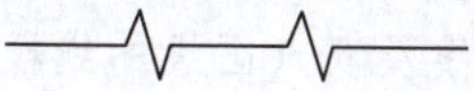	双折线	断裂处的边界线、视图与剖视图的分界线

（续表）

线型	名称	一般应用举例
————	粗实线	可见轮廓线、相贯线、螺纹牙顶线等
- - - - - -	细虚线	不可见轮廓线
━ ━ ━ ━ ━	粗虚线	允许表面处理的表示线
——·——·——	细点画线	轴线、对称中心线、分度圆（线）、剖切线等
━━·━━·━━	粗点画线	限定范围表示线
——··——··——	细双点画线	相邻辅助零件的轮廓线、运动机件的极限位置的轮廓线、轨迹线、中断线等

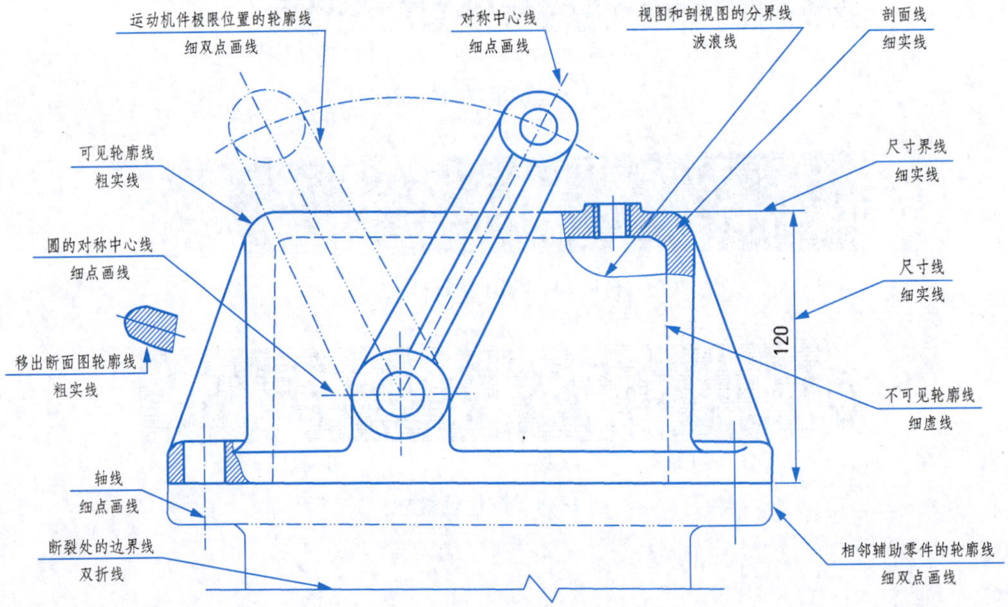

图 1-12　图线应用示例

2）图线宽度

GB/T 4457.4—2002 中明确规定，在机械图样中采用粗细两种线宽，它们的线宽比例为 2∶1。这样，当粗线宽度为 d 时，细线宽度应为$\frac{d}{2}$。图线宽度有 0.13 mm、0.18 mm、0.25 mm、0.35 mm、0.5 mm、0.7 mm、1 mm、1.4 mm、2 mm 九种。该图线宽度系数的公比为 1∶$\sqrt{2}$，机械图样中常用粗实线的宽度为 0.7 mm 或 1 mm，应该尽量避免采用 0.18 mm 以下的图线宽度。

【提示】

绘图时，通常遵循以下原则。

① 在同一图样中，同类图线的线宽应保持一致；虚线、细点画线及双点画线的线段

长度和间隔应各自大致相等。

② 两条平行线(包括剖面线)之间的距离不小于粗实线的两倍宽度，其最小距离不得小于 0.7 mm。

③ 绘制圆的对称中心线(简称中心线)时，圆心应为线段的交点；点画线和双点画线的首末两段应是线段而不是短画线，如图 1-13(3)所示。

④ 在较小的图形上绘制点画线、双点画线有困难时，可用细实线代替，如图 1-13(6)所示。

⑤ 轴线、对称中心线、双折线和作为中断线的双点画线，应超出轮廓线 2～5 mm，如图 1-13(5)所示。

⑥ 点画线、虚线和其他图线相交时，都应该在线段处相交，不应在空隙或短画处相交。当虚线处于粗实线的延长线上时，粗实线应画到分界线，而虚线应该留有空隙。当虚线圆弧和虚线直线相切时，虚线圆弧的线段应画到切点，而虚线直线需留有空隙，如图 1-13(4)所示。

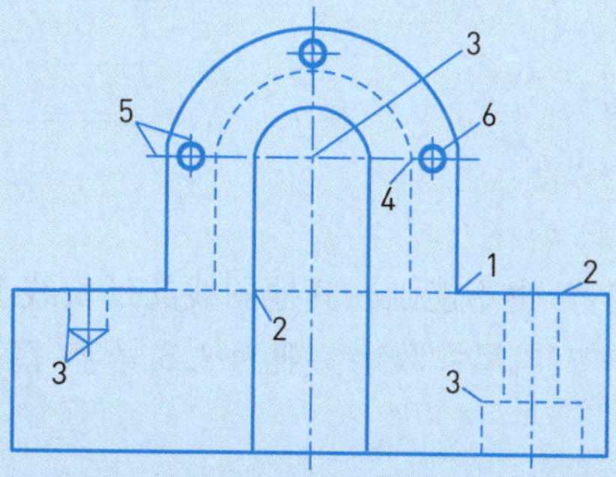

图 1-13　图线的正确示例

5. 尺寸注法

图形只能表达机件的形状，而机件的大小和各部分的相对位置关系则由标注的尺寸确定。标注尺寸是一项极为重要的工作，必须认真细致、一丝不苟，如果尺寸有遗漏或错误，都会给生产带来困难和损失。

1) 标注尺寸的基本原则

① 机件的真实大小应以图样上所标注的尺寸数值为依据，与图形的大小及绘图的准确性无关。

② 图样中的尺寸以毫米为单位时，无须标注其计量单位的代号或名称，否则须标注其计量单位的代号或名称。

③ 图样中所标注的尺寸，为该图样所示机件的最后完工尺寸，否则应另附说明。

④ 机件的每一尺寸，在图样上一般只标注一次，并应标注在反映该结构最清晰的图形上。

2) 尺寸的组成

一个完整的尺寸一般应该包括尺寸界线、尺寸线和尺寸数字(包括符号)，如图 1-14 所示。

① 尺寸界线表明所标注尺寸的范围，用细实线绘制，并应从图形的轮廓线、轴线或对称中心线引出，也可直接用这些线作为尺寸界线。

② 尺寸界线一般应与尺寸线垂直，且超过尺寸线 2～5 mm，必要时才允许倾斜。在光滑过渡处标注尺寸时，必须用细实线延长轮廓线，从它们的交点处引出尺寸界线，如图 1-15 所示。

③ 尺寸线表明度量尺寸的方向，必须用细实线单独绘制，不能用图中的任何图线来

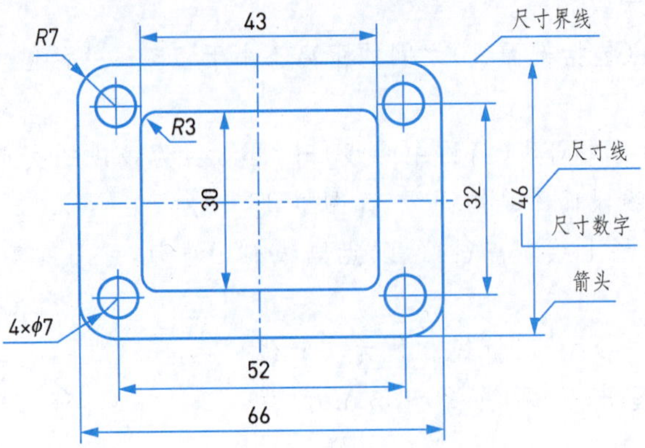

图 1-14　尺寸的组成

代替，也不能画在其他图线的延长线上。

④ 尺寸数字一般为 3.5 号字，箭头长 5 mm，箭头尾部宽 1 mm。

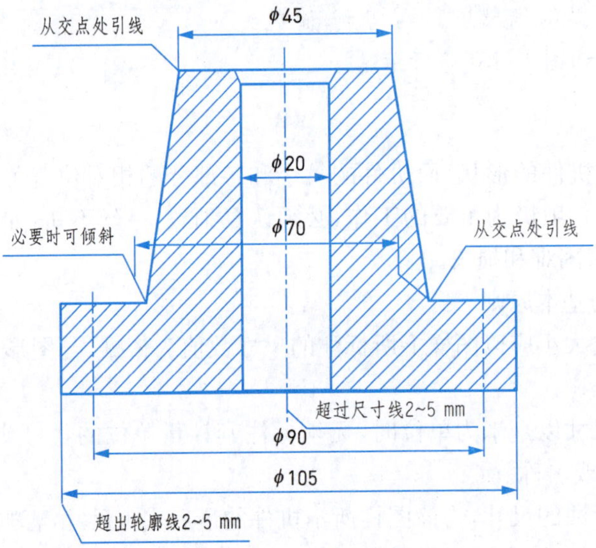

图 1-15　尺寸界线的画法

3）正确标注尺寸

标注线性尺寸时，尺寸线必须与所标注的线段平行。当有几条互相平行的尺寸线时，大尺寸要在小尺寸外，以免尺寸线与尺寸界线相交；当有几条尺寸线相互串联时，应使尺寸线位于同一条直线上，以节省空间和增加美观度，在圆或圆弧上标注直径或者半径尺寸时，尺寸线应该通过圆心或其延长线通过圆心，如图 1-16(a)所示。

尺寸数字用来表示机件的实际大小，一般应该注写在尺寸线的上方，也允许写在尺寸线的中断处。尺寸数字不允许被任何图线所通过，当不可避免时，必须把图线断开。

线性尺寸数字的标注方向一般应按图 1-16(b)所示方向注写，尺寸数字一般位于尺寸线上方，当尺寸线为垂直方向时，尺寸数字位于尺寸线左侧或中断处，字头一律向左。

同时，应尽量避免在图示 30°范围内标注尺寸。当无法避免时，可以按照图 1-16(c)所示形式标注。

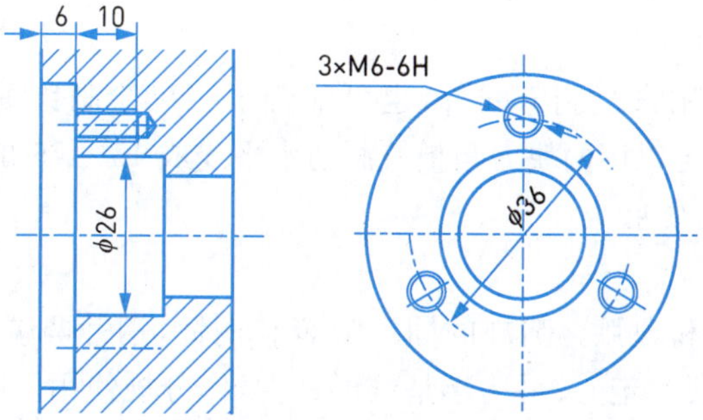

(a) 直径或半径尺寸标注

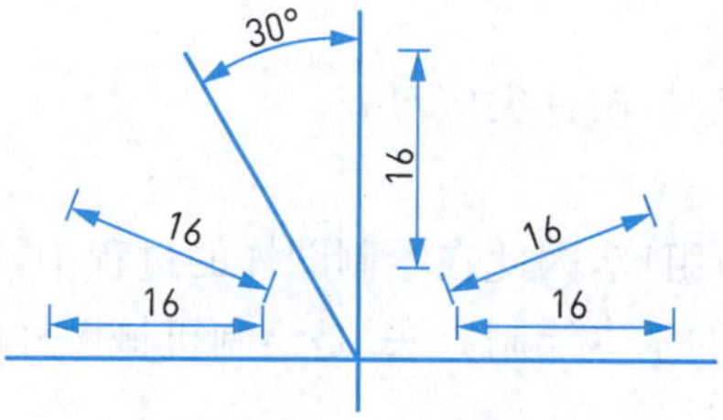

(b) 线性尺寸数字标注

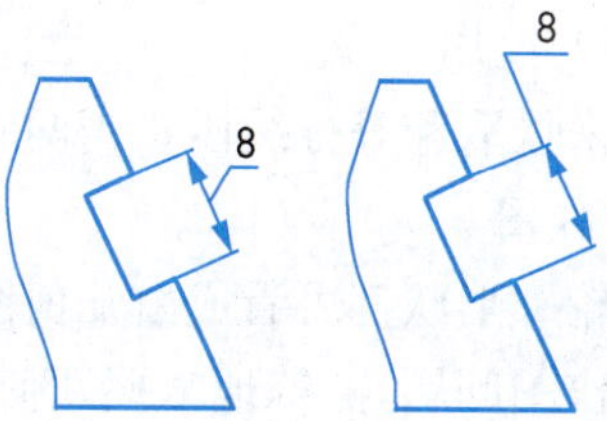

(c) 垂直方向线性尺寸数字标注

图 1-16　尺寸数字的标注

二、绘图工具及其使用

为了提高尺规绘图的质量和效率，必须学会正确使用各种绘图工具和仪器的使用，如铅笔、图板、丁字尺、三角板、圆规和分规。

1. 铅笔的使用

绘图铅笔分为软、硬两种型号，用字母 B 和 H 表示。字母 B 之前数字越大，表示铅芯越软；字母 H 之前数字越大，表示铅芯越硬；字母 HB 表示软硬适中的铅芯。根据不同规格铅芯的用途，按表 1-6 选用。

表 1-6　铅芯硬度的选用

类别	铅笔				圆规铅芯		
铅芯软硬	2H	H	HB	HB B	H	HB	B 2B
用途	画底稿线	描深细实线、点画线	写字、画箭头	描深粗实线	画底稿线	描深点画线、细实线、虚线	描深粗实线

2. 图板、丁字尺和三角板的使用

1) 图板的使用

图板用来固定图纸并进行绘图。版面要求平坦光洁，又因为它的左侧被当作导边，所以必须平直。固定图纸时，应用胶带纸粘贴。常用的图板规格有 0 号、1 号、2 号。

2）丁字尺的使用

丁字尺主要用来绘制水平线，它由尺头和尺身组成。绘图时，应使尺头始终紧靠图板左侧的导边，自左向右绘制水平线。

3）三角板的使用

三角板除了直接用来绘制直线外，也可配合丁字尺绘制铅垂线和与水平线成 30°、45°、60°的倾斜线，还可以用两块三角板绘制与水平线成 15°、75°的倾斜线。

3. 圆规和分规的使用

1）圆规的使用

圆规用来绘制圆和圆弧。圆规的固定腿装有钢针，钢针两端不同，一端为带台肩针尖，用于绘制圆和圆弧时定心；另一端是锥形针尖，作分规使用。圆规的另一条腿有活动关节可换插脚，装上铅芯插脚可绘制圆或圆弧；装上钢针插脚可作分规使用。

2）分规的使用

分规用来量取和等分线段。当两脚并拢时，两针尖应对齐。

4. 几何作图

机件的轮廓形状都可看成由几何图形所组成，因此在绘制图样的过程中，常常会遇到几何图形的作图问题，熟练地掌握几何图形的基本绘制方法，是绘制机械图样的基础。下面介绍四种常见的几何图形的作图方法。

1）等分直线段

等分线段常用的方法是比例分线法。如图 1-17 所示，将直线段 AB 四等分。

① 从已知直线段的一端点 A 任作一射线 AC，由端点 A 起在射线上截取四等分的线段。

② 将射线上的等分终点与已知直线段另一端点 B 连接，并过射线上各等分点作此连线的平行线与已知直线段相交，平行线段即为所求等分线段。

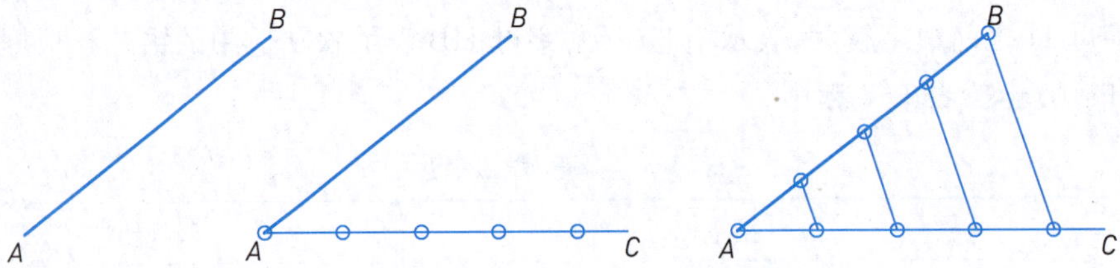

图 1-17　分割线段 *AB* 为四等份

2）等分圆周与作正多边形

常见的等分圆周及作正多边形的方法如下。

① 用圆规作圆的三、六、十二等分及作正多边形（图 1-18）。

② 用圆规作圆的五等分及作正五边形（图 1-19）。作半径 OF 的等分点 G，以 G 为圆心、AG 为半径绘制圆弧交水平直径线于 H；以 AH 为半径，将圆周分为五等份，顺序连接各分点。

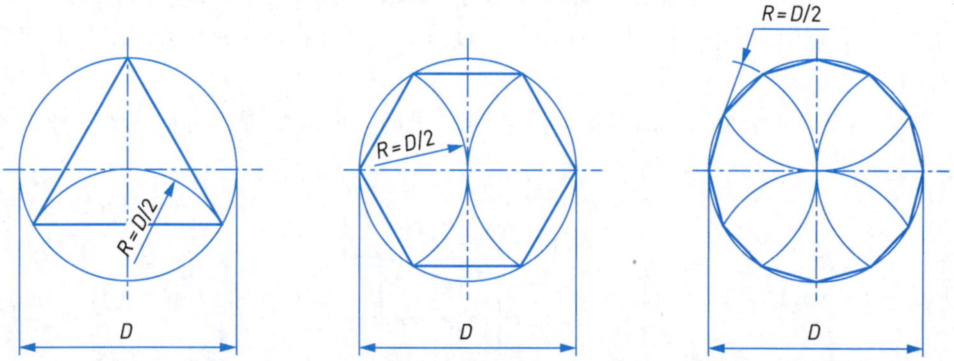

(a) 三等分及作正三边形　(b) 六等分及作正六边形　(c) 十二等分及作正十二边形

图 1-18　用圆规等分圆周及多边形

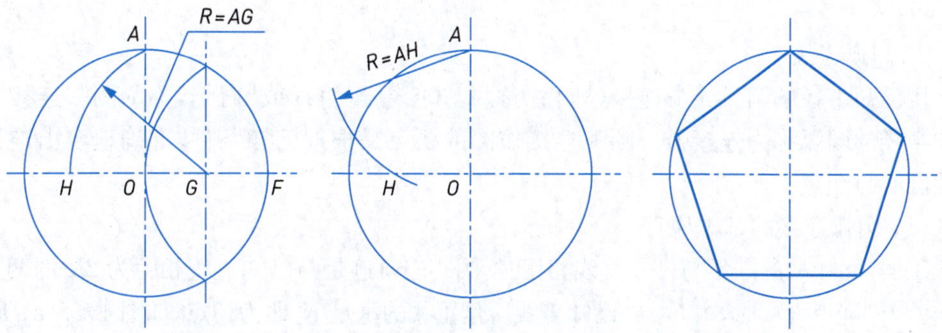

图 1-19　五等分圆周及作正五边形

3）斜度和锥度绘制

（1）斜度

一直线对另一直线或一平面对另一平面的倾斜程度称为斜度，在图样中以 1∶n 的形式标注。如图 1-20(a)所示为斜度 1∶6 的作法：由点 A 起在水平线段上取六个单位长度，得点 D；过点 D 作垂线 DE，取 DE 为一个单位长；连接 AE，即得斜度为 1∶6 的直线。

斜度的标注方法如图 1-20(b)所示，斜度符号应与斜度方向一致。斜度的符号画法如图 1-20(c)所示（h 为字高）。

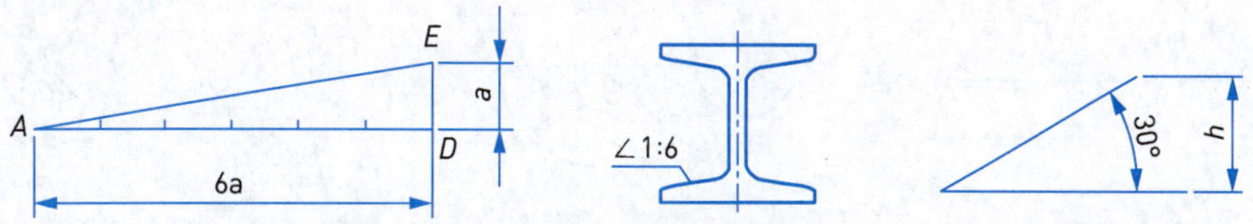

(a) 斜度1∶6的直线　(b) 斜度标注方法　(c) 斜度符号画法

图 1-20　斜度

（2）锥度

正圆锥底圆直径与圆锥高度之比称为锥度，在图样中以 1∶n 的形式标注。如

图 1-21(a)为锥度 1∶3 的作法：由点 S 起在水平线上取六个单位长度得点 O；过点 O 作 SO 的垂线，分别向上和向下截取一个单位长度，得 A、B 两点；分别将点 A、B 与点 S 相连，即得 1∶3 的锥度。

锥度的标注方法如图 1-21(b)所示，锥度符号的方向应与圆锥方向一致。锥度符号的画法如图 1-21(c)所示（h 为字高）。

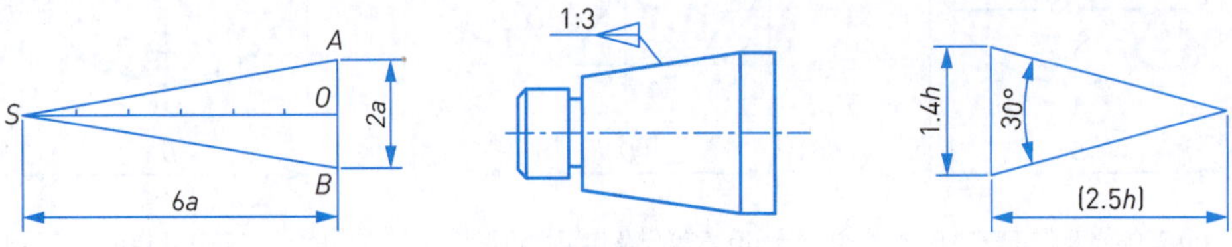

(a) 1∶3的锥度　(b) 锥度标注方法　(c) 锥度符号画法

图 1-21　锥度

4）圆弧连接

用已知半径的圆弧光滑连接（即相切）两已知线段（直线或圆弧），称为圆弧连接。该已知半径的圆弧称为连接弧。圆弧连接作图的要点是根据已知条件，准确地定出连接圆弧的圆心与切点。

（1）圆弧连接的基本原理

① 半径为 R 的圆弧与已知直线相切时，圆心的轨迹是与已知直线相距为 $2R$ 的两条平行线。当圆心为 O_1 时，由 O_1 向已知直线所作垂线的垂足 K 即为切点，如图 1-22(a)所示。

② 半径为 R 的圆弧与已知圆弧（半径为 R）外切，圆心的轨迹是已知圆弧的同心圆，其半径 $R_2=R_1+R$。当圆心为 O_1 时，连心线 OO_1 与已知圆弧的交点 K 即为切点，如图 1-22(b)所示。

③ 半径为 R 的圆弧与已知圆弧（半径为 R_1）内切，圆心的轨迹是已知圆弧的同心圆，其半径 $R_2=R_1-R$。当圆心为 O_1 时，连心线 OO_1 与已知圆弧的交点 K 即为切点，如图 1-22(c)所示。

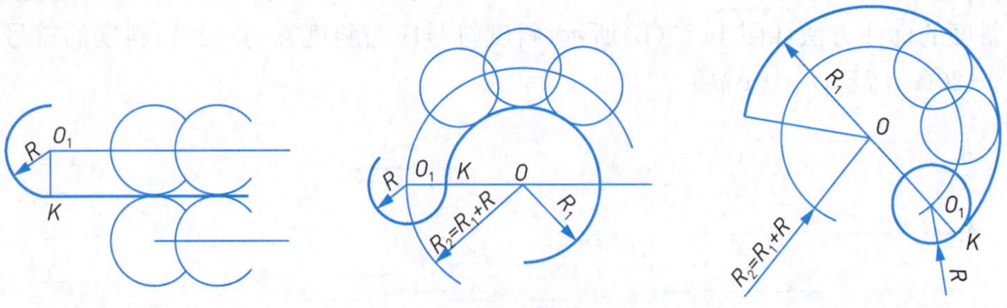

(a) 圆弧与直线相切　(b) 两圆弧相切　(c) 两圆弧内切

图 1-22　圆弧连接的作图原理

（2）圆弧连接的形式

圆弧连接的基本形式有三种。

① 圆弧连接两直线，如图 1-23 所示。

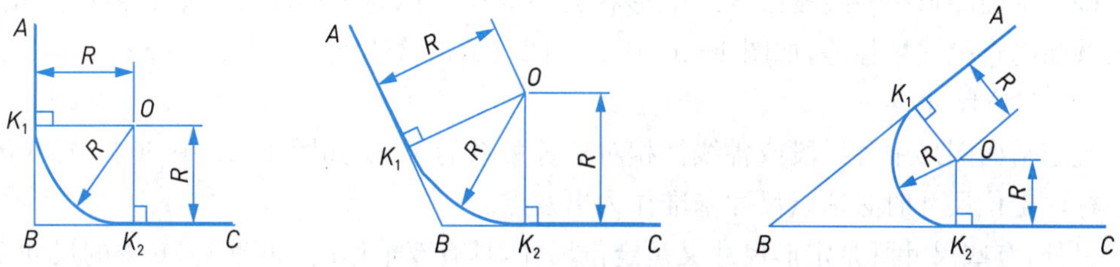

(a) 成直角　　(b) 成钝角　　(c) 成锐角

图 1-23　圆弧连接两直线

② 圆弧连接直线和圆弧，如图 1-24 所示。

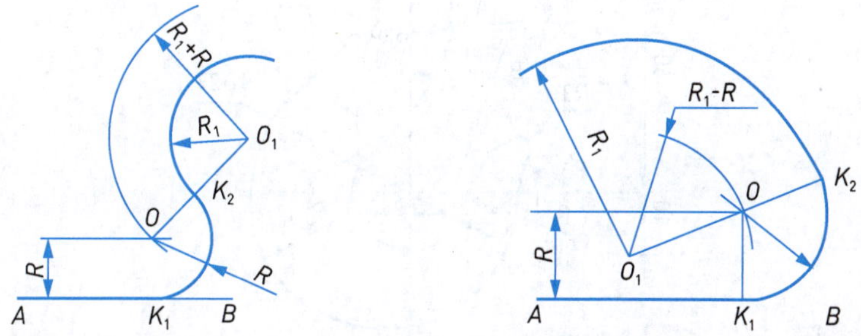

(a) 外切　　(b) 内切

图 1-24　圆弧连接两已知圆弧

③ 圆弧连接两已知弧，如图 1-25 所示。

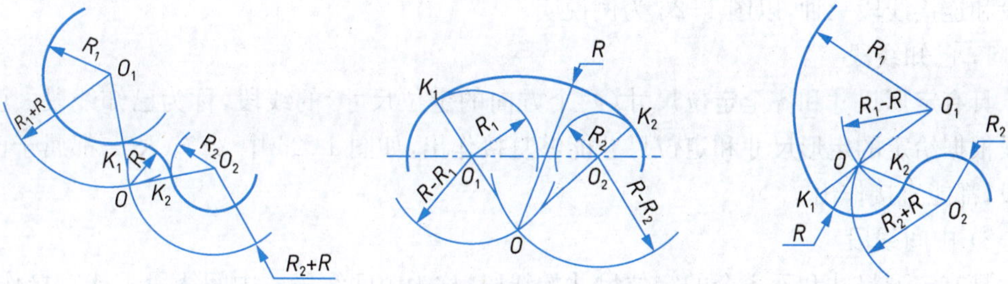

(a) 外切　　(b) 内切　　(c) 内、外切

图 1-25　圆弧连接两已知圆弧

三、平面图形的画法与尺寸标注

绘制平面图形时，有些线段根据图形中所标注尺寸便能直接绘制出，有些线段还要通过线段的连接关系才能正确绘制出。因此，绘制平面图形前，必须先对图形的尺寸进行分析，确定线段的性质，拟定作图顺序，才能正确绘制出图形。

1. 平面图形的尺寸分析

1）尺寸的作用和分类

平面图形中的尺寸，按其作用可分为定形尺寸和定位尺寸两种。

(1) 定形尺寸

确定平面图形中各线段或各线框形状大小的尺寸称为定形尺寸。如直线段的长度，圆及圆弧的直径或半径等，如图 1-26 中 20、ϕ27、R32 等尺寸。

(2) 定位尺寸

确定平面图形中各线段或各线框相对位置关系的尺寸，如图 1-26 中 60、10、6 等尺寸。标注定位尺寸时必须以尺寸基准作为出发点。

另外，有些尺寸既是定形尺寸又是定位尺寸，具有双重作用，如图 1-26 中的尺寸 20。

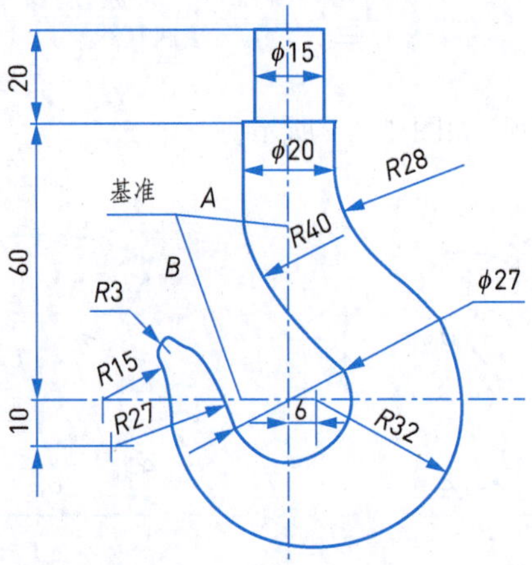

图 1-26　吊钩尺寸标注

2. 平面图形的线段分析

为了便于画图和标注尺寸，平面图形中的线段根据其完整程度可分为已知线段、中间线段和连接线段三种，以图 1-26 为例说明。

1) 已知线段

具有定形尺寸和齐全定位尺寸(两个方向的定位尺寸)的线段，称为已知线段。已知线段根据给定的定形尺寸和定位尺寸能够直接作出，如图 1-26 中 ϕ27、R32 都属于已知线段，都能直接作出。

2) 中间线段

具有定形尺寸和不齐全的定位尺寸的线段，称为中间线段。中间线段不能直接作出，必须借助于其一端与相邻线段相切才能作出，如图 1-26 中 R15、R27 的弧。

每个图形可以有一个或多个中间线段，也可以没有，由图形连接关系而定。

3) 连接线段

具有定形尺寸，没有定位尺寸的线段，称为连接线段。连接线段必须借助于其两端与相邻两个线段相切的条件才能作出，如图 1-26 中的连接圆弧 R28、R40、R3 等弧。

3. 平面图形的绘图步骤

绘制平面图形时，应首先绘制出水平、垂直两个方向的作图基准线及已知线段，其次绘制中间线段，最后绘制连接线段，步骤如图 1-27 所示。

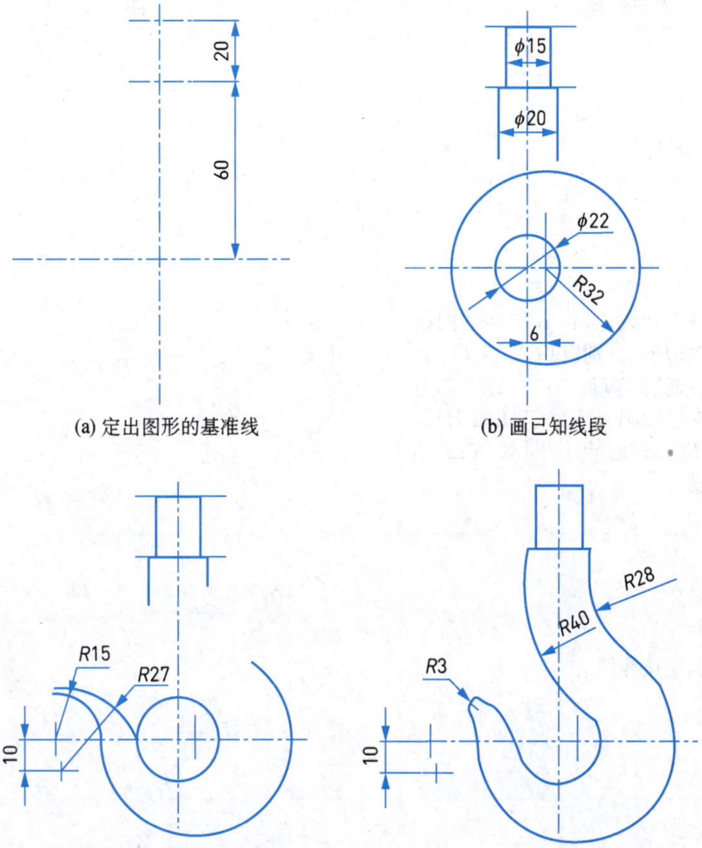

(a) 定出图形的基准线　　(b) 画已知线段

(c) 画中间线段　　(d) 画连接线段

图 1-27　平面图形的绘图步骤

4. 平面图形的尺寸标注

平面图形绘制完后，需按照正确、完整、清晰的要求标注尺寸。首先应该分析平面图形各部分的构成及相对位置，确定尺寸基准。按照先已知线段，再中间线段，后连接线段的顺序，标出平面图形的全部定形尺寸和定位尺寸。

任务实施单

方法步骤		图　示
分析尺寸	150 为长度方向的定位尺寸，36 为高度方向的定位尺寸，其余均为定形尺寸	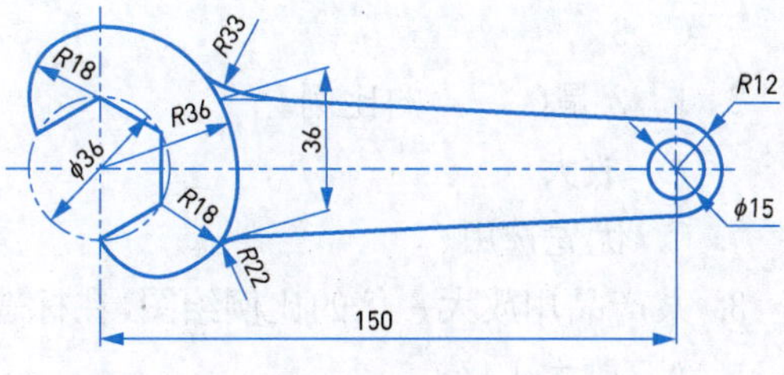
分析线段	$R22$ 和 $R33$ 的圆弧为连接线段，其余均为已知线段	

方法步骤		图示
绘制图形	绘制基准线	
	绘制已知线段，作 $\phi36$ 圆的内接正六边形，分别以 O、O_1、O_2 为圆心，绘制圆弧 AD、AB、CD；绘制已知圆 $\phi15$ 和已知弧 $R12$，过 D、E 两点作圆弧 $R12$ 的切线	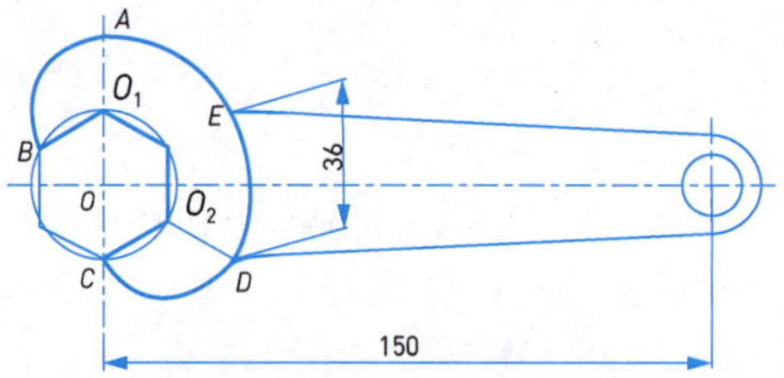
	绘制连接线段	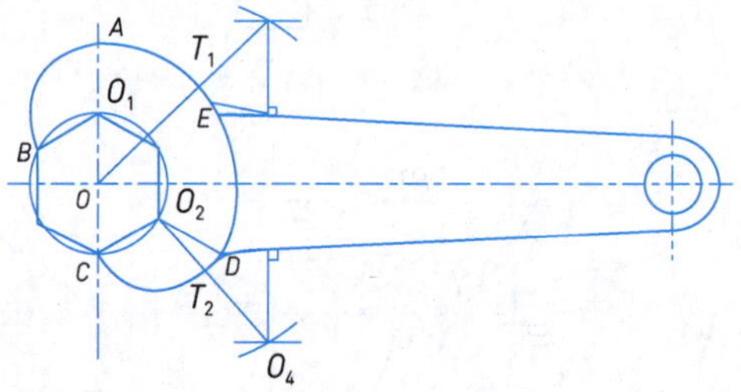
	加粗图线，标注尺寸	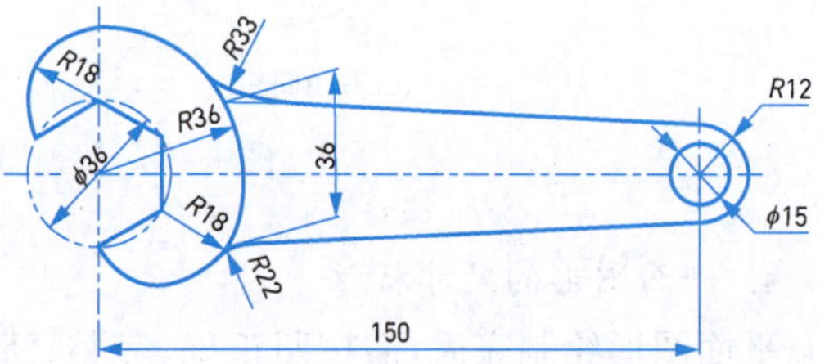

拓展练习

一、选择题

1. 国家标准规定，图纸幅面尺寸应优先选用(　　)种基本幅面尺寸。

　A. 3　　B. 4

　C. 5　　D. 6

2. 1∶2 是(　　)的比例。

　A. 放大　　B. 缩小

　C. 优先选用　　D. 尽量不用

3. 某产品用放大一倍的比例绘图，在标题栏的比例栏中应填写(　　)。

　A. 放大 1 倍　　B. 1×2

C. 2/1　　　　D. 2∶1

4. 若采用 1∶5 的比例绘制一个直径为 40 的圆，则绘图直径为(　　)。

A. 68　　　　B. 10

C. 40　　　　D. 200

5. 机械图样中常用的图线类型有粗实线、(　　)、虚线、细点画线等。

A. 轮廓线　　　　B. 基准线

C. 细实线　　　　D. 轨迹线

6. 机械图样中各种类型图线的宽度分为(　　)种。

A. 1　　　　B. 2

C. 3　　　　D. 4

7. 绘制机械图样时，粗实线的宽度不应小于(　　)mm。

A. 0.5　　　　B. 0.7

C. 1　　　　D. 2

8. 在以下选项中，(　　)是制图国家标准规定的字体高度。

A. 3 mm　　　　B. 4 mm

C. 5 mm　　　　D. 6 mm

9. 图样中的尺寸一般以(　　)为单位时，不需要标注其计量单位符号，但采用其他计量单位时必须标明。

A. km　　　　B. dm

C. cm　　　　D. mm

10. 机件的真实大小应以图样上(　　)为依据。

A. 所注尺寸数值　　　　B. 所标绘图比例

C. 所绘图形大小　　　　D. 所加文字说明

二、尺寸注法练习

1. 找出图 1-28(a)中尺寸标注的错误，并在图 1-28(b)中正确标注。

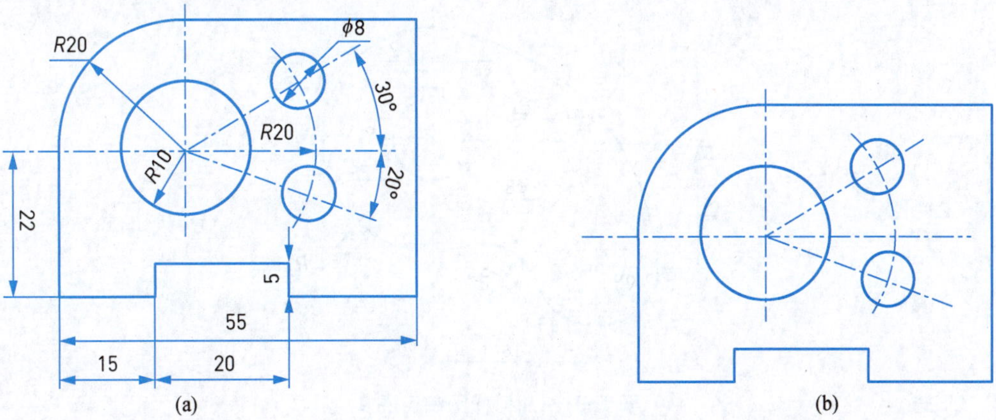

图 1-28　尺寸注法练习图 1

2. 按 1∶1 的比例在图 1-29 中标注尺寸(数值从图中量取,取整数)。

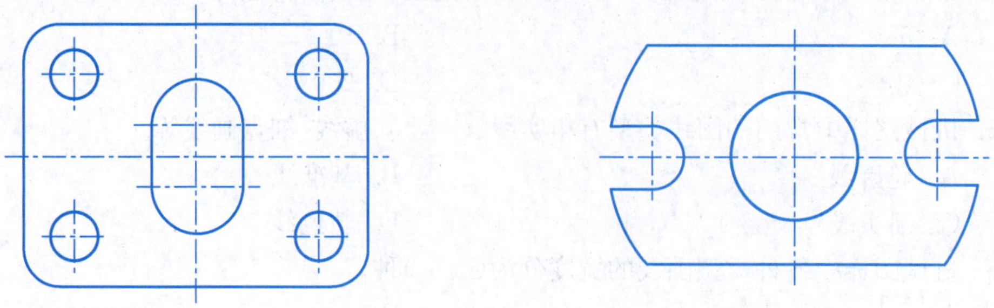

图 1-29　尺寸注法练习图 2

三、几何作图练习

1. 如图 1-30 所示,按 1∶1 绘制并标注尺寸。

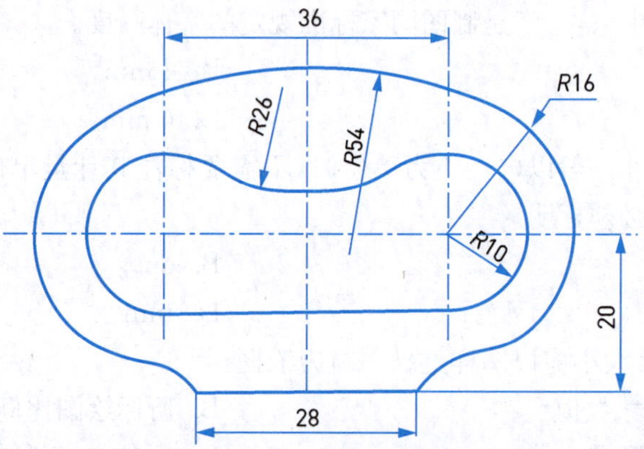

图 1-30　几何作图练习图 1

2. 如图 1-31 所示,按 2∶1 绘制并标注尺寸。

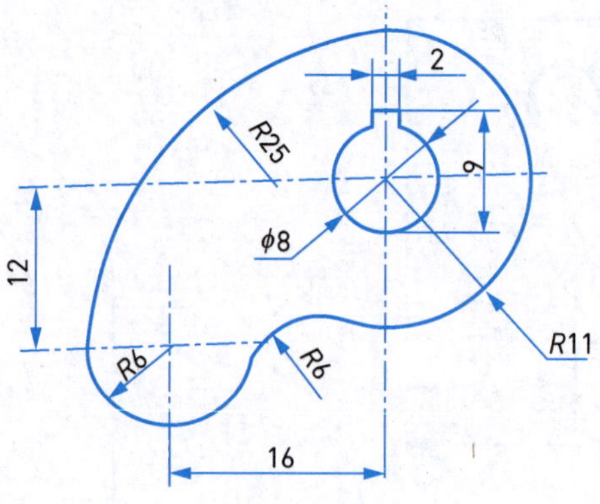

图 1-31　几何作图练习图 2

四、尺规作图练习

用 A4 图纸按 1∶1 绘制如图 1-32 所示平面图形，并标注尺寸。

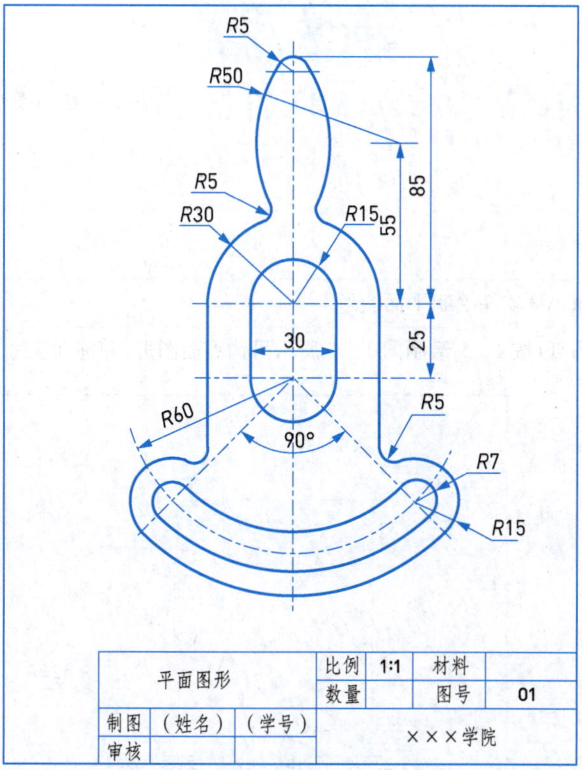

图 1-32　尺规图绘制

任务二
应用 AutoCAD 软件绘制平面图形

学习任务单

<table>
<tr><td>任务名称</td><td>应用 AutoCAD 软件绘制平面图形</td></tr>
<tr><td>任务描述</td><td>创建 A4 图纸，按 1∶1 绘制图 1-33 所示吊钩平面图形，并标注尺寸。
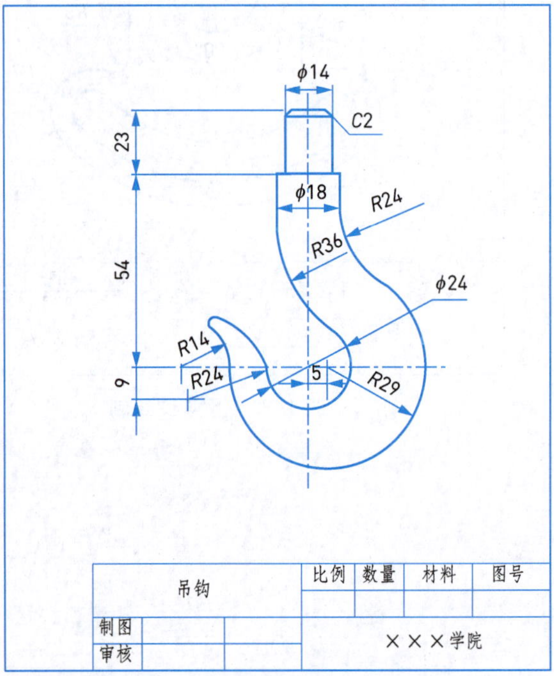

图 1-33　吊钩平面图形</td></tr>
<tr><td>任务分析</td><td>要应用 AutoCAD 软件绘制吊钩的平面图形，首先要熟悉该软件的基础知识、常用的绘图与编辑功能，以及平面图形的绘制方法。</td></tr>
<tr><td>成果展示与评价</td><td>各组成员每人完成吊钩平面图形，并按要求保存并上传图形文件，自评或小组内互评后由教师评定成绩，填写评定表（表 1-7）。
表 1-7　应用 AutoCAD 软件绘制平面图形任务评定表
<table>
<tr><th>能力目标</th><th>相关知识</th><th>权重</th><th>自测分数</th><th>教师评分</th></tr>
<tr><td>了解相关知识</td><td>（1）确定绘图基准；
（2）绘制已知线段；
（3）绘制中间线段；
（4）求解连接线段</td><td>15 分</td><td></td><td></td></tr>
</table></td></tr>
</table>

（续表）

	能力目标	相关知识	权重	自测分数	教师评分
成果展示与评价	熟练掌握知识点	（1）定形尺寸和定位尺寸； （2）已知线段、中间线段、连接线段； （3）图线与标注正确、完整、清晰	25 分		
	应用知识分析案例	（1）基准线的绘制； （2）图线绘制； （3）图线编辑； （4）规范进行尺寸标注	60 分		

知识概述

一、AutoCAD 2022 基础知识

AutoCAD 是由美国 Autodesk 公司开发的通用计算机辅助绘图与设计软件包，AutoCAD 2022 较之前的版本操作更便捷，功能更强大。AutoCAD 2022 具有二维图形绘制、三维图形绘制、标注图形、协同设计、图纸管理等功能。目前，该软件已广泛应用于建筑设计、工业设计、机械设计以及电子电气设计等领域。作为工程技术人员，了解和掌握 AutoCAD 软件的功能、操作和应用是十分必要的。

在进入绘图工作前，用户首先需要熟悉 AutoCAD 2022 的启动方式及工作界面、图形文件的基本操作、命令的输入方法、选择对象的方法以及图形显示控制等内容，从而快速掌握 AutoCAD 的基础知识。

1. AutoCAD 2022 的启动方式及工作界面

1）AutoCAD 2022 的启动方式

成功安装 AutoCAD 2022 后，系统会在桌面上创建快捷图标，并在程序文件夹中创建 AutoCAD 程序组。用户可以通过下列方式启动 AutoCAD 2022。

① 左键双击桌面上的 AutoCAD 2022 快捷图标。

② 执行“开始”→“所有程序”→“Autodesk”→“AutoCAD 2022-简体中文（Simplified Chinese）”命令。

③ 左键双击任意一个 AutoCAD 图形文件。

2）AutoCAD 2022 的工作界面

打开 AutoCAD 2022 应用程序后可看到如图 1-34 所示的工作界面。界面包括标题栏、菜单栏、功能区、文件选项卡、绘图区、命令行、状态栏等。

（1）标题栏

标题栏位于工作界面的顶部，由“菜单浏览器”按钮 A、快速访问工具栏、当前图形标题、搜索栏以及窗口控制按钮等组成。单击按钮 A 可执行创建、打开、发布、打印等图形文件操作命令。快速访问工具栏显示经常使用的工具，用户可通过单击按钮自定义工具栏以包含需要使用的工具。

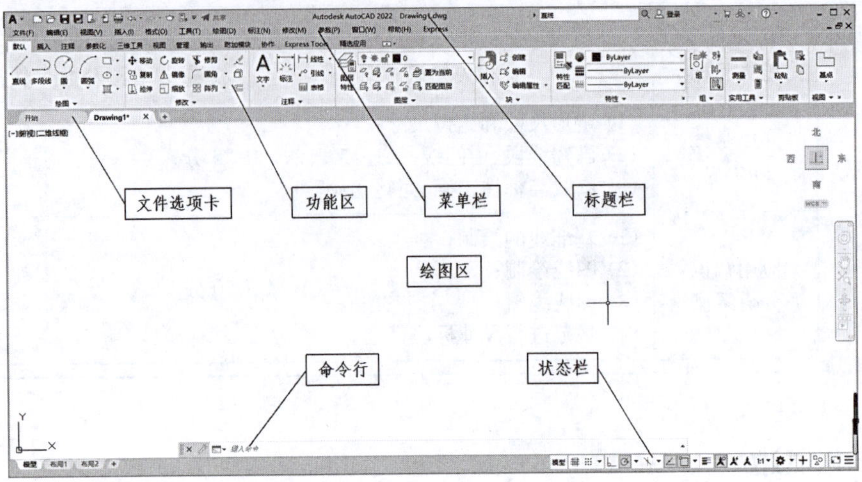

图 1-34　AutoCAD 2022 工作界面

（2）菜单栏

默认情况下，工作界面中是不显示菜单栏的。若要显示菜单栏，则在快速访问工具栏中单击相应按钮，在列表中选择“显示菜单栏”选项即可。同其他 Windows 程序一样，AutoCAD 的菜单也是下拉式的，并在菜单中包含了子菜单。若菜单命令后有“…”符号，则表示选择该菜单命令可打开一个对话框；若菜单命令后有“>”符号，则表示选择该菜单命令能够打开下级菜单。

（3）功能区

在 AutoCAD 2022 中，功能区包含选项卡和面板。如图 1-35 所示为“默认”选项卡下显示的“绘图”“修改”“注释”“图层”“块”“特性”等面板，每个面板包含若干工具。图 1-36 中“绘图”面板包含用于创建对象的工具，如“直线”“圆”和“椭圆”；图 1-37 中“修改”面板包含用于修改对象的工具，如“移动”“复制”和“旋转”。把鼠标指针悬停到某个工具上会显示相应的功能提示，单击工具按钮即可执行相应的命令。

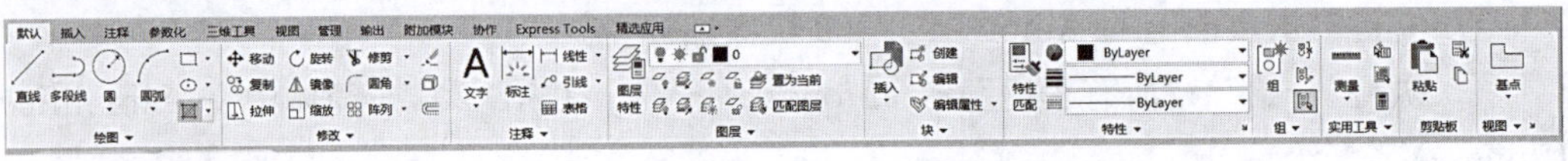

图 1-35　AutoCAD 2022 功能区界面

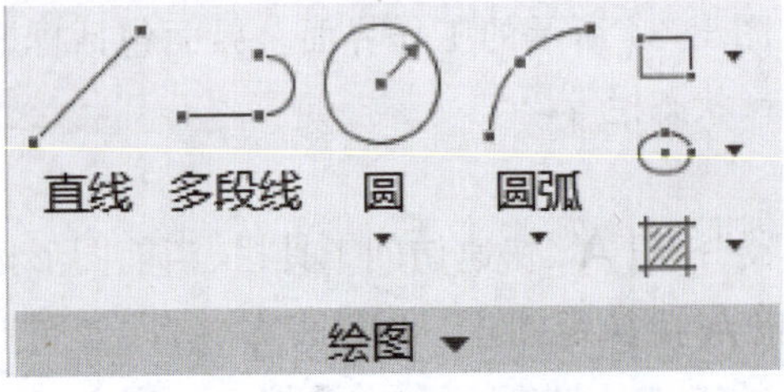

图 1-36　AutoCAD 2022“绘图”面板

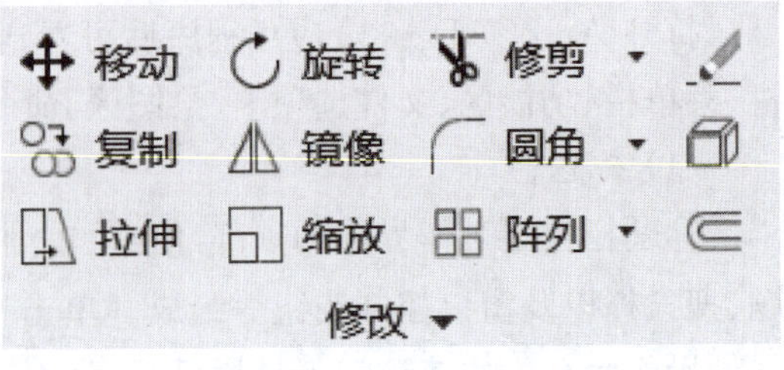

图 1-37　AutoCAD 2022“修改”面板

(4) 文件选项卡

当将鼠标指针悬停在文件选项卡上时，会看到模型的预览图像和布局，在任何一个文件选项卡上右击以显示其他选项，可执行新建、打开、保存和关闭文件等操作。

(5) 绘图区

用户可以在绘图区创建、编辑和显示图形对象。绘图区的左上角是视口控件、视图控件和视觉样式控件。绘图区的右上角是 ViewCube 控件和导航栏，允许用户旋转图形视图以便从不同视角查看图形。绘图区的左下角是坐标系图标，显示系统当前的 UCS 图标样式。

(6) 命令行

命令行窗口位于绘图区的底部，用于接收用户通过键盘、菜单或面板工具输入的命令、参数等信息。输入命令后按回车键，动态输入状态下在鼠标指针旁显示命令提示符，用户可根据提示进行操作。

(7) 状态栏

状态栏在工作界面的底部，用以显示当前的绘图状态。状态栏的左侧是模型空间和图纸空间选项卡，模型空间是进行大部分绘图工作的空间，而图纸空间的布局选项卡允许用户控制要发布的绘图区域和比例。状态栏的右侧显示常见绘图帮助、注释释放工具和工作空间自定义工具。系统默认的是“草图与注释”工作空间，使用工作空间控件 ▾ 可切换到“三维建模”工作空间以创建三维模型。用户可单击☰按钮自定义状态栏上显示的工具，如图 1-38 所示。

图 1-38　状态栏

2. 图形文件的基本操作

图形文件的基本操作包括图形文件的新建、打开、保存及另存为等。

1) 创建图形文件

启动 AutoCAD 2022 后即可打开“开始”界面，如图 1-39 所示，单击“新建”，即可新建一个空白图形文件。

除此之外，用户还可以通过以下五种方法来创建图形文件。

① 执行“文件”→“新建”命令。

② 单击快速访问工具栏中的“新建”按钮。

③ 单击“菜单浏览器”按钮**A**，在弹出的列表中执行“新建”命令。

④ 右击文件选项卡，在弹出的列表中执行“新建...”命令。

⑤ 在命令行输入“NEW”命令，然后按回车键。

执行上述任意操作后，系统即打开“选择样板”对话框，如图 1-40 所示。如不需要使用样板文件，可在“文件类型”下拉列表中选择“图形(＊.dwg)”，在“打开”下拉列表中选择“无样板打开—公制”新建图形文件。另外，单击绘图区上方文件选项卡中的“新图形”按钮+可快速创建一个新的图形文件。

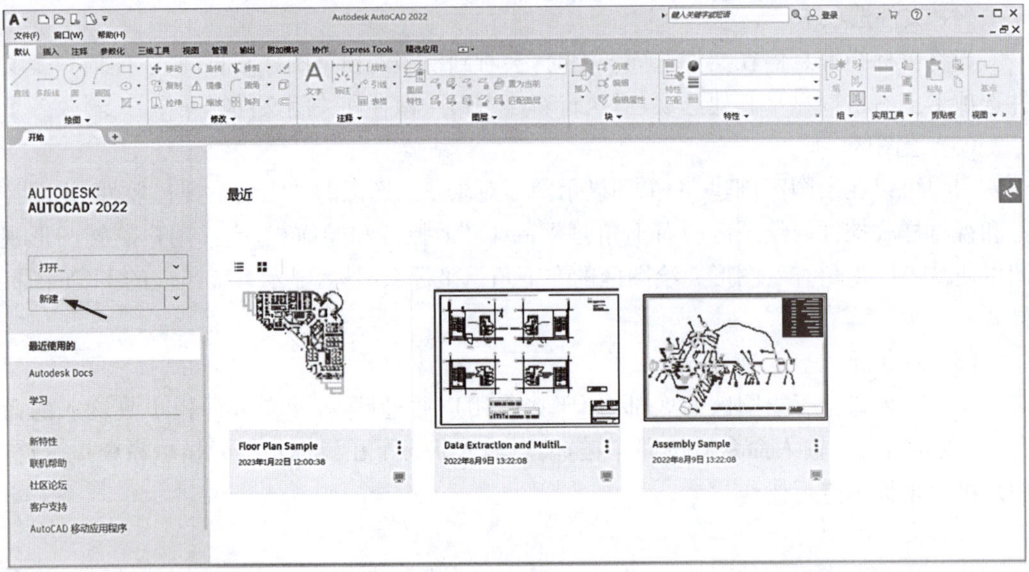

图 1-39 “开始”界面

2）打开图形文件

启动 AutoCAD 2022 后，在“开始”界面中单击“打开文件”选项按钮，在“选择文件”对话框中，选择所需要的图形文件即可打开。

用户还可以通过以下方式打开已有的图形文件。

① 执行“文件”→“打开”命令。

② 单击快速访问工具栏中的“打开”按钮。

③ 单击“菜单浏览器”按钮 A，在弹出的列表中执行“打开”命令。

④ 右击文件选项卡，在弹出的列表中执行“打开... ”命令。

⑤ 在命令行输入“OPEN”命令，然后按回车键。

执行上述任意操作后，系统即打开“选择文件”对话框。在“选择文件”对话框中，单击“查找范围”下拉按钮，在弹出的下拉列表中根据路径找到需要的图形文件，单击“打开”按钮或双击文件名，即可打开图形文件，如图 1-41 所示。

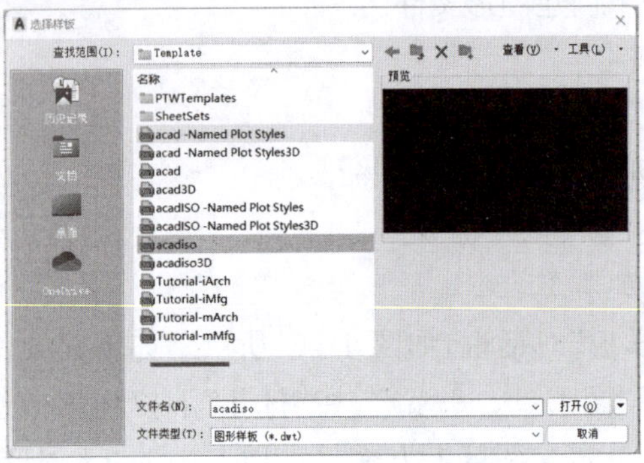

图 1-40 “选择样板”对话框

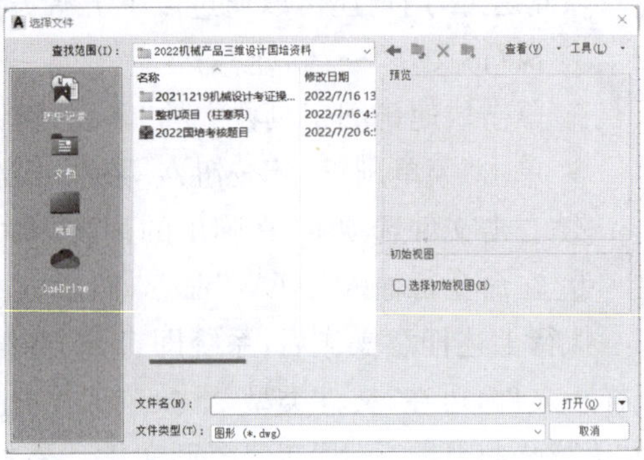

图 1-41 “选择文件”对话框

AutoCAD 2022 支持同时打开多个文件，利用 AutoCAD 的这种多文档特性，用户可在打开的所有图形之间来回切换，修改、绘图，还可在图形之间复制和粘贴图形对象。

3）保存图形文件

（1）保存新建的图形文件

通过下列方式可以保存新建的图形文件。

① 执行“文件”→“保存”命令。

② 单击快速访问工具栏中的“保存”按钮。

③ 单击“菜单浏览器”按钮 A，在弹出的列表中执行“保存”命令。

④ 右击文件选项卡中需要保存的文件，在弹出的列表中执行“保存”命令。

⑤ 在命令行输入“SAVE”命令，然后按回车键。

执行上述任意操作后，系统即打开“图形另存为”对话框，如图 1-42 所示。在“图形另存为”对话框中，单击“保存于”下拉按钮，在弹出的下拉列表中指定文件保存路径，在“文件名”文本框中输入图形文件的名称，单击“保存”按钮。

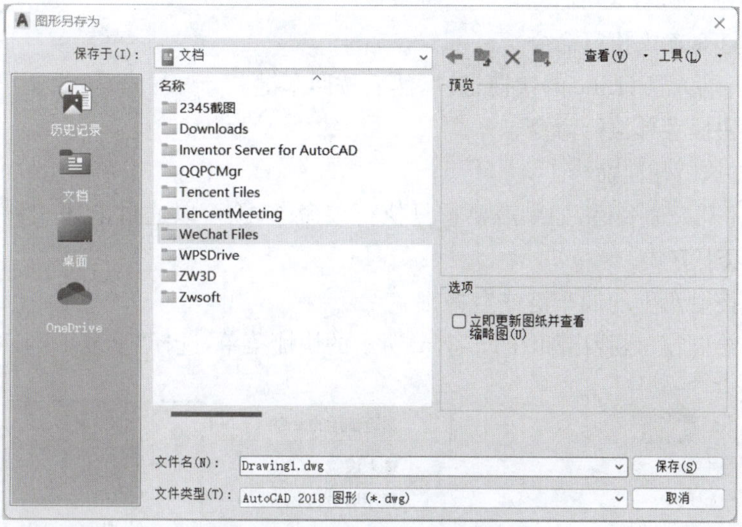

图 1-42　“图形另存为”对话框

（2）图形换名保存

对于已保存的图形，可以更换名称保存为另一个图形文件。先打开该图形文件，然后通过下列任意方式进行另存为操作。

① 执行“文件”→“另存为”命令。

② 单击快速访问工具栏中的“另存为”按钮。

③ 单击“菜单浏览器”按钮 A，在弹出的列表中执行“另存为”命令。

④ 右击文件选项卡中需要另存的文件，在弹出的列表中执行“另存为”命令。

⑤ 在命令行输入“SAVEAS”命令，然后按回车键。

执行上述任意操作后，系统即打开“图形另存为”对话框，指定保存路径、文件名和文件类型后保存即可。

4）退出 AutoCAD 2022

图形绘制完毕并保存之后，可以通过下列方式退出 AutoCAD 2022。

① 执行“文件”→“退出”命令。

② 单击“菜单浏览器”按钮 **A**，在弹出的列表中执行“退出 Autodesk AutoCAD 2022”命令。

③ 单击标题栏中的“关闭”按钮×。

④ 在命令行输入“QUIT”命令，然后按回车键。

3. 调用命令的方法

AutoCAD 2022 属于人机交互式软件，当用户需要绘图或进行其他操作时，首先要向系统输入指令以调用相应的命令。此处以直线命令为例，说明 AutoCAD 命令调用的常用方法。

1）通过功能区调用命令

单击“绘图”面板中的“直线”按钮╱。

2）通过菜单栏输入命令

执行“绘图”→“直线”命令。

3）通过键盘输入执行命令

在命令行输入“L(Line 的快捷键)”，然后按回车键。

4）通过快捷菜单执行命令

(1) 重复执行相同命令

当执行完某一命令后，如果需要重复执行该命令，除可以通过上述三种方式执行外，还可以采用以下方式。

① 直接按键盘上的回车键或空格键。

② 右击绘图窗口，弹出如图 1-43(a)所示的快捷菜单，选择“重复 LINE(R)”。

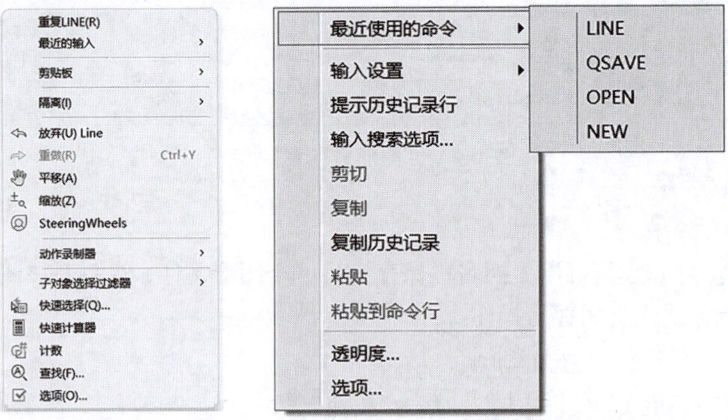

(a) 绘图快捷菜单　　(b) 命令行快捷菜单

图 1-43　快捷菜单

(2) 执行近期使用的命令

如果要调用之前操作中执行过的命令，就在命令行右击，弹出如图 1-43(b)所示的快捷菜单，在“最近使用的命令”子菜单中选择“LINE”。

说明：为叙述简便，本书例题中统一采用功能区调用命令的方法。当采用功能区“默认”选项卡的面板命令时，均只指明面板命令，而省略“默认”选项卡字样。

4. 点的输入方式

在 AutoCAD 绘图过程中，常常需要确定点的位置，以便快速、精确地绘制图形。点的输入可通过输入坐标、鼠标拾取点（配合对象捕捉功能）、直接输入距离（配合极轴追踪功能）、动态输入等方式来实现。根据坐标形式的不同，点的坐标分为直角坐标和极坐标，如图 1-44(a)和图 1-44(b)所示；根据参照点的不同，点的坐标分为绝对坐标和相对坐标，如图 1-44(c)所示，B 点相对于 A 点的直角坐标为(@30，0)，C 点相对于 B 点的直角坐标为(@-30，30)，又如图 1-44(d)所示，B 点相对于 A 点的极坐标为(@30<0)，C 点相对于 B 点的极坐标为(@30<120)。

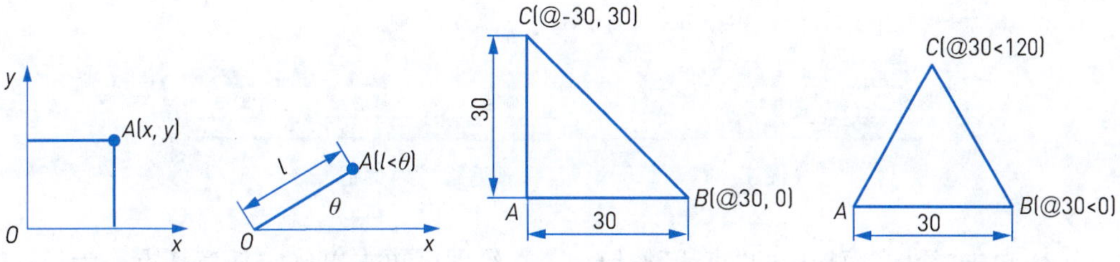

(a) 绝对直角坐标　(b) 绝对极坐标　(c) 相对直角坐标　(d) 相对极坐标

图 1-44　点的坐标形式

例 1-1： 绘制图 1-45 所示的五角星，不标注尺寸。

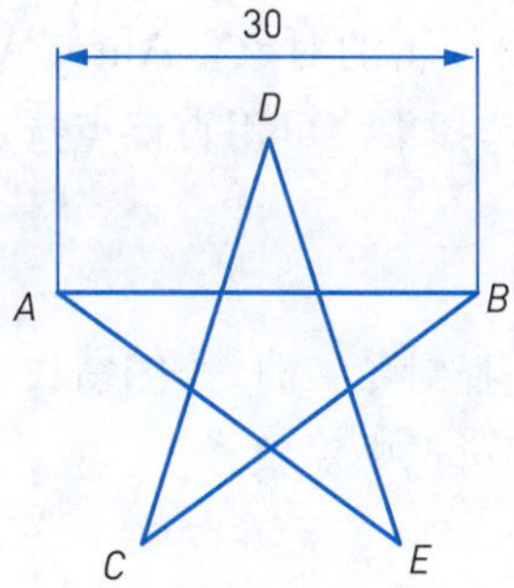

图 1-45　五角星

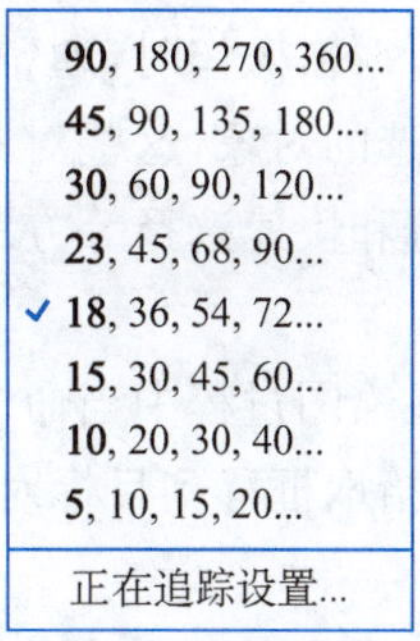

图 1-46　极轴追踪列表

（1）图形分析

如图 1-45 所示的五角星由五条边长为 30 的直线段组成，且每条直线段的方向均为 36°的整数倍。

（2）绘图步骤

① 设置并启用极轴追踪功能。右击状态栏上的“极轴追踪”按钮，如图 1-46 所示，在弹出的列表中选择“18，36，54，72...”选项，单击列表下方的“正在追踪设置...”选项，打开如图 1-47 所示“草图设置（极轴追踪）”对话框，可设置任意增量角作为极轴追踪的角度。

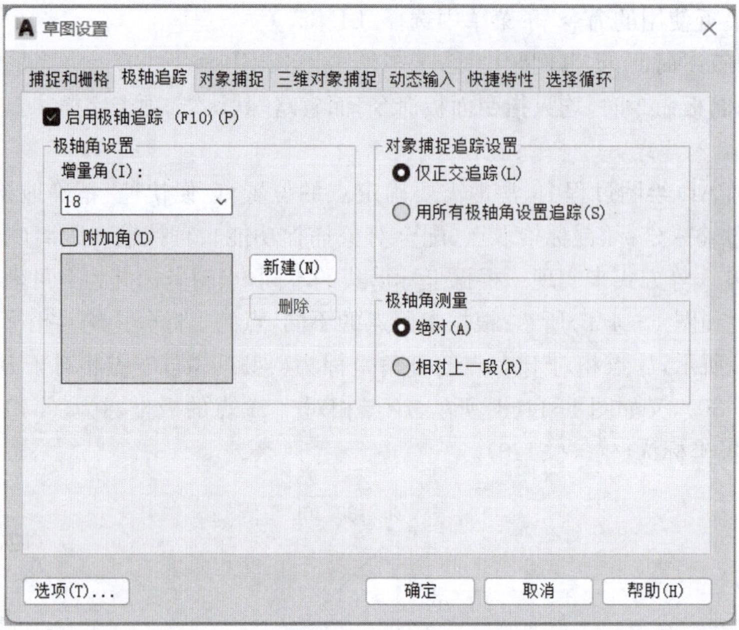

图 1-47 “草图设置(极轴追踪)”对话框

(2) 单击“绘图”面板中的“直线”按钮，在绘图区单击以确定任意一点作为 A 点，向右移动鼠标指针，当绘图窗口出现水平追踪路径(虚线，且显示极轴角为 0°)时，输入距离“30”后按回车键确定 B 点，此时将鼠标指针移向 C 点方向，当屏幕上出现 216°追踪路径时，输入“30”确定 C 点，同理依次确定 D 点、E 点，最后捕捉 A 点完成五角星的绘制。

5. 选择对象的方法

在对图形进行编辑操作时，通常需要选择要编辑的对象。AutoCAD 用亮显效果(默认为蓝色)显示所选的对象，这些对象就构成了选择集。可用直接点选、窗口选择、交叉窗口选择、栏选、全选和快速选择等方法选择对象。

1) 直接点选

直接点选是在绘图过程中当命令行提示“选择对象:”时，绘图窗口中的“十”字光标变为拾取框，此时将拾取框移到目标对象上单击即可选中对象。

2) 窗口选择

窗口选择(W)简称为窗选，操作时将鼠标指针移到目标对象的左侧从左到右拾取两点，AutoCAD 自动以这两点为对角点确定一个矩形窗口，窗口内的对象被选中，窗口外以及与窗口相交的对象均未选中。

3) 交叉窗口选择

交叉窗口选择(C)简称为窗交，其操作方法与窗选相反，即从右到左拾取矩形窗口，此时窗口内的对象及与窗口相交的对象均被选中。

4) 栏选

栏选(F)通过绘制一条开放的多点栅栏(多段直线)来选择对象，其中所有与栅栏线相交的对象均会被选中。

5）全选

在 AutoCAD 中执行修改命令时，通常是先执行命令后选择对象，当命令行提示“选择对象：”时，输入“ALL”后按回车键即可选择所有对象（被冻结图层上的对象除外）。系统也允许先选择对象后执行命令，此时在未执行任何命令的情况下，按下键盘上的“Ctrl＋A”组合键也可选中绘图窗口的所有对象。

6）快速选择

当需要选择大量具有某些共同特性的对象时，可在“快速选择”对话框中进行相应的设置，根据图形对象的图层、颜色、图案填充等特性和类型来创建选择集。

用户可以通过以下方式执行“快速选择”命令。

① 执行“工具”→“快速选择”命令。

② 在“默认”选项卡的“实用工具”面板中单击“快速选择”按钮。

③ 在命令行中输入“QSELECT”，然后按回车键。

④ 通过快捷菜单执行命令。

执行以上任意一个操作后，将打开“快速选择”对话框，如图 1-48 所示。用户可根据需要设置对象类型和对象特性来选择图元对象。

6. 图形显示控制

在 AutoCAD 绘图过程中，为了画图和看图的需要，经常要调整图形的大小和位置。为此 AutoCAD 系统提供了控制图形显示的功能。用户可通过菜单栏、导航栏、鼠标或滚动条来进行操作。

1）缩放命令

缩放命令（Zoom）的功能是通过改变显示范围，以放大或缩小显示绘图窗口中的对象。

执行“视图”→“缩放”命令下的子命令，如图 1-49 所示，可进行全部缩放、动态缩放、范围缩放、窗口缩放、实时缩放等多种形式的缩放操作。实现缩放操作最快捷的方法是滚

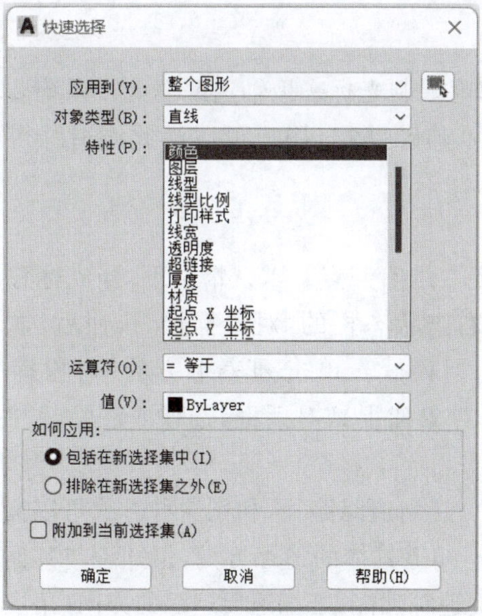

图 1-48　“快速选择”对话框

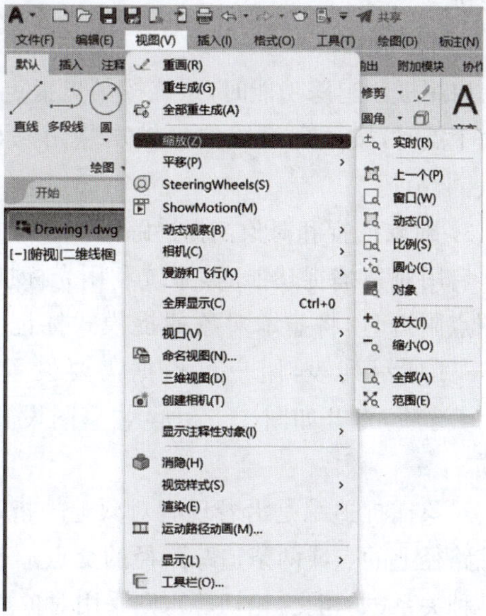

图 1-49　缩放命令

动鼠标中键，滚轮向前可放大显示图形，向后则缩小显示图形，双击鼠标中键则可以满屏显示绘图窗口中的对象。

2）平移命令

平移命令（Pan）的功能是在不改变图形显示比例的情况下移动绘图窗口中的对象，以方便用户观察图形。执行“视图”→“平移”命令下的子命令，可进行上下左右平移和实时平移等操作。实现平移操作最快捷的方法是按下鼠标中键并拖动鼠标。

7. 常用绘图辅助工具

AutoCAD 为用户提供了“显示图形栅格”“极轴追踪”“对象捕捉”“对象捕捉追踪”“动态输入”“切换工作空间”“显示/隐藏线宽”“全屏显示”和“快捷特性”等绘图辅助工具，使用户可以快速、准确地绘图。如图 1-50 所示，单击状态栏上相应的按钮即可实现启用或关闭相应功能的操作，右击状态栏上相应的工具按钮可进行具体功能设置。

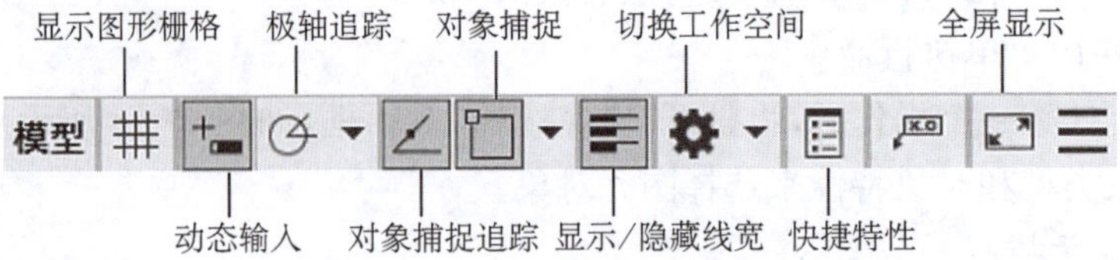

图 1-50　常用绘图辅助工具

1）捕捉和栅格

启用显示图形栅格功能时，绘图区显示矩形栅格。使用栅格类似于在图形下放置一张坐标纸。利用栅格可以对齐对象并直观显示对象之间的距离。栅格不是图形的组成部分，不能被打印输出。

启用捕捉模式时，能利用“十”字光标捕捉到图形栅格，捕捉模式有助于定点设备精确地定位点。

2）极轴追踪

启用极轴追踪功能时，系统按用户指定角度限制光标。极轴追踪功能在系统要求指定一个点时，按预先设置的极轴增量角来显示追踪路径，用户可以沿此线追踪得到目标点。

3）对象捕捉和对象捕捉追踪

启用对象捕捉功能时，系统利用光标捕捉二维参照点。默认情况下，当光标移动到参照点附近时，将显示对象捕捉模式标记。右击状态栏的“对象捕捉”按钮后，显示如图 1-51 所示列表，用户可根据需要设置捕捉模式。单击列表下方的“对象捕捉设置...”选项，打开如图 1-52 所示“草图设置（对象捕捉）”对话框，选择或清除某种捕捉模式。

对象捕捉追踪是沿着现有对象上的指定点规划追踪路径，利用这种方式可以捕捉到追踪路径上的点或两条追踪路径的交点。若不知道具体的追踪方向，但知道与其他对象的某种关系（如相交、相切等），则采用对象捕捉追踪功能；若知道要追踪的方向（角度），则使用极轴追踪功能。极轴追踪和对象捕捉追踪可以同时使用。

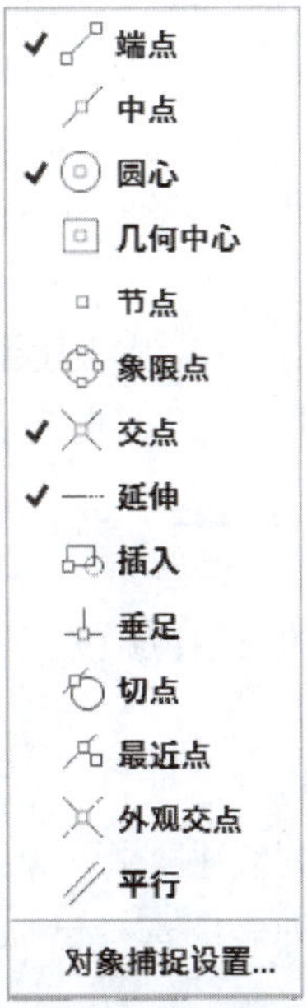

图 1-51　对象捕捉列表

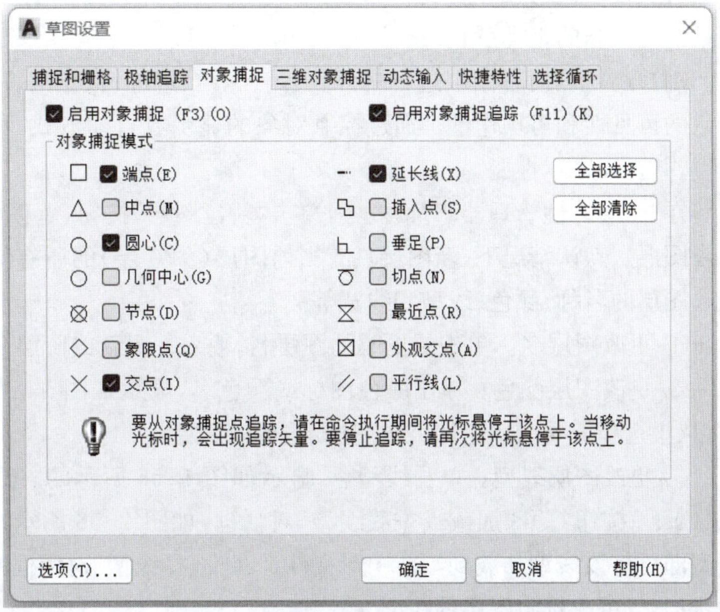

图 1-52　"草图设置(对象捕捉)"对话框

8. 图层的创建与管理

图层的创建与管理是 AutoCAD 有效管理图形、提高工作效率的重要手段。在 AutoCAD 中，创建、删除图层以及对图层的其他管理都是通过"图层特性管理器"对话框来实现的。用户可通过菜单栏、功能区、命令行等多种方式打开"图层特性管理器"对话框。

1) 创建图层

单击"图层"面板中的"图层特性"按钮，打开如图 1-53 所示的"图层特性管理器"对话框，用户可根据绘图需要创建并设置图层的特性(包括图层的名称、颜色、线型和线宽等)。

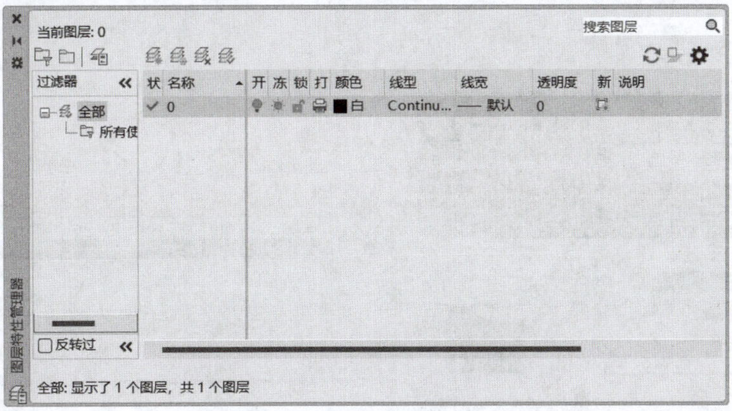

图 1-53　"图层特性管理器"对话框

每当创建一个新的图形文件时，系统会自动创建名为"0"的图层。该图层不能删除或更名，但可以修改其颜色、线型等特性。除 0 层外，用户可以创建任意数量的图层，所有图层都具有相同的坐标系和缩放显示比例，用户可以对不同图层上的对象同时进行修改操作。用户还可以对各图层进行打开、关闭、冻结、解冻、锁定与解锁操作，以确定各图层上对象的可见性和可操作性。通过控制对象的显示或打印方式，可以降低图形的视觉复杂程度，并提高显示性能。

在“图层特性管理器”对话框中，单击“新建图层”按钮，可创建一个图层名为“图层 1”的新图层。默认情况下，新图层具有当前图层（如 0 层）的所有特性，用户可以根据需要，更改图层的名称、颜色、线型和线宽等。

① 更改图层名。单击要更改的图层名，输入一个新的图层名，按回车键即可。

② 更改图层颜色。单击颜色图标或颜色名，显示如图 1-54 所示的“选择颜色”对话框，从中选择需要的颜色即可改变选定图层的颜色。

③ 更改图层线型。单击线型名，显示如图 1-55 所示的“选择线型”对话框，单击“加载(L)... ”按钮打开“加载或重载线型”对话框，如图 1-56 所示在线型列表中选择需要的线型即可将该线型加载到当前图形文件。在“选择线型”对话框的线型列表中选择已加载的线型，以更改选定图层的线型。

④ 更改图层线宽。单击线宽，显示图 1-57 所示的“线宽”对话框，从中选择需要的线宽即可更改选定图层的线宽。一般情况下，粗实线选择 0.5 mm，其他线型选择默认（0.25 mm）。

2) 管理图层

① 切换当前层。单击如图 1-58 所示的“图层”面板中的图层列表框下拉按钮，选择要将其设置为当前层的图层（如细实线层），可将其切换为当前层，如图 1-59 所示。用户只能在当前图层上绘制图形。

② 将对象的图层设置为当前层。单击“图层”面板中的“置为当前”按钮，可将选定对象所在的图层设置为当前层。

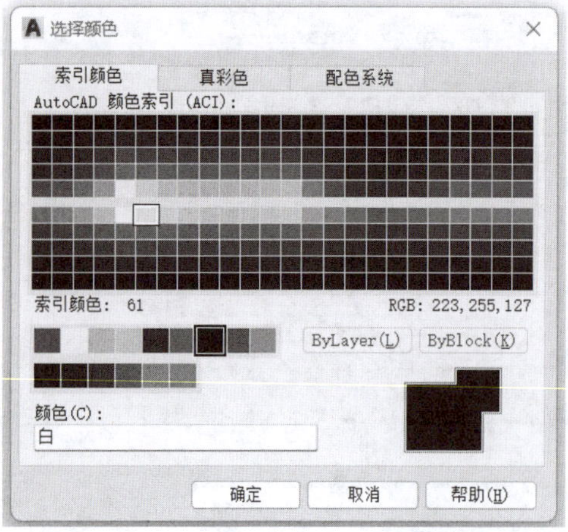

图 1-54 “选择颜色”对话框

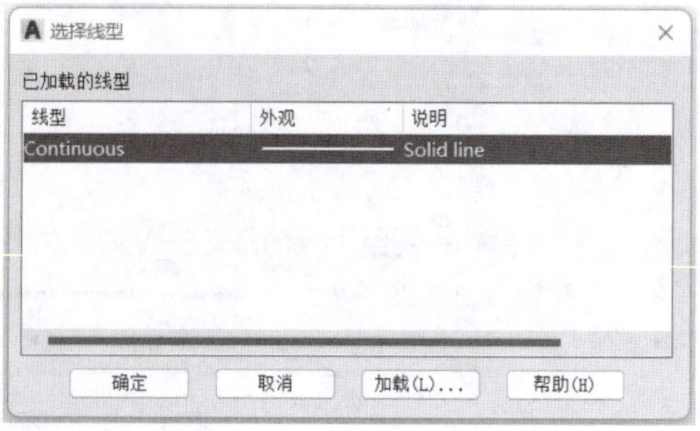

图 1-55 “选择线型”对话框

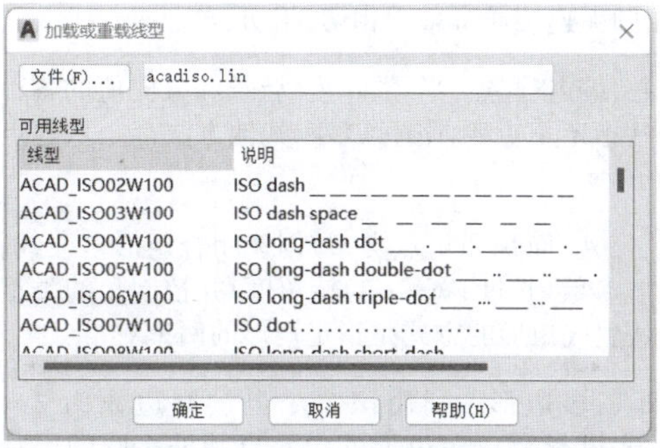

图 1-56　“加载或重载线型”对话框

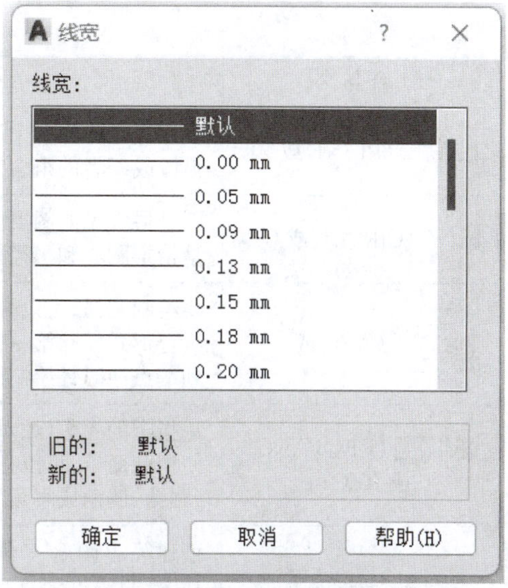

图 1-57　“线宽”对话框

图 1-58　“图层”面板

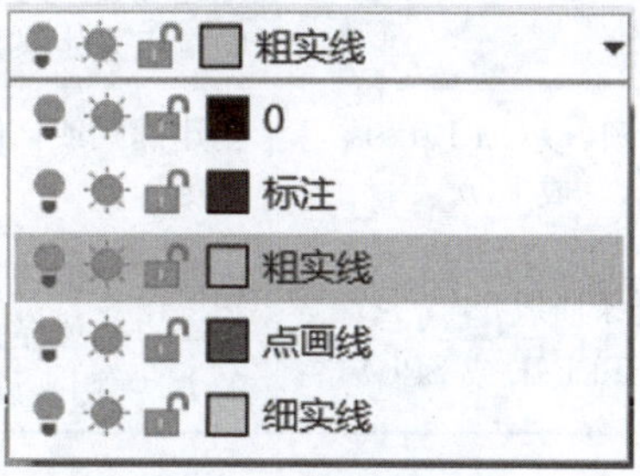

图 1-59　图层列表

③ 改变对象所在图层。若某对象不在预先设置的图层中，则可选中该图形，单击图层列表将其切换到所需的图层上；或单击“图层”面板中的“匹配图层”按钮，将选定对象的图层更改为与目标图层相匹配；或单击“特性”面板中的“特性匹配”按钮，将选定对象的特性应用到其他对象，同样可以改变对象所在图层。

二、AutoCAD 2022 绘制平面图形应用示例

任何平面图形都是由点、直线、圆、圆弧等图形元素组成的。熟悉这些基本图形元素的创建和编辑方法，是绘制二维图形的基础。AutoCAD 2022 工作界面的功能区通过选项卡和面板组织命令和工具，以方便用户创建、编辑、发布对象。如图 1-36 所示的“绘图”面板中常用的绘图命令及其功能见表 1-8，如图 1-37 所示的“修改”面板中常用的修改命令及其功能见表 1-9。

表 1-8　常用的绘图命令及其功能

命令	功能
直线 ╱ (LINE 或 L)	使用“LINE”命令，可以创建一系列连续的直线段。每条线段都是可以单独进行编辑的直线对象。要精确指定直线端点的位置，用户可以使用坐标输入或启用对象捕捉功能

（续表）

命令	功能
多段线（PLINE 或 PL）	多段线是作为单个对象创建的相互连接的线段序列，可以创建直线段、圆弧段或两者的组合线段，主要用于三维实体建模的拉伸轮廓等
圆（CIRCLE 或 C）	圆是最常见的图形元素。AutoCAD 提供了六种画圆的方式。默认方式是指定圆心和半径。对于圆弧连接通常采用相切、相切、半径的方式
圆弧（ARC 或 A）	要绘制圆弧，可以指定圆心、端点、起点、半径、角度、弦长和方向值的各种组合形式。除第一种方法（指定三点绘制圆弧）外，其他方法都是从起点到端点逆时针绘制圆弧
矩形（RECTANG 或 REC）	从指定的参数（如对角点、尺寸、面积和角点类型）创建闭合矩形多段线。使用此命令，可以指定矩形参数（长度、宽度、旋转角度）并控制角的类型（圆角、倒角或直角）。默认生成矩形的方式是指定矩形的两个对角点
正多边形（POLYGON 或 POL）	创建等边闭合多段线，即正多边形。利用该命令可绘制边数为 3～1 024 的多边形。方法 1：通过指定正多边形的中心点和外接圆的半径（从正多边形中心到各顶点的距离）或指定正多边形的中心点和内切圆的半径（从正多边形中心到各边中点的距离）。方法 2：通过指定第一条边的端点来定义正多边形。边长已知时使用方法 2
椭圆（ELLIPSE 或 EL）	创建椭圆或椭圆弧。椭圆的形状和大小由定义其长轴和短轴的三个点确定
样条曲线（SPLINE 或 SPL）	创建样条曲线。样条曲线使用拟合点或控制点进行定义。默认情况下，拟合点与样条曲线重合，而控制点定义控制框。控制框提供了一种便捷的方法，用来设置样条曲线的形状

表 1-9　常用的修改命令及其功能

命令	功能
删除（ERASE 或 E）	从图形中删除对象。对于临时被删除的对象可用 OOPS 或 UNDO 命令将其恢复
复制（COPY 或 CO）	在指定方向上按指定距离复制对象。对象的大小和方向保持不变
镜像（MIRROR 或 MI）	绕指定轴翻转对象创建对称的镜像图像。常用于镜像对创建对称图形
偏移（OFFSET 或 O）	创建同心圆、平行线和平行曲线。常用于偏移对创建等距线
阵列（ARRAY 或 AR）	矩形阵列，将对象副本分布到行、列和标高的任意组合。可以控制行和列的数目以及它们之间的距离。环形阵列，围绕中心点或旋转轴在环形阵列中均匀分布对象副本。路径阵列，沿路径或部分路径均匀分布对象副本
移动（MOVE 或 M）	在指定方向上按指定距离移动对象。对象的大小和方向保持不变
旋转（ROTATE 或 RO）	绕指定基点旋转图形中的对象。要确定旋转的角度，可输入角度值，使用光标进行拖动，或指定参照角度，以便与绝对角度对齐
缩放（SCALE 或 SC）	放大或缩小选定对象，缩放后对象的比例保持不变

（续表）

命令	功能
修剪（TRIM 或 TR）	修剪对象以使其与其他对象的边相接。操作过程中，首先要选择剪切边，其次按回车键选择要修剪的对象
延伸（EXTEND 或 EX）	延伸对象以使其精确地延伸至由其他对象定义的边界边，其操作方法与修剪命令相同
倒角（CHAMFER 或 CHA）	在两个对象（直线、多段线、射线、构造线、三维实体）之间创建倒角。操作时应先设置倒角距离，然后选择要添加倒角的对象。使用“多个”选项可以倒角多组对象而无须结束命令
圆角（FILLET 或 F）	给对象加圆角。使用与对象相切并且具有指定半径的圆弧连接两个对象。操作时应先设置圆角半径，然后选择要添加圆角的对象。使用“多个”选项可以圆角多组对象而无须结束命令
分解（EXPLODE）	可以将多段线、标注、图案填充或块参照等复合对象转变为单个的元素

1. 绘制图形的一般思路

例 1-2：绘制如图 1-60 所示的平面图形，不标注尺寸。

（1）图形分析

图 1-60 由直线和圆组成，且左右对称。绘图时主要应用绘图命令“直线”“圆”和修改命令“修剪”等。作圆的切线时应启用“对象捕捉（切点）”功能。

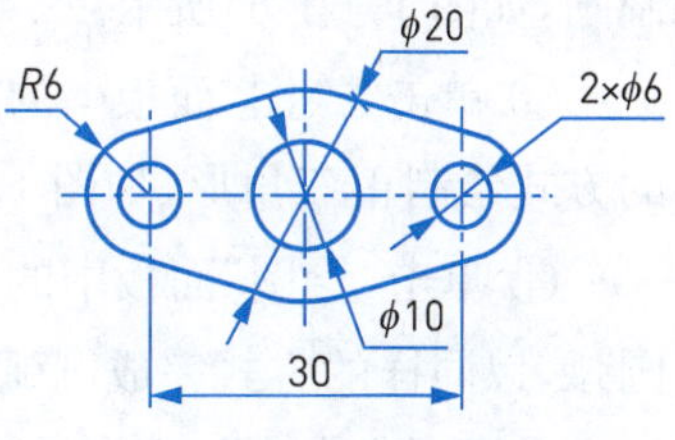

图 1-60　例 1-2 图

（2）绘图步骤

① 单击“绘图”面板中的“直线”按钮，绘制中心线，如图 1-61(a)所示。

② 单击“修改”面板中的“偏移”按钮，将竖直中心线向左、右各偏移 15 mm，如图 1-61(a)所示。

③ 单击“绘图”面板中的“圆”按钮，捕捉中心线的交点为圆心，分别以 10 mm 和 5 mm 为半径绘制两个圆；再以左、右中心线的交点为圆心，以 6 mm 和 3 mm 为半径绘制两组同心圆，如图 1-61(b)所示。

④ 设置对象捕捉模式为“切点”，调用“直线”命令绘制圆的切线，如图 1-61(b)所示。

⑤ 单击“修改”面板中的“修剪”按钮，选择圆的四条切线为剪切边，按回车键，选择图 1-61(b)中要修剪的三个圆，即可完成如图 1-61(c)所示图形。

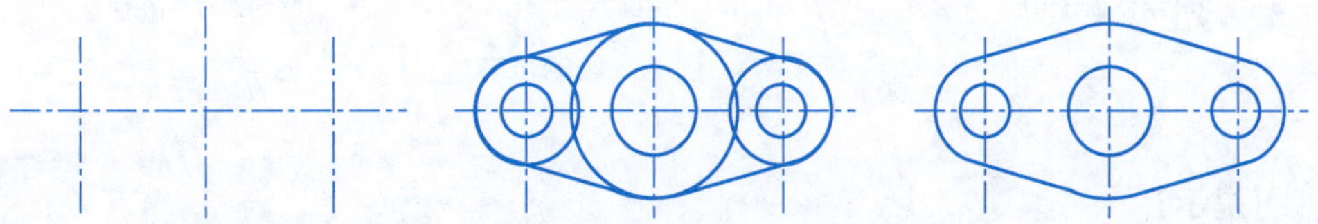

(a) 偏移　(b) 绘制　(c) 修剪

图 1-61　例 1-2 绘图步骤

【提示】

例 1-2 中的图形左右对称，绘图时可先绘制左半部分图形，然后调用“镜像”命令对称复制出右半部分图形，再进行修剪。

例 1-3：绘制如图 1-62 所示的平面图形，不标注尺寸。

(1) 图形分析

图 1-62 所示的平面图形由两个方向相反的等边三角形与圆内接，三角形内有三段圆弧，分别通过三角形的各个顶点和圆心。对于这类图形，恰当地应用“阵列”和“镜像”命令，可大大提高绘图速度。

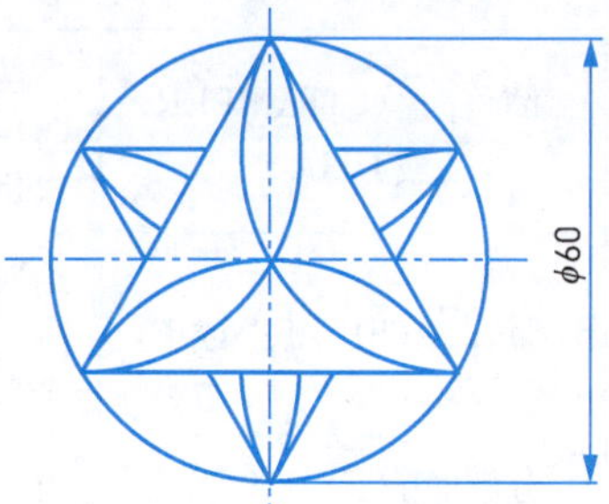

图 1-62　例 1-3 图

(2) 绘图步骤

① 单击“绘图”面板中的“直线”按钮，绘制中心线，如图 1-63(a)所示。

② 单击“绘图”面板中的“圆”按钮，捕捉中心线的交点为圆心，以 30 mm 为半径绘制圆，如图 1-63(a)所示。

③ 单击“绘图”面板中的“正多边形”按钮，以圆心为正多边形的中心，以内接于圆的方式绘制正三角形，如图 1-63(a)所示。

④ 单击“绘图”面板中的“圆弧”按钮，以默认的三点方式分别指定 *A*、*O*、*B* 绘制圆弧，以同样的方式完成圆弧 *BOC* 和 *AOC*，如图 1-63(b)所示。

⑤ 单击“修改”面板中的“镜像”按钮，以水平中心线为镜像线，创建三角形和圆弧的对称图形，如图 1-63(c)所示。

⑥ 单击“修改”面板中的“修剪”按钮，选择三角形 *ABC* 的边为剪切边，按回车键，选择图中三段圆弧和三段直线作为要修剪的对象，即可完成如图 1-62 所示平面图形。

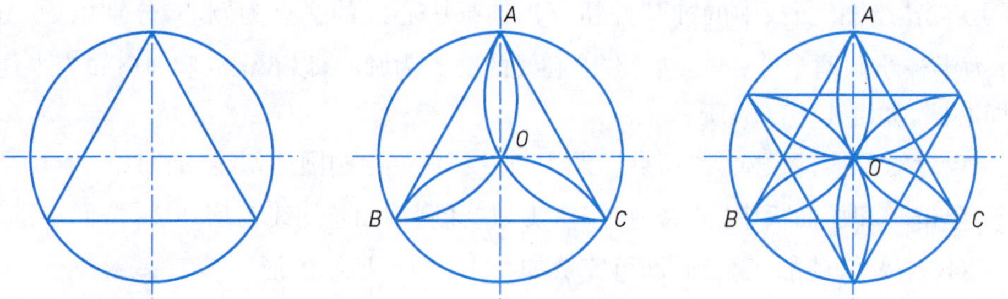

(a) 绘制正三角形　(b) 绘制圆弧　(c) 创建对称图形

图 1-63　例 1-3 绘图步骤

【提示】

例 1-3 中的三段圆弧关于圆心均匀分布，在绘出圆弧 *AOB* 之后，可调用“环形阵列”命令实现环形阵列。

2. 圆弧连接的绘制

例 1-4:绘制如图 1-64 所示的平面图形,不标注尺寸。

(1) 图形分析

如图 1-64 所示的平面图形由三组已知的同心圆和三段连接弧组成。绘图时应先绘制基准线和已知线段,最后绘制连接线段。连接弧一般采用“相切、相切、半径”方式绘制圆,然后修剪多余部分。

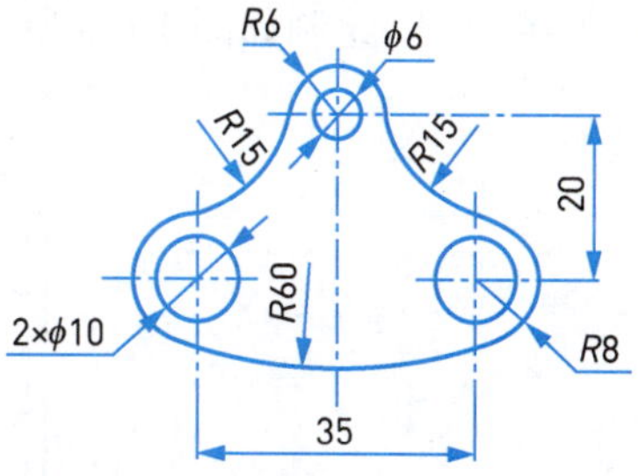

图 1-64　例 1-4 图

(2) 绘图步骤

① 单击“绘图”面板中的“直线”按钮,绘制中心线,如图 1-65(a)所示。

② 单击“修改”面板中的“偏移”按钮,将水平中心线向下偏移 20 mm,竖直中心线向左、右各偏移 17.5 mm,如图 1-65(a)所示。

③ 单击“绘图”面板中的“圆”按钮,捕捉中心线的交点为圆心,以“圆心,半径”方式绘制三组同心圆,如图 1-65(a)所示。

④ 单击“绘图”面板中的“圆”按钮,以“相切、相切、半径”方式绘制已知圆的相切圆,如图 1-65(b)所示。

⑤ 单击“修改”面板中的“修剪”按钮,选择两已知圆为剪切边,修剪获得 $R15$ mm 连接弧。以同样的方法完成连接弧 $R15$ mm 和 $R60$ mm 的绘制与修改,如图 1-65(c)所示。

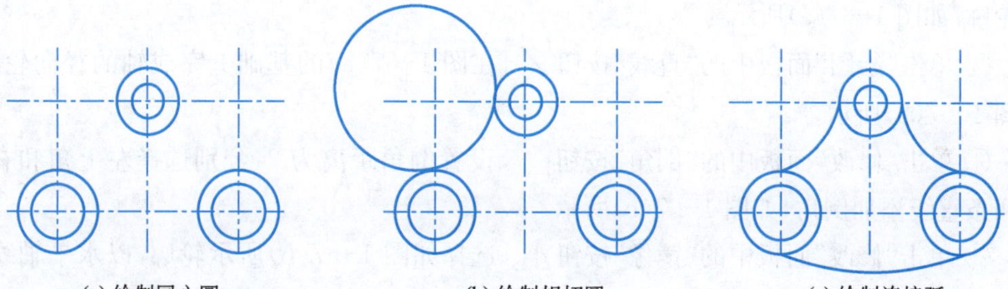
(a) 绘制同心圆　(b) 绘制相切圆　(c) 绘制连接弧

图 1-65　例 1-4 绘图步骤

⑥ 单击“修改”面板中的“修剪”按钮,选择三段连接弧为剪切边,修剪三个已知圆,即可完成如图 1-64 所示平面图形。

【提示】

例 1-4 中,当以“相切、相切、半径”方式绘制已知圆的相切圆时,指定切点的位置不同会导致内、外切产生不同的效果。当连接弧与已知线段外切时,采用“圆角”命令绘制更方便,如本例中的 $R15$ mm 连接弧。

3. 对称图形的绘制

例 1-5：绘制如图 1-66 所示的平面图形，不标注尺寸。

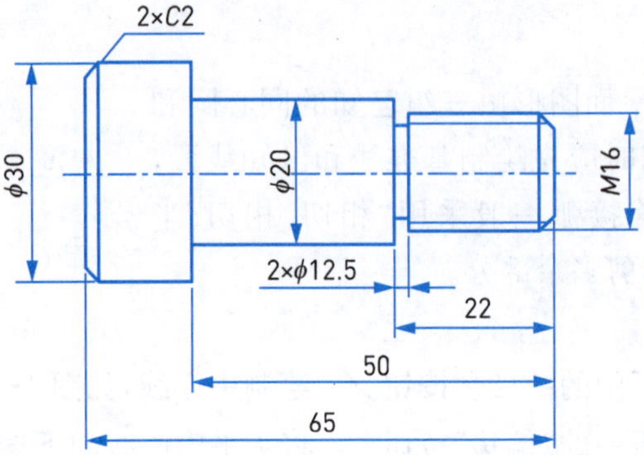

图 1-66　例 1-5 图

(1) 图形分析

如图 1-66 所示的平面图形由四段同轴回转体组成，整个图形关于轴线上下对称。为实现快速、高效绘制图形，对于图形的对称部分，可先绘制一半，然后用“镜像”命令复制出另一半。

(2) 绘图步骤

① 单击“绘图”面板中的“直线”按钮，绘制对称轴线，如图 1-67(a)所示。

② 单击“绘图”面板中的“直线”按钮，根据图 1-66 中的尺寸绘制轴的上半部分轴向轮廓，如图 1-67(a)所示。

③ 单击“绘图”面板中的“直线”按钮，在图 1-67(a)的基础上完成轴的径向轮廓，如图 1-67(b)所示。

④ 单击“修改”面板中的“倒角”按钮，设置倒角距离为 2，分别选择左上角和右上角两条直线添加倒角，如图 1-67(b)所示。

⑤ 单击“修改”面板中的“镜像”按钮，选择如图 1-67(b)所示轮廓，以水平轴线为镜像线，创建轴的下半部分轮廓，如图 1-67(c)所示。

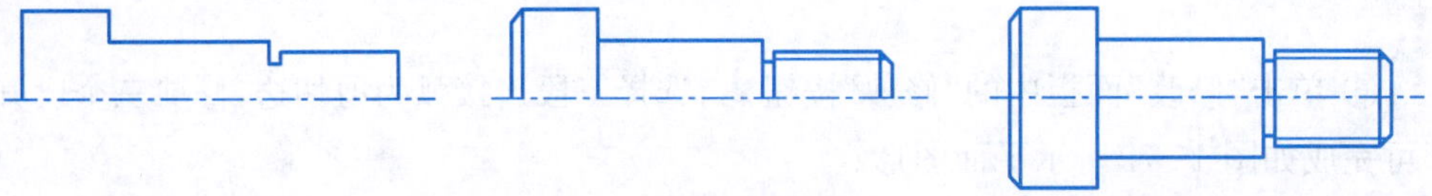

(a) 绘制对称轴线及上半部分轴向轮廓　(b) 绘制径向轮廓及倒角　(c) 绘制轴的下半部分轮廓

图 1-67　例 1-5 绘图步骤

【提示】

例 1-5 中，将图 1-66 中的细节(如倒角)都处理好之后再镜像可简化操作步骤。

4. 均匀分布图形元素的绘制

例 1-6：绘制如图 1-68 所示的平面图形，不标注尺寸。

(1) 图形分析

图 1-68 所示平面图形主要由圆和圆弧组成，在 18 mm 的圆周上均匀分布了三个圆形孔，在 ϕ30 mm 的圆周上均匀分布了三个带缺口的环形槽。为实现快速、高效绘制图形，对于圆周上均匀分布的图形，可只绘制其中一个，然后用“环形阵列”命令环形复制即可。

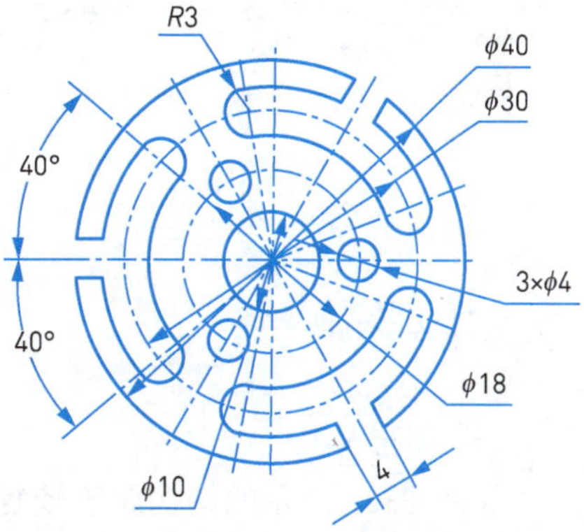

图 1-68　例 1-6 图

(2) 绘图步骤

① 单击“绘图”面板中的“直线”按钮，绘制圆的中心线(绘制左侧两条中心线)时，将极轴的增量角设置为 20°，如图 1-69(a)所示。

② 单击“绘图”面板中的“圆”按钮，绘制 ϕ18 mm 和 ϕ30 mm 的两个同心圆(定位圆)，如图 1-69(a)所示。

③ 单击“绘图”面板中的“圆”按钮，绘制图 1-69(b)所示五个已知圆。

④ 单击“绘图”面板中的“圆弧”按钮，以“圆心、起点、端点”方式逆时针绘制两段圆弧，如图 1-69(b)所示。

⑤ 单击“修改”面板中的“偏移”按钮，将水平中心线向上、下各偏移 2 mm，并以此为辅助线，用“直线”命令绘制环形槽上的缺口，用“修剪”命令将环形槽内的部分圆删除，如图 1-69(c)所示。

⑥ 单击“修改”面板中的“环形阵列”按钮，选择图 1-69(c)加色部分图形(左侧带缺口的环形槽和右侧 ϕ4 mm 的圆)，按回车键，指定图形中心为阵列中心点，按回车键，激功能区“阵列创建”选项卡，如图 1-69(d)所示，设置项目数为 3。单击“关闭阵列”按钮，即可快速复制出三个孔和三个槽。最后用“修剪”命令删除外圆的开槽部分，完成全图。

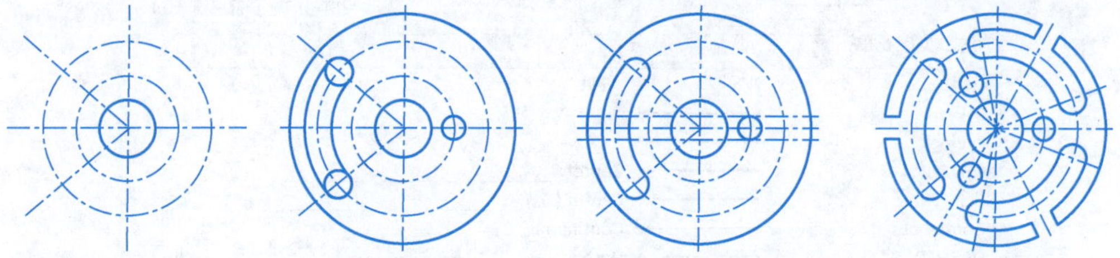

(a) 绘制中心线及同心圆　(b) 绘制圆弧　(c) 绘制环形槽缺口　(d) 完成图

图 1-69　例 1-6 绘图步骤

【提示】

对于创建多个定间距的对象，应用“阵列创建”命令可简化作图过程，如图 1-70 所示。

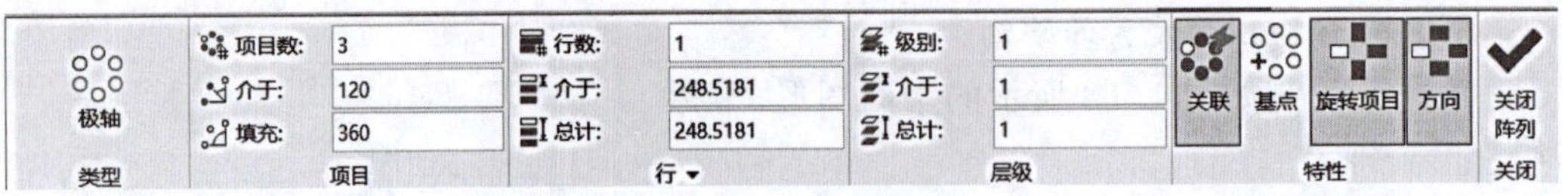

图 1-70 “阵列创建”选项卡

任务实施

一、图形分析

如图 1-33 所示的吊钩属于较复杂的平面图形，要灵活应用各种绘图与修改命令、尺寸标注和文字输入命令才能完成。

二、绘图步骤

1. 新建图形文件

单击“开始绘制”图案按钮，新建一个图形文件。

2. 设置绘图环境

1）绘制 A4 竖幅

单击“绘图”面板中的“矩形”按钮，在“指定第一个角点”提示下输入“0，0”，在“指定另一个角点”的提示下输入“210，297”。

绘制图框，单击“修改”面板中的“偏移”按钮，将矩形向内偏移 10 mm。

2）设置图层

（1）加载线型

执行“格式”→“线型”命令，弹出“线型管理器”对话框，单击“加载(L)...”按钮，在弹出的“加载或重载线型”子对话框中，选择 CENTER 和 DASHED 两种线型（按住“Ctrl”键，分别拾取线型名），并将“全局比例因子”设为 0.35，如图 1-71 所示。

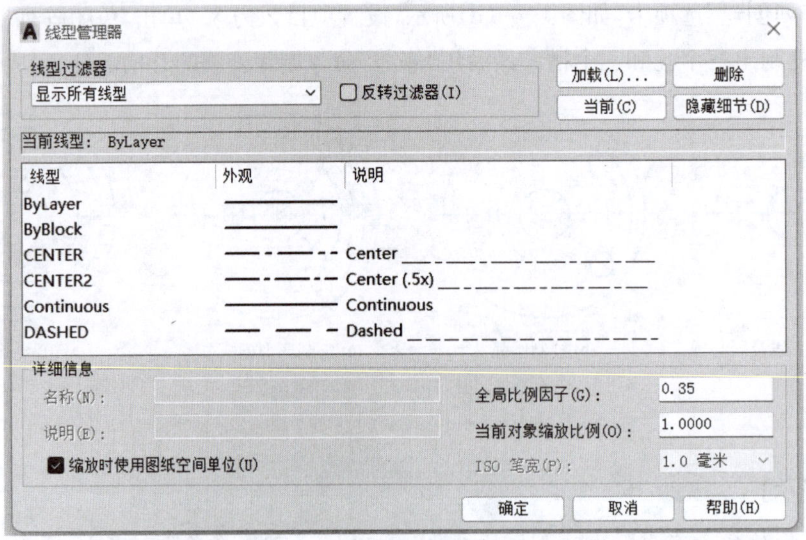

图 1-71 “线型管理器”对话框

（2）创建图层

单击“图层”面板中的“图层特性”按钮，在打开的“图层特性管理器”选项板中新建五个图层，各图层的特性和用途见表 1-10。

表 1-10　各图层的特性和用途

图层名	颜色	线型	线宽	用途
Cen	红色	Center	默认	绘制中心线、轴线等
Vis	绿色	Continuous	0.5 mm	绘制可见轮廓线（粗实线）
Dim	白色	Continuous	默认	标注尺寸
Hid	黄色	Dashed	默认	绘制不可见轮廓线（虚线）
HAT	白色	Continuous	默认	绘制剖面线、波浪线、文字等

（3）设置文字样式

单击“注释”面板下拉箭头，在如图 1-72 所示的列表中单击“文字样式”按钮，打开“文字样式”对话框，如图 1-73 所示。将字体设置为 gbenor.shx，使用大字体 gbcbig.shx，其他设置取默认值，单击“应用”按钮。

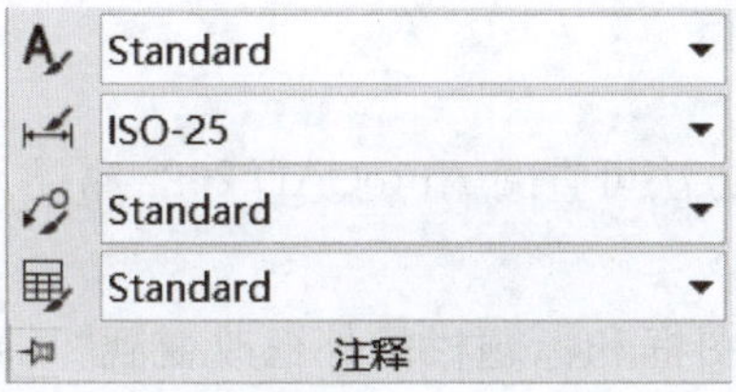

图 1-72　“注释”下拉列表

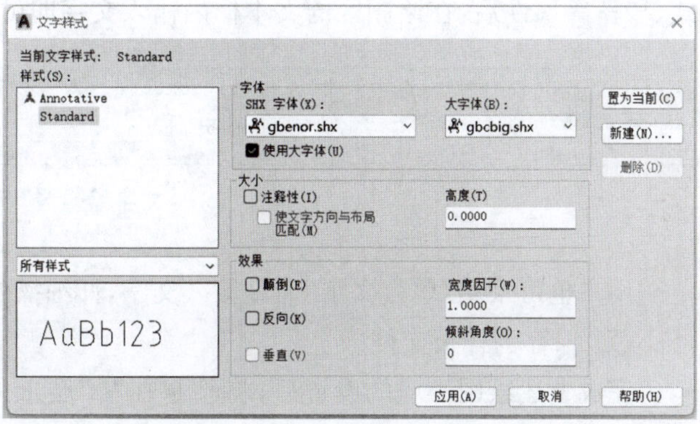

图 1-73　“文字样式”对话框

（4）设置尺寸标注样式

在图 1-72 的列表中单击“标注样式”按钮，打开“标注样式管理器”对话框，如图 1-74 所示。单击“修改”按钮，打开“修改标注样式：ISO-25”对话框，如图 1-75 所示。分别选择“线”“符号和箭头”“文字”选项卡，通过更改控制尺寸线、尺寸界线、箭头和标注文字等外观的相关参数，设置符合国家标准的标注样式。

将“符号和箭头”选项卡中的箭头大小设为 3，将“文字”选项卡中的“文字高度”设为 3.5，“文字对齐”选择“ISO 标准”，完成相关修改后，单击“确定”按钮，返回“标注样式管理器”对话框，单击“关闭”按钮退出设置。

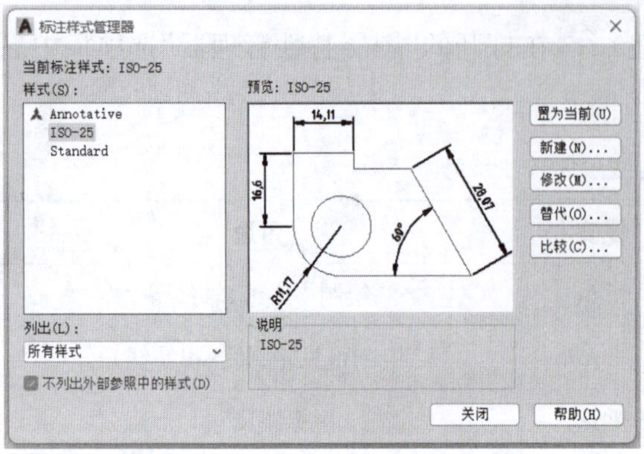

图 1-74 “标注样式管理器”对话框

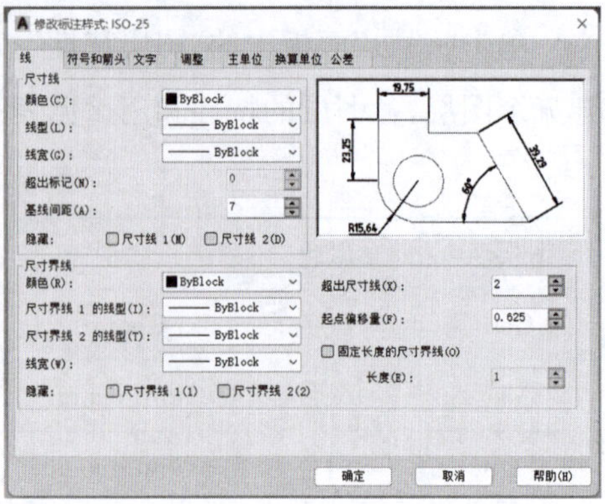

图 1-75 “修改标注样式：ISO-25”对话框

(5) 绘制标题栏

参照图 1-2(b)绘制 A4 幅面图纸的图框，参照图 1-4 标题栏格式，采用“直线”“偏移”“修剪”等命令绘制标题栏。

(6) 创建文字，填写标题栏

单击“注释”面板中的“多行文字”按钮**A**，在绘图区通过指定对角点确定文本框的位置，激活“文字编辑器”选项卡，如图 1-76 所示。在该选项卡中设置完成文字的样式、格式、段落等属性后，在绘图区的文本框内输入文字即可。

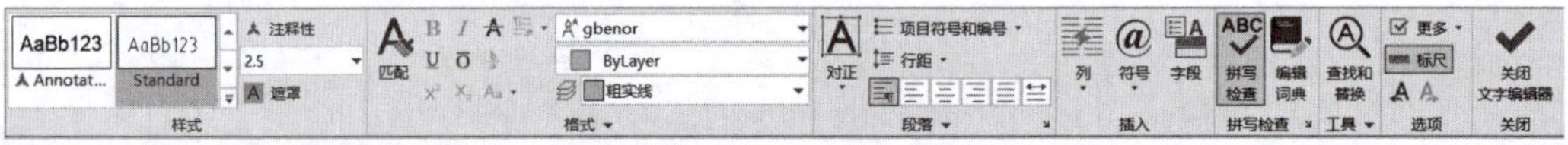

图 1-76 “文字编辑器”选项卡

用户也可采用“单行文字”命令输入文字，详细操作方法可查阅 AutoCAD 2022 帮助。

(7) 保存为样板文件

完成上述绘图环境的设置后，将绘制在“0”层上的图框和标题栏的外框改变到“Vis 层”。单击“菜单浏览器”按钮**A**，在弹出的列表中执行“另存为”→“图形样板”命令，以“A4”为文件名保存图形样板文件(*.dwt)。

3. 绘制平面图形

1) 绘制基准线

单击“图层”面板中的“图层列表”按钮，选择“Cen”层作为当前层。执行“直线”命令，绘制两条主要基准线(图中加色显示)。执行“偏移”命令，根据高度方向的定位尺寸 54 mm、23 mm、9 mm 创建水平中心线的平行线，根据长度方向的定位尺寸 5 mm 创建竖直中心线的平行线。结果如图 1-77(a)所示。

2) 绘制已知线段

单击“图层”面板中的“图层列表”按钮，选择“Vis”层作为当前层。执行“圆”命令，绘制圆 O_1 和圆 O_2。执行“直线”命令，绘制图形上端的直线部分。结果如图 1-77(b)所示。

3）绘制连接弧 R24 mm 和 R36 mm

执行“圆角”命令，将半径设为 24 mm，在右侧直线和圆 O_2 之间创建圆角。重复“圆角”命令，将半径设为 36 mm，在左侧直线和圆 O_1 之间创建圆角。结果如图 1-77(c)所示。

4）绘制中间线段 R24 mm、R14 mm 和连接弧 R2 mm

单击“图层”面板中的“图层列表”按钮，选择“0”层作为当前层。执行“圆”命令，以 O_1 为圆心、(12＋24)mm 为半径绘制辅助圆，获得交点 O_3，然后切换到“Vis”层，以 O_3 为圆心、24 mm 为半径绘制圆 O_3。同理，以 O_2 为圆心、(29＋14)mm 为半径绘制辅助圆，获得交点 O_4，然后以 O_4 为圆心、14 mm 为半径绘制圆 O_4。执行“圆角”命令，将半径设为 2 mm，在圆 O_3 和圆 O_4 之间创建圆角。结果如图 1-77(d)所示。

5）细节处理

执行“修剪”命令，依次将圆 O_1、O_2、O_3、O_4 的多余部分删除，执行“删除”命令删除辅助线，如图 1-77(e)所示。

执行“倒角”命令，将距离设为 2 mm，在 ϕ14 圆柱的上端创建倒角，最后使用夹点编辑对象，调整中心线的长度，如图 1-77(f)所示。

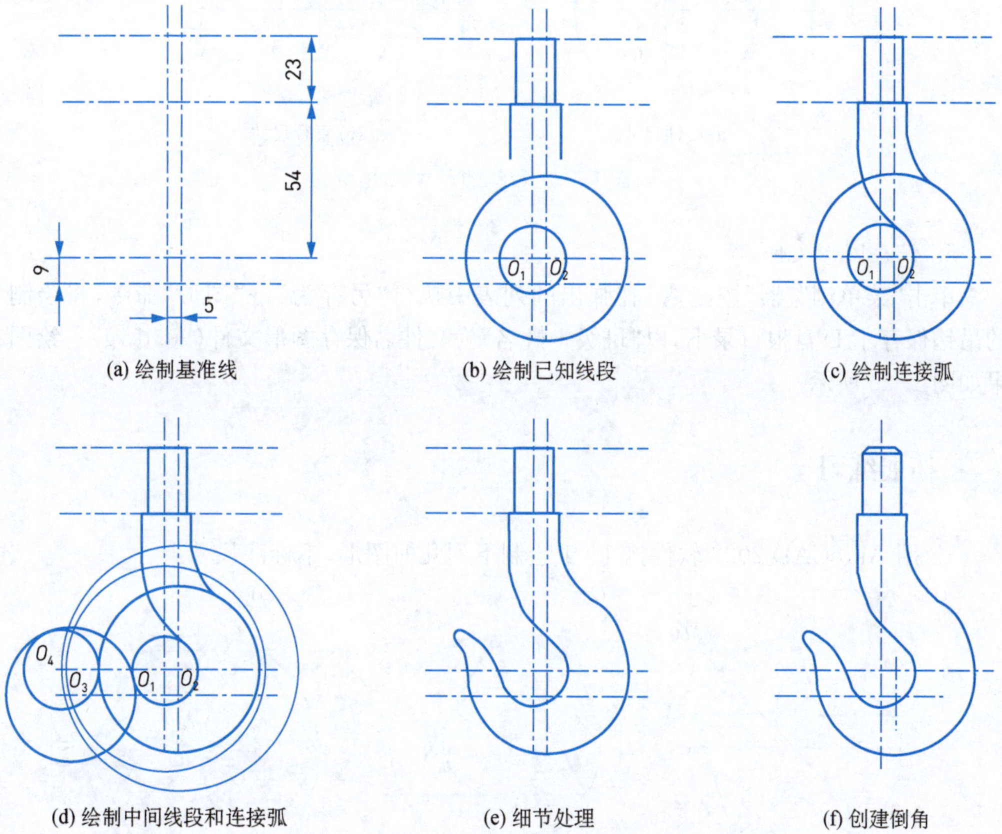

(a) 绘制基准线　(b) 绘制已知线段　(c) 绘制连接弧

(d) 绘制中间线段和连接弧　(e) 细节处理　(f) 创建倒角

图 1-77　吊钩的绘制步骤

使用鼠标选定对象时，在对象关键点上将出现夹点(呈蓝色的实心小方框，也称为冷夹点)。可以通过激活并拖动这些夹点快速拉伸、移动、旋转、缩放或镜像对象。要改变直线的长度可选择其中一个端点作为基准夹点(选定夹点呈红色,也称为热夹点),启用"拉伸"夹点模式,沿直线原有方向改变夹点位置即可改变直线长度。

4. 标注尺寸

单击"图层"面板中的"图层列表"按钮,选择"Dim"层作为当前层。单击"注释"面板中的"线性"标注按钮,标注图中的线性尺寸,如图 1-78(a)所示。单击"半径"标注按钮,标注图中的半径尺寸,单击"直径"标注按钮,标注图中的直径尺寸。完成尺寸标注后的图形如图 1-78(b)所示。

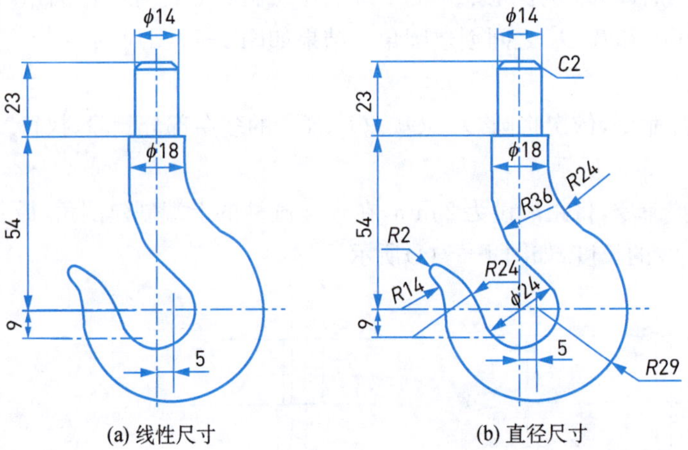

图 1-78 吊钩的尺寸标注

5. 保存图形文件

单击"菜单浏览器"按钮**A**,在弹出的列表中执行"另存为"→"图形"命令,将绘制好的吊钩保存于D盘根目录下,以"班级+姓名"为文件名保存图形文件(*.dwg)。绘图结果如图 1-26 所示。

拓展练习

1. 用 AutoCAD 2022 软件按 1∶1 绘制下列几何图形,不标注尺寸。

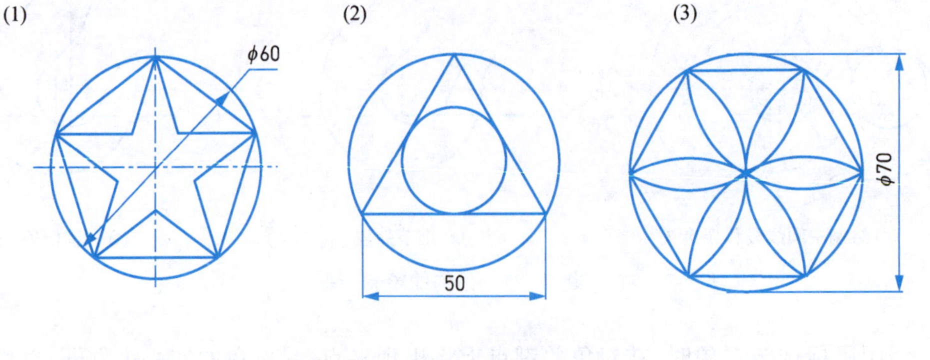

(4)

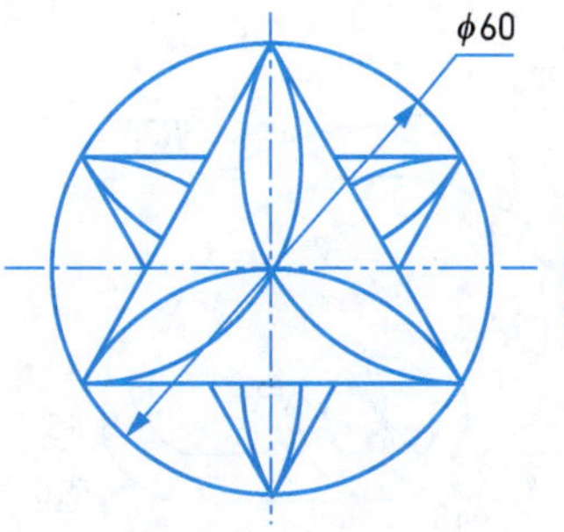

(5)

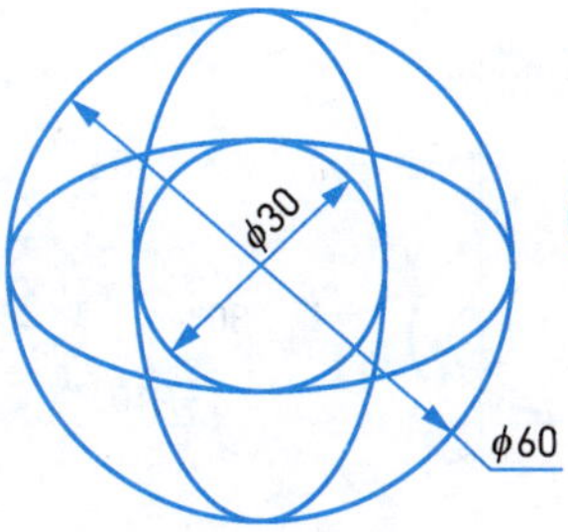

(6)

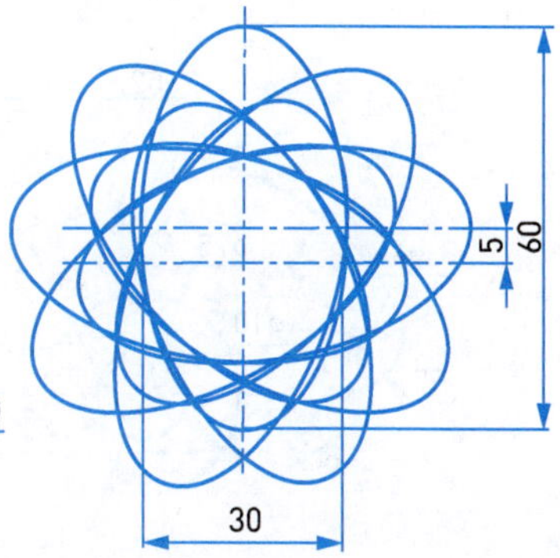

2. 用 AutoCAD 2022 软件按 1∶1 绘制下列简单平面图形，不标注尺寸。

(1)

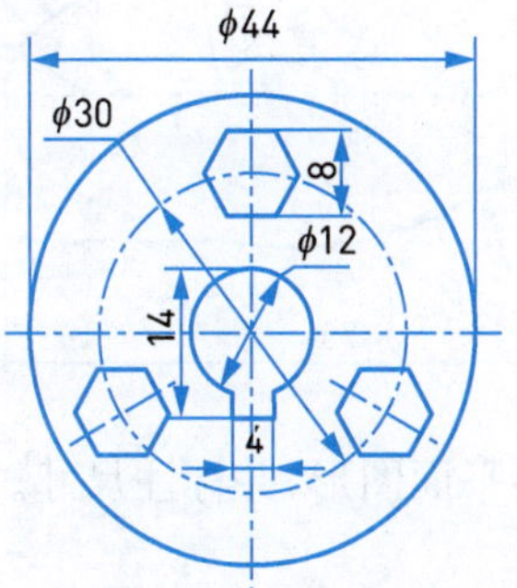

(2)

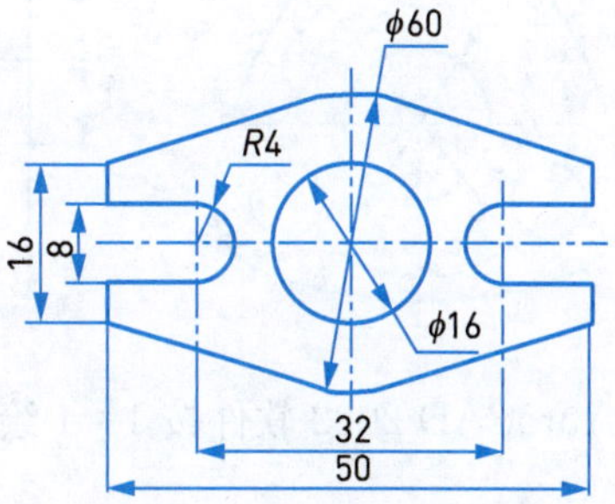

(3)

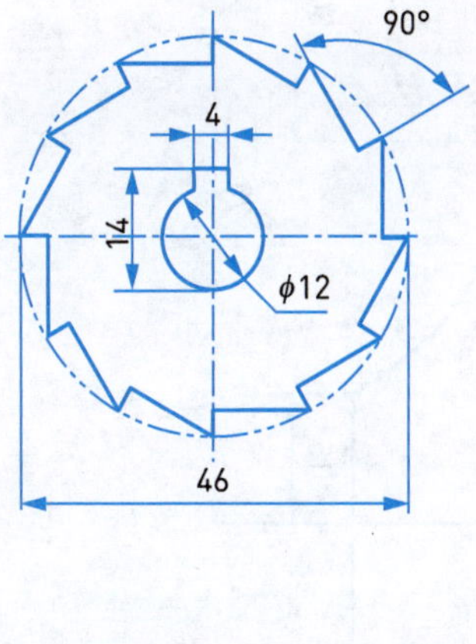

(4)

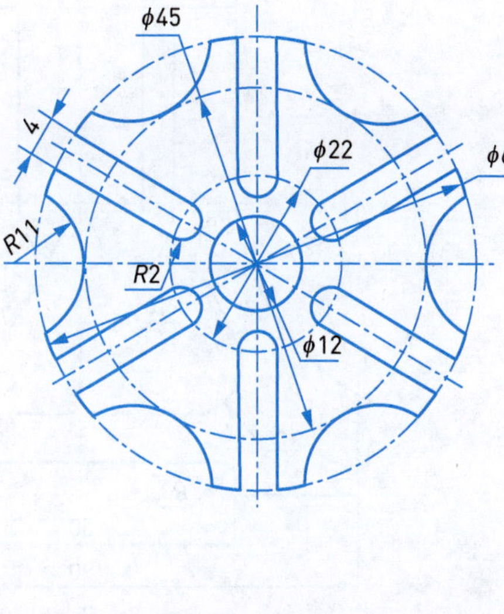

3. 圆弧连接练习(用 AutoCAD 2022 软件按 1∶1 绘制下列图形,并标注尺寸)。

(1)

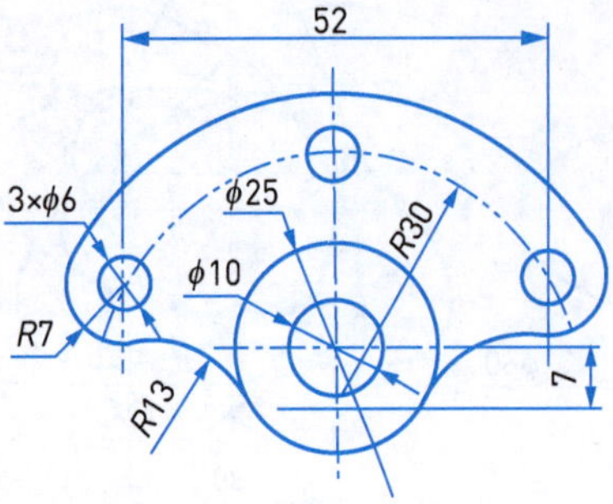

(2)

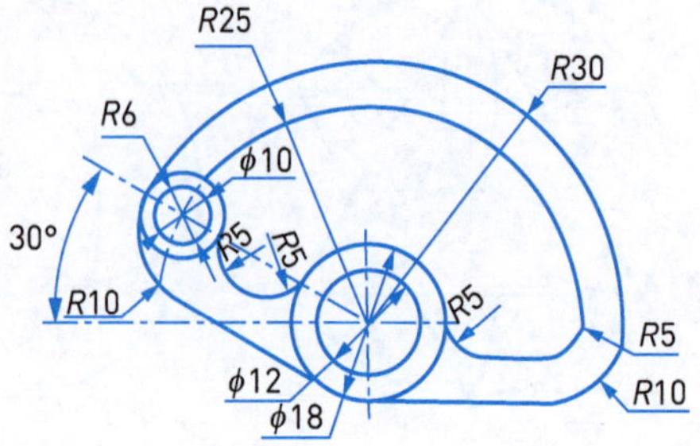

(3)

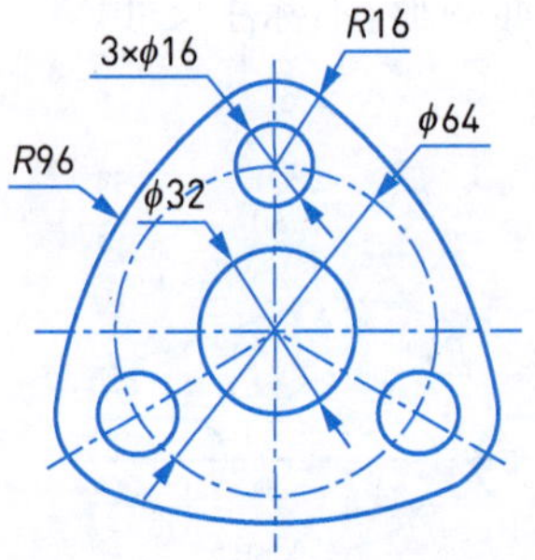

(4)

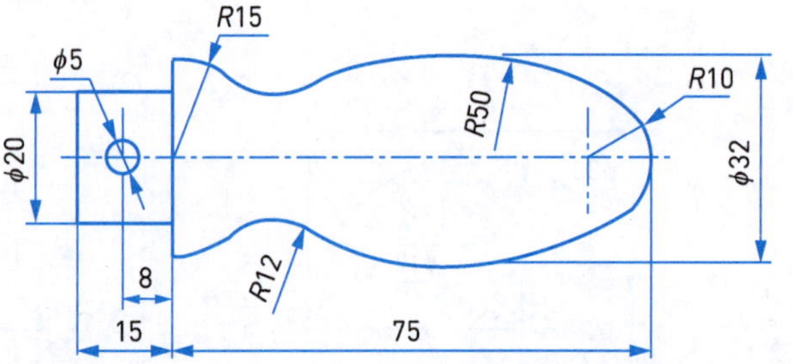

4. 用 AutoCAD 2022 软件按 1∶1 绘制下列复杂平面图形,并标注尺寸。

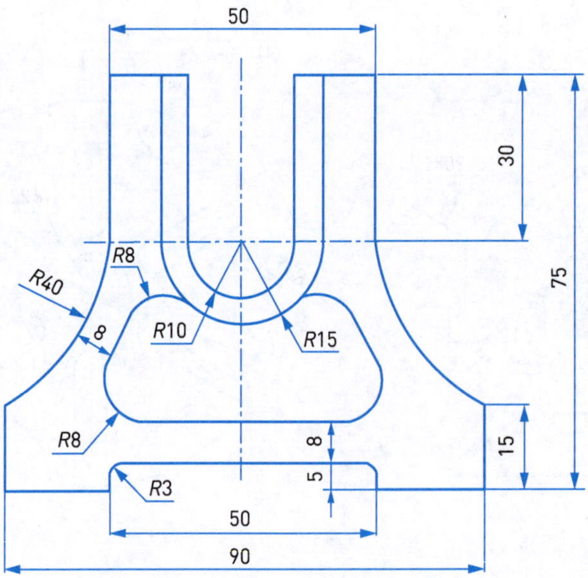

学习情境二

正投影和三视图

情境概述

正投影作图原理和方法是将空间物体转换成平面图形的基础。零件主体结构通常由几何体经过切割或相贯形成，掌握几何体及其表面交线的投影作图方法是正确表达零件结构的基础。

学习目标

- 熟悉常见几何体的形成方法；
- 掌握正投影的基本性质及三视图的画法；
- 掌握几何体及其表面交线的投影作图方法。

教学目标

通过介绍投影的形成过程，使学生掌握认识本质与规律、共性与个性的科学思维方法，用联系的观点和多维的视角分析问题，发展学生的空间思维能力及解决问题的能力。

任务一
绘制物体的三视图

学习任务单

<table>
<tr><td>任务名称</td><td>绘制物体的三视图</td></tr>
<tr><td>任务描述</td><td>根据物体的模型(或轴测图)绘制三视图,尺寸从轴测图中量取,如图 2-1 所示。
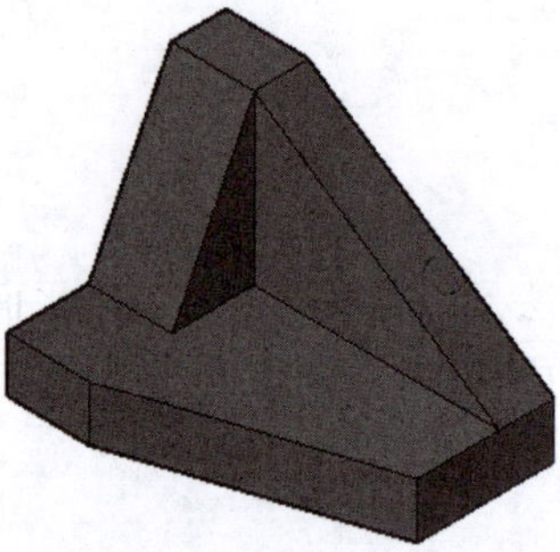
图 2-1　物体模型</td></tr>
<tr><td>任务分析</td><td>要绘制物体模型的三视图,首先要熟悉正投影法及正投影的基本性质,其次要掌握正投影作图的原理和方法,绘制三视图是将三维物体转换成二维视图的基础方法。</td></tr>
<tr><td>成果展示与评价</td><td>各组成员独立完成给定模型的三视图,自评或小组互评后由教师评定成绩,填写评定表(表 2-1)。
表 2-1　绘制物体的三视图任务评定表
<table>
<tr><th>能力目标</th><th>相关知识</th><th>权重</th><th>自测分数</th><th>教师评分</th></tr>
<tr><td>了解相关知识</td><td>(1) 投影法分类;
(2) 三面投影体系;
(3) 三视图的形成过程</td><td>30 分</td><td></td><td></td></tr>
<tr><td>熟练掌握知识点</td><td>(1) 三视图反映物体的三个方向的测量值;
(2) 三视图的投影规律;
(3) 三视图反映物体的六个方位</td><td>40 分</td><td></td><td></td></tr>
<tr><td>应用知识分析案例</td><td>根据物体的三视图分析其度量及对应方法</td><td>30 分</td><td></td><td></td></tr>
</table>
</td></tr>
</table>

知识概述

一、常见几何体的分类

常见几何体多可看成是平面图形按照一定的规则运动而成，平面图形的形状特征和运动规则决定了几何体的结构特征。

1. 柱体

将特征轮廓沿法向拉伸即形成柱体。柱体可分为单一柱体和复合柱体，单一特征轮廓拉伸形成单一柱体，如图 2-2 所示。

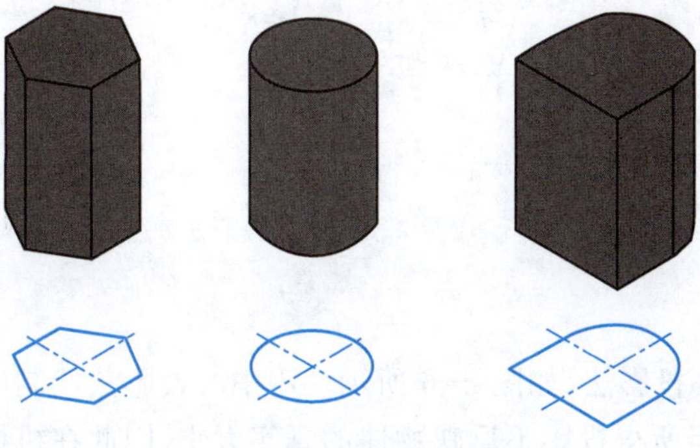

图 2-2　单一柱体的拉伸成形

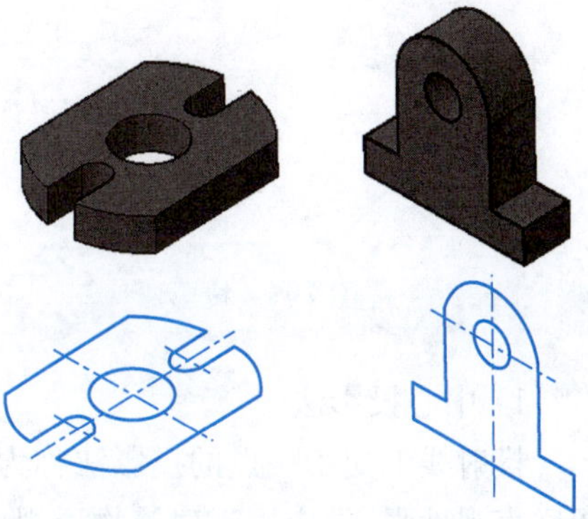

图 2-3　复合柱体的拉伸成形

特征轮廓是指决定立体全部或部分结构形状的平面图形。立体某一方向上的最外边界或者内部的封闭图形都可以成为立体构型的特征轮廓，特征轮廓的形状可以是多边形、圆或复合平面图形，如图 2-2 中的俯视图。

多个特征轮廓拉伸形成复合柱体，如图 2-3 所示。

2. 回转体

将特征轮廓绕与其在同一平面内的轴线旋转即形成回转体。回转体也可分为单一回转体（包括圆柱、圆锥、圆球、圆环）和复合回转体。回转体的形成过程如图 2-4 所示。

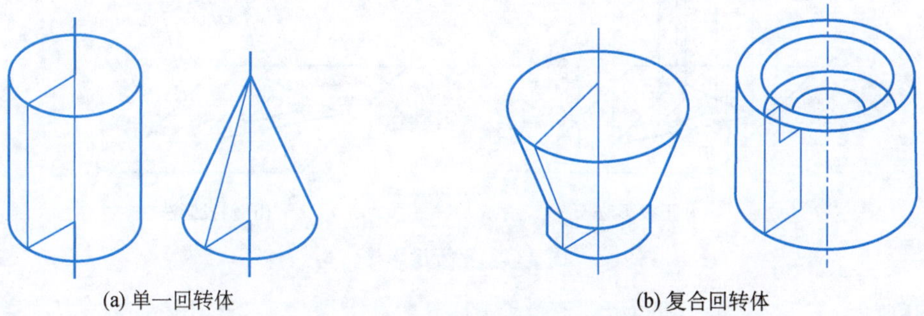

(a) 单一回转体　　(b) 复合回转体

图 2-4　回转体的旋转成形

二、投影法和三视图

1. 投影法及其分类

投影法指投射线通过物体,向选定的投影面投射,并在该面上得到投影的方法。如图 2-5 所示,设定平面 P 为投影面,不属于投影面的定点 S 为投射中心。过空间点 A 由投射中心 S 可引出直线 SA,SA 为投射线。投射线 SA 与投影面的交点 a,称为空间点 A 在投影面 P 上的投影。同理,b 点是空间点 B 在投影面 P 上的投影。

动画 1:投影法及三视图

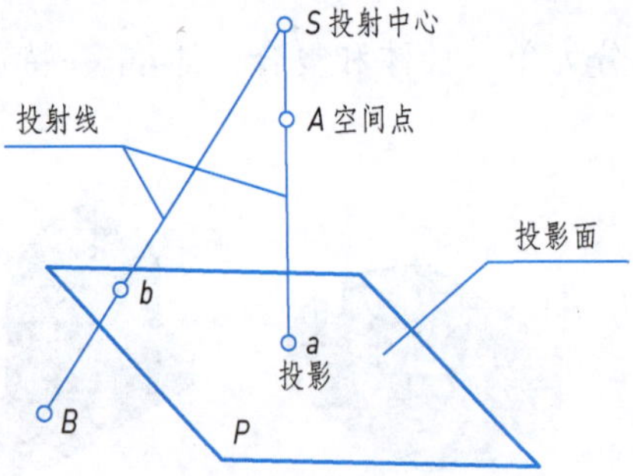

图 2-5　投影法

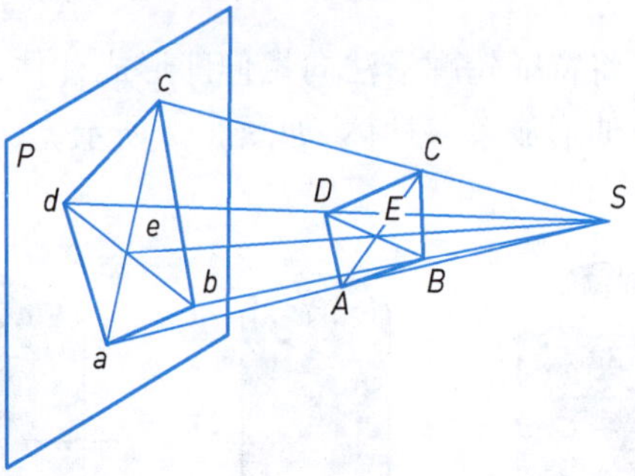

图 2-6　中心投影法

1) 中心投影法

投射线汇交于一点的投影法称为中心投影法,如图 2-6 所示。用中心投影法绘制的图样直观性强,常应用于建筑物透视图,但所得投影不反映物体的真实大小,因此在机械和化工图样中很少采用。

2) 平行投影法

投射线互相平行的投影法称为平行投影法。平行投影法又分为正投影法(投射线垂直于投影面)与斜投影法(投射线倾斜于投影面)两种,如图 2-7 所示。其中正投影法能准确地表达物体的形状和大小,度量性好,作图简便,在工程上得到了广泛应用。机械图样常采用正投影法绘制。

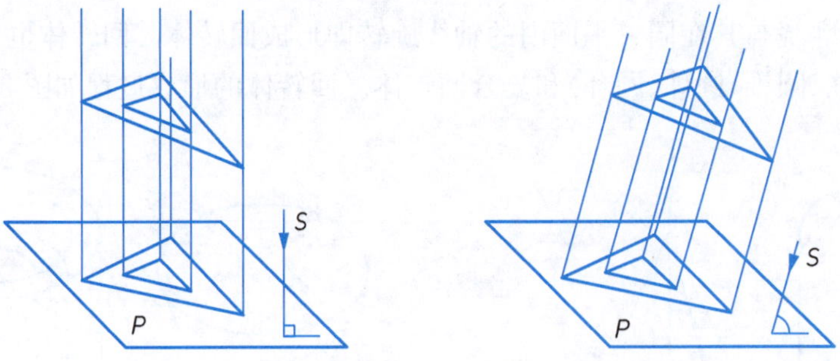

(a) 正投影法　　(b) 斜投影法

图 2-7　平行投影法

【提示】

空间点以大写字母表示,如:A、B、C、D;其投影用相应的小写字母表示,如:a、b、c、d。

2. 正投影的基本性质

1）显实性

当直线段（或平面）与投影面平行时，其投影反映实长（或实形）。如图 2-8 所示，直线 *AB* 和平面 *ABCD* 均平行于投影面，它们的投影 *ab* 和 *abcd* 反映其在空间的真实长度和真实形状。

微课 1：投影法与三视图

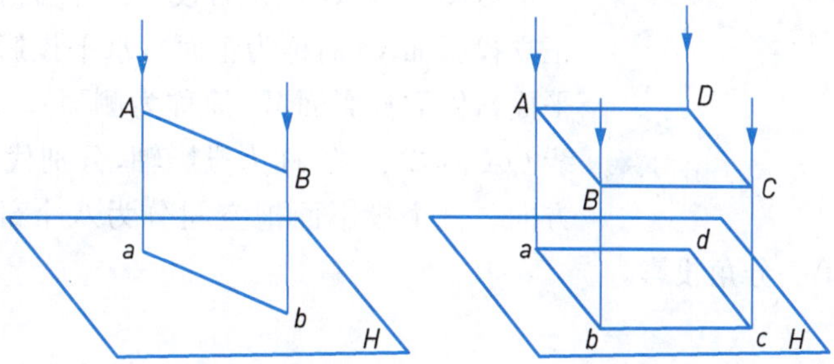

图 2-8　正投影的显实性

2）积聚性

当直线段（或平面）与投影面垂直时，其投影积聚为一个点（或一条直线）。如图 2-9 所示，直线 *AB* 和平面 *ABCD* 均垂直于投影面，直线 *AB* 的投影积聚为点 *a*(*b*)，平面 *ABCD* 的投影积聚为直线 *ad*(*bc*)。形体垂直于投影面的各条棱线在投影面上的投影积聚成点，垂直于投影面的平面的投影积聚成直线。

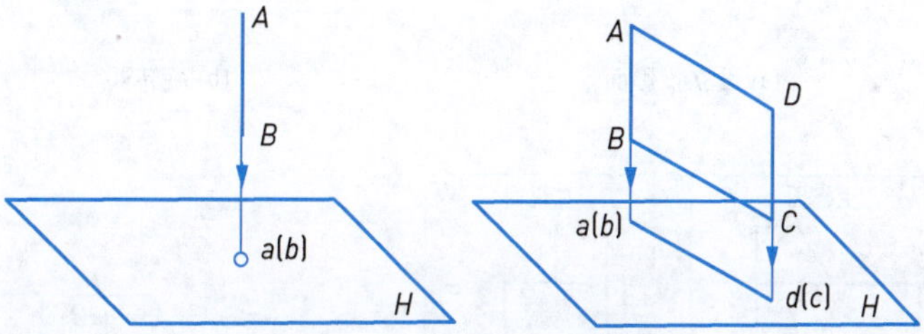

图 2-9　正投影的积聚性

3）类似性

当直线段（或平面）与投影面倾斜时，其投影变短（或变小），但投影的形状仍与原来形状类似，如图 2-10 所示。

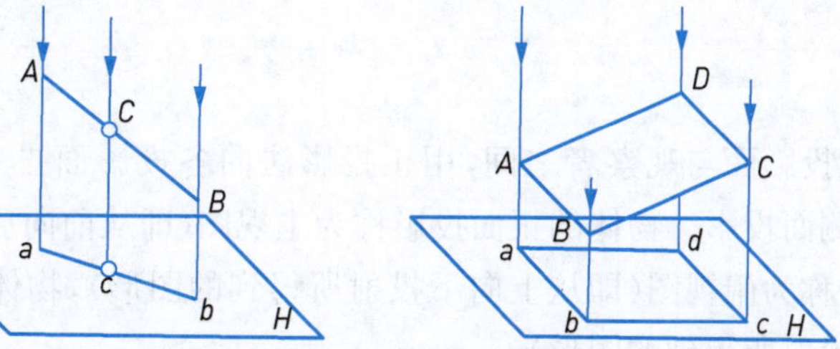

图 2-10　正投影的类似性

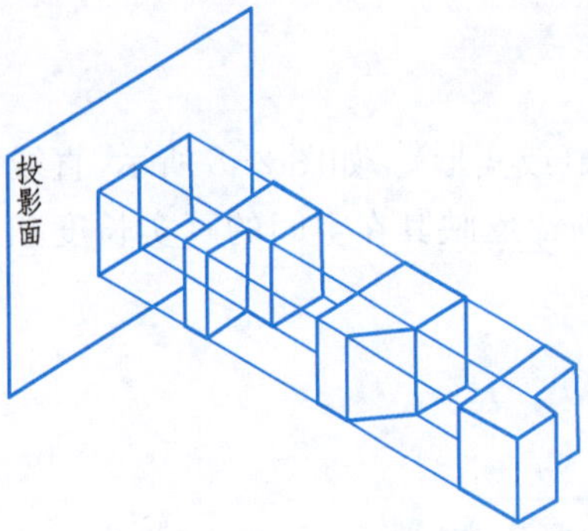

图 2-11　不同形状物体的相同投影

3. 三视图的形成及其投影规律

用正投影法绘出的物体投影称为视图。一般情况下，一个视图不能确定物体的形状，如图 2-11 所示，三个不同形状的物体，它们在投影面上的投影都相同。为了将物体表达清楚，工程上常用三视图。

如图 2-12(a)所示，设立三个互相垂直的投影面：正立投影面 V(简称为正面)，水平投影面 H(简称为水平面)，侧立投影面 W(简称为侧面)。三个投影面的交线 OX、OY、OZ 称为投影轴，分别代表长、宽、高三个方向。三个投影面把空间分为八个部分，称为八个分角。本书只讨论第一分角投影。

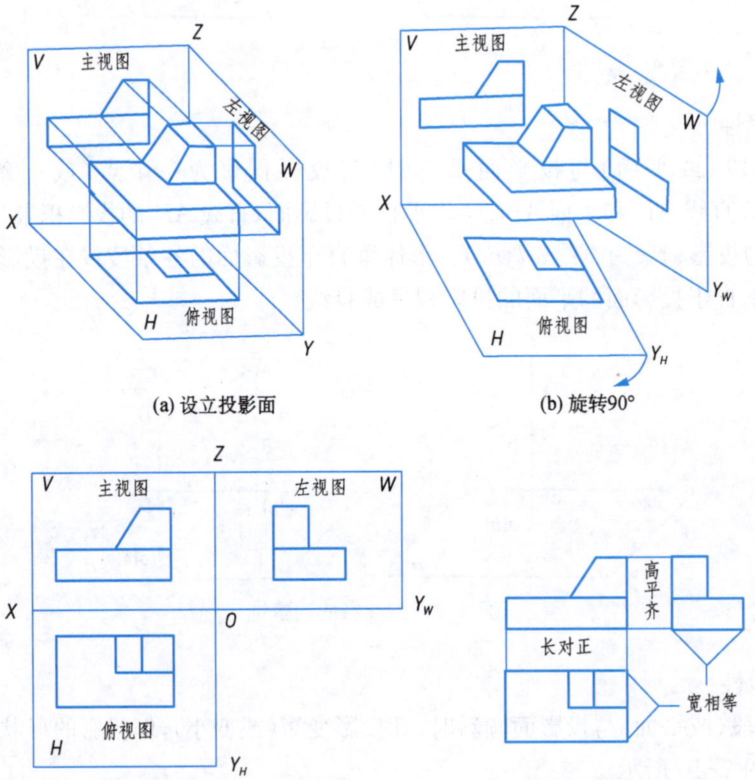

图 2-12　三视图的形成

把物体放在投影面与观察者之间，用正投影法向各投影面投射，可分别得到正面投影、水平投影和侧面投影。物体的正面投影称为主视图(即从前向后投射所得到的图形)，物体的水平投影称为俯视图(即从上向下投射所得到的图形)，物体的侧面投影称为左视图(即从左向右投射所得到的图形)。

为了作图方便，如图 2-12(b)所示，规定正面不动，将水平面绕 OX 轴向下旋转 90°，

将侧面绕 OZ 轴向右旋转 90°，就得到如图 2-12(c)所示同一平面上的三个视图。物体有长、宽、高三个方向的尺寸，有上、下、左、右、前、后六个方位。每个视图都反映物体一个方向的形状、两个方向的尺寸和四种方位关系。

从三视图的形成过程可看出，俯视图在主视图的正下方，左视图在主视图的正右方。主、俯视图共同反映物体的长度(等长)，主、左视图共同反映物体的高度(等高)，俯、左视图共同反映物体的宽度(等宽)，如图 2-12(d)所示。主视图反映物体的上、下和左、右相对位置关系，俯视图反映物体的前、后和左、右相对位置关系，左视图反映物体的上、下和前、后相对位置关系。

【提示】

投影面的范围大小与视图无关，因此在绘制视图时，投影面的边框和投影轴不必绘制出。

如图 2-12(d)所示，俯视图在主视图的下方，左视图在主视图的正右方，三个视图的相对位置不能变动，视图的名称均不必标注。

三、三视图的投影规律与绘制

微课 2：三视图的画法

根据物体(或轴测图)绘制三视图时，应先分析物体的形状，选择反映物体形状特征最明显的方向作为主视图的投射方向，并将物体摆正，使其主要表面平行于投影面。

作图时，先绘制出三个视图的作图基准线，从主视图入手，根据“长对正、高平齐、宽相等”的投影规律，依次绘制出物体各部分的投影。如图 2-13(a)所示模型的作图步骤如图 2-13(b)～图 2-13(d)所示。

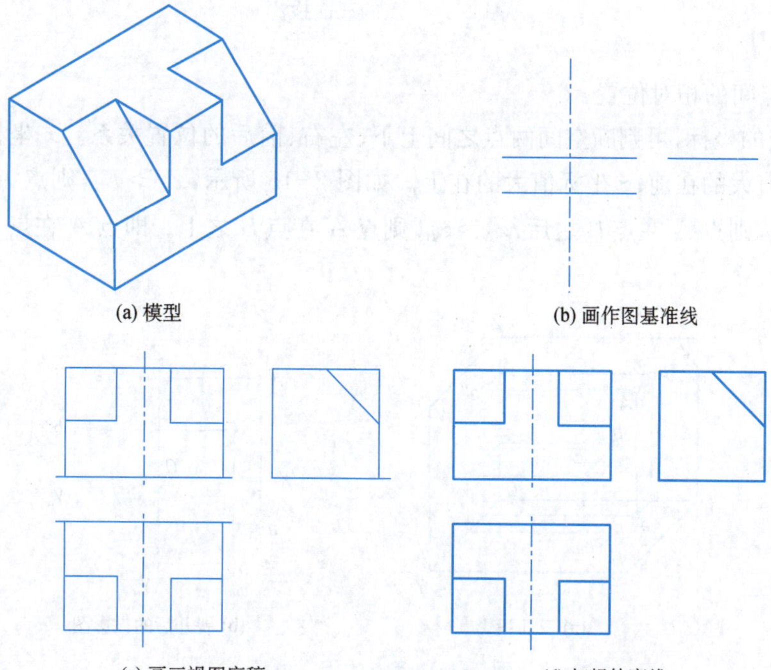

(a) 模型　(b) 画作图基准线　(c) 画三视图底稿　(d) 加粗轮廓线

图 2-13　三视图的作图步骤

作图时，以垂直线保证主、俯视图“长对正”，以水平线保证主、左视图“高平齐”，在俯视图或左视图上用分规截取保证“宽相等”，如图 2-13(d)所示。

四、点、直线、平面的投影

微课 3：物体几何要素的投影分析

点、线、面是构成物体形状的基本几何元素。熟悉它们的投影特性有助于正确绘制物体的视图。

1. 点的投影规律

如图 2-14(a)所示，将点 A 分别向 H、V、W 投影面投射，得到的三面投影分别为 a、a'、a''。图 2-14(b)是投影面展开后的投影图，由投影图可看出，点的投影存在如下规律。

① 点的正面投影与水平面投影的连线一定垂直于 OX 轴，即 $aa' \perp OX$。

② 点的正面投影与侧面投影的连线一定垂直于 OZ 轴，即 $a'a'' \perp OZ$。

③ 点的水平面投影到 OX 轴的距离等于点的侧平面投影到 OZ 轴的距离，即 $aa_X = a''a_Z$。

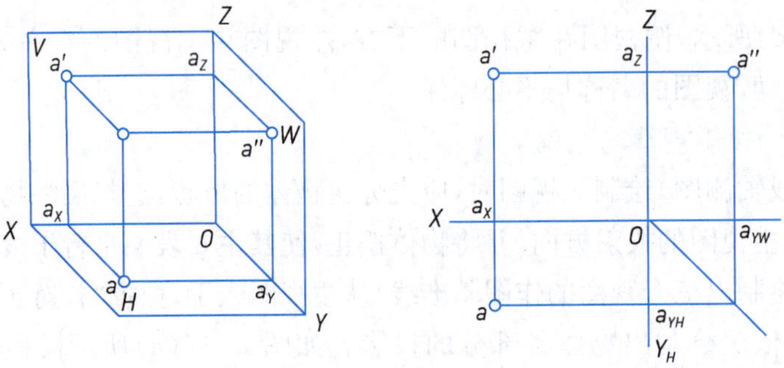

(a) 三面投影　　(b) 展开后的投影图

图 2-14　点的三面投影

1) 两点间的相对位置

根据点的坐标，可判断空间两点之间上下、左右、前后的位置关系。x 坐标值大的在左；y 坐标值大的在前；z 坐标值大的在上。如图 2-15 所示，$x_A > x_B$，则点 A 在点 B 之左；$y_A < y_B$，则点 A 在点 B 之后；$z_A > z_B$，则点 A 在点 B 之上。即点 A 在点 B 之左、后、上方。

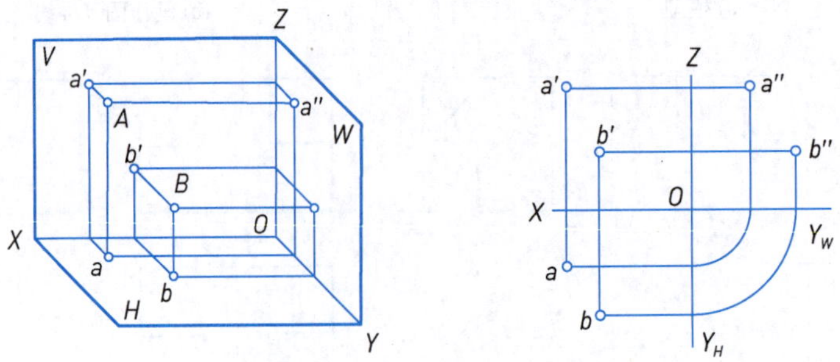

(a) 三面投影　　(b) 展开后的投影图

图 2-15　两点的相对位置

2）重影点及可见性

当空间两点的两个坐标值相等，而第三个坐标值不相等时，对某一投影面，该两点位于同一条投射线上，在该投影面上的投影重合，则称这两点为这一投影面的重影点。如图 2-16 所示，点 A 和点 B 的 X、Y 坐标相等，而 Z 坐标不相等，则点 A 和点 B 为 H 面的重影点。

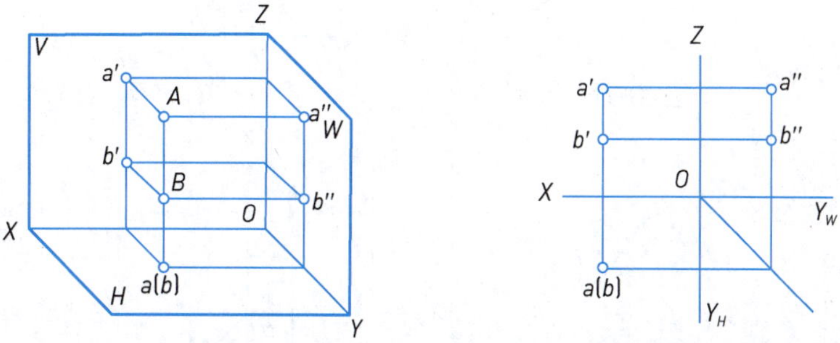

(a) 三面投影　　(b) 展开后的投影图

图 2-16　重影点及可见性

【提示】

判断重影点的可见性，是根据两点不相等的那个坐标值来确定的。坐标值大的可见，坐标值小的不可见。相应的，也可从另一投影中用“前遮后、上遮下、左遮右”的原则来判断重影点的可见性。对于不可见的点的投影，在标记时加括号表示。

2. 直线的投影特性

一般情况下，直线的投影仍为直线。作直线的三面投影时，可分别作出直线两端点的三面投影，然后将同一投影面上的投影用直线相连，即可得到直线的三面投影。直线相对于投影面有平行、垂直和倾斜三种情况，各位置直线的投影特性见表 2-2。

表 2-2　各位置直线的投影特性

直线类型	轴测图	投影图	投影特性
一般位置直线：倾斜于三个投影面的直线	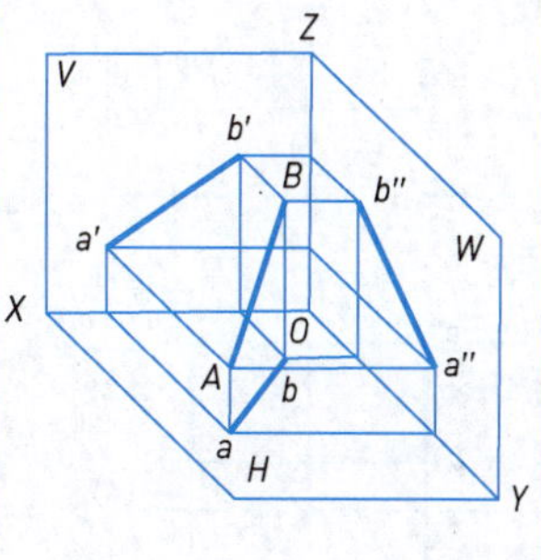	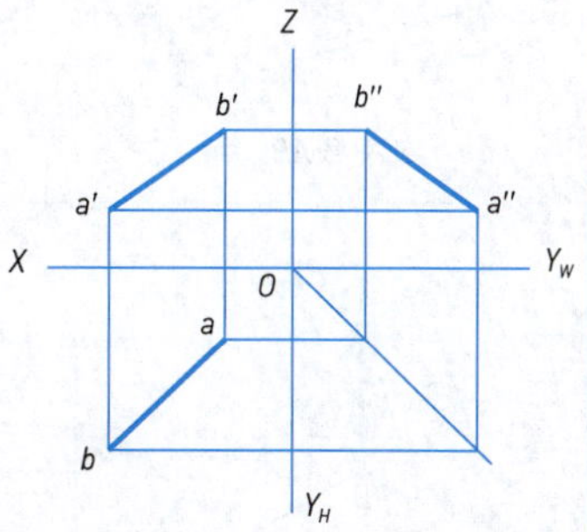	三面投影都具有类似性，均为倾斜于投影轴的直线

（续表）

直线类型	轴测图	投影图	投影特性
投影面平行线：平行于一个投影面，倾斜于另外两个投影面的直线，包括正平线、水平线、侧平线	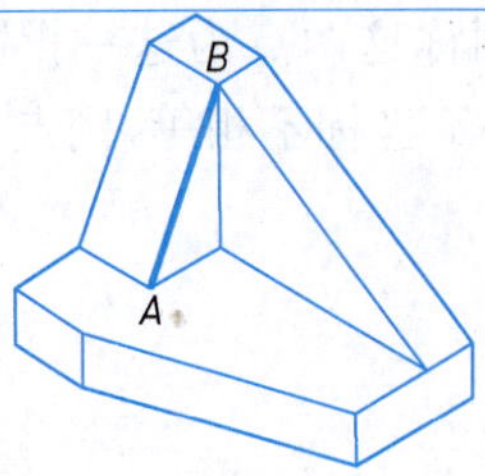 正平线AB	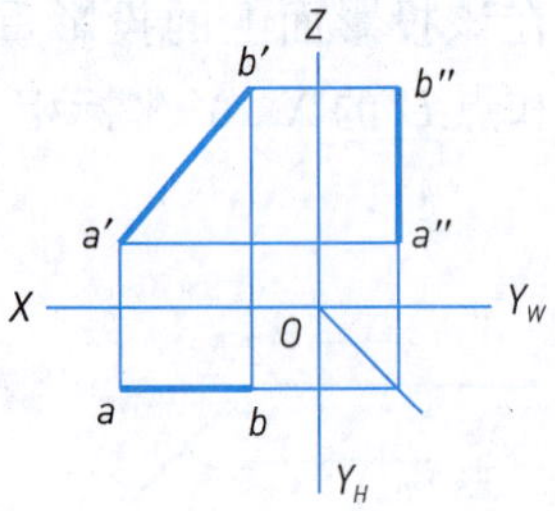	在与直线平行的投影面上的投影具有显实性，是一条倾斜于投影轴的直线，另外两面投影是平行于相应投影轴的直线
	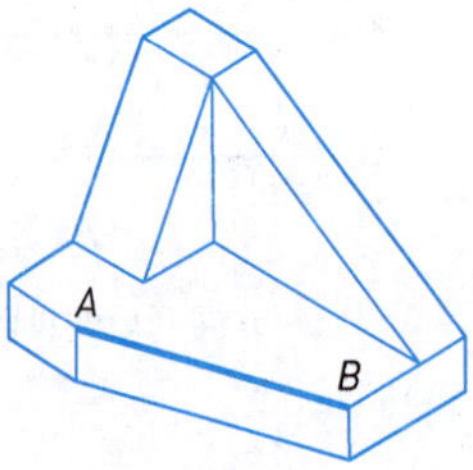 水平线AB	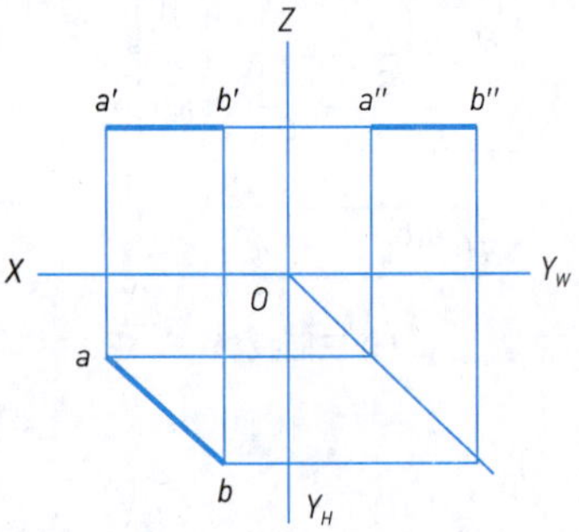	
	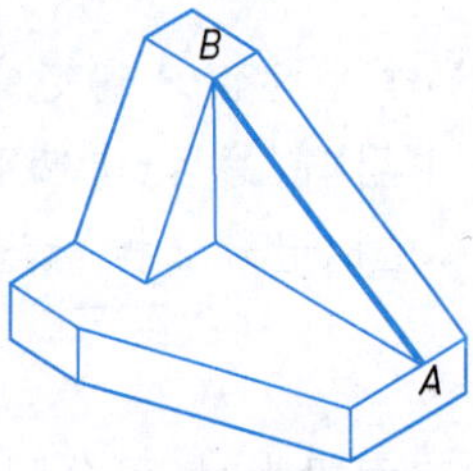 侧平线AB	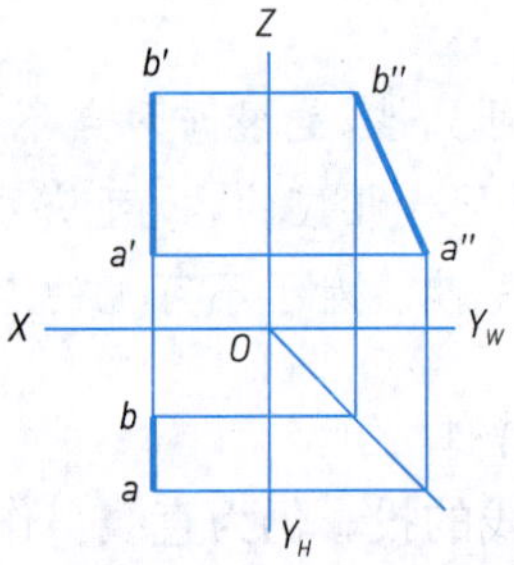	
投影面垂直线：垂直于一个投影面，平行于另外两个投影面的直线。具体包括正垂线、铅垂线、侧垂线	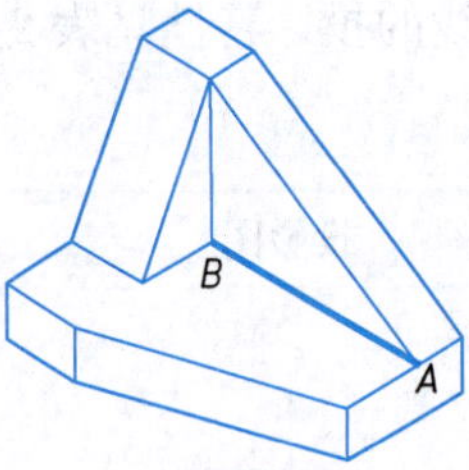 正垂线AB	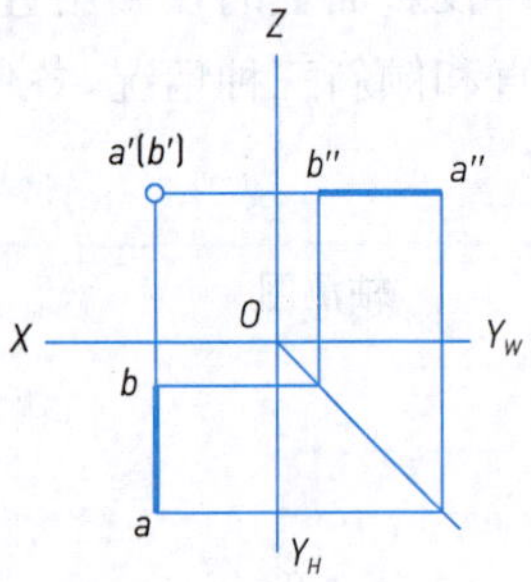	在与直线垂直的投影面上的投影具有积聚性，积聚成一个点，另外两面投影是垂直于相应投影轴的直线，且反映实长
	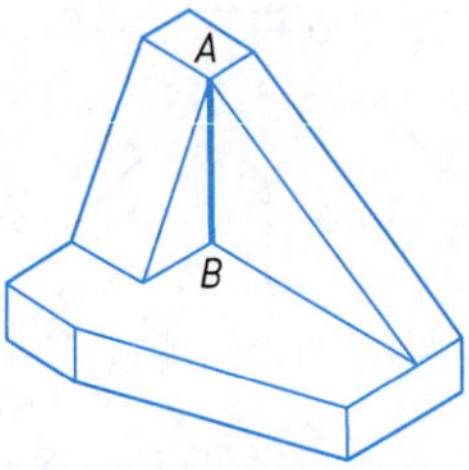 铅垂线AB	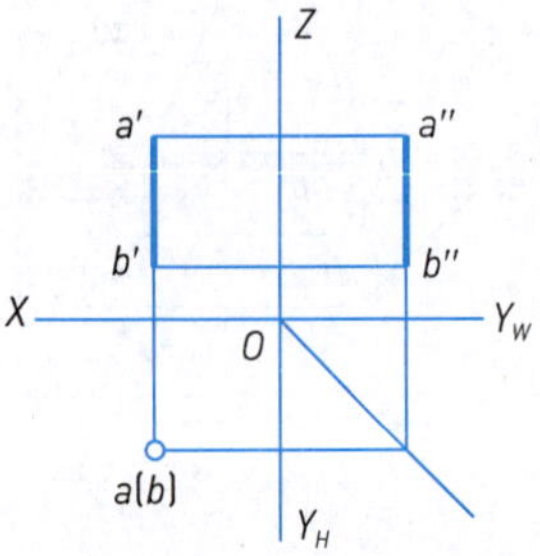	

（续表）

直线类型	轴测图	投影图	投影特性
投影面垂直线：垂直于一个投影面，平行于另外两个投影面的直线。具体包括正垂线、铅垂线、侧垂线	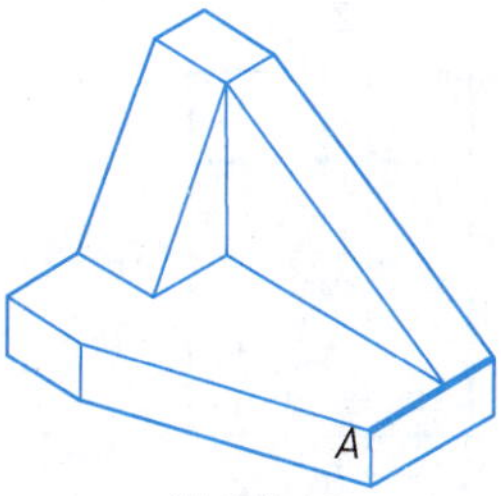 侧垂线AB	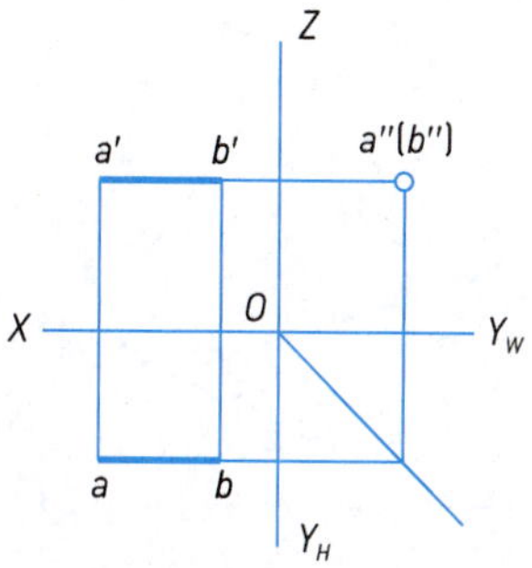	在与直线垂直的投影面上的投影具有积聚性，积聚成一个点，另外两面投影是垂直于相应投影轴的直线，且反映实长

3. 平面的投影特性

形体的表面有各种位置，了解各种位置平面的投影特性有助于绘图和看图。平面相对于投影面，也有平行、垂直和倾斜三种情况，各位置平面的投影特性见表 2-3。

表 2-3　各位置平面的投影特性

名称	轴测图	投影图	投影特性
一般位置平面：倾斜于三个投影面的平面	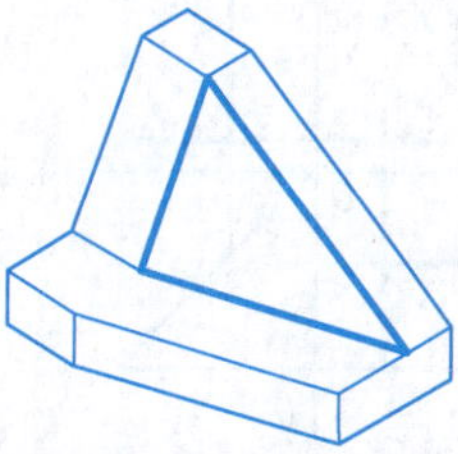	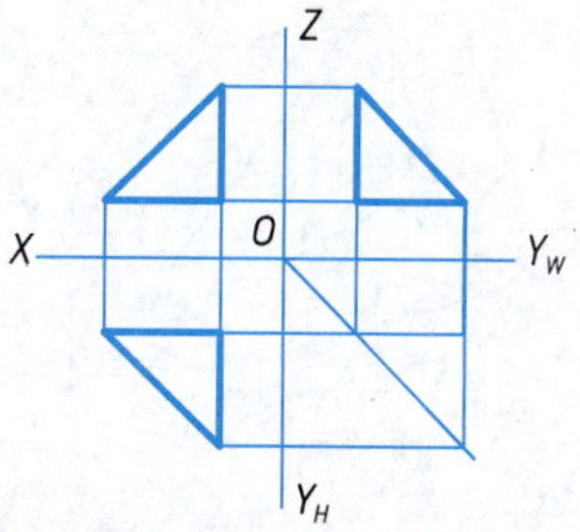	三面投影都具有类似性，均为原平面图形的类似形
投影面平行面：平行于一个投影面，垂直于另外两个投影面的平面。具体包括正平面、水平面、侧平面	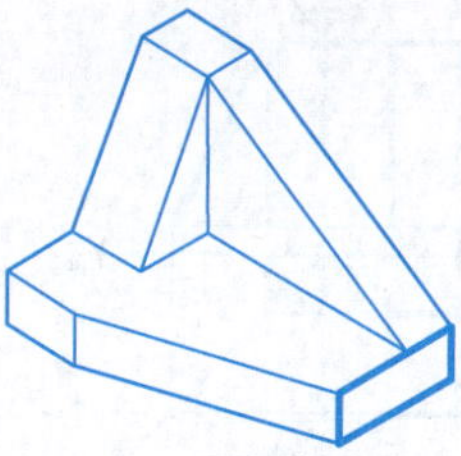 正平面	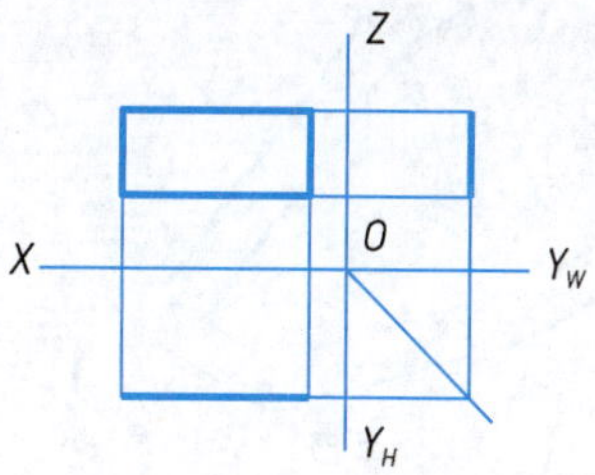	在与平面平行的投影面上的投影具有显实性，是一反映实形的平面多边形，另外两面投影积聚成直线，且平行于相应的投影轴
	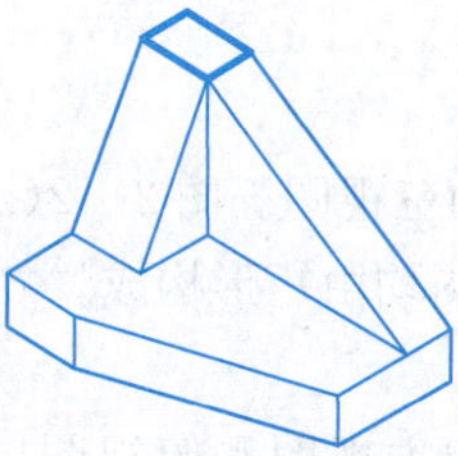 水平面	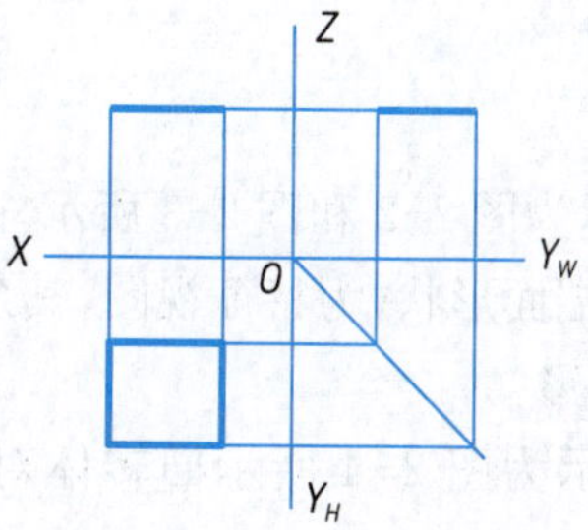	

（续表）

名称	轴测图	投影图	投影特性
投影面平行面：平行于一个投影面，垂直于另外两个投影面的平面。具体包括正平面、水平面、侧平面	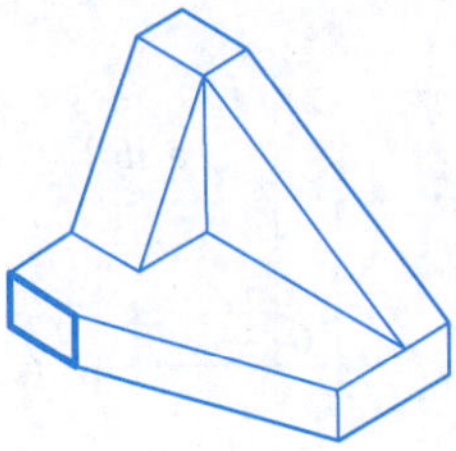 侧平面	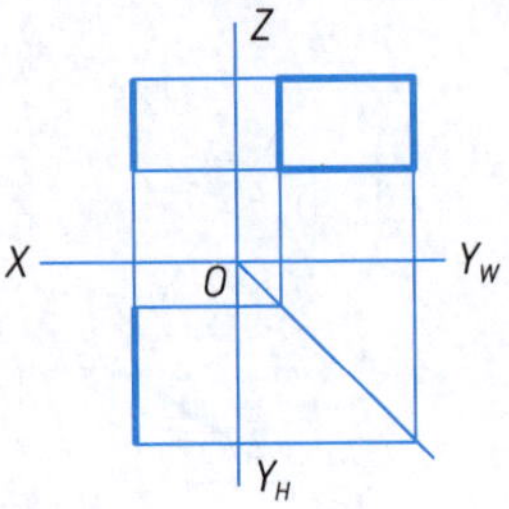	在与平面平行的投影面上的投影具有显实性，是一反映实形的平面多边形，另外两面投影积聚成直线，且平行于相应的投影轴
投影面垂直面：垂直于一个投影面，平行于另外两个投影面的平面。具体包括铅垂面、正垂面、侧垂面	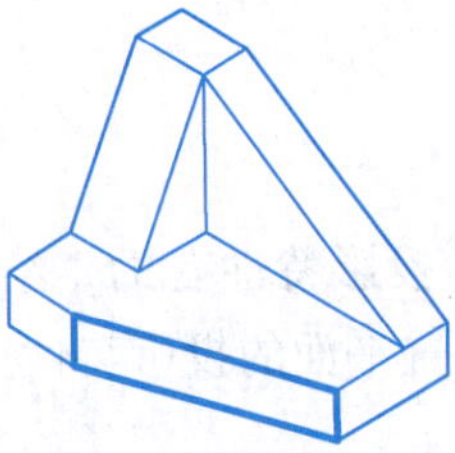 铅垂面	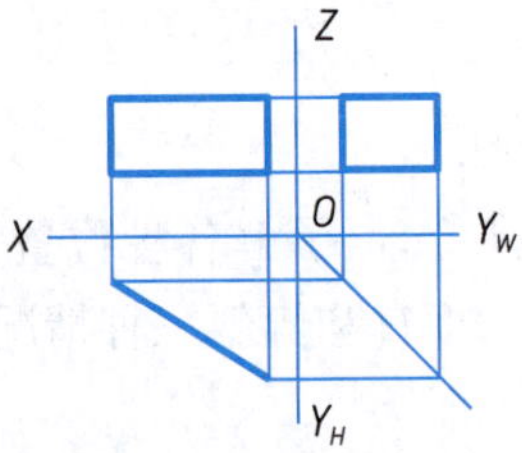	在平面所垂直的投影面上的投影具有积聚性，积聚成一条倾斜于投影轴的直线，另外两面投影均为原平面图形的类似形
	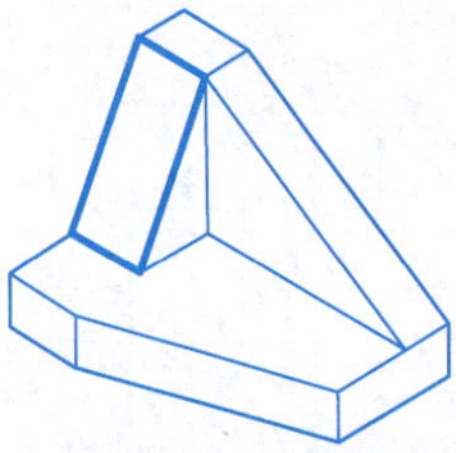 正垂面	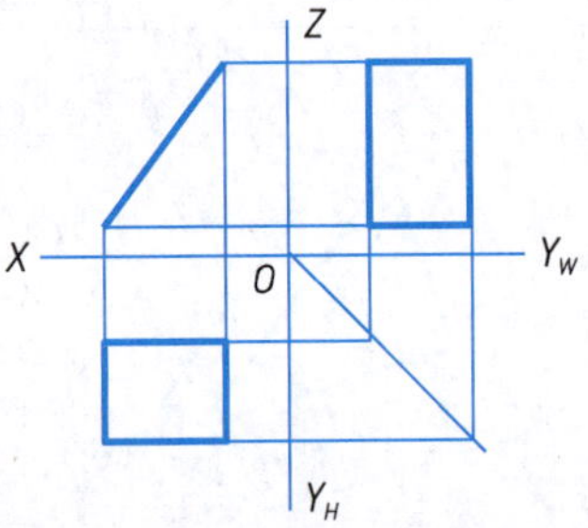	
	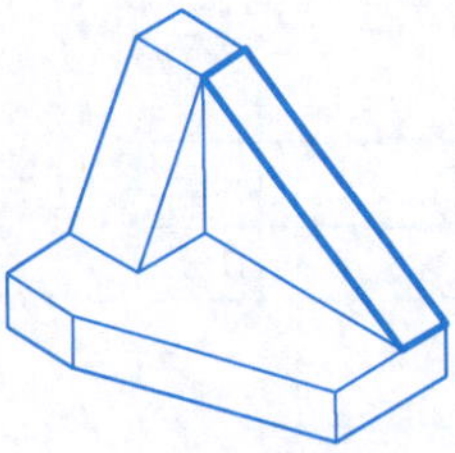 侧垂面	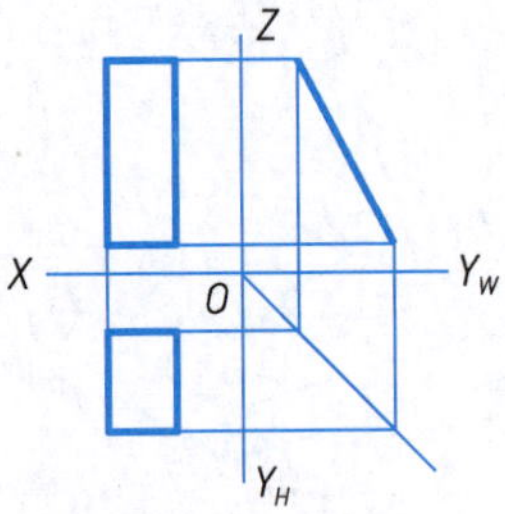	

五、常见几何体的投影

动画 2：立体的投影

1. 柱体的投影

如图 2-17 所示为图 2-2 和图 2-3 所示柱体的三视图。图 2-12(a)至图 2-12(c)中的俯视图反映柱体的端面形状，为特征视图，其余视图均由矩形构成。

2. 回转体的投影

如图 2-18 所示为图 2-4 所示回转体对应的主视图和俯视图。图 2-18(a)、(b)、

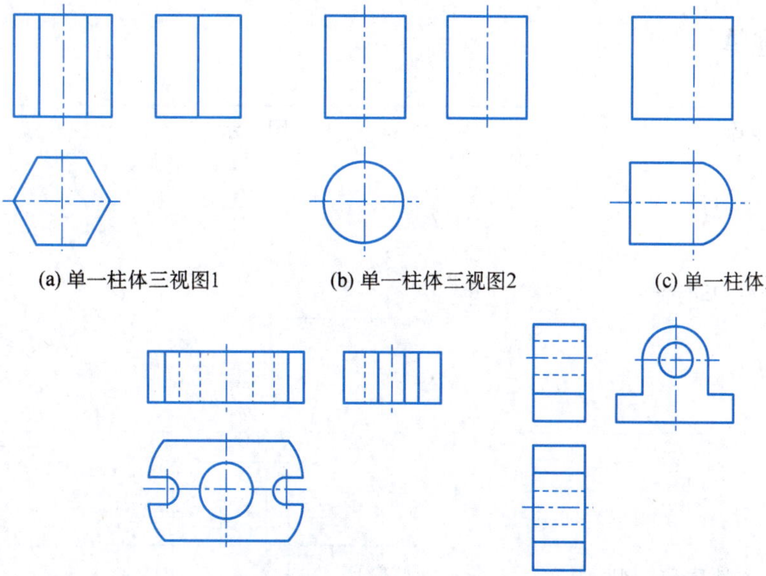

(a) 单一柱体三视图1　(b) 单一柱体三视图2　(c) 单一柱体三视图3

(d) 复合柱体三视图1　(e) 复合柱体三视图2

图 2-17　柱体的投影

(c)所对应的回转体是由主视图轮廓的$\frac{1}{2}$绕自身的一条边旋转形成的。图 2-18(d)所对应的回转体是由截面轮廓的$\frac{1}{2}$绕与其共面且和该轮廓不相交的直线旋转形成的。

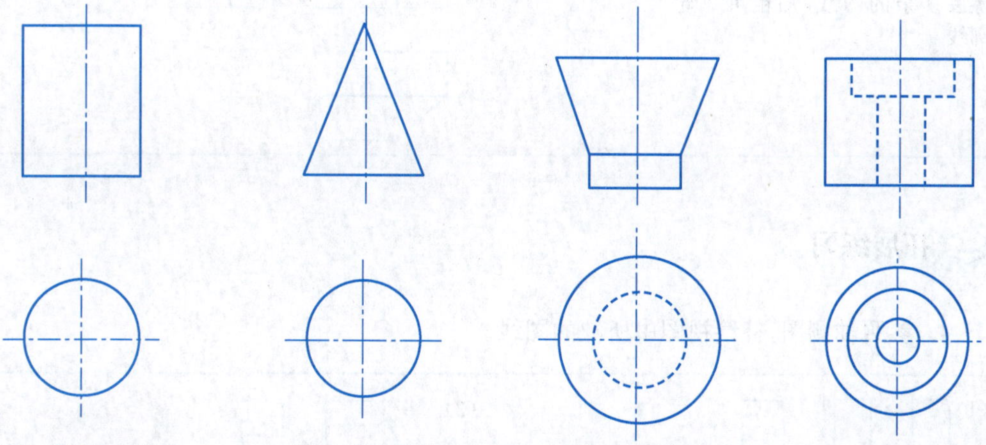

(a) 单一回转体主视图1和俯视图1　(b) 单一回转体主视图2和俯视图2　(c) 复合回转体主视图1和俯视图1　(d) 复合回转体主视图2和俯视图2

图 2-18　回转体的投影

任务实施单

方法步骤	图　示
画出三个视图的作图基准线	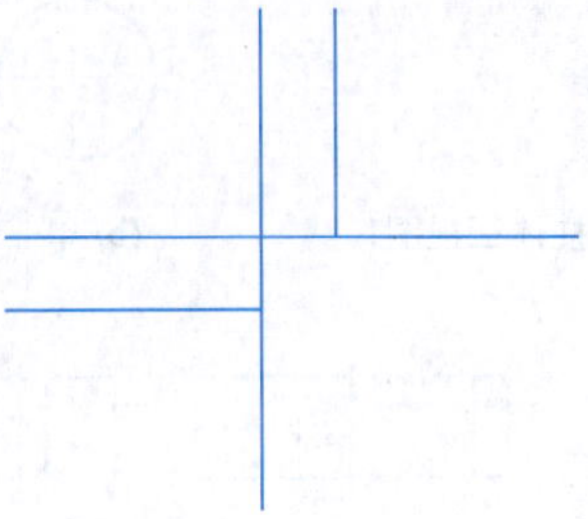
根据正投影的基本性质和三视图的投影规律绘制各视图底稿	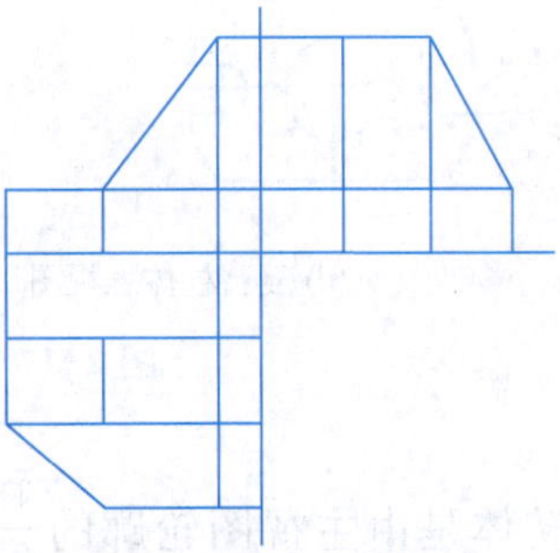
擦去多余的图线，加粗可见轮廓线	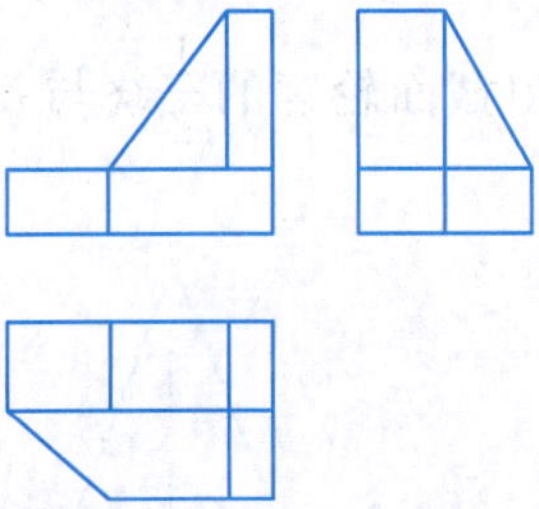

拓展练习

1. 参照轴测图，补绘视图中所缺的图线。

(1) 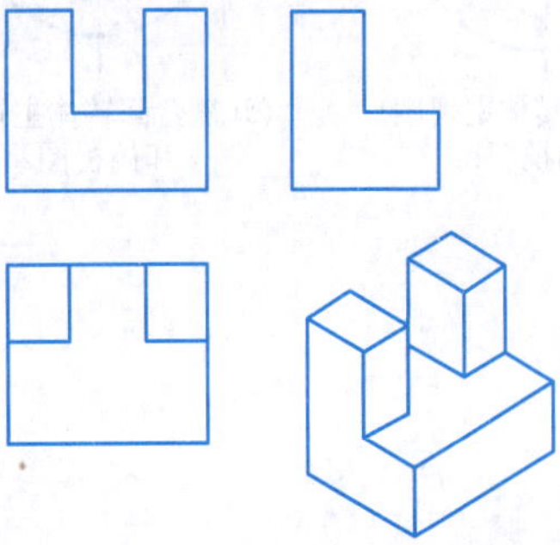	(2) 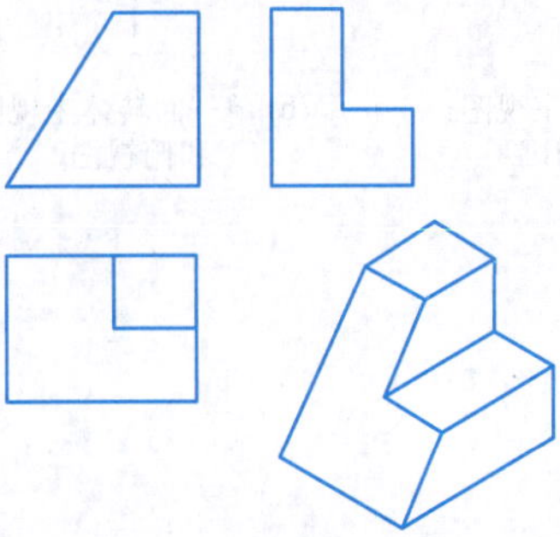

(3)

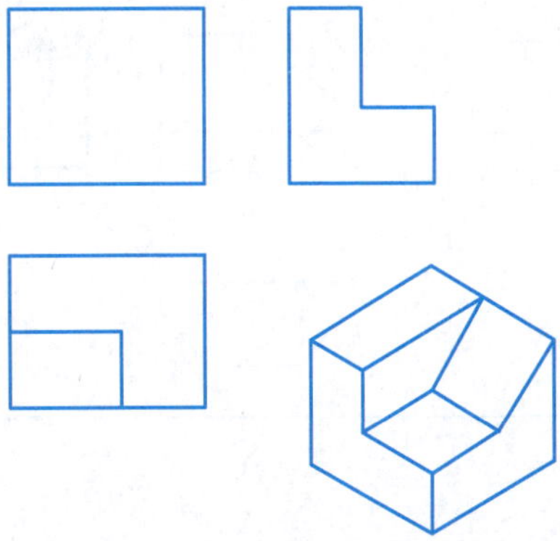

(4)

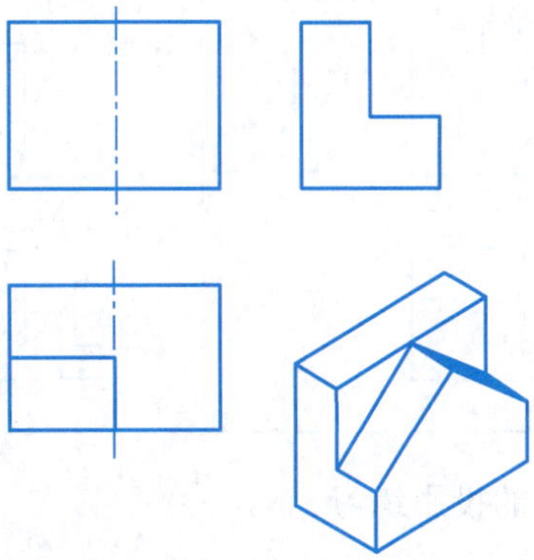

2. 根据轴测图，绘制物体的三视图(尺寸从轴测图中量取)。

(1)

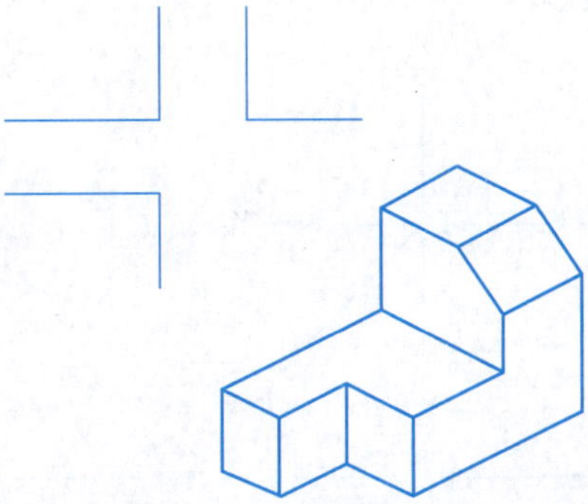

(2)

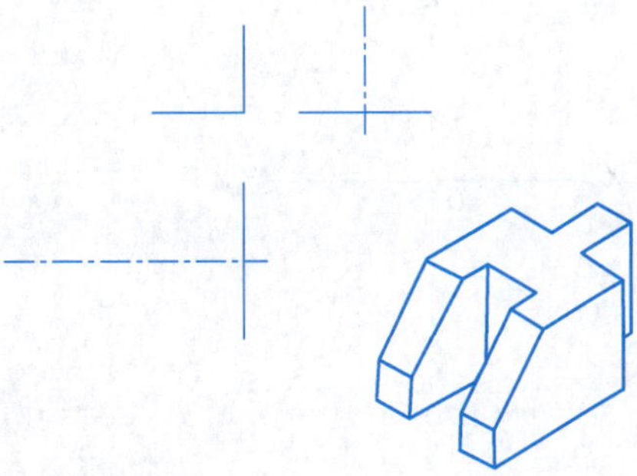

(3)

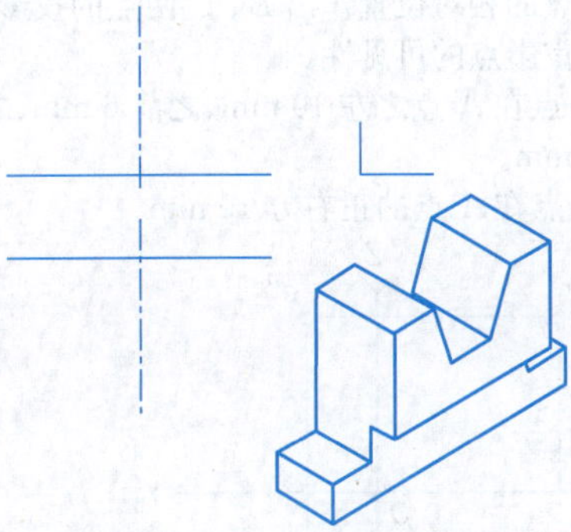

(4)

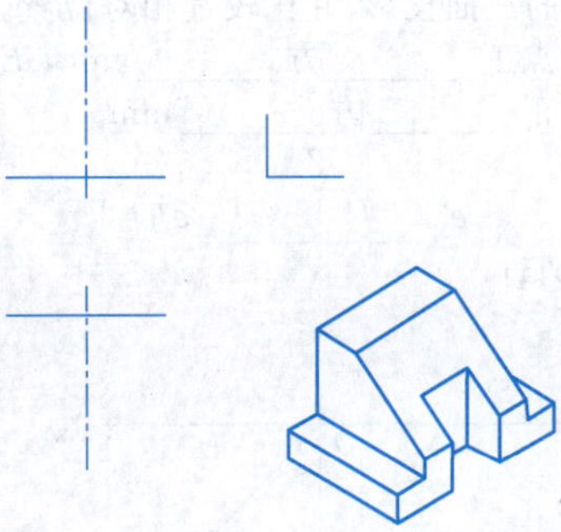

3. 根据三视图，补绘视图中所缺的图线。

(1)

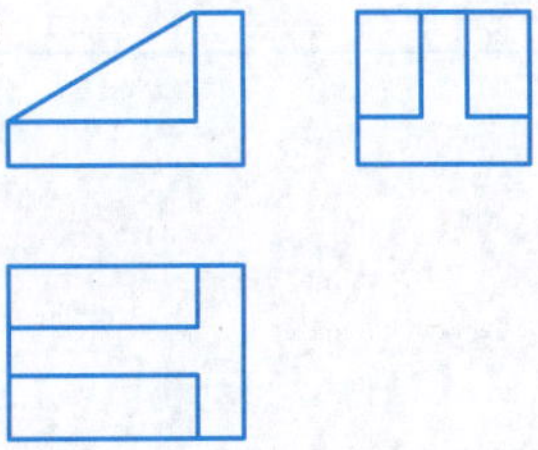

(2)

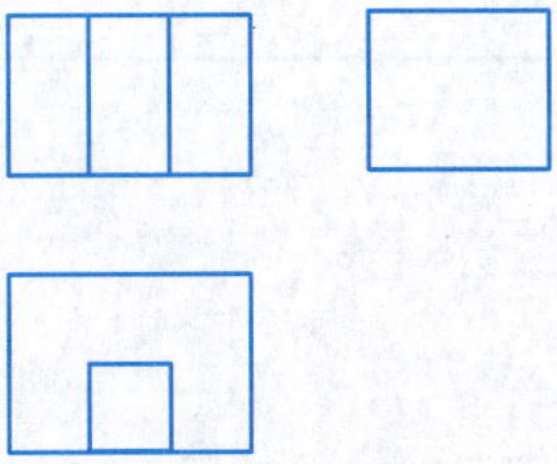

(3)

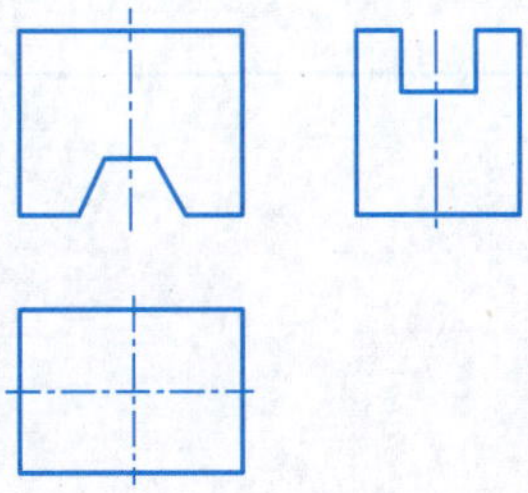

(4) 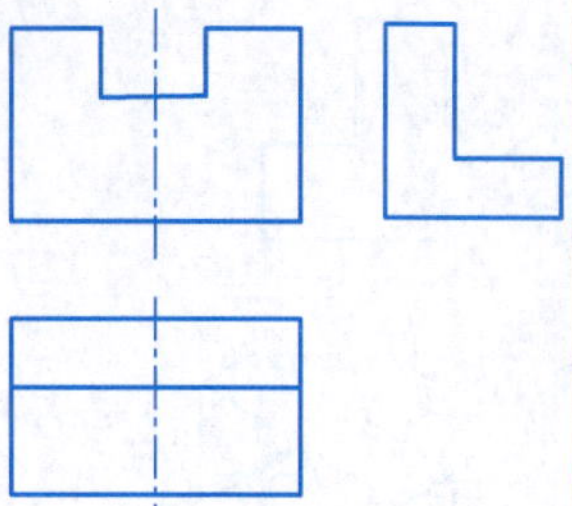	(5) 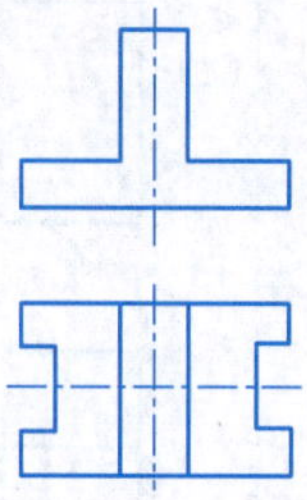	(6) 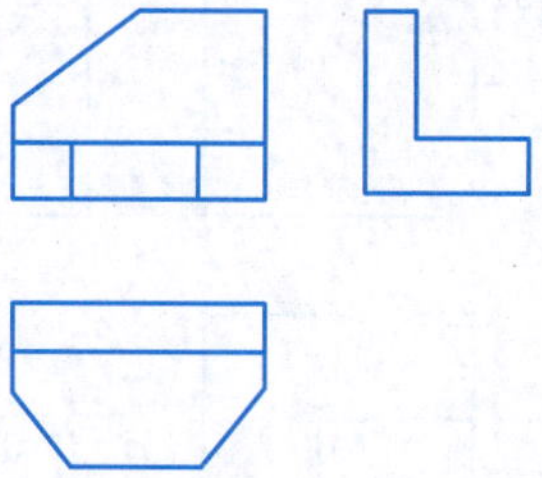

4. 点的投影练习。

(1) 根据 A 点的坐标(20, 10, 15),作其三面投影。 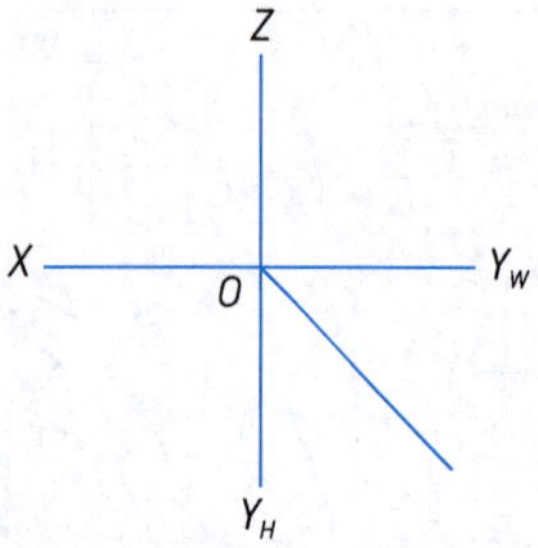 	(2) 已知 B 点距 V 面为 15 mm,距离 H 面为 10 mm,距离 W 面为 0 mm,求 B 点的三面投影。 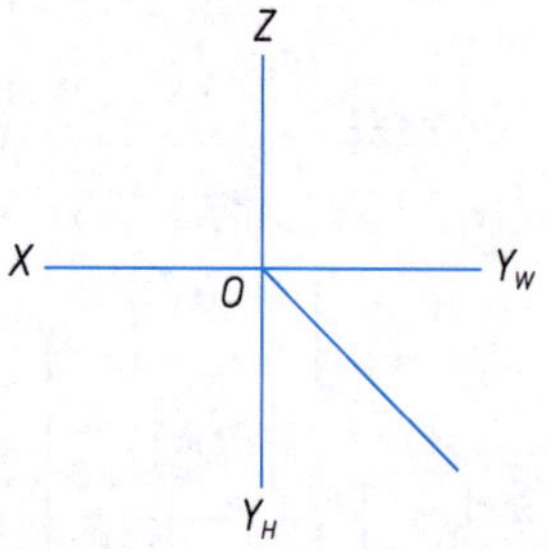
(3) 求各点的三面投影,并比较其相对位置。A 点在 B 点正______方______mm, E 点在 F 点正______方______mm。 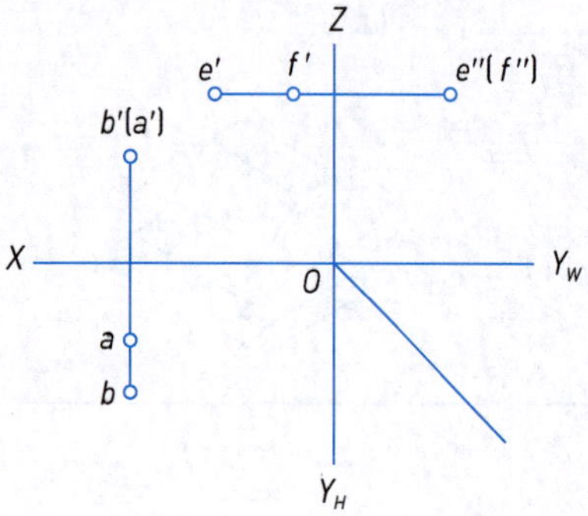 	(4) 根据点的相对位置作出 B、C 两点的投影,并判别重影点的可见性。 ① B 点在 A 点之左 10 mm、之前 6 mm、之下 8 mm。 ② C 点在 A 点的正右方 10 mm。 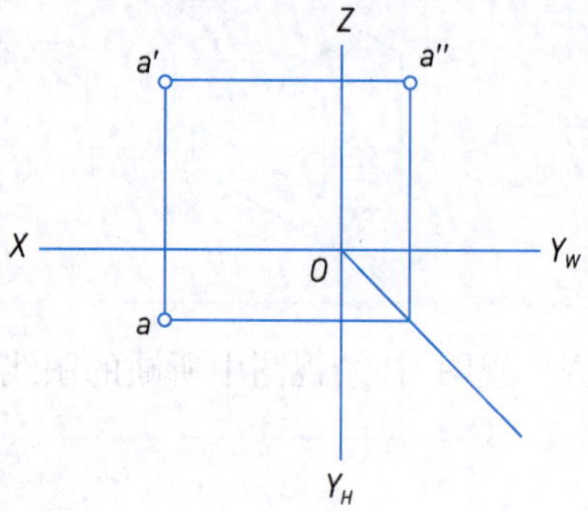

5. 平面的投影练习。

(1) 已知三角形 ABC 三个顶点的坐标 A(22，12，10)、B(4，17，20)、C(10，3，12)，作其三面投影。

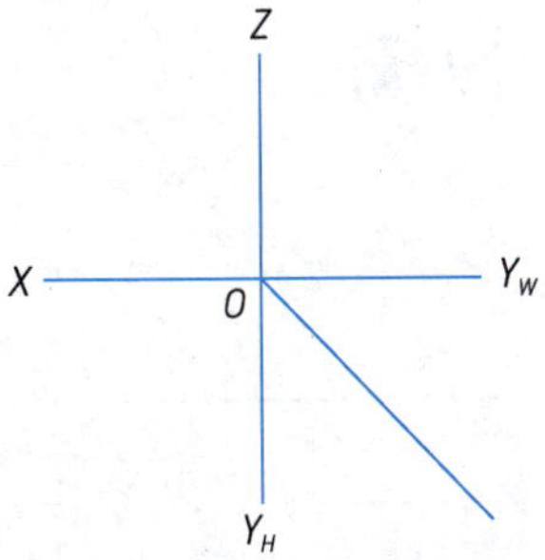

(2) 已知平面的两个投影，求第三个投影。

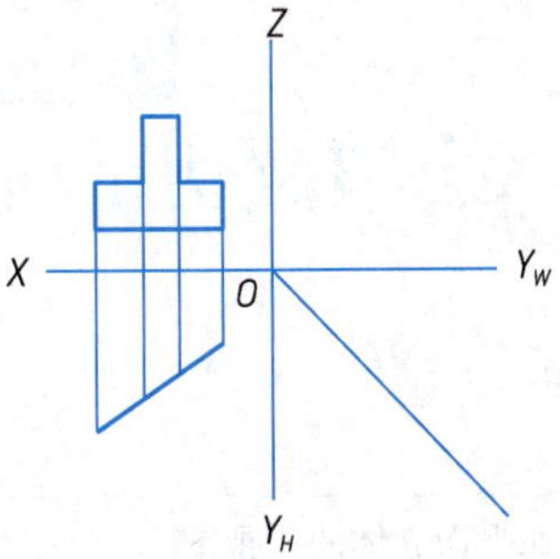

(3) 判定下列平面的空间位置。

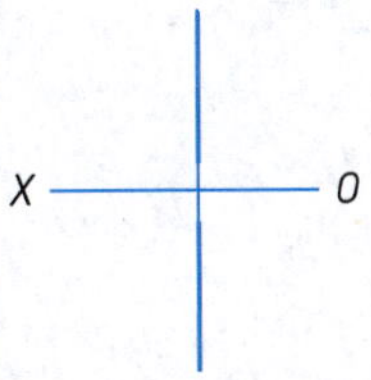

________面

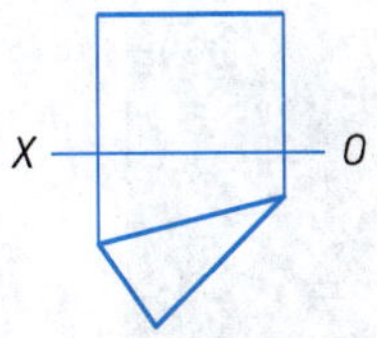

________面

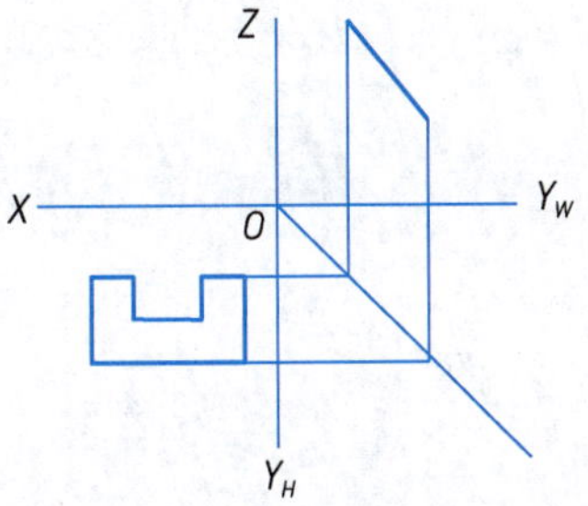

________面

6. 根据轴测图，补绘形体的俯视图。

(1)

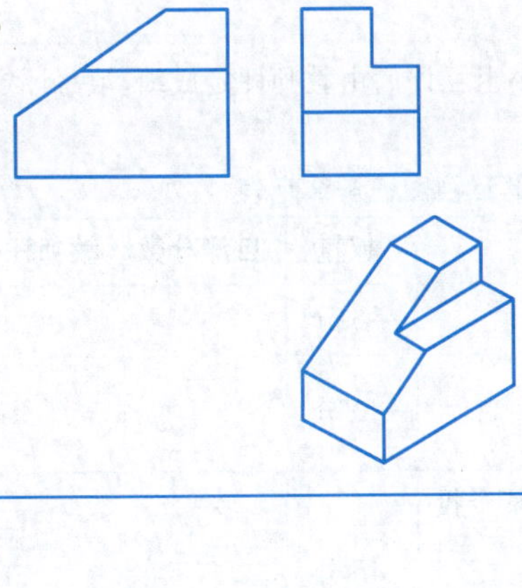

(2)

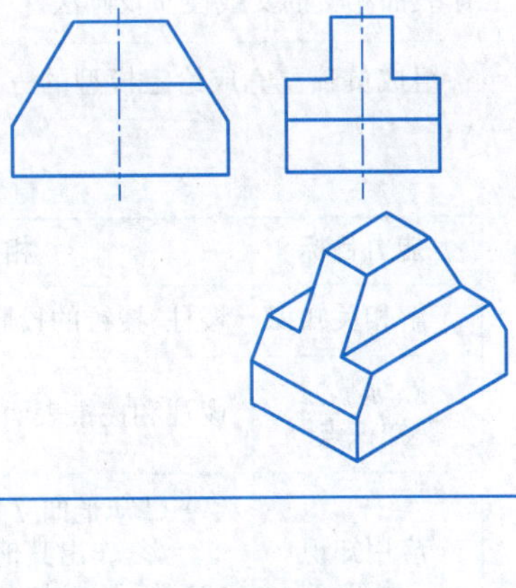

任务二
绘制截切平面立体的三视图

学习任务单

<table>
<tr><td>任务名称</td><td>绘制截切平面立体的三视图</td></tr>
<tr><td>任务描述</td><td>绘制如图 2-19 所示开槽六棱柱的三视图。
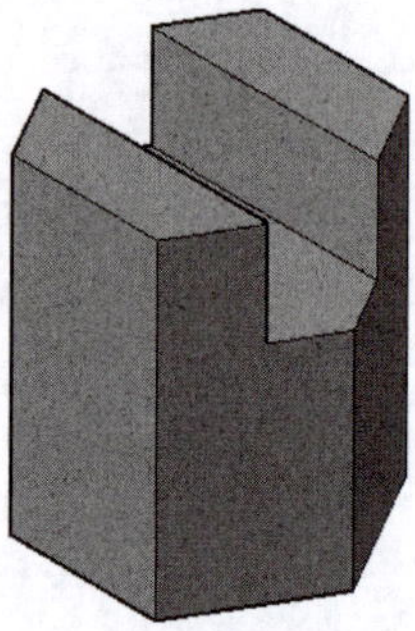
图 2-19　开槽六棱柱</td></tr>
<tr><td>任务分析</td><td>绘制截切平面立体的三视图，首先要熟悉平面立体的投影特性，其次要掌握平面与平面立体表面相交的交线性质及画法。</td></tr>
<tr><td>成果展示与评价</td><td>各组成员独立完成给定模型的三视图，自评或小组互评后由教师评定成绩，填写评定表（表 2-4）。
表 2-4　绘制截取平面立体的三视图任务评定表
<table>
<tr><th>能力目标</th><th>相关知识</th><th>权重</th><th>自测分数</th><th>教师评分</th></tr>
<tr><td>了解相关知识</td><td>棱柱、棱锥的投影</td><td>15 分</td><td></td><td></td></tr>
<tr><td>熟练掌握知识点</td><td>棱柱和棱锥表面取点</td><td>40 分</td><td></td><td></td></tr>
<tr><td>应用知识分析案例</td><td>（1）已知平面立体表面一点的某个投影，作出其他两面投影；
（2）绘制截切棱柱、棱锥立体的三视图</td><td>45 分</td><td></td><td></td></tr>
</table>
</td></tr>
</table>

知识概述

一、平面立体的投影

微课 4:棱柱的投影作图

根据表面性质的不同,几何体可分为平面立体和曲面立体两类。表面均为平面的立体称为平面立体,如棱柱、棱锥等;表面由平面和曲面或全部由曲面组成的立体称为曲面立体,常见的曲面立体是回转体,如圆柱、圆锥、圆球等。

1. 棱柱

棱柱可看成是平面多边形沿法向拉伸形成的。棱柱的棱线互相平行,各侧面都是矩形。现以正六棱柱为例,分析其投影特性及作图方法。

1）投影分析

为方便作图选择正六棱柱的上底面和下底面平行于水平面,前后两个侧面平行于正面,其余四个侧面垂直于水平面,如图 2-20(a)所示。六棱柱的水平投影为正六边形,反映了上、下底面的实形,六边形的六条边分别是六个侧面的积聚性投影。正面投影为三个矩形,中间的矩形是棱柱前面的显实性投影,左右两个矩形是左右侧面的类似性投影。侧面投影为两个矩形,是棱柱左侧两个平面的类似性投影。

2）作图步骤

绘制正六棱柱的三视图时,先绘制作图基准线和反映六棱柱形状特征的俯视图(正六边形),再按“长对正、宽相等、高平齐”的投影关系绘制出主视图和左视图,如图 2-20(b)所示。若棱柱的上、下底面平行于正面或侧面,其三视图请读者自行分析。

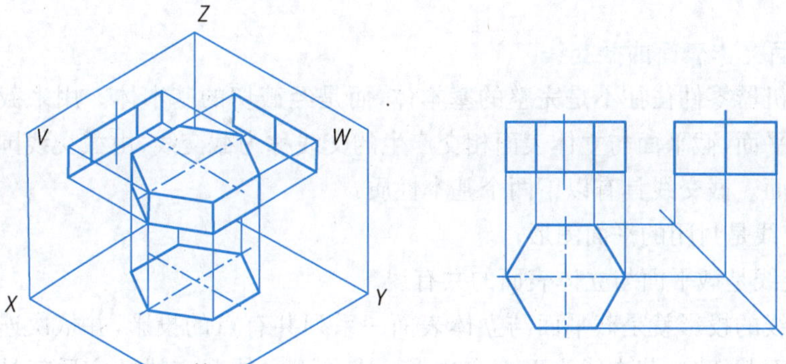

(a) 正六棱柱的三面投影　　(b) 正六棱柱的三视图

图 2-20　正六棱柱的投影作图

2. 棱锥

棱锥由若干侧面和底面组成,棱锥的棱线相交于一点。正棱锥的底面是一个正多边形,锥顶在经过正多边形中心且与棱锥底面垂直的直线上。现以正三棱锥为例,分析其投影特性及作图方法。

1）投影分析

为方便作图，选择正三棱锥的底面平行于 H 面，后侧面垂直于 W 面，如图 2-21(a)所示。底面△ABC 在 H 面上的投影△abc 反映实形，其正面和侧面投影积聚为直线 $a'c'$ 和 $a''b''$；后侧面△SAC 在 W 面上的投影积聚为直线 $s''a''$，其水平投影△sac 和正面投影△$s'a'c'$ 为类似的三角形；左右两个侧面都是一般位置平面，三个投影均为类似形。

2）作图步骤

绘制正三棱锥的三视图时，先绘制底面的水平投影△abc 和顶点 S 在水平面上的投影 s（等边三角形的中心），然后依次连接 sa、sb、sc 即可，再按长对正、宽相等、高平齐的投影关系绘制出主视图和左视图，如图 2-21(b)所示。

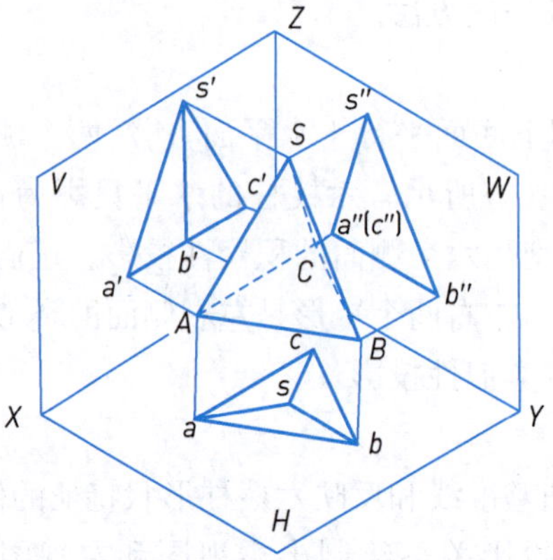

(a) 正三棱锥的三面投影

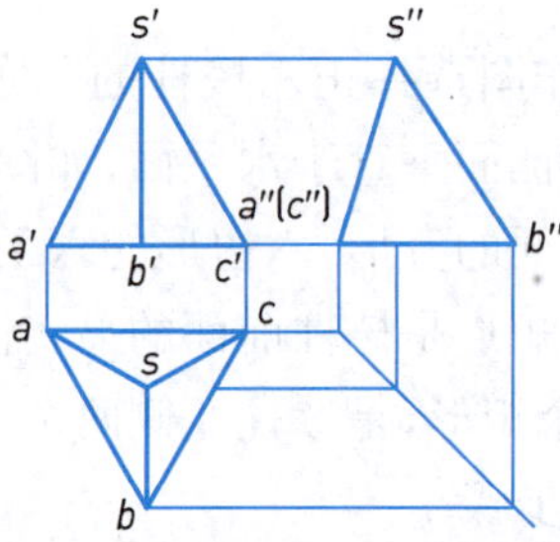

(b) 正三棱锥的三视图

图 2-21　正三棱锥的投影作图

二、平面立体表面的截交线

实际的机器零件往往不是完整的基本体，而是经截切的基本体。用来截切基本体的平面称为截平面，截平面与立体表面相交产生的交线称为截交线，由截交线围成的平面图形称为截断面。截交线具有以下两个基本性质：

① 截交线是封闭的平面图形；

② 截交线是截平面与立体表面的共有线。

求截交线的投影就是截平面与立体表面一系列共有点的投影，并依次连接而成。平面立体被平面截切时，截交线为平面多边形。求平面立体截交线的实质就是求截平面与立体表面的交线或截平面与立体上被截各棱的交点，并依次连接各点。

例 2-1：如图 2-22 所示，补全正五棱柱被正垂面 P 截切后的三视图。

(1) 投影分析

五棱柱被正垂面截切，截平面 P 与五棱柱的五条棱都相交，因此截交线为五边形。五边形的顶点 A、B、C、D、E 是各棱线与截平面 P 的交点。

(2) 作图步骤

① 根据主、俯视图绘制完整的五棱柱的左视图，如图 2-22(a)所示。

② 确定截平面与被截各棱的交点 A、B、C、D、E 的三面投影，如图 2-22(b)所示。

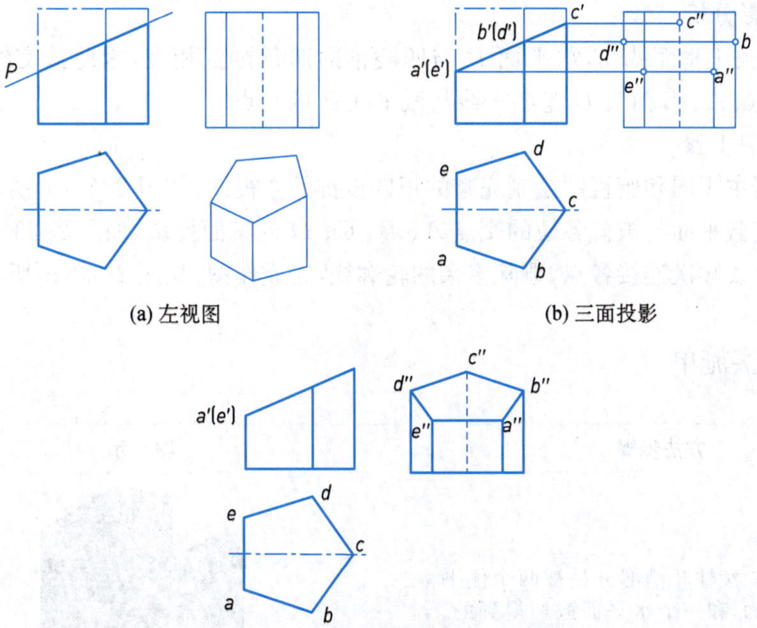

(a) 左视图　(b) 三面投影

(c) 完成作图

图 2-22　正五棱柱截断体的投影作图

例 2-2:如图 2-23 所示，补全正四棱锥被正垂面 P 截切后的三视图。

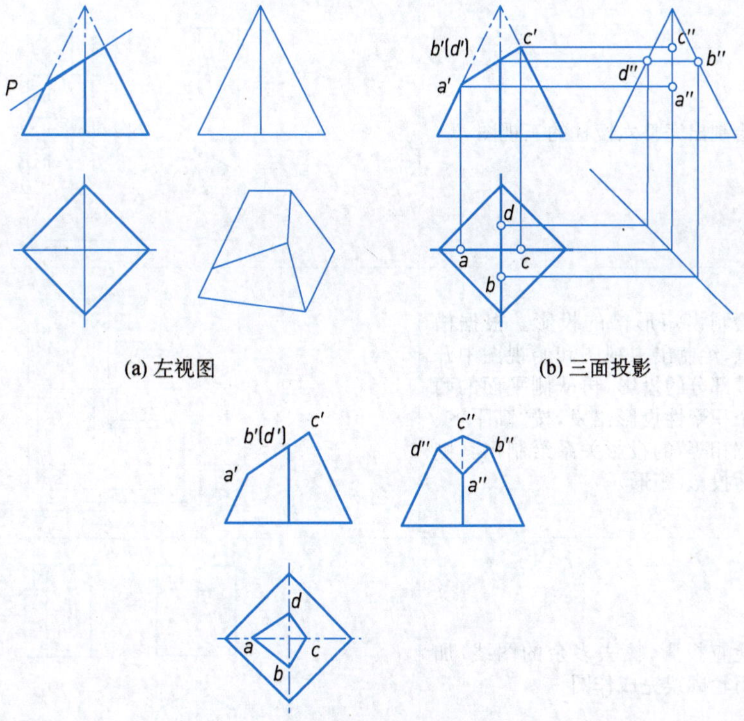

(a) 左视图　(b) 三面投影

(c) 完成作图

图 2-23　正四棱锥截断体的投影作图

(1) 投影分析

四棱锥被正垂面截切，截平面 P 与四棱锥的四条棱都相交，因此截交线为四边形。四边形的顶点 A、B、C、D 是各棱线与截平面 P 的交点。

(2) 作图步骤

① 根据主视图和俯视图绘制完整的正四棱锥的左视图，如图 2-23(a)所示。

② 确定截平面与被截各棱的交点 A、B、C、D 的三面投影，如图 2-23(b)所示。

③ 用直线顺次连接各点，删除多余的轮廓线，完成作图，如图 2-23(c)所示。

动画 3：平面立体六棱柱表面的截交线

任务实施单

方法步骤		图示
投影分析	六棱柱开槽部分是被两个侧平面，和一个水平面截切得到的。侧平面与棱柱表面的交线为矩形，水平面与棱柱表面的交线为六边形	
作图步骤	绘制出完整六棱柱的三视图	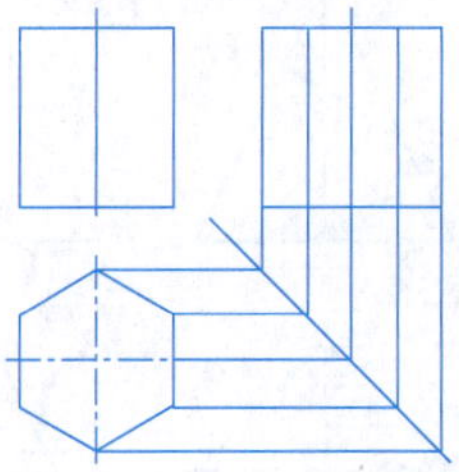
	绘制出矩形槽的投影。根据槽宽，绘制出主视图和俯视图中开槽部分的投影，再从侧平面的两个积聚性投影出发，按“高平齐、宽相等”的投影关系绘制出其侧面投影(矩形)	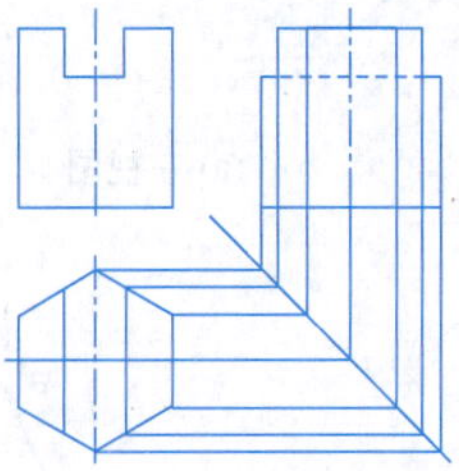
	检查投影，擦去多余的图线，加粗轮廓线完成作图	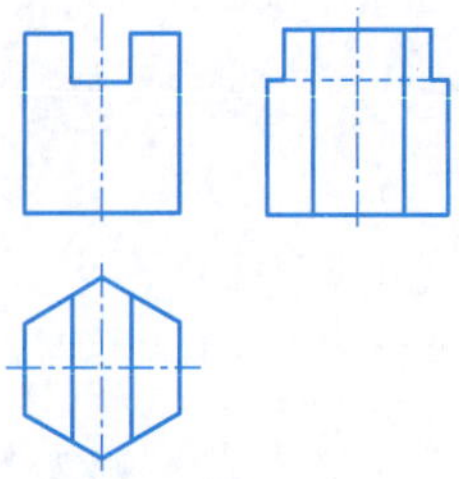

拓展练习

1. 平面立体及体表面上点的投影作图。

(1) 补绘正六棱柱的俯视图。

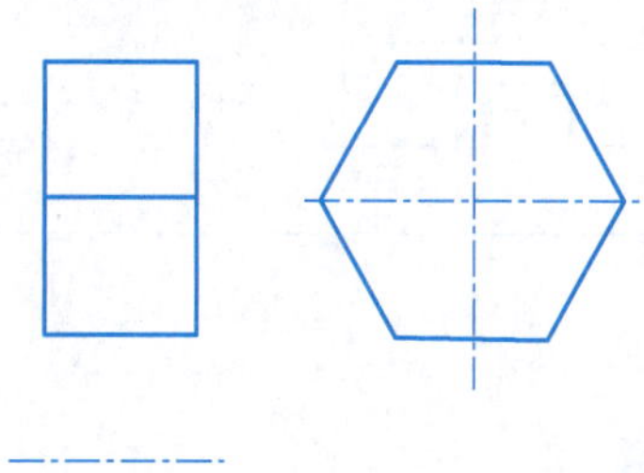

(2) 补绘正五棱柱的俯视图。

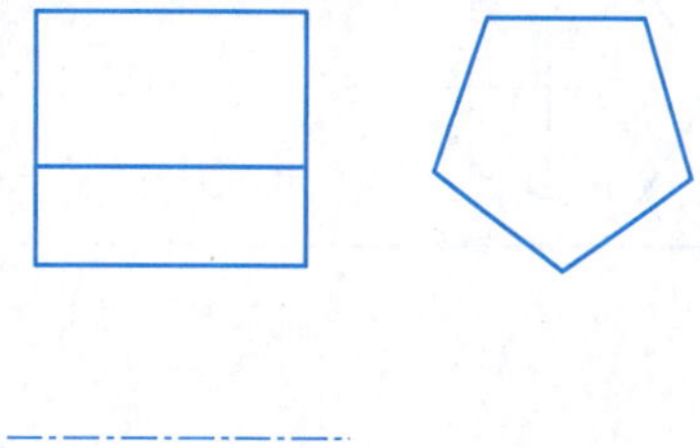

(3) 求六棱柱表面点的投影。

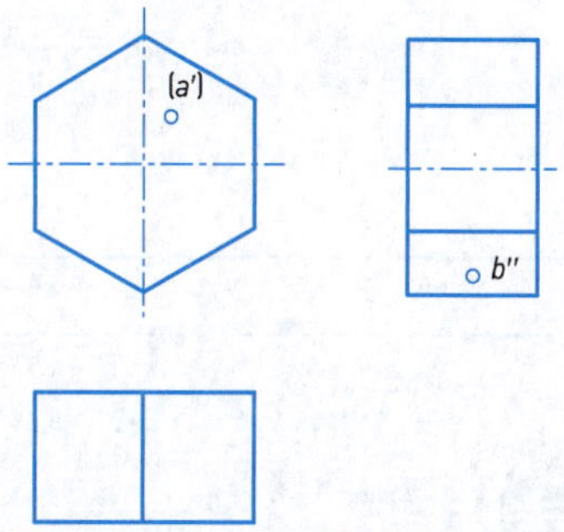

(4) 求五棱柱表面点的投影。

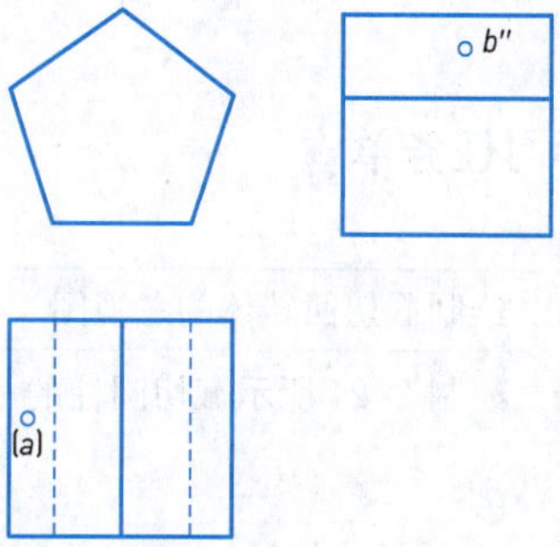

2. 补绘平面立体被截切后的第三视图。

(1)

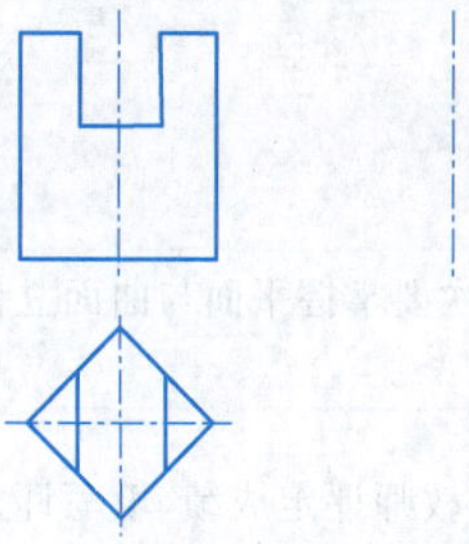

(2)

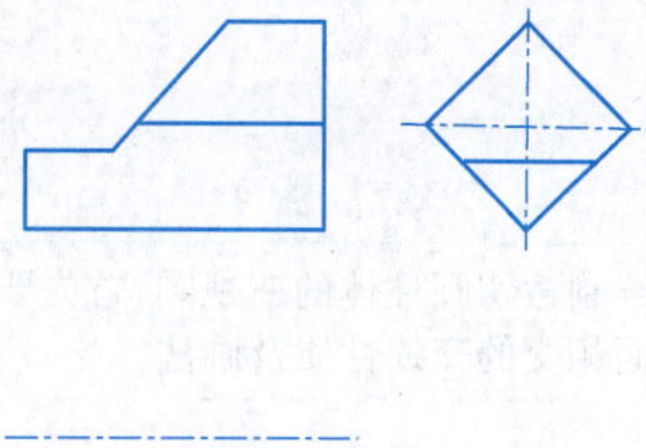

(3)

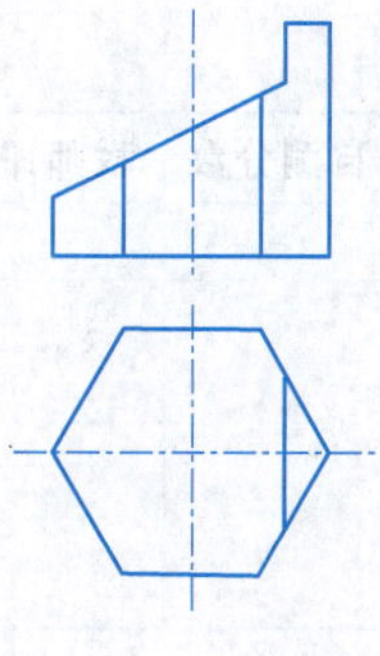

(4)

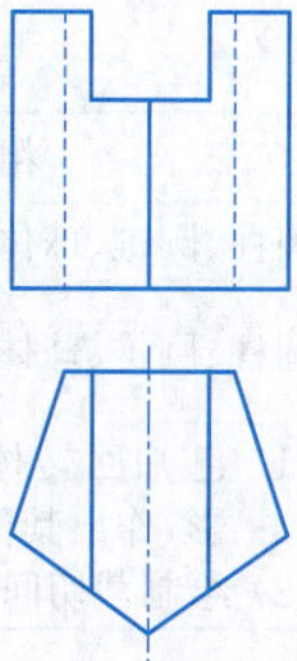

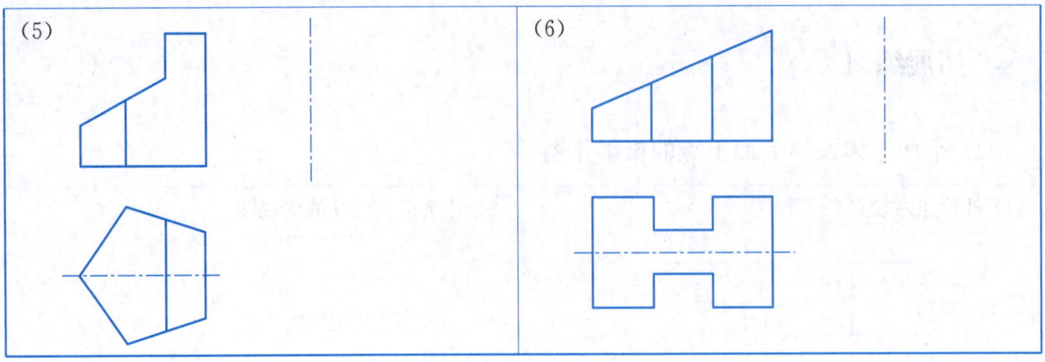

任务三 绘制截切回转体的三视图

学习任务单

<table>
<tr><td>任务名称</td><td>绘制截切回转体的三视图</td></tr>
<tr><td>任务描述</td><td>绘制 2-24 所示截切圆柱的三视图。
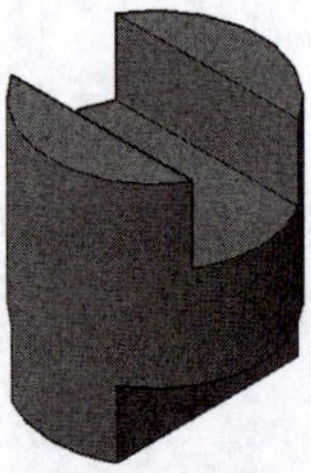
图 2-24　截切圆柱</td></tr>
<tr><td>任务分析</td><td>绘制截切圆柱体的三视图，首先要熟悉回转体的投影特性，其次要掌握平面与曲面立体表面相交的交线性质及画法。</td></tr>
<tr><td>成果展示与评价</td><td>各组成员独立完成给定模型的三视图，自评或小组互评后由教师评定成绩，填写评定表（表 2-5）。
表 2-5　绘制截切回转体的三视图任务评定表
<table>
<tr><th>能力目标</th><th>相关知识</th><th>权重</th><th>自测分数</th><th>教师评分</th></tr>
<tr><td>了解相关知识</td><td>圆柱、圆锥、球体的投影绘制</td><td>15 分</td><td></td><td></td></tr>
<tr><td>熟练掌握知识点</td><td>圆柱、圆锥、球体表面取点</td><td>40 分</td><td></td><td></td></tr>
<tr><td>应用知识分析案例</td><td>(1) 已知回转体表面一点的某面投影，作出其他两面投影；
(2) 绘制截切回转体的三视图</td><td>45 分</td><td></td><td></td></tr>
</table></td></tr>
</table>

知识概述

一、回转体的投影

回转体是表面有回转面的立体，回转面是由直线或曲线绕一直线（轴线）旋转形成的曲面。运动的直线或曲线称为母线，处于回转面上任意位置的母线称为素线，母线上任一点的运动轨迹都是圆，称为纬圆。

1. 圆柱的投影

圆柱由圆柱面和上、下两底面构成。圆柱面可看作由一条直线（母线）绕平行于它的轴线回转而成，也可看成是由圆沿法向拉伸而成。

微课 5：圆柱的投影作图

（1）投影分析

如图 2-25(a)所示，当圆柱的轴线垂直于水平面时，圆柱的水平投影是圆，圆柱的投影反映了上、下底面的实形，也是圆柱面的积聚性投影。正面投影为一矩形，矩形的两条横边是圆柱上、下底面的积聚性投影，矩形的两条竖边是圆柱面上左、右轮廓素线的投影。侧面投影也是一矩形，矩形的两条竖边是圆柱面前、后轮廓素线的投影。

（2）作图步骤

绘制圆柱的三视图时，先绘制各投影的中心线，再绘制圆柱面投影积聚为圆的视图，然后根据圆柱的高度绘制出另外两个视图，如图 2-25(b)所示。

2. 圆锥的投影

圆锥由圆锥面和底面构成。圆锥面可看作由一条直线（母线）绕与它斜交的轴线回转而成。

（1）投影分析

如图 2-26(a)所示，当圆锥的轴线垂直于水平面时，其水平投影为圆，反映了圆锥底面的实形。正面投影为一个三角形，三角形的底边是圆锥底圆积聚性的投影，反映底圆直径的大小，三角形的两条腰为圆锥面上左、右轮廓素线的投影。侧面投影也是一个三角形，但两条腰是圆锥面上前、后轮廓素线的投影。

（2）作图步骤

绘制圆锥的三视图时，先绘制各投影的中心线，再绘制投影为圆的视图，然后根据圆锥的高度绘制出另外两个视图，如图 2-26(b)所示。

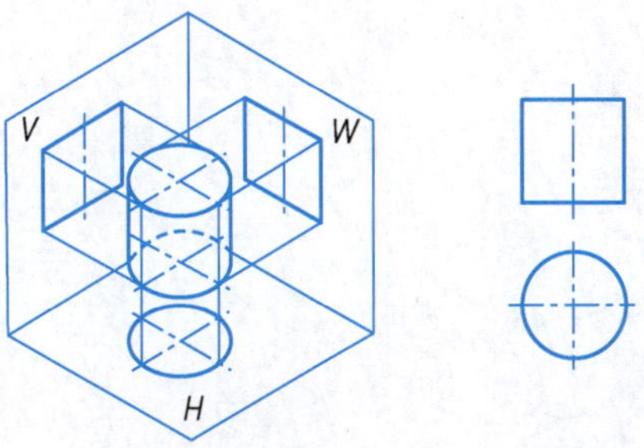

(a) 圆柱的三面投影　(b) 圆柱的三视图

图 2-25　圆柱的投影作图

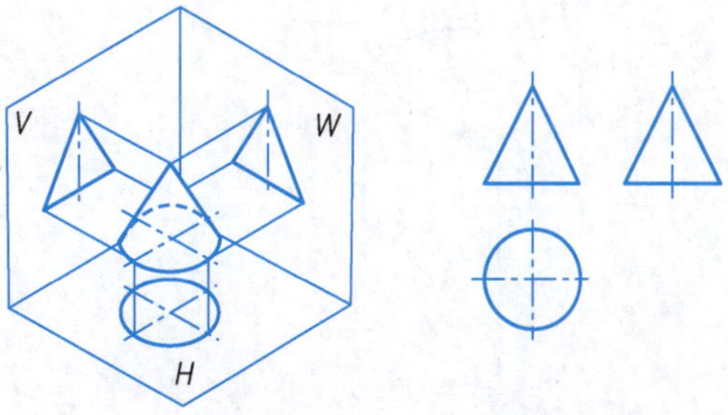

(a) 圆锥的三面投影　(b) 圆锥的三视图

图 2-26　圆锥的投影作图

3. 圆球的投影

圆球可看作由一条圆弧线(母线)绕其直径回转而成。

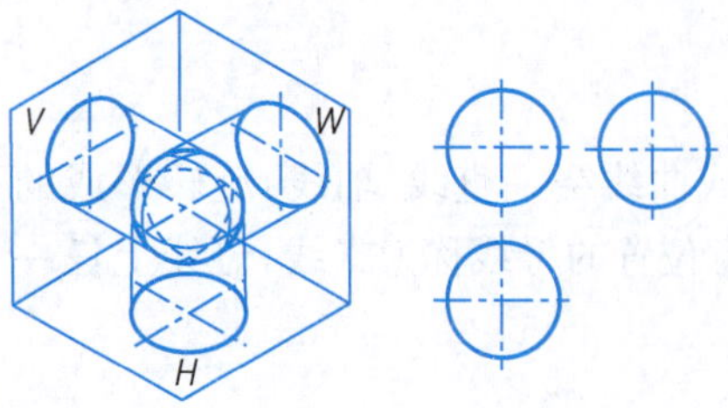

(a) 圆球的三面投影　　(b) 圆球的三视图

图 2-27　圆球的投影作图

(1) 投影分析

如图 2-27(a)所示,圆球的三个视图是三个等直径的圆,是球面上平行于相应投影面的三个不同位置的轮廓素线圆的投影。主视图是球面上平行于正面的轮廓素线圆的投影,俯视图是球面上平行于水平面的轮廓素线圆的投影,左视图是球面上平行于侧面的轮廓素线圆的投影。

(2) 作图步骤

绘制圆球的三视图时,应先绘制各投影的中心线以确定圆球的中心,再绘制出与球等直径的三个圆,如图 2-27(b)所示。

二、回转体表面的截交线

平面与曲面立体相交,截交线一般为封闭的平面曲线或直线,或是由平面曲线和直线组成的封闭平面图形。截交线的具体形状取决于回转体表面的形状及截平面相对于回转体的位置。回转体截交线是由截平面与回转体表面上被截素线的若干交点顺次光滑连接而成。

1. 平面与圆柱相交

截平面相对于圆柱轴线有平行、垂直和倾斜三种不同的位置关系,其截交线的形状分别为矩形、圆和椭圆,如图 2-28 所示。

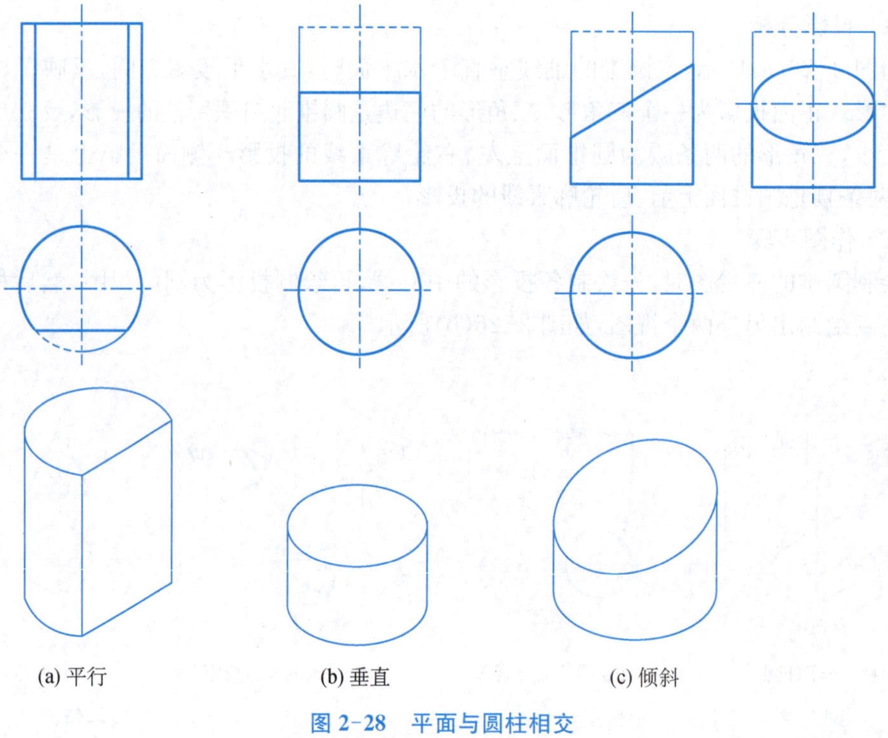
(a) 平行　　(b) 垂直　　(c) 倾斜

图 2-28　平面与圆柱相交

例 2-3： 如图 2-29(a)所示，圆柱被正垂面 P 截断，补全其三视图。

(1) 投影分析

截平面 P 与圆柱的轴线倾斜，截交线为椭圆。因为 P 是正垂面，所以截交线的正面投影积聚为一条直线。圆柱面的水平投影具有积聚性，故截交线的水平投影为圆，而截交线的侧面投影在一般情况下仍为椭圆。

(2) 作图步骤

① 补全圆柱的左视图，确定椭圆上的特殊位置点，即圆柱面上左、右、前、后四条轮廓素线与截平面 P 的交点 A、C、B、D 的三面投影，如图 2-29(b)所示。

② 确定椭圆上的一般位置点 E、F、G、H 的三面投影，依次光滑连接 a''、e''、b''、g''、c''、h''、d''、f''各点成椭圆，如图 2-29(c)所示。

③ 检查投影，擦去多余的图线，加粗轮廓线完成作图，如图 2-29(d)所示。

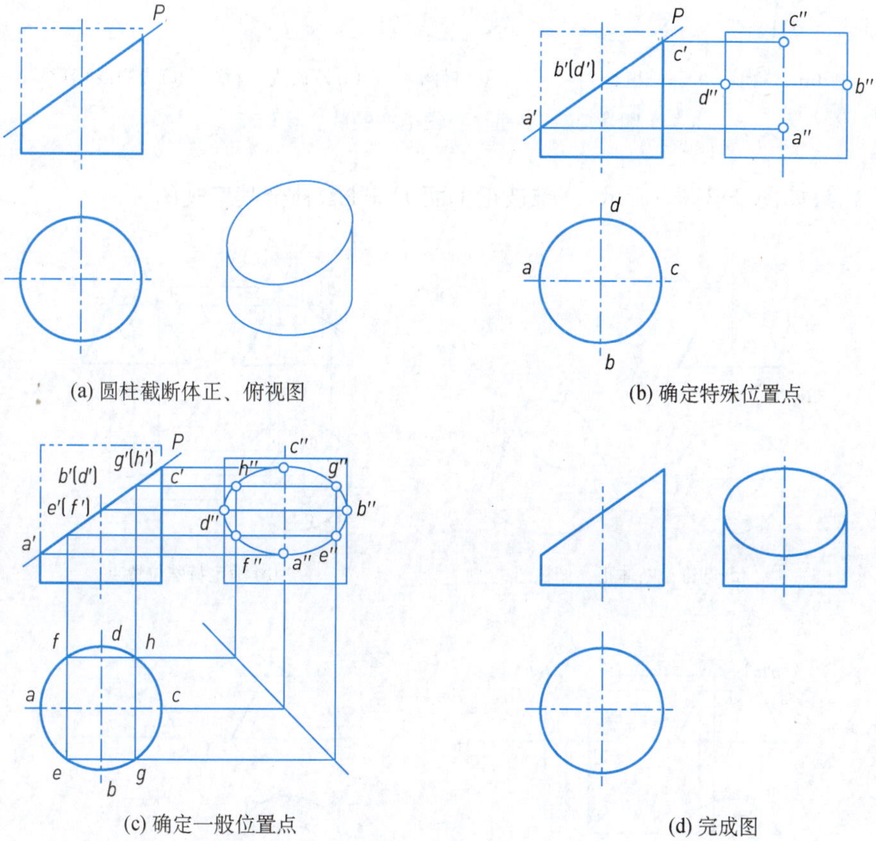

(a) 圆柱截断体正、俯视图　　(b) 确定特殊位置点

(c) 确定一般位置点　　(d) 完成图

图 2-29　圆柱截断体的投影作图

2. 平面与圆锥相交

根据截平面相对于圆锥轴线的不同位置，其截交线有五种不同的形状，如图 2-30 所示。当截平面过锥顶时，截交线为三角形，如图 2-30(a)所示；当截平面垂直于圆锥轴线时，截交线为圆，如图 2-30(b)所示；当截平面与圆锥轴线倾斜时，截交线为椭圆，如图 2-30(c)所示；当截平面与圆锥轴线平行时，截交线由双曲线和直线组成，如图 2-30(d)所

示；当截平面与圆锥面上某一素线平行时，截交线由抛物线和直线组成，如图 2-30(e)所示。

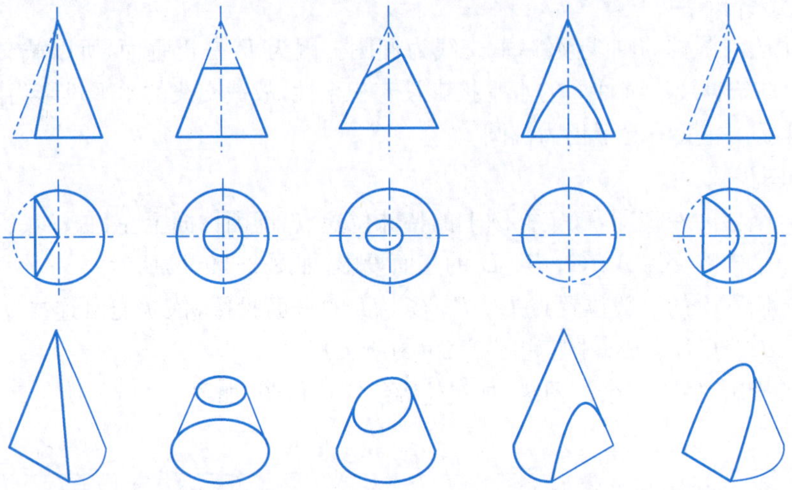

(a) 三角形　(b) 圆　(c) 椭圆　(d) 双曲线+直线　(e) 抛物线+直线

图 2-30　平面与圆锥相交的截交线形状

例 2-4：如图 2-31(a)所示，圆锥被正垂面 P 截断，补全其三视图。

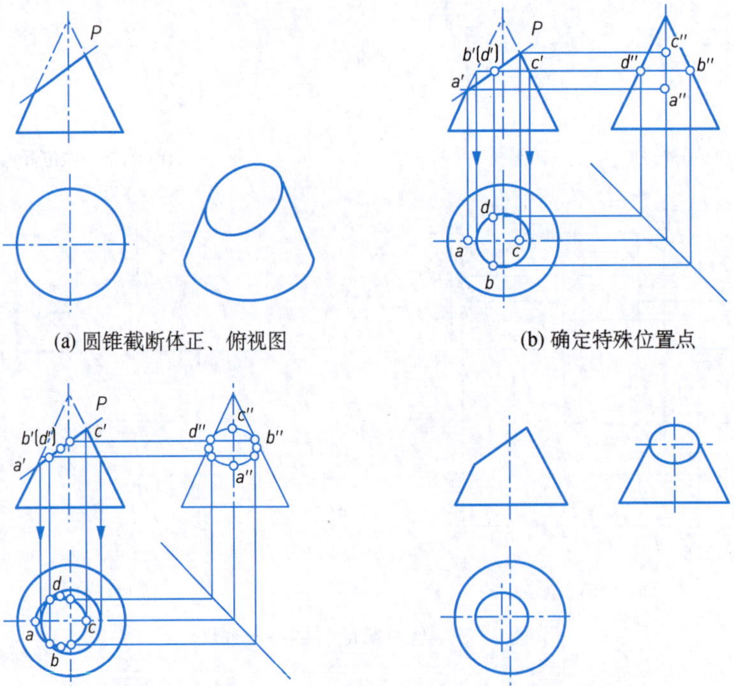

(a) 圆锥截断体正、俯视图　(b) 确定特殊位置点

(c) 确定一般位置点　(d) 完成图

图 2-31　圆锥截断体的投影作图

(1) 投影分析

截平面 P 与圆锥的轴线倾斜，截交线为椭圆。由于 P 是正垂面，所以截交线的正面

投影积聚为一条直线，水平投影和侧面投影均为椭圆。

（2）作图步骤

① 补全圆锥的左视图，确定椭圆上的特殊位置点，即椭圆长轴的两个端点 A、C 的三面投影和椭圆短轴的两个端点 B、D 的三面投影。A、C 是圆锥面上左、右两条轮廓素线与截平面 P 的交点，可直接求得。B、D 的正面投影 b'、d' 位于直线 $a'c'$ 的中点，通过点 B、D 所在纬圆在俯视图中的投影，即可求得 b、d 和 b''、d''，如图 2-31(b)所示。

（2）确定椭圆上的一般位置点，依次光滑连接各点成椭圆，如图 2-31(c)所示。

（3）检查投影，擦去多余的图线，加粗轮廓线完成作图，如图 2-31(d)所示。

3. 平面与圆球相交

平面切割圆球时，截交线为圆。当截平面与投影面平行时，其投影为圆，圆的大小取决于截平面到球心的距离，如图 2-32 所示。

动画 4：曲面立体（球）表面的截交线

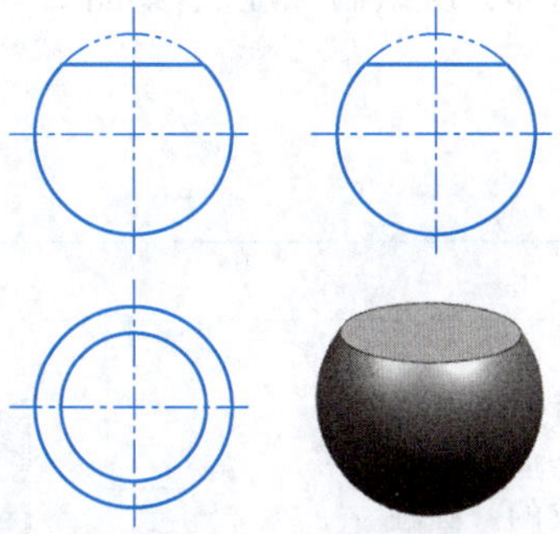

图 2-32　平面与圆球相交

例 2-5：如图 2-33(a)所示，补全开槽半球的水平投影和侧面投影。

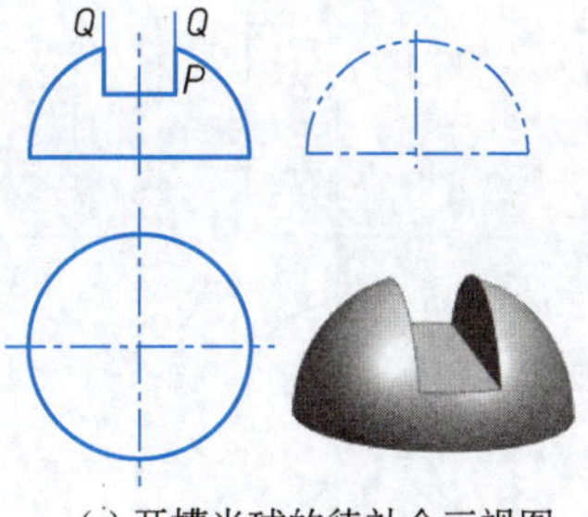

(a) 开槽半球的待补全三视图

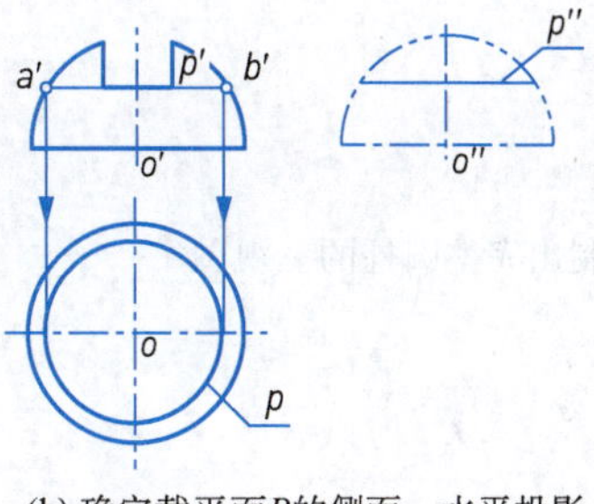

(b) 确定截平面P的侧面、水平投影

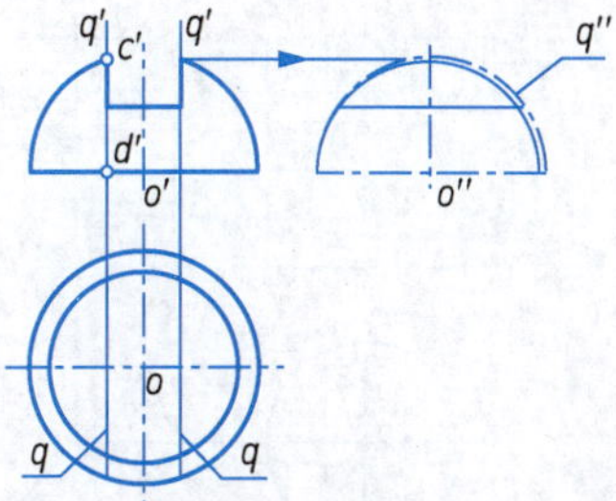

(c) 确定截平面Q的侧面、水平投影

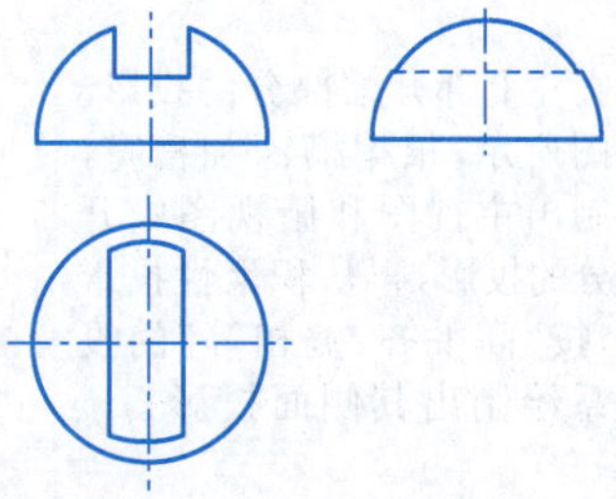

(d) 完成图

图 2-33　开槽半球的投影作图

(1) 投影分析

半圆球上部的槽由两个截平面 Q 和一个截平面 P 与圆球相交切割而成，截平面 P 与球面的交线为平行于水平面的圆弧，截平面 Q 与球面的交线为平行于侧面的圆弧，截平面 P 与 Q 之间的交线为正垂线。

(2) 作图步骤

① 以 $a'b'$ 为直径作出截平面 P 的水平投影——圆，截平面 P 的侧面投影积聚为一条直线，如图 2-33(b)所示。

② 以 $c'd'$ 为半径作出截平面 Q 的侧面投影——圆弧，截平面 Q 的水平投影积聚为两条直线，如图 2-33(c)所示。

(3) 整理轮廓，判断可见性。根据截平面 P 和 Q 的范围，擦去多余的图线。开槽后球面上平行于侧面的轮廓素线圆在截平面 P 以上的部分被截切，不需要绘制出。截平面 P 的侧面投影被左半球面遮挡部分应绘制细虚线，如图 2-33(d)所示。

任务实施单

方法步骤		图　示
投影分析	圆柱上部开槽是由两个平行于轴线的侧平面和一个垂直于轴线的水平面切割而成的。圆柱下部切肩是由两个平行于轴线的正平面与垂直于轴线的水平面切割而成的	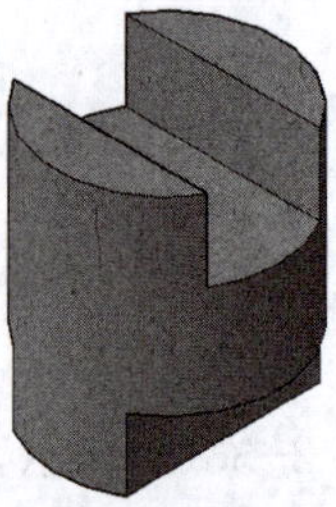
作图步骤	绘制出完整圆柱的三视图	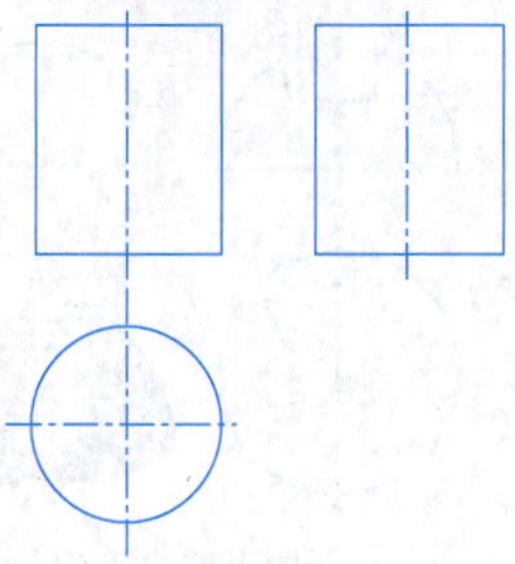
	绘制圆柱上部开槽部分的投影。如右图所示，根据槽深和槽宽，先绘制出主视图和俯视图中开槽部分的投影，再从积聚性投影出发，按“高平齐、宽相等”的投影关系绘制出其侧面投影——矩形	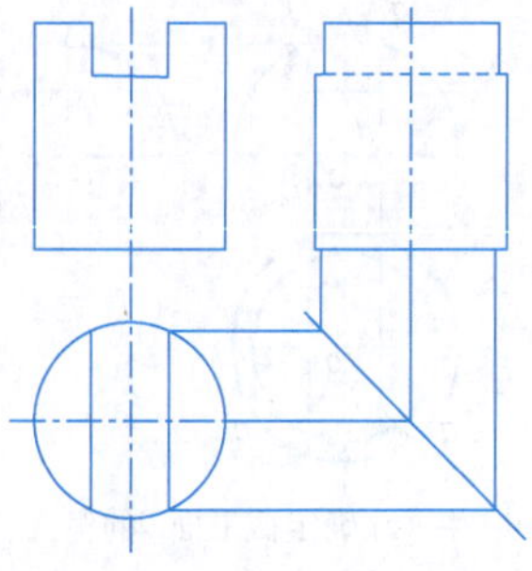

方法步骤		图　示
作图步骤	绘制圆柱下部分切肩部分的投影。如右图所示，根据切肩和肩高，先绘制出左视图和俯视图中切肩部分的投影，再从积聚性投影出发，按“长对正、高平齐”的投影关系绘制出其正面投影——矩形	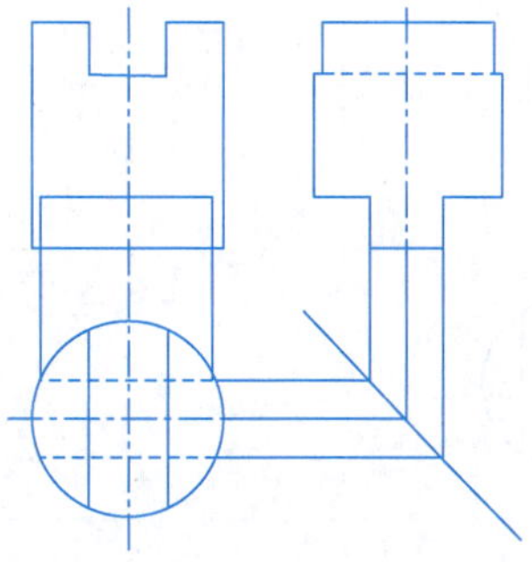
	检查投影，擦去多余的图线，加粗轮廓线完成作图	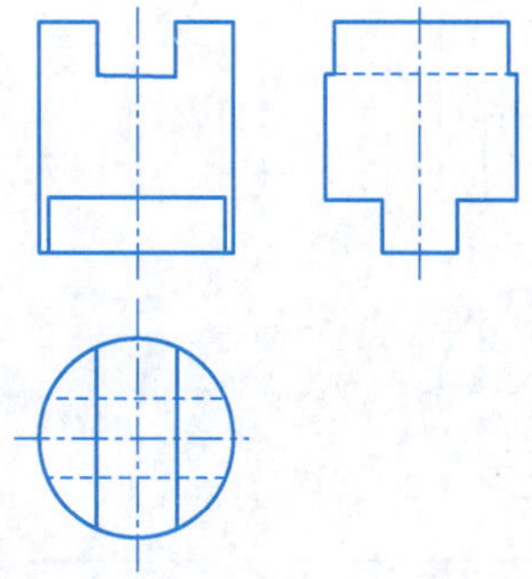

拓展练习

1. 回转体及体表面上点的投影作图。

(1) 补绘圆柱的俯视图，并作圆柱表面上点的投影。	(2) 补绘圆锥的左视图并作圆锥表面上点的投影。
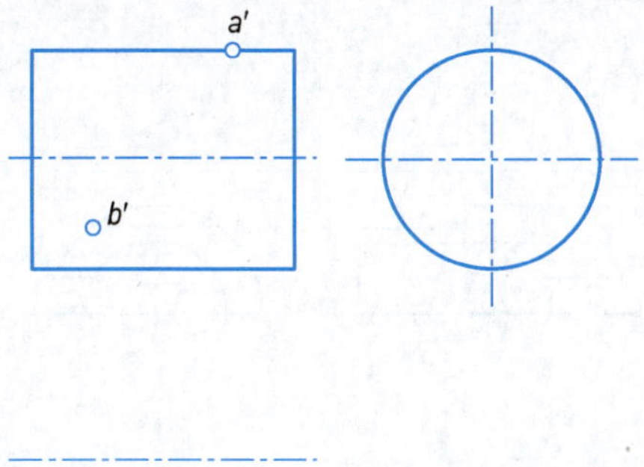	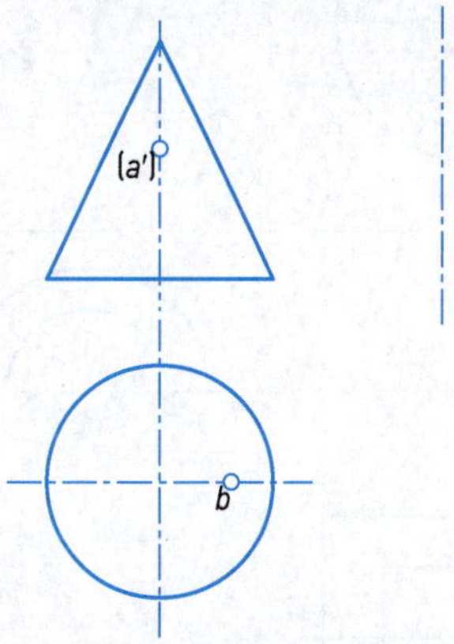

2. 补绘回转体被截切后的第三视图。

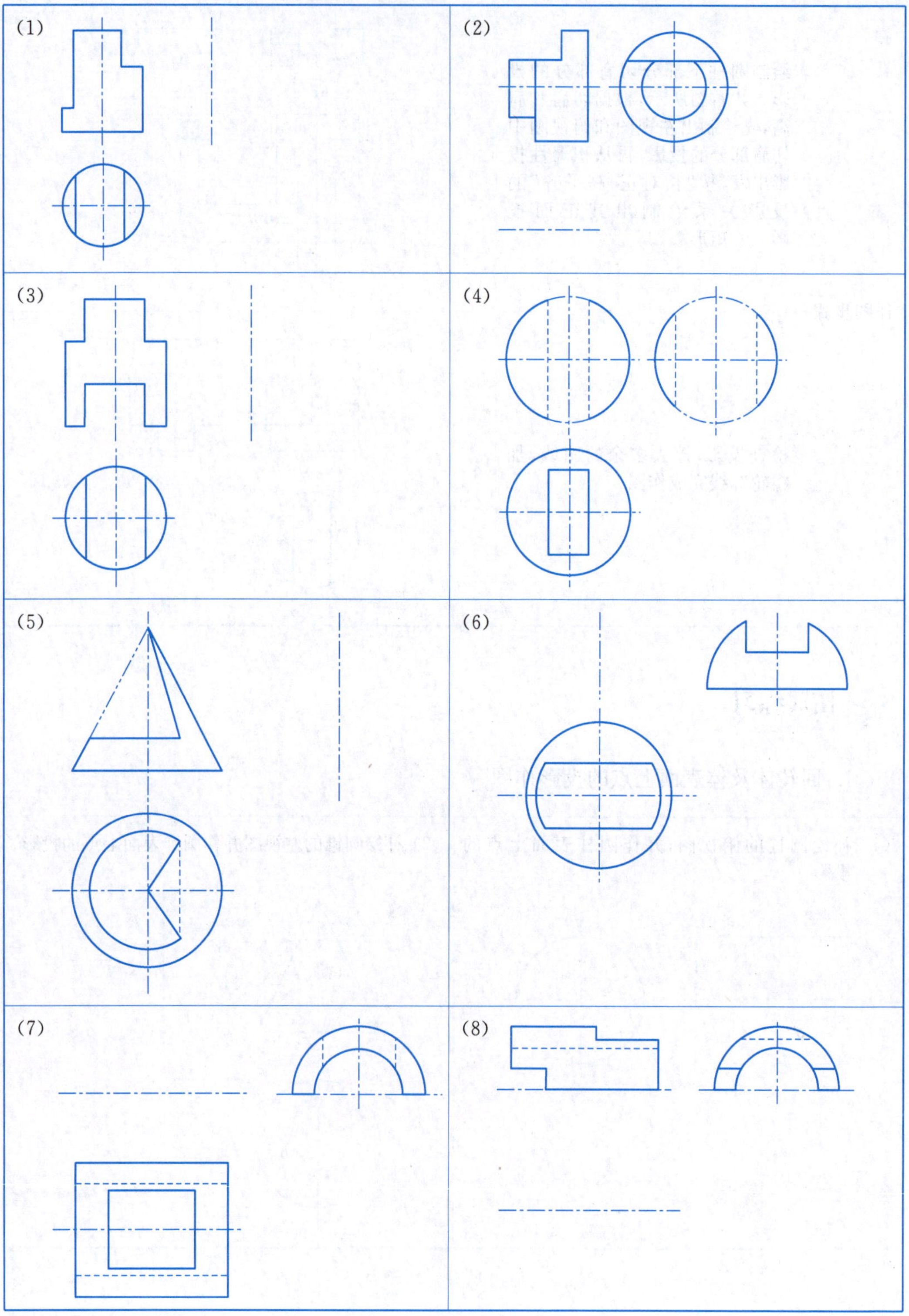

任务四
绘制相贯体的三视图

学习任务单

任务名称	绘制相贯体的三视图
任务描述	绘制如 2-34 所示穿孔圆柱的三视图。 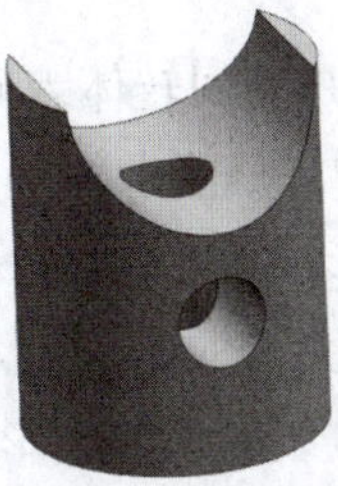 图 2-34　穿孔圆柱
任务分析	圆柱穿孔后，在圆柱表面形成了相贯线。要绘制穿孔圆柱的三视图，首先要掌握两回转体表面交线的性质及画法。
成果展示与评价	各组成员独立完成穿孔圆柱的三视图，自评或小组互评后由教师评定成绩，填写评定表（表 2-6）。

表 2-6　绘制相贯体的三视图任务评定表

能力目标	相关知识	权重	自测分数	教师评分
了解相关知识	(1) 相贯线的性质； (2) 基本体的尺寸标注； (3) 常见的组合相贯线	15 分		
熟练掌握知识点	(1) 表面取点法作相贯线； (2) 相贯线的近似画法； (3) 相贯线的特殊情况	40 分		
应用知识分析案例	用近似画法作出常见相贯体的相贯线	45 分		

知识概述

微课 6：相贯体的投影作图

一、两回转体表面相贯的一般情况

两回转体相交，表面形成的交线称为相贯线，最常见的是圆柱与圆柱相交。相贯线具有以下两个基本性质：

① 相贯线一般为闭合的空间曲线，特殊情况下是平面曲线或直线。

② 相贯线是相交两立体表面的共有线，是由两回转体表面上一系列共有点组成的。

1. 两圆柱相贯的交线画法

例 2-6：如图 2-35(a)所示，两个不等直径的圆柱正交，求作相贯线的投影。

1）投影分析

如图 2-35(a)所示的形体由两个不等直径的圆柱正交构成，相贯线为一条闭合的空间曲线，它是两圆柱表面的共有线。由于大圆柱的轴线垂直于侧面，相贯线的侧面投影积聚在大圆周上。同理，由于小圆柱的轴线垂直于水平面，相贯线的水平投影积聚在小圆周上。因此，只要根据已知的水平投影和侧面投影求作相贯线的正面投影即可。

2）作图步骤

(1) 表面取点法

两回转体的相贯线，实际上是两回转体表面上一系列共有点的连线，作共有点的方法通常采用表面取点法。如图 2-35(a)所示两正交圆柱的相贯线前后对称，因此，相贯线的正面投影只需作出前面一半投影即可。如图 2-35(b)、图 2-35(c)所示，利用相贯线投影的积聚性，可在相贯线的已知投影上取若干点，按投影关系求作这些点的正面投影，然后依次光滑连接各点即可作出相贯线的正面投影。

① 确定特殊点。先在相贯线的水平投影上定出最左点 A、最右点 C 与最前点 B 的投影 a、c、b，再在相贯线的侧面投影上定出 a''、c''、b''，然后求得其正面投影 a'、c'、b'，如图 2-35(b)所示。

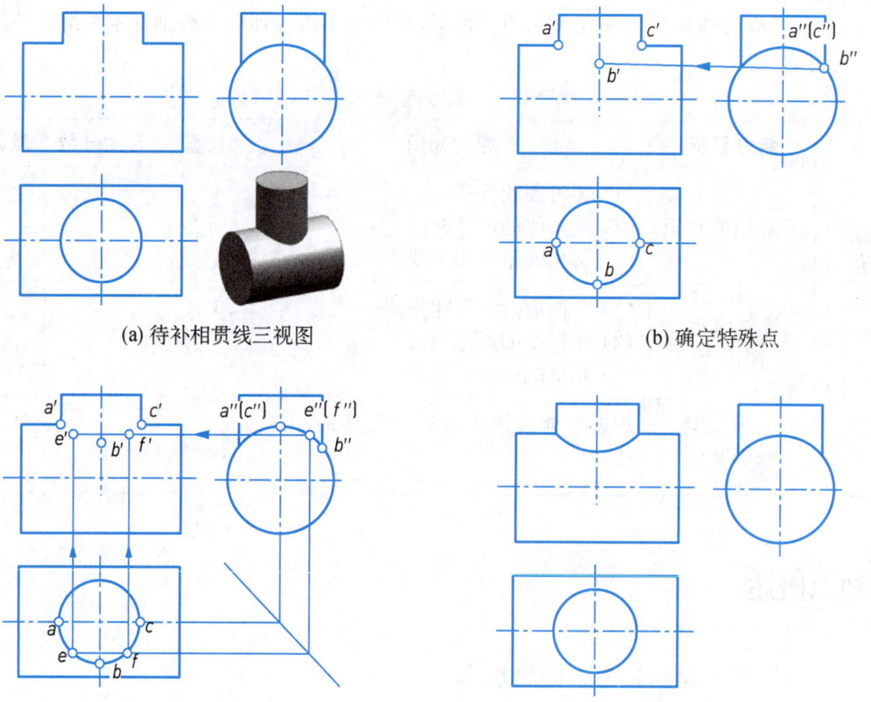

(a) 待补相贯线三视图　(b) 确定特殊点　(c) 确定一般点　(d) 完成图

图 2-35　两圆柱正交的投影作图

② 确定一般点。利用积聚性，在相贯线的水平投影和侧面投影上定出 e、f 和 e''、f''，然后求得其正面投影 e'、f'，如图 2-35(c)所示。

③ 光滑连接 a'、e'、b'、f'、c' 即为相贯线的正面投影，作图结果如图 2-35(d)所示。

(2) 简化画法

在工程中经常遇到两圆柱正交的情况，为了简化作图，允许用圆弧代替非圆曲线。如图 2-36 所示，轴线垂直相交且平行于正面的两圆柱相交，相贯线的正面投影以大圆柱的半径$\left(\dfrac{D}{2}\right)$为半径绘制圆弧即可。圆弧圆心的确定如图 2-36(a)所示，圆弧的绘制如图 2-36(b)所示。

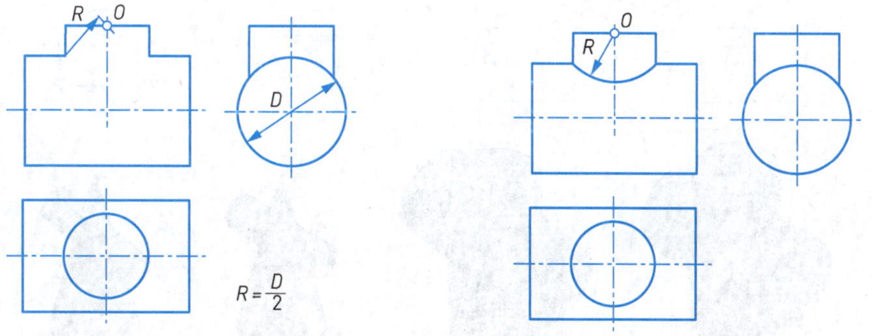

(a) 定圆心　　(b) 画圆弧

图 2-36　相贯线的简化画法

2. 两圆柱相贯的三种形式

① 两圆柱体相贯，如图 2-37(a)所示。

② 圆柱孔与圆柱体相贯，如图 2-37(b)所示。

③ 两圆柱孔相贯，如图 2-37(c)所示。

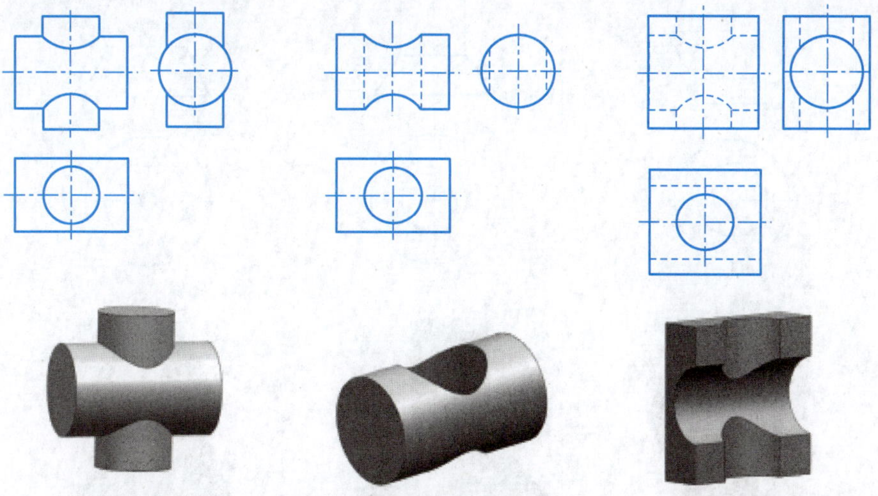

(a) 两圆柱体相贯　　(b) 圆柱孔与圆柱体相贯　　(c) 两圆柱孔相贯

图 2-37　两圆柱相贯的三种形式

动画 5：相贯体的形式

二、两回转体表面相贯的特殊情况

1. 相贯线为椭圆

当轴线相交的两圆柱或圆柱与圆锥公切于一个圆球时，相贯线为两个相交的椭圆，如图 2-38 所示。若两回转体的轴线同时平行于某投影面，椭圆相贯线在该投影面上的投影积聚为两条相交直线。

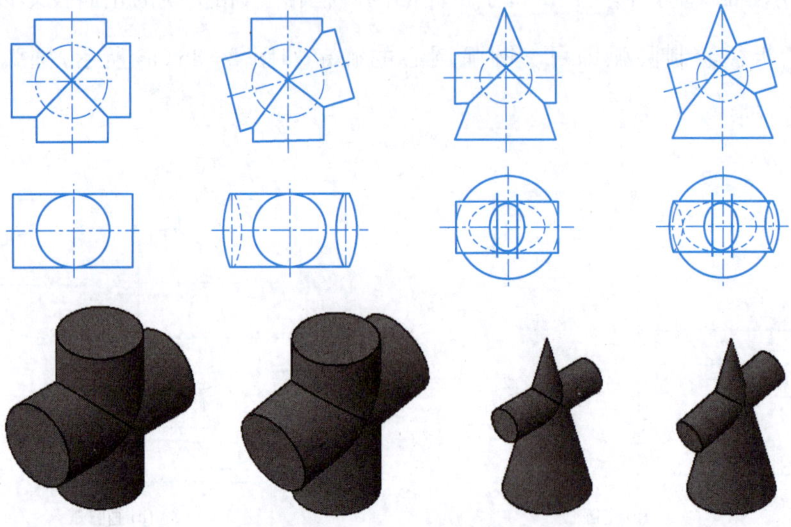

图 2-38　相贯线为椭圆

2. 相贯线为圆

当两个回转体同轴相交时，相贯线为垂直于该轴线的圆，如图 2-39 所示。当回转体轴线平行于某投影面时，圆形相贯线在该投影面上的投影积聚为直线。

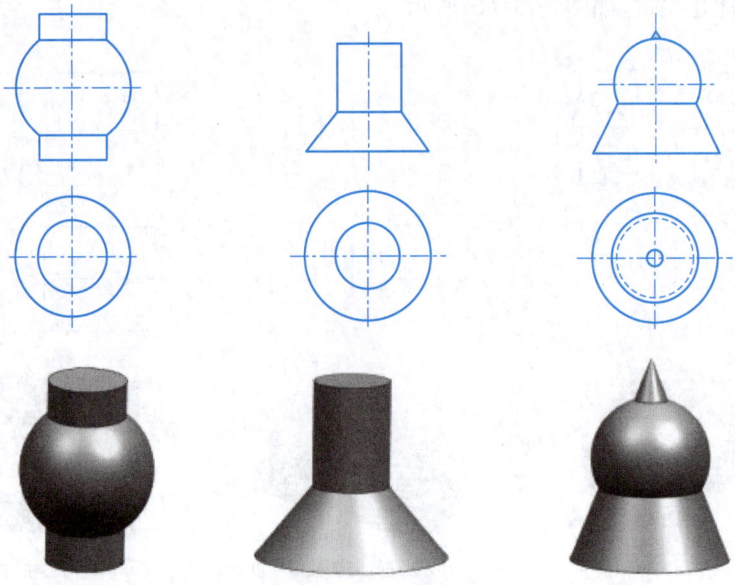

图 2-39　相贯线为圆

3. 相贯线为直线

当两轴线平行的圆柱相交或两圆锥共锥顶相交时，相贯线为直线，如图 2-40 所示。

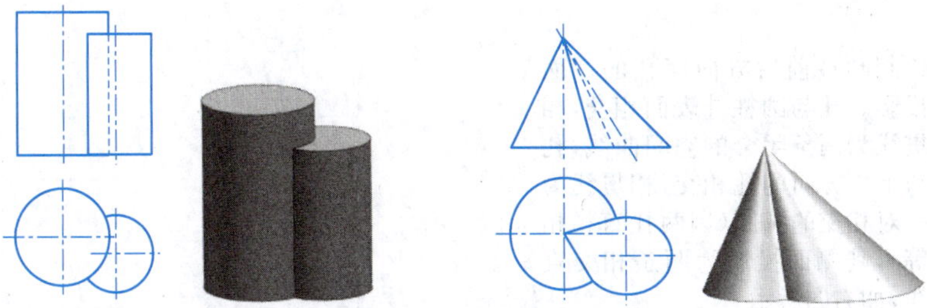

图 2-40　相贯线为直线

任务实施单

方法步骤		图　示
投影分析	该形体由一个完整的圆柱体经三次穿孔而成： (1) 圆柱上部前后方向开一半圆柱孔； (2) 圆柱上下方向穿孔； (3) 圆柱前后方向穿孔	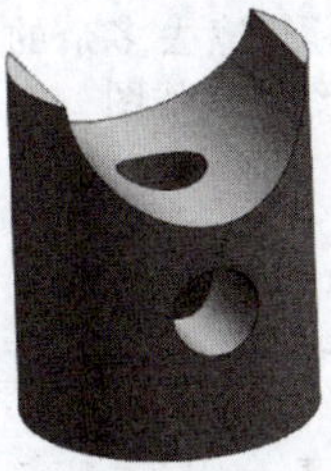
作图步骤	绘制出圆柱上部穿半圆孔的三视图。利用相贯线的正面投影和水平投影具有积聚性，采用表面取点法求作相贯线上一系列点的侧面投影，依次光滑连接各点，即可作出相贯线的侧面投影，如右图所示	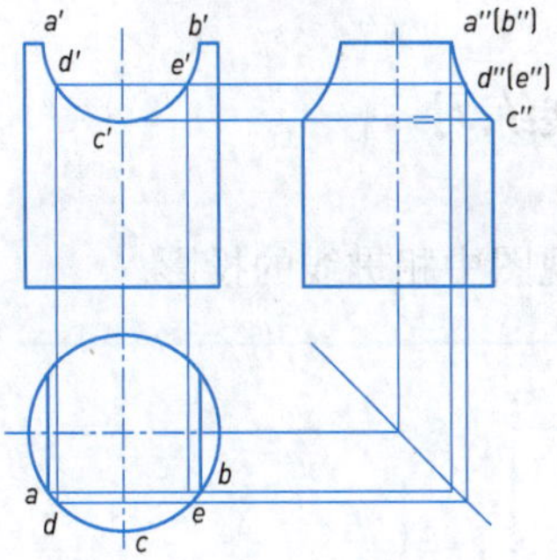
	绘制圆柱上下方向穿孔的三面投影。利用相贯线的正面投影和水平投影具有积聚性，侧面投影可通过表面取点或简化画法求得，如右图所示	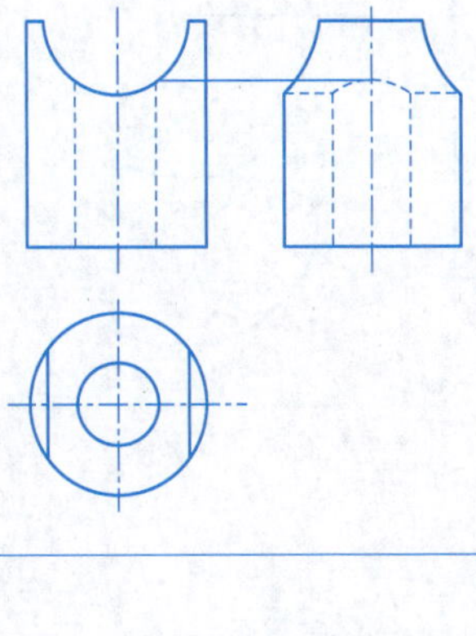

方法步骤		图示
作图步骤	绘制圆柱前后方向穿孔的三面投影。孔与圆柱外表面相交，相贯线为两条闭合的空间曲线，孔与上下方向的孔相交，相贯线为一对相交的椭圆（因两孔直径相等），其侧面投影为两条相交直线，如右图所示	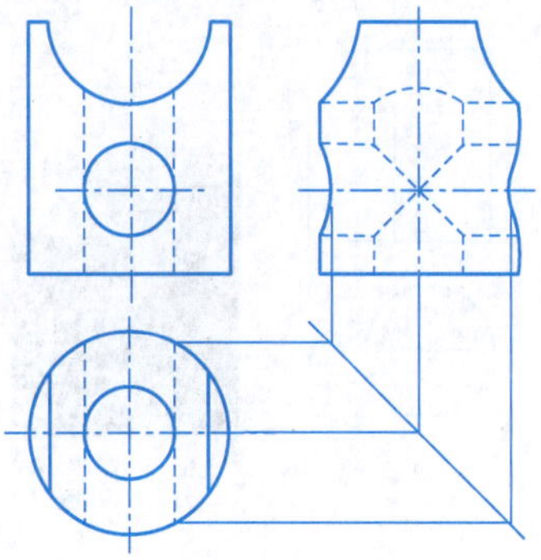
	检查投影，擦去多余的图线，加粗轮廓线完成作图	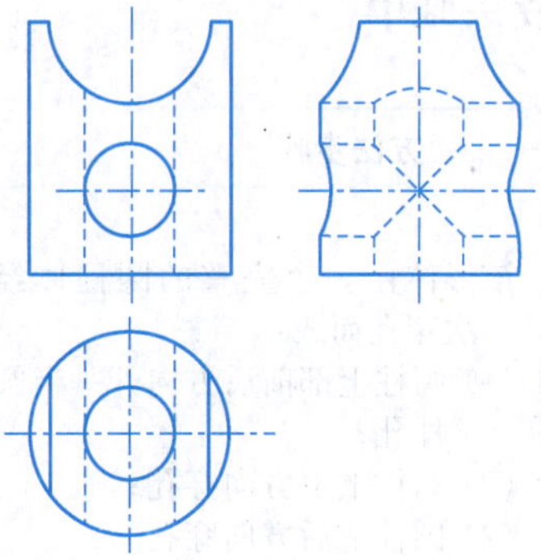

拓展练习

补绘视图中相贯线的投影。

(1)

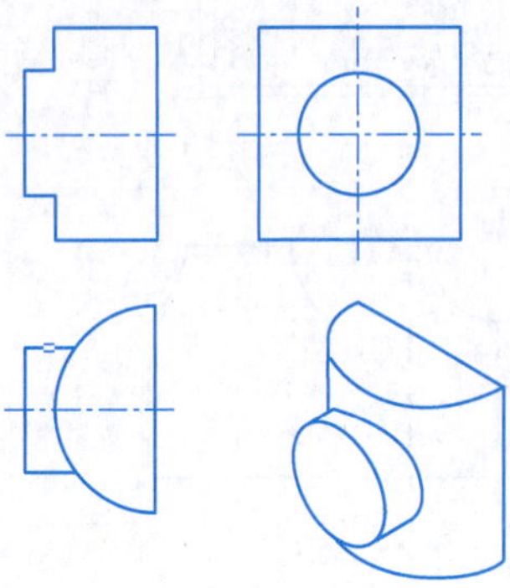

(2)

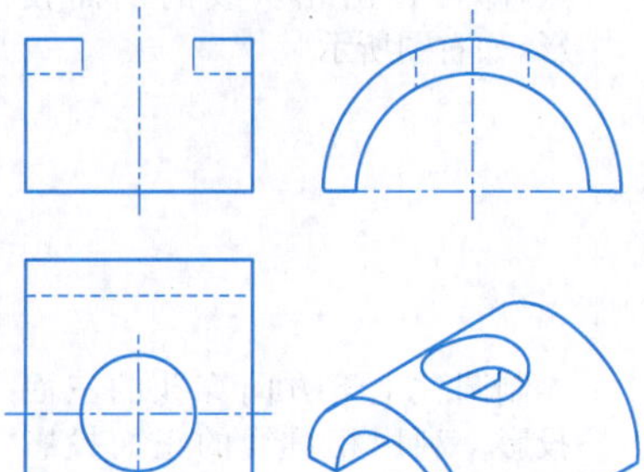

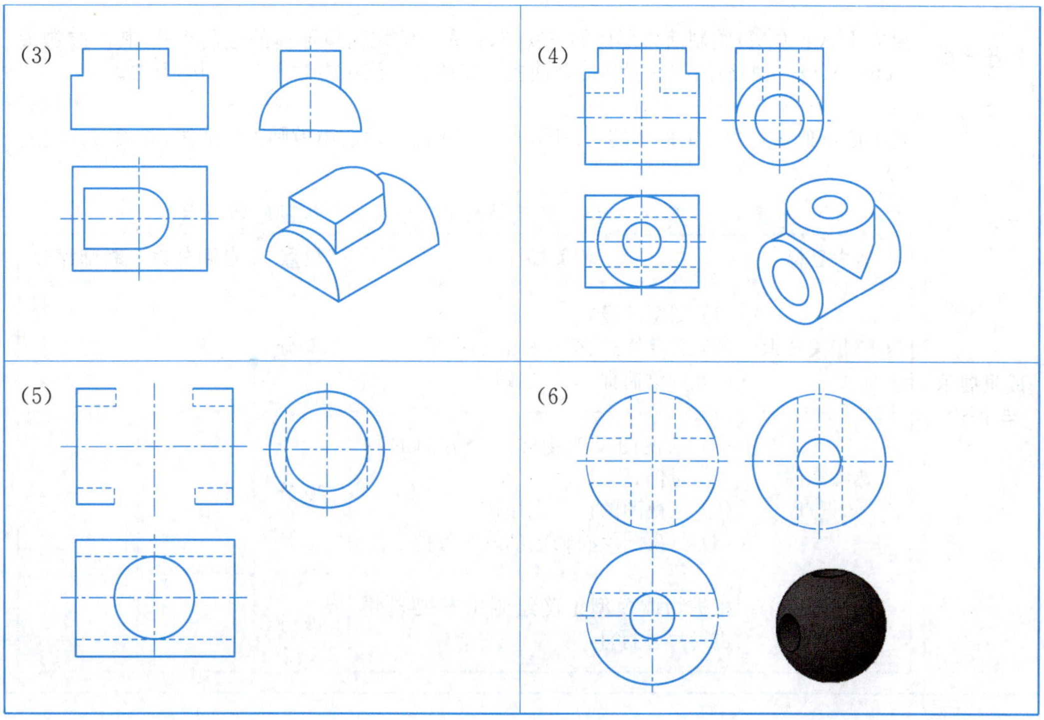

任务五

应用 AutoCAD 软件绘制简单形体三视图

学习任务单

任务名称	应用 AutoCAD 软件绘制简单形体三视图
任务描述	建立 A4 图纸幅面，根据图 2-41 所示物体模型绘制三视图，并标注尺寸。 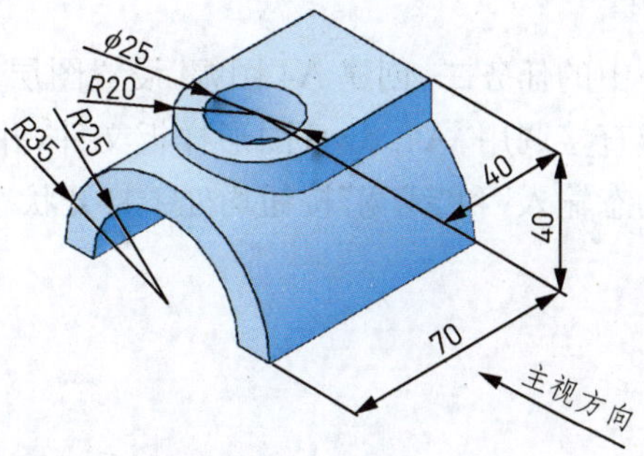 图 2-41　物体模型

任务分析	要应用 AutoCAD 绘制简单形体的三视图，首先应掌握简单形体的绘制步骤，其次应熟悉 AutoCAD 常用的绘图与编辑功能及使用对象捕捉追踪功能对齐三视图的方法。
成果展示与评价	各组成员独立完成给定形体的三视图，自评或小组互评后由教师评定成绩，并填写评定表（表 2-7）。

表 2-7　应用 AutoCAD 软件绘制简单形体三视图任务评定表

能力目标	相关知识	权重	自测分数	教师评分
了解相关知识	(1) 图层的设置； (2) 文字样式、标注样式的设置； (3) 对象捕捉、对象追踪	30 分		
熟练掌握知识点	(1) 三视图反映物体三个方向的测量值； (2) 三视图的投影规律； (3) 三视图反映物体的六个方位	30 分		
应用知识分析案例	根据物体模型正确绘制出三视图并进行尺寸标注	40 分		

任务实施

一、绘图准备工作

1. 形体分析

如图 2-41 所示的形体，可将其分解为半圆筒、凸台和凸台上的通孔三个组成部分。其中，半圆筒外曲面与凸台相贯（有外相贯线）、半圆筒内曲面与圆柱孔相贯（有内相贯线）。

2. 选择主视图投射方向

以如图 2-41 所示箭头方向为主视图投射方向。

二、新建图形文件

单击“开始绘制”图案按钮，新建一个图形文件。

三、设置绘图环境

参照学习情境一中的任务二，创建 A4 图幅，设置图层，设置文字样式，设置尺寸标注样式，绘制标题栏，或直接调用“A4. dwt”图形样板文件，并确认状态栏中的“极轴”“对象捕捉”“对象追踪”“动态输入”和“线宽”按钮均处于打开状态。

任务实施单

绘图步骤		图　示
绘制基础形体（半圆筒）	绘制左视图。将“粗实线”图层设置为当前图层，并利用“圆”“直线”和“修剪”命令在合适位置绘制如右图半圆筒的左视图	
	绘制主视图和俯视图。执行“直线”命令，并结合“对象捕捉追踪”功能依次绘制主视图和俯视图中圆筒的外轮廓线，然后绘制中心线和主视图中的虚线，如右图所示	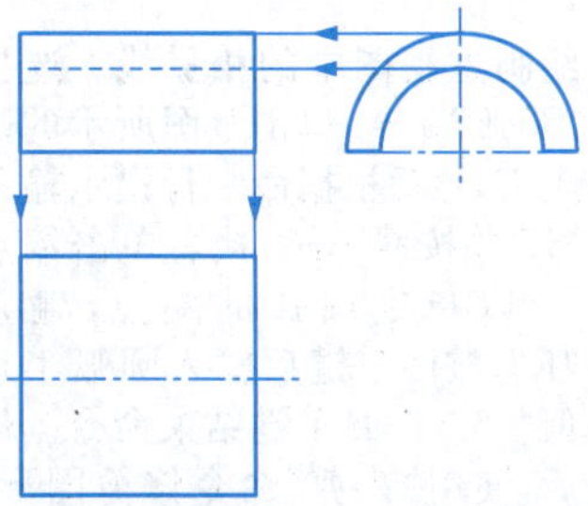
	执行“偏移”命令，设置偏移距离为10，依次选择并复制俯视图中的上下边线并将其置于“虚线”图层，结果如右图所示	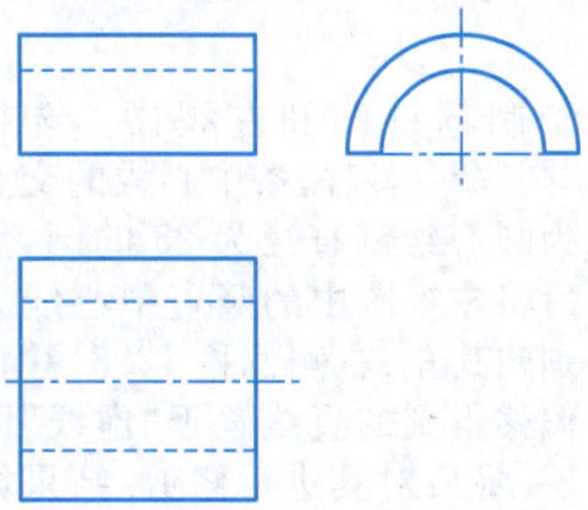
绘制凸台	绘制俯视图。选择“偏移”命令，将半圆筒右端面向左偏移40，然后将偏移所得到的直线置于“点画线”图层。选择“圆”命令，以两条中心线的交点为圆心绘制半径为20的圆，接着使用“直线”命令分别绘制凸台前、后面的轮廓线，最后使用“修剪”命令修剪图形，结果如右图所示	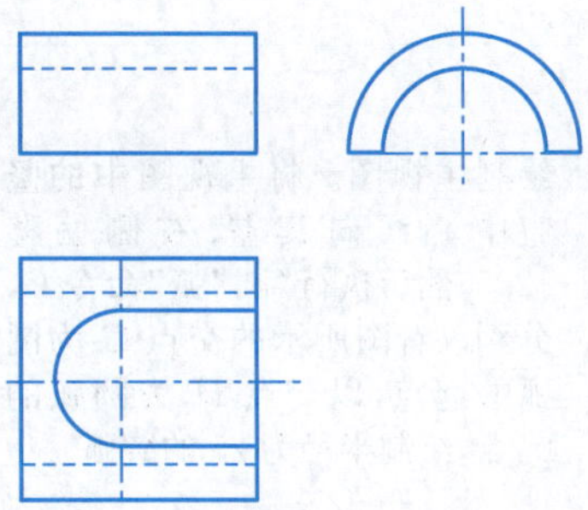
	绘制左视图。执行“直线”命令，捕捉两条中心线的交点并竖直向上移动光标，待出现竖直极轴追踪线时输入值40，接着绘制图右图所示的两条直线 AB 和 BC，最后使用“镜像”命令将这两条直线进行镜像，结果如右图所示	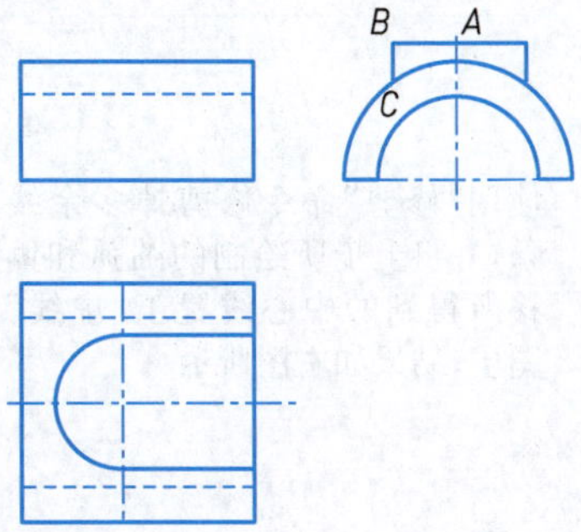

绘图步骤		图　示
绘制凸台	绘制主视图。执行“直线”命令，并利用“长对正、高平齐”关系绘制凸台主视图上的轮廓线及中心线，如右图所示	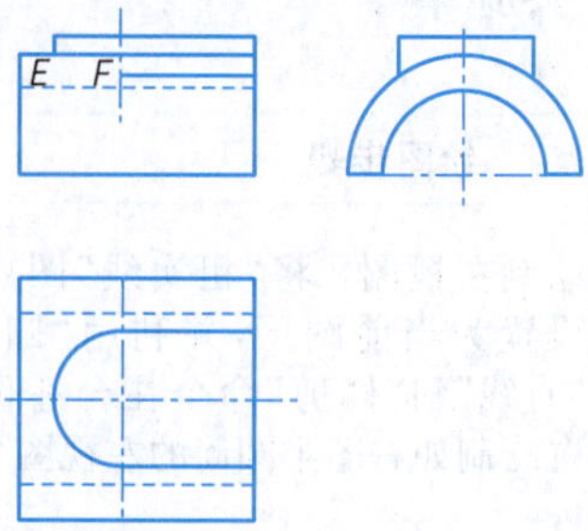
	绘制主视图中的相贯线。选择“圆弧”命令，单击上图所示的端点 E，然后根据命令行提示输入“E”并按回车键，接着单击端点 F，以指定圆弧的端点，输入“R”，按回车键后输入圆弧半径值“35”，按回车键结束命令。最后，使用“修剪”命令修剪图形，结果如右图所示	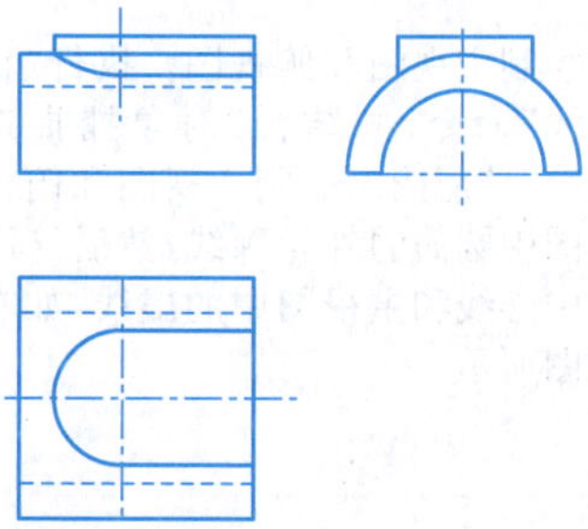
绘制凸台上的通孔	绘制俯视图和左视图。选择“圆”命令，以两条中心线的交点为圆心绘制直径为 25 的圆，然后将左视图中的竖直中心线分别向其左、右侧偏移 12.5，并将偏移得到的直线置于“虚线”图层，最后对其进行修剪，结果如右图所示	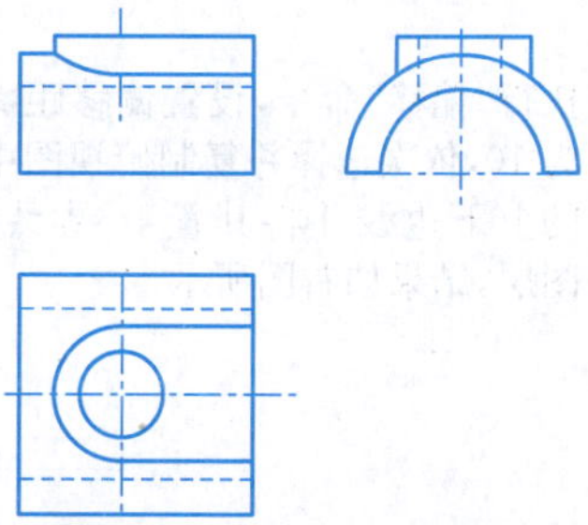
	绘制主视图。将主视图中的竖直中心线向其左、右侧偏移 12.5，然后执行“圆”弧”命令 C，分别以右图所示的交点 G 为圆弧的起点，以交点 H 为圆弧的终点，绘制半径为 25 的圆弧	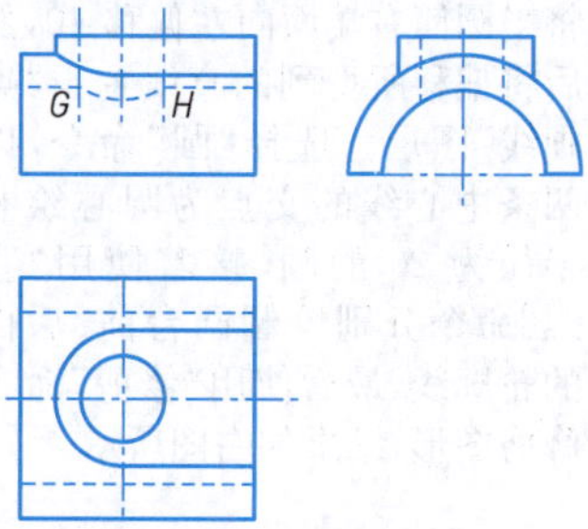
	使用“修剪”命令修剪掉多余线条，并将上步所绘制的圆弧和偏移所得到的中心线置于“虚线”图层，结果如右图所示	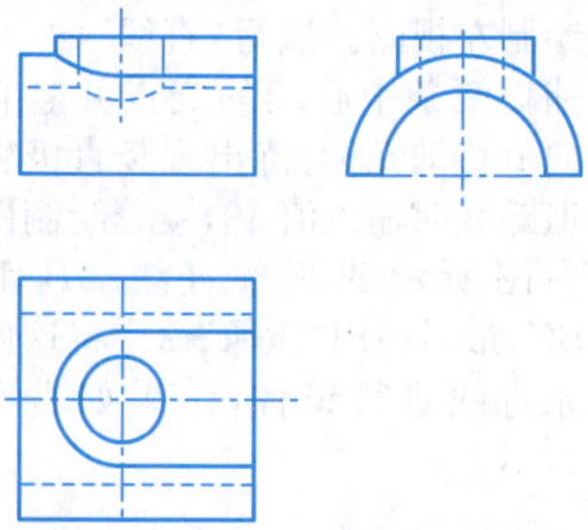

绘图步骤		图　示
标注尺寸	将“标注”图层设置为当前图层。单击“标注”工具栏中的“直径”按钮，然后在要标注直径的圆上单击，移动光标并在合适位置单击即可标注其直径尺寸	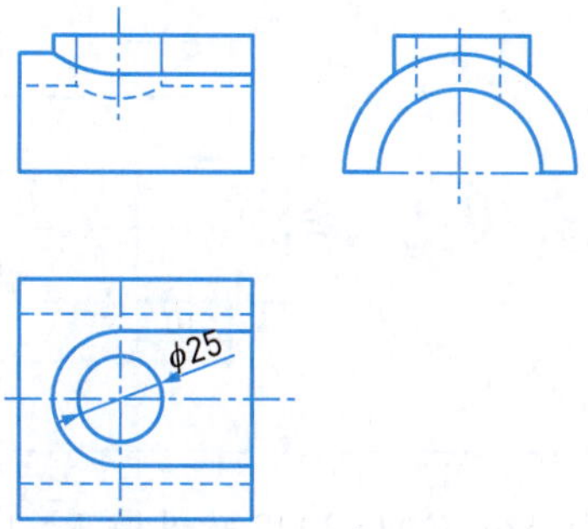
	采用同样的方法，分别利用“标注”工具栏中的“线性”按钮和“半径”按钮标注右图所示的其他尺寸。完成所有图形	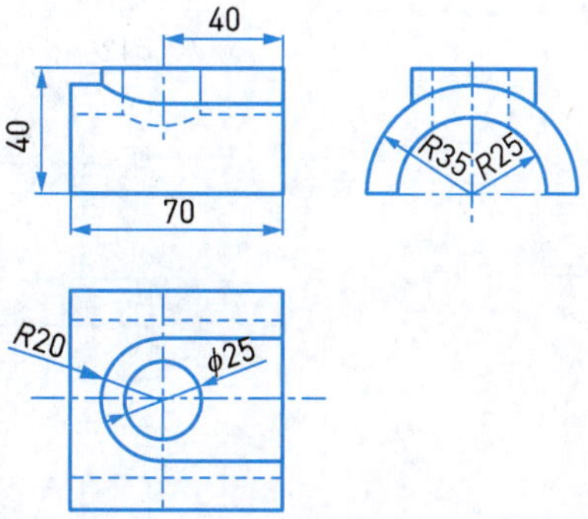

拓展练习

1. 用 AutoCAD 2022 软件按 1∶1 抄画主、俯视图，补绘左视图，并标注尺寸。

(1)

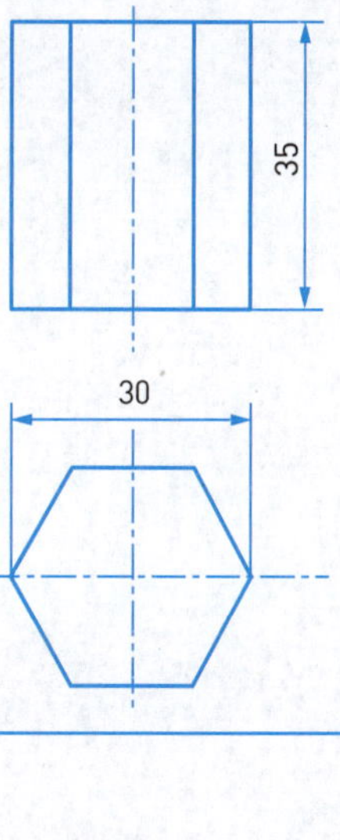

(2)

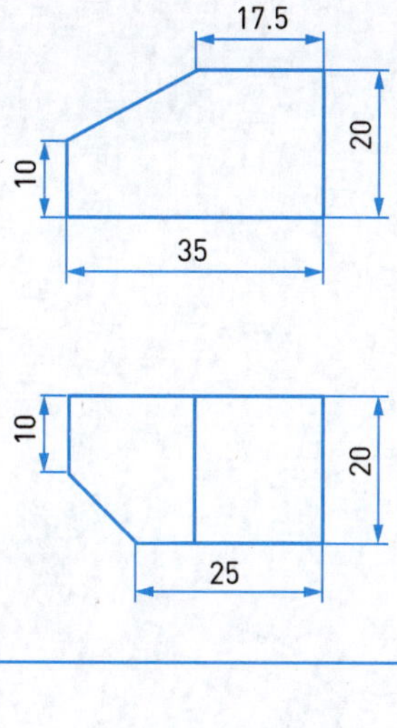

2. 用 AutoCAD 2022 软件按 1∶1 抄画主、左视图，补绘俯视图，并标注尺寸。

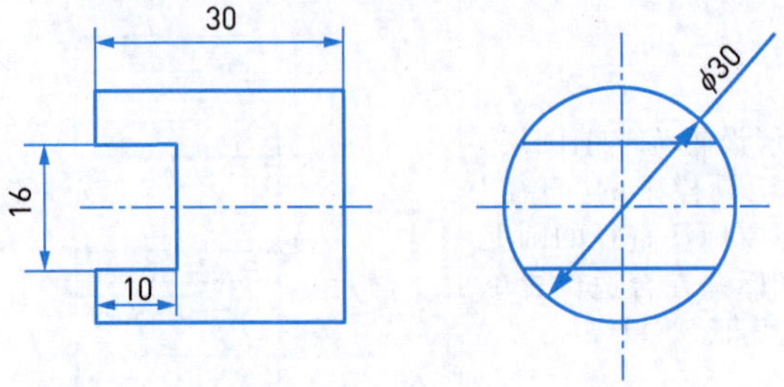

3. 用 AutoCAD 2022 软件按 1∶1 抄画主、俯视图，补绘左视图，并标注尺寸。

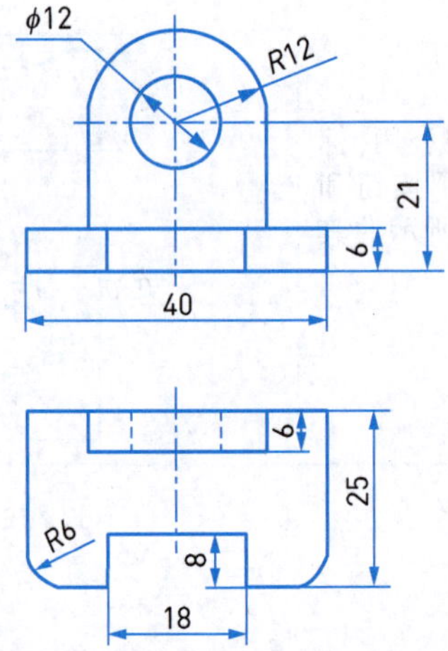

学习情境三

组　合　体

情境概述

任何形状复杂的立体都可以看作是由一些基本几何体按照一定的形式组合而成。由两个或两个以上的基本体通过叠加或切割的方式组合而成的立体称为组合体。

学习目标

- 掌握利用形体分析法绘制组合体视图的方法和标注尺寸的方法；
- 掌握组合体视图的读图方法；
- 掌握组合体轴测图的画法。

教学目标

通过对组合体投影特征的学习，使学生正确认识图样与实体之间的转换规律。教会学生认真思考，耐心细致，学会把复杂的问题分解为简单问题的方法，培养学生实践第一和理论联系实际的观念。

任务一 绘制组合体三视图

学习任务单

<table>
<tr><td>任务名称</td><td>绘制组合体的三视图</td></tr>
<tr><td>任务描述</td><td>根据图 3-1 所示的组合体模型绘制其三视图，并且标注尺寸，尺寸从轴测图中量取并取整。

图 3-1　组合体模型</td></tr>
<tr><td>任务分析</td><td>要绘制此组合体模型的三视图，首先要对其进行形体分析，弄清楚其形体组成部分，以及各相邻形体表面间的连接关系，然后对主视图的投射方向进行选择，最后按照正投影法的作图方法绘制出三视图，并进行尺寸标注。</td></tr>
<tr><td>成果展示与评价</td><td>各组成员独立完成给定组合体模型的三视图，自评或小组互评后由教师评定成绩，填写评定表(表 3-1)。
表 3-1　绘制组合体三视图任务评定表
<table>
<tr><th>能力目标</th><th>相关知识</th><th>权重</th><th>自测分数</th><th>教师评分</th></tr>
<tr><td>了解相关知识</td><td>(1) 绘制表面连接关系的正确性；
(2) 尺寸基准选择的正确性</td><td>20 分</td><td></td><td></td></tr>
<tr><td>熟练掌握知识点</td><td>(1) 主视图投射方向选择的正确性；
(2) 三视图的投影规律；
(3) 尺寸标注的正确性、完整性和清晰性</td><td>60 分</td><td></td><td></td></tr>
<tr><td>应用知识分析案例</td><td>三视图图线整体表达的正确性</td><td>20 分</td><td></td><td></td></tr>
</table></td></tr>
</table>

知识概述

微课 7：组合体的形体分析

一、组合体的形体分析

将组合体分解成若干个基本形体，分析它们之间的相对位置和组合形式，这种方法称为形体分析法。

对组合体的形体分析，一方面要分析组合体的组成部分，另一方面要分析各部分的组合形式、相对位置及两相邻形体间的表面连接关系。

1. 组合体的组合形式

叠加和切割是两种基本组合形式，常见的是这两种形式的综合。

① 叠加型。由若干个基本体叠加而成的组合体，如图 3-2(a)所示。

② 切割型。由基本体切割而成的组合体，如图 3-2(b)所示。

③ 综合型。既有叠加又有切割的组合体，如图 3-2(c)所示。

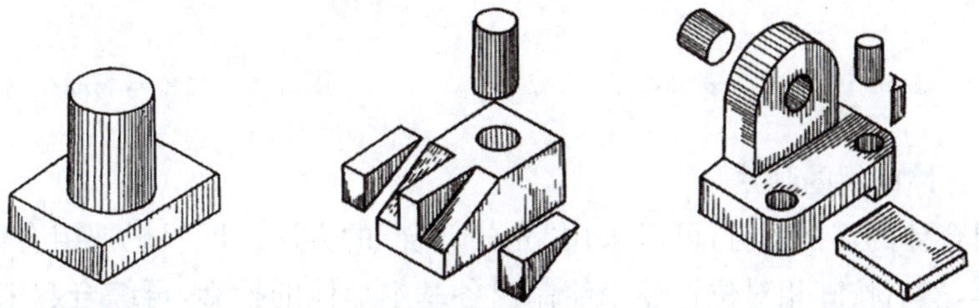

(a) 叠加型　(b) 切割型　(c) 综合型

图 3-2　组合体组合形式

2. 形体表面的连接关系

组合体中每个基本体的相邻表面之间存在一定的连接关系，按其表面形状和相对未知部分可分为表面平齐、表面不平齐、表面相切和表面相交四种情况。连接关系不同，连接处投影的画法也不同。

动画 6：简单叠加组合形体分析

① 表面平齐（共面）。相邻两形体表面平齐时，两表面构成一个完整的平面，此时两形体间不可画线，如图 3-3 所示。

② 表面不平齐（不共面）。相邻两形体表面不平齐时，两表面未构成一个完整的平面，此时两形体的分界处应用线隔开，如图 3-4 所示。

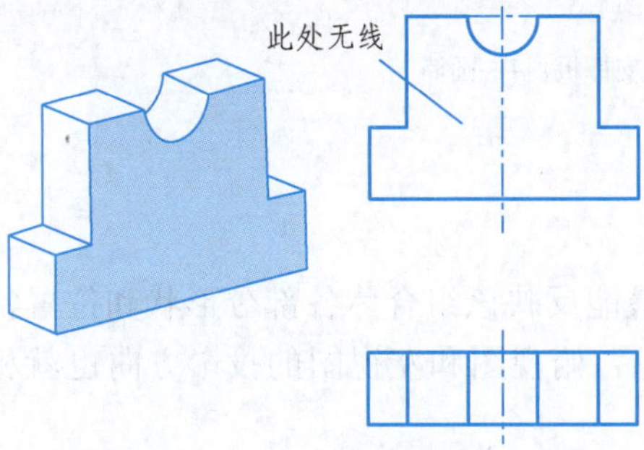

图 3-3　组合体表面平齐

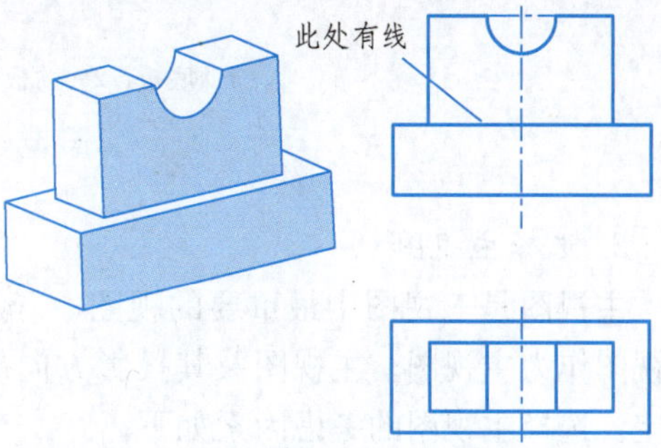

图 3-4　组合体表面不平齐

③ 表面相切。相邻两形体表面光滑连接，两表面相切处无分界线，此时视图上不可绘制线，如图 3-5 所示。

④ 表面相交。相邻两形体表面相交时，两表面相交处有分界线，此时视图上应该绘制出表面交线的投影，如图 3-6 所示。

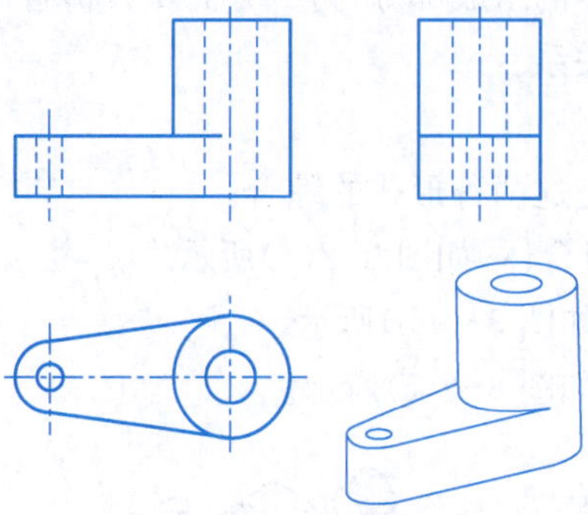

图 3-5　组合体表面相切

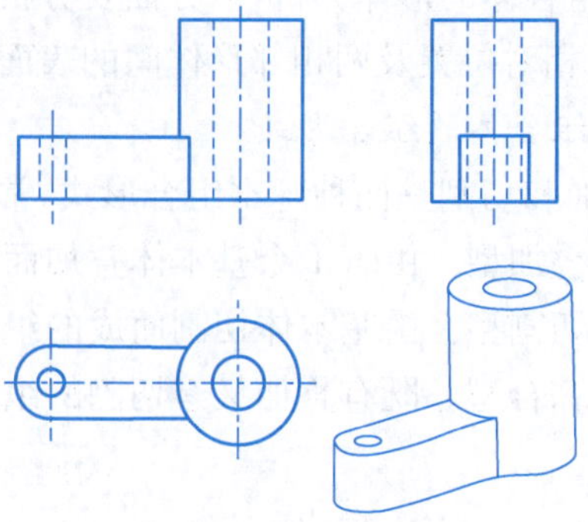

图 3-6　组合体表面相交

二、组合体的视图画法

绘制组合体的三视图时，可以采用“先分后合”的方法。即假想把组合体分解成若干个基本形体，然后按其相对位置逐个绘制出各基本形体的投影，再综合起来，得到整个组合体的视图。这样就可以把一个比较复杂的问题分解成几个简单的问题加以解决。

1. 形体分析

如图 3-7 所示的轴承座，按其结构特点，可以分解为底板 1、肋板 2、支撑板 3 和圆筒 4 四个组成部分。圆筒与支撑板相切，支撑板与底板相交，支撑板与肋板相交，肋板与底板相交，肋板与圆筒相贯，相交处有相贯线。

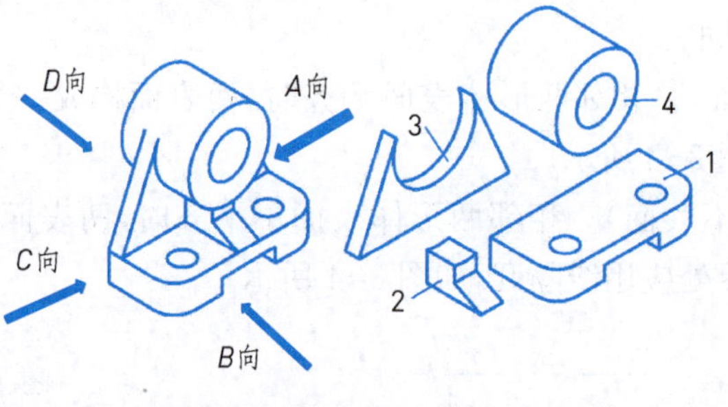

1—底板；2—肋板；3—支撑板；4—圆筒

图 3-7　轴承座

2. 选择主视图

主视图是三视图中最重要的视图，一般以最能反映该组合体各部分形状和位置特征的视图作为主视图。主视图及其投影方向确定后，俯视图和左视图的投影方向也就相应确定。选择主视图的考虑因素如下。

① 安放位置：将物体摆平放正，尽量使其对称面、主要轴线或大的端面与投影面平行或垂直。

② 投影方向：一般应最能反映组合体结构形状特征。

③ 兼顾其他视图：尽量使俯、左视图中的虚线最少。

如图 3-7 所示的轴承座，将其按自然位置放置，对由箭头所示的 A、B、C、D 四个方向投射所得的视图进行比较，确定主视图。

四个方向得到的主视图如图 3-8 所示。

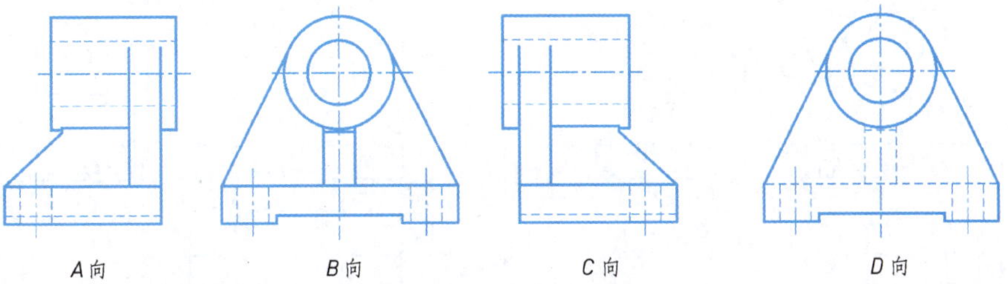

图 3-8　轴承座主视图选择

D 向视图，虚线较多，故排除。C 向与 A 向视图虽然虚实线的情况相同，但如以 C 向视图作为主视图，则左视图上会出现较多虚线，没有 A 向好，故排除。A 向与 B 向视图比较，B 向视图更能反映轴承座各部分的轮廓特征，所以确定以 B 向视图作为主视图的投射方向。

3. 作图

1）选择图纸幅面和比例

视图确定后，应根据组合体的大小和复杂程度，选定作图的幅面和比例。图幅的大小要充分考虑标题栏位置和后期的尺寸标注。

微课 8：组合体的三视图画法

【提示】

在表达清晰的前提下，尽可能选用 1∶1 的比例。

2）作图步骤

（1）绘制出各个视图的作图基准线。 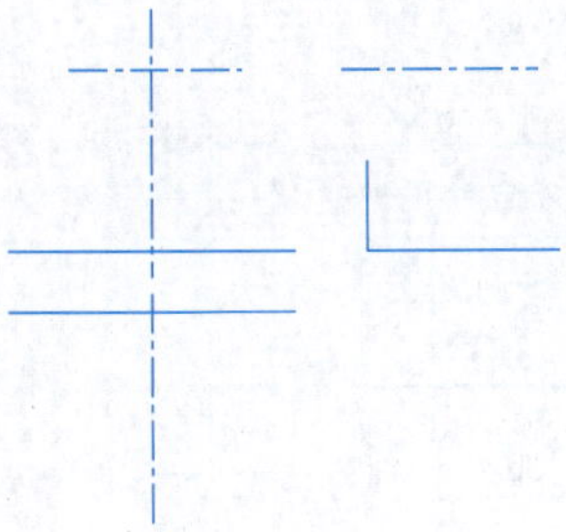	（2）绘制底板。 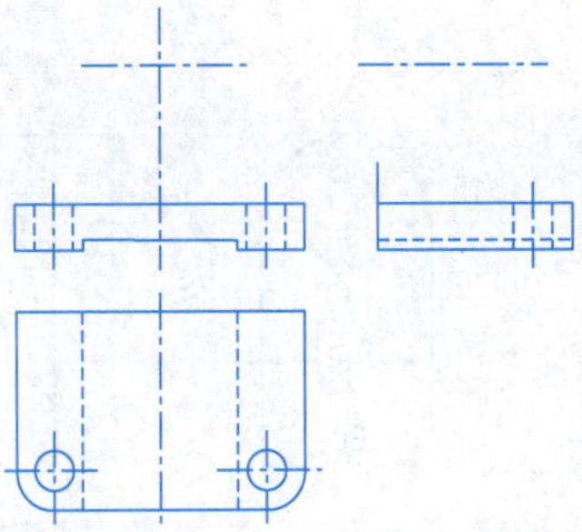
（3）绘制圆筒。 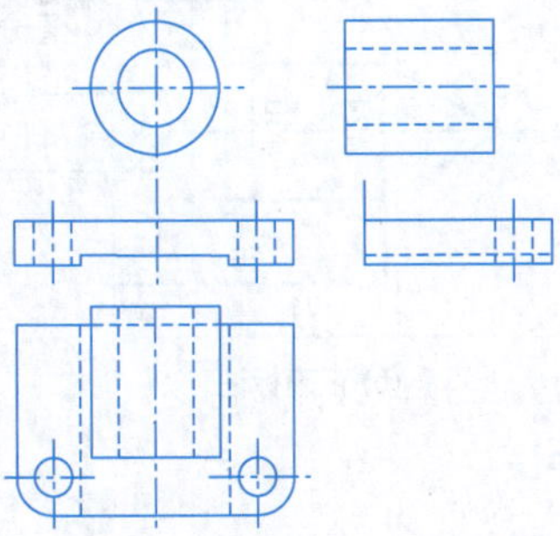	（4）绘制支撑板。 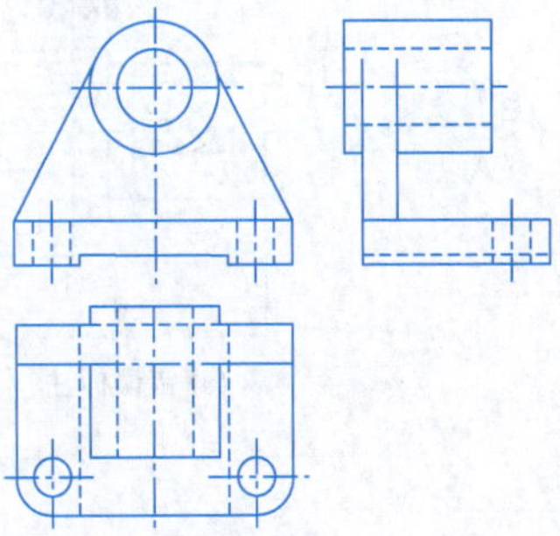

(5) 绘制肋板。

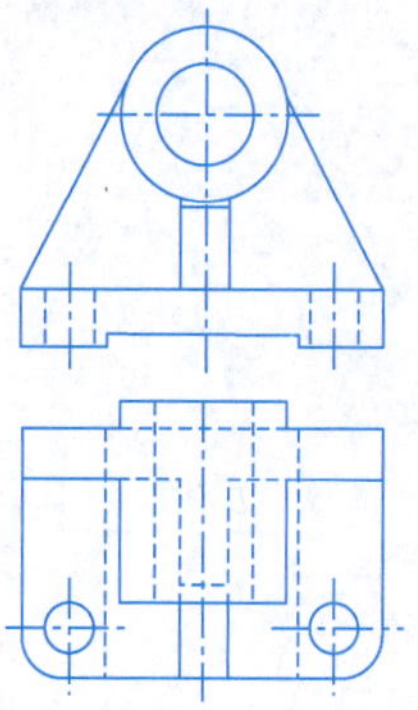

(6) 检查并加粗轮廓线。

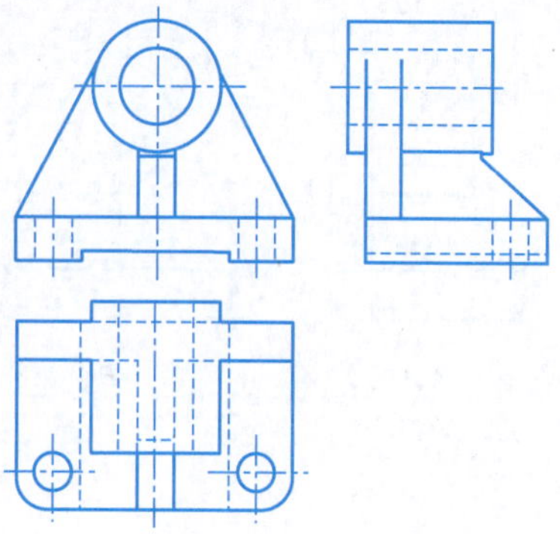

三、组合体的尺寸标注

视图只能表达组合体的结构和形状，要表示它的真实大小，需要通过在视图中标注尺寸来表示。

微课 9：组合体的尺寸标注

标注组合体的尺寸，应先对组合体进行形体分析，然后选择尺寸基准，再按顺序注出各形体的定形尺寸、定位尺寸，最后标注总体尺寸，检查、核对。

1. 尺寸标注的基本要求

尺寸标注需正确、完整、清晰。

(1) 正确性

尺寸数值正确无误。要确保所标注的尺寸（包括尺寸数字、符号、箭头、尺寸线和尺寸界线等）符合国家标准的有关规定。如图 3-9(a)所示，出现了尺寸数字位置错误（24、10、6、ϕ14、ϕ24）、角度数字方向不对（60°应水平）、尺寸线与轮廓线重合（ϕ15）、半径没有标注在圆弧上（R15）。所有尺寸应如 3-9(b)所示标注才正确。

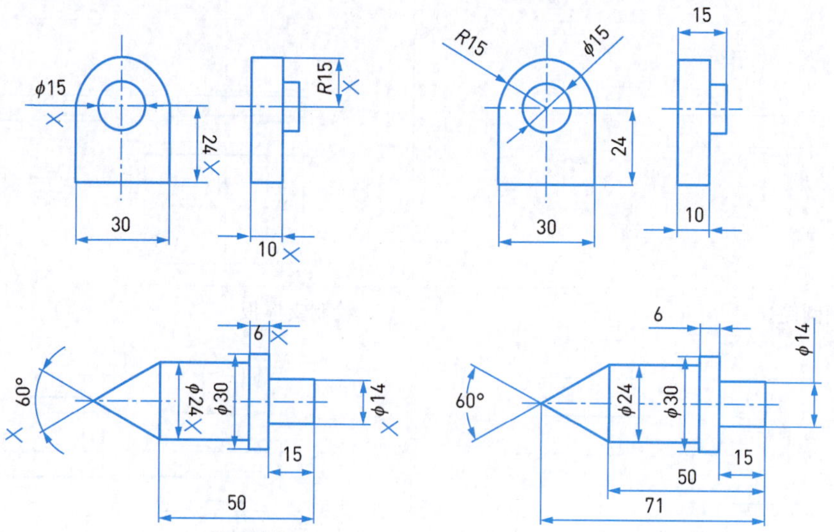

(a) 错误标注　　(b) 正确标注

图 3-9　尺寸标注正确性

(2) 完整性

不漏标尺寸、不重复标注尺寸。应按照形体分析法标注出各基本形体的定形尺寸和定位尺寸，最后根据组合体的结构特点，标注出总体尺寸。

(3) 清晰性

尺寸标注要清晰，方便看图。

2. 尺寸类型

(1) 定形尺寸

确定组合体中各基本形体的形状和大小的尺寸。如图 3-10(a)所示，支座由底板和立板两部分组成，底板的定形尺寸有长 70、宽 40、高 12，两个圆孔的直径 2×ϕ10，圆角半径 R10；立板的定形尺寸有长 32、宽 12、高 38，圆孔直径 ϕ16。

【提示】

相同的圆孔要标注数量，但相同的圆角不需要标注数量，二者都不必重复标注。

(2) 定位尺寸

确定组合体中各基本形体之间相对位置的尺寸。标注定位尺寸时，应先选择尺寸基准。尺寸基准是标注或测量尺寸的起点。由于组合体具有长、宽、高三个方向的尺寸，故每个方向都应有尺寸基准。选择尺寸基准必须体现组合体的结构特点，并便于尺寸度量。

如图 3-10(b)所示，组合体左右对称，故对称面作为长度方向的尺寸基准，由此标注出底板上两圆孔的定位尺寸 50；后端面为宽度方向的尺寸基准，由此标注出两圆孔的定位尺寸 30，立板与后端面的定位尺寸 8；底面为高度方向的尺寸基准，由此标注出立板上圆孔与底面的定位尺寸 34。

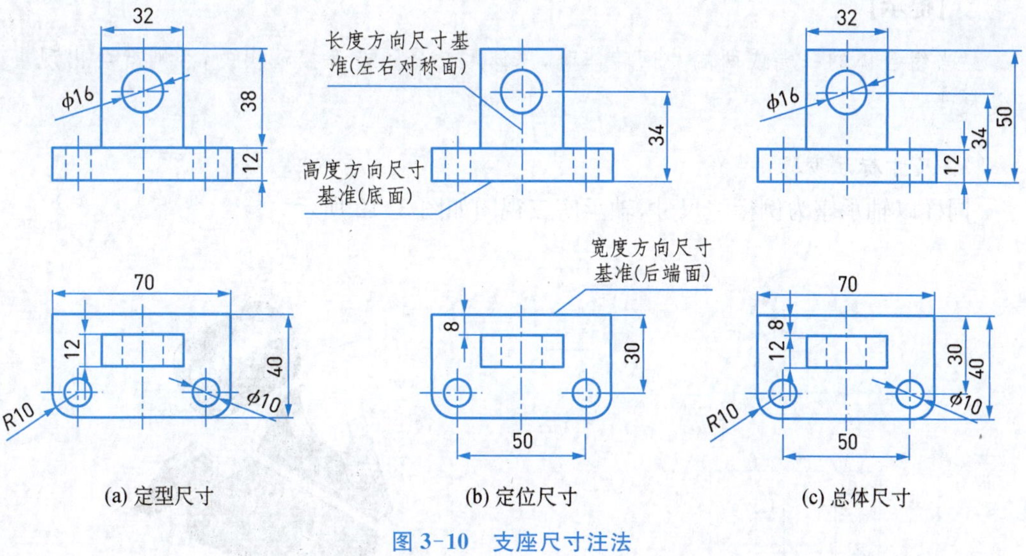

(a) 定型尺寸　　(b) 定位尺寸　　(c) 总体尺寸

图 3-10　支座尺寸注法

【提示】

通常以组合体的底面、端面、对称面、回转体轴线等作为尺寸基准。

(3) 总体尺寸

确定组合体外形的总长、总宽、总高的尺寸。

如图 3-10(c)所示,支座总长和总宽尺寸分别为 70、40,不再重复标注。总高尺寸 50 从高度方向的尺寸基准注出。总高尺寸标注以后,要去掉立板高度 38,否则会出现多余尺寸。

如图 3-11 所示的组合体,其总长尺寸($76=52+2\times R12$)和总高尺寸($42=28+R14$)是间接确定的,因此标注总长 76 和总高 42 是错误的[图 3-11(a)]。如图 3-11(b)所示为正确标注。

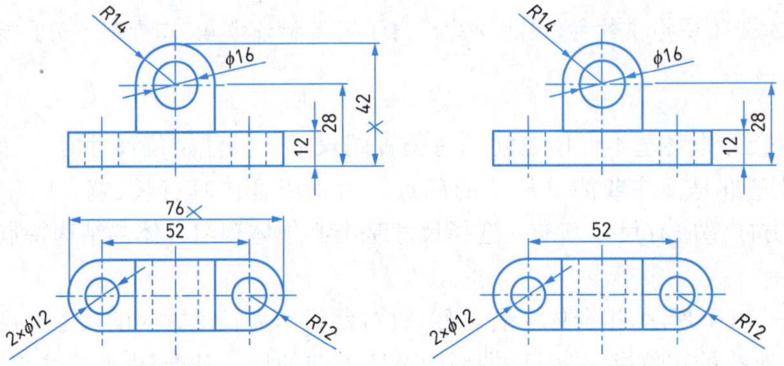

图 3-11　不标注总体尺寸

【提示】

当组合体的一端或两端为回转体时,总体尺寸是不能直接注出的,否则就会出现重复尺寸。

3. 尺寸标注步骤

同样以轴承座为例标注尺寸,轴承座三视图如图 3-12 所示。

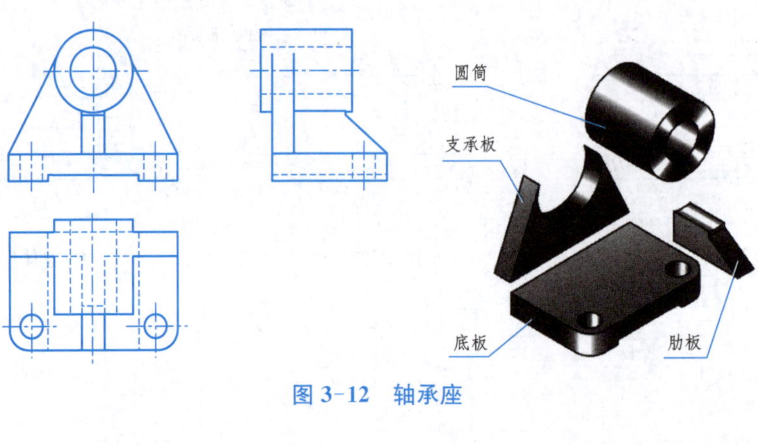

图 3-12　轴承座

(1) 形体分析

根据轴承座的结构特点，将其分解为底板、圆筒、支撑板和肋板四部分。

(2) 确定尺寸基准

如图 3-13 所示，根据轴承座的结构特点，底板的下底面为轴承座的安装面，下底面可作为高度方向的尺寸基准；轴承座左右对称，可以以对称平面作为长度方向的尺寸基准；底板和支撑板平齐的后端面为较大平面，可以作为宽度方向的尺寸基准。

(3) 标注定位尺寸

如图 3-14 所示。需要确定圆筒上下方向的位置，需标注圆筒轴线到下底面的距离 56；需要确定圆筒前后方向的位置，需标注圆筒后端面到宽度方向尺寸基准的距离 6；需要确定底板上两个孔的左右位置及前后位置，需标注 66 和 48。支撑板与肋板位置确定，不需要标注定位尺寸。

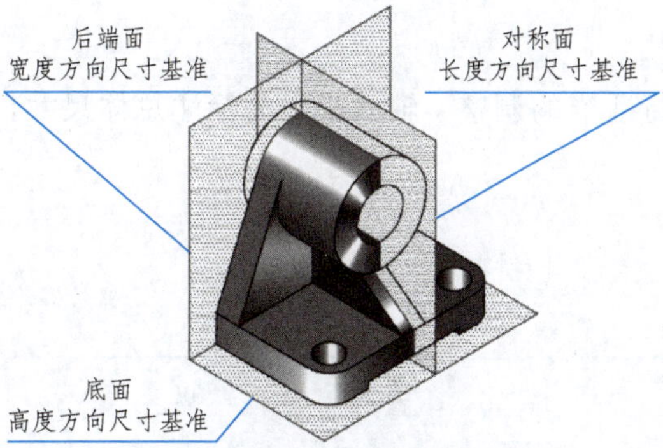

图 3-13　确定尺寸基准

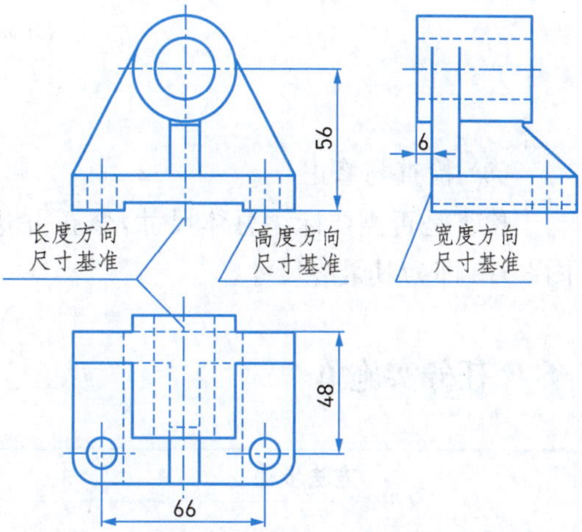

图 3-14　标注定位尺寸

(4) 标注定形尺寸

从上往下逐个标出四个形体的定形尺寸，如图 3-15 所示。

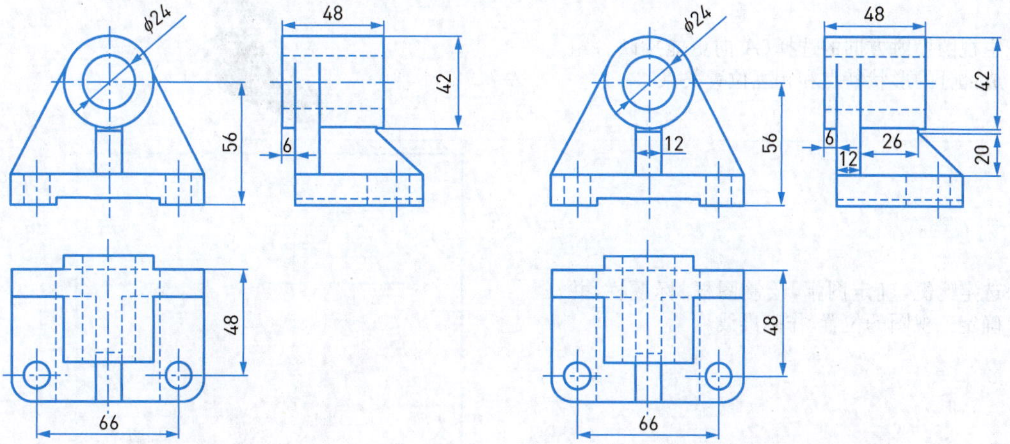

(a) 添加圆筒定形尺寸　　(b) 添加支撑板和肋板定形尺寸

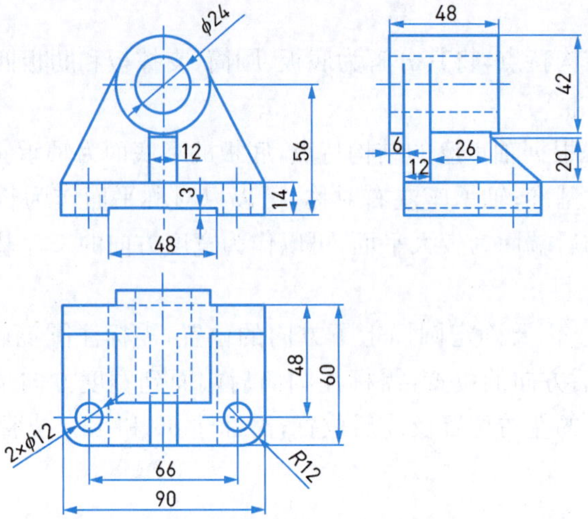

(c) 标注底板定形尺寸

图 3-15　标注定形尺寸

(5) 检查与修正

检查是否需要标注总体尺寸，修正并进行适当的调整。轴承座无需标注总体尺寸，图 3-15 即为其最终尺寸。

任务实施单

方法步骤	图　示
形体分析	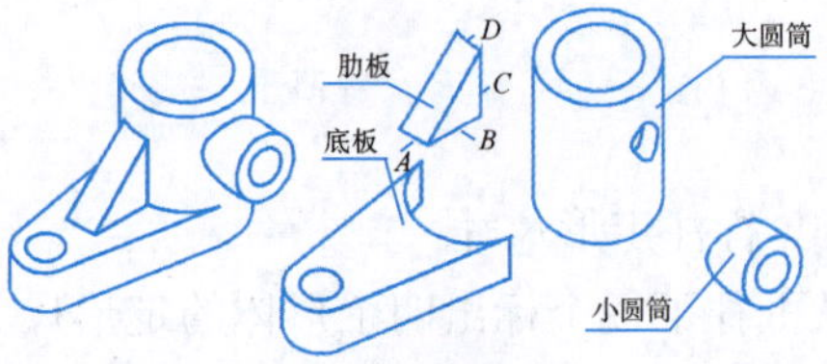
主视图投射方向的选择(*A* 向更能反映各组成部分的形状特点和相互位置关系)	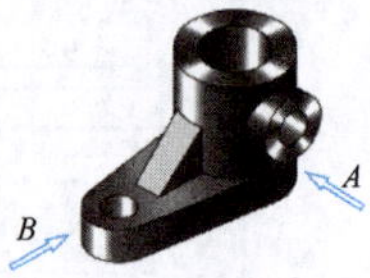
选定比例，确定图幅，绘制图框、标题栏，并确定三视图的位置，作基准线	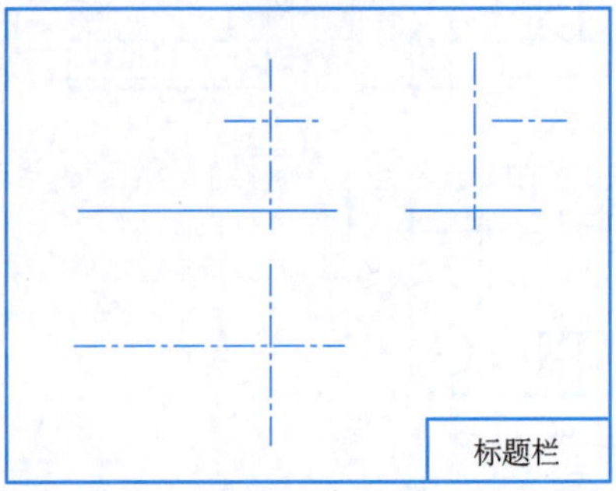

方法步骤	图 示
绘制大圆筒的三视图，先绘制投影为圆的俯视图，然后绘制主视图和左视图	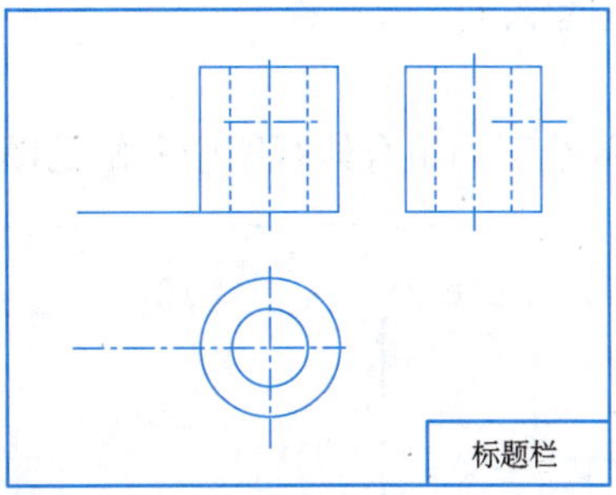
绘制底板的三视图，先绘制反映形状特征的视图，即俯视图，然后绘制主视图和左视图，注意底板表面与大圆筒表面为相切关系	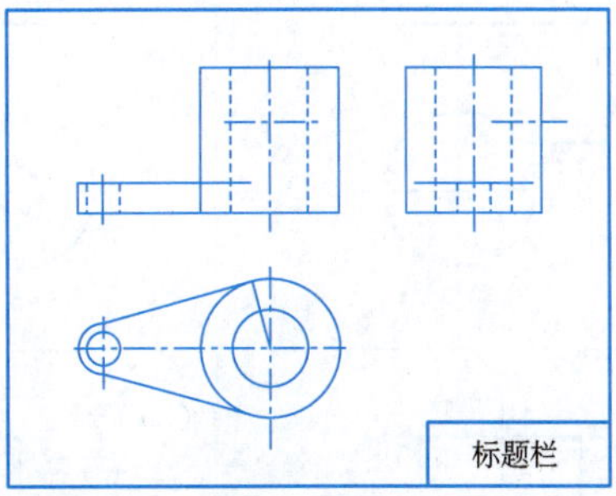
绘制小圆筒的三视图，先绘制反映形状特征的视图，即主视图，然后绘制俯视图和左视图，注意小圆筒内外表面与大圆筒内外表面相交，注意相贯线的绘制	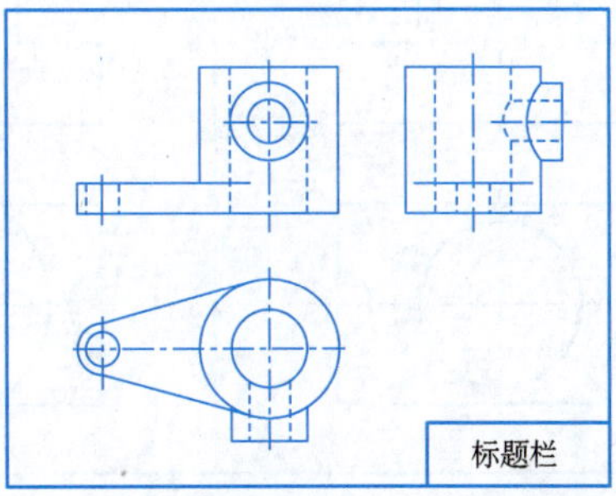
添加肋板的三视图。先绘制俯视图，获得肋板与大圆筒表面的交线投影点，然后“长对正”得到主视图。注意肋板与大圆筒外表面相贯线的画法	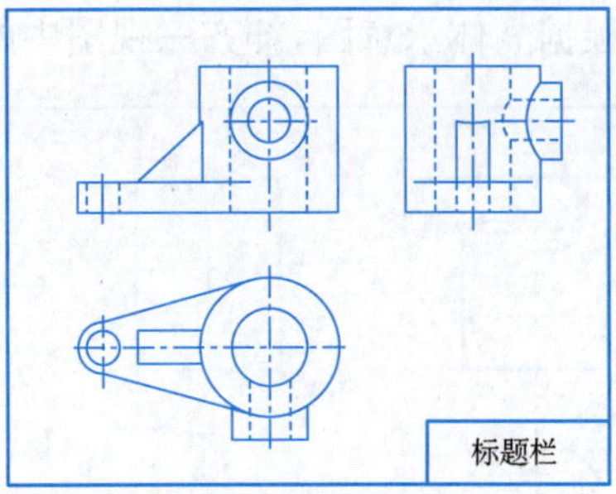
检查各形体表面之间连接关系的正确性，确认无误后，加粗轮廓线	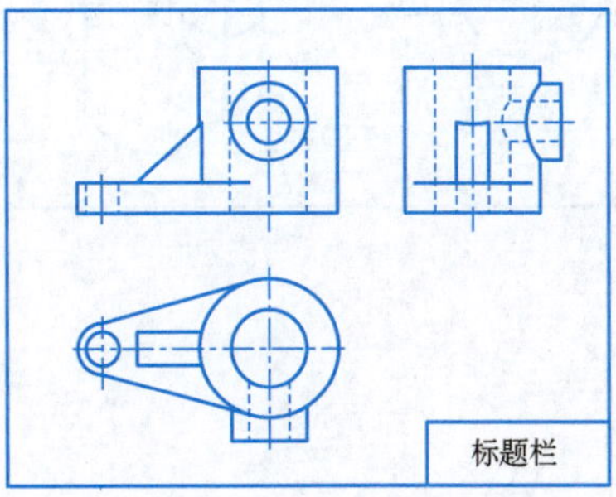

拓展练习

1. 补绘下列组合体视图中所缺的图线。

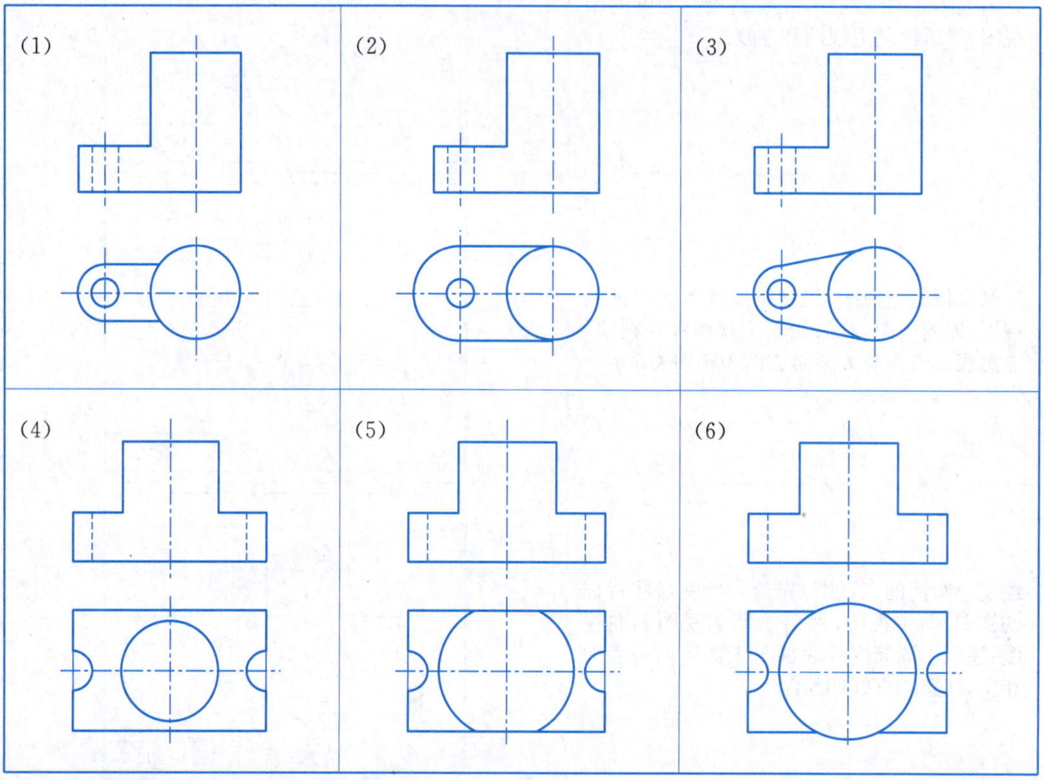

2. 根据立体示意图，补齐三视图中的漏线。

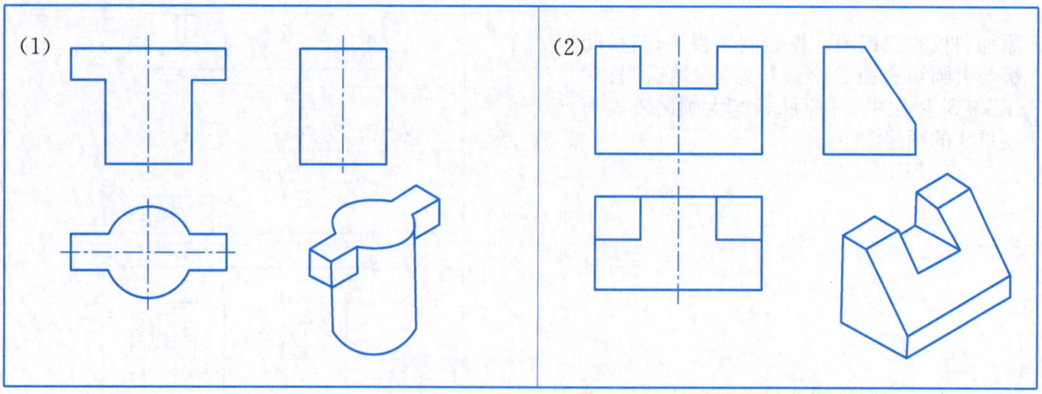

3. 参照立体示意图，补绘组合体的第三视图。

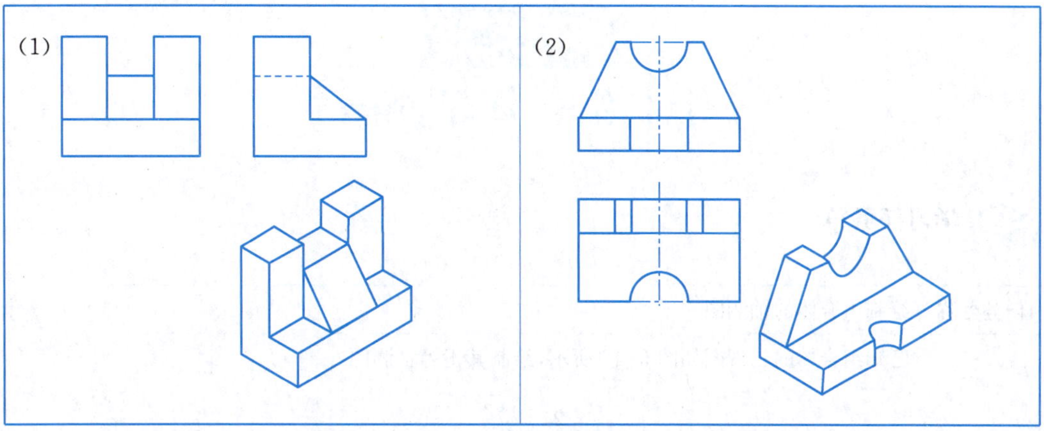

4. 标注组合体的尺寸。（尺寸数字从图中按比例 1∶1 量取，取整数）

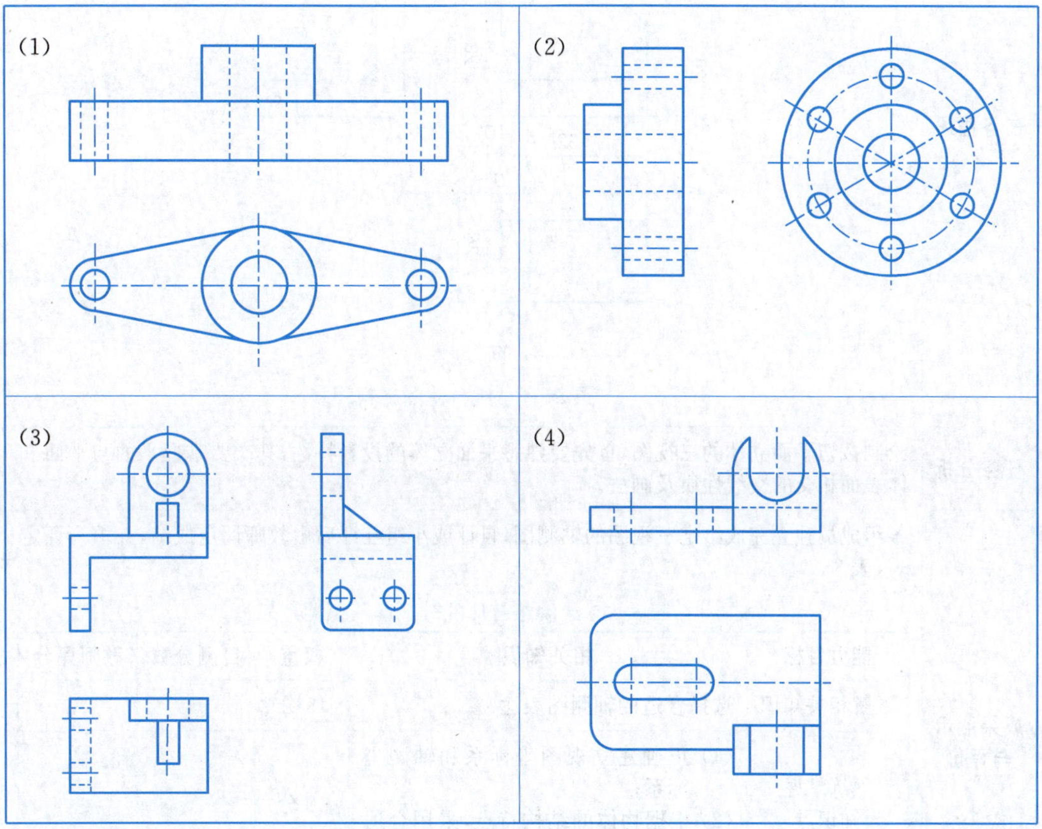

任务二
绘制组合体轴测图

学习任务单

<table>
<tr><td>任务名称</td><td>绘制组合体的轴测图</td></tr>
<tr><td>任务描述</td><td>已知组合体的三视图如图 3-16 所示，绘制其正等轴测图。
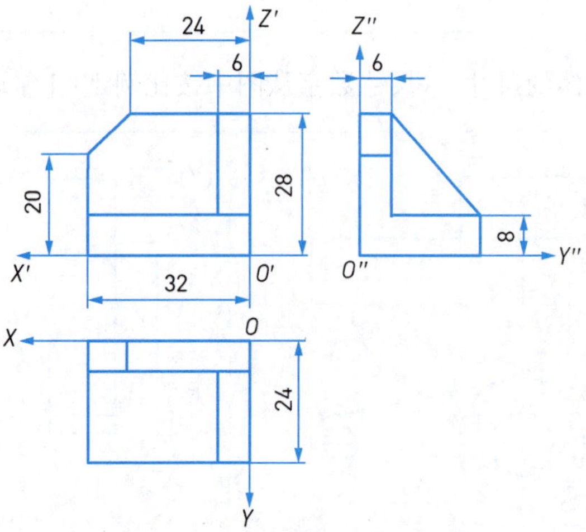

图 3-16　组合体的三视图</td></tr>
<tr><td>任务分析</td><td>绘制截切平面立体的三视图，首先要熟悉平面立体的投影特性，其次要掌握平面与平面立体表面相交的交线性质及画法。</td></tr>
<tr><td>成果展示与评价</td><td>各组成员独立完成给定三视图的轴测图，自评或小组互评后由教师评定成绩，并填写评定表(表 3-2)。
表 3-2　绘制组合体的轴测图任务评定表
<table>
<tr><th>能力目标</th><th>相关知识</th><th>权重</th><th>自测分数</th><th>教师评分</th></tr>
<tr><td>了解相关知识</td><td>选择合适的轴测图表达</td><td>15 分</td><td></td><td></td></tr>
<tr><td>熟练掌握知识点</td><td>(1) 正确建立视图坐标系和轴测坐标系；
(2) 根据物体的结构特点，采用合适的轴测图画法</td><td>40 分</td><td></td><td></td></tr>
<tr><td>应用知识分析案例</td><td>根据组合体的三视图，正确绘制轴测图</td><td>45 分</td><td></td><td></td></tr>
</table></td></tr>
</table>

知识概述

一、轴测图投影的基本知识

三视图是物体在相互垂直的两个或三个投影面上的多面正投影，可以准确地表达物体的结构形状和尺寸大小，且作图简便，因此被广泛应用于工程图样上。但是三视图缺乏立体感，直观性差。采用绘制轴测图的方法，可以使得读图变得简单明了。

动画7：轴测图投影原理

1. 轴测图的形成

如图3-17所示，将物体连同其参考直角坐标系，沿不平行于任一坐标平面的方向，用平行投影法将其投射在单一投影面（轴测投影面 P）上所得到的图形，称为轴测投影图，简称轴测图。这样获得的图形，富有立体感，但不能反映物体的真实形状和大小。而且轴测图绘图比较复杂，因此主要用于工程辅助图样。

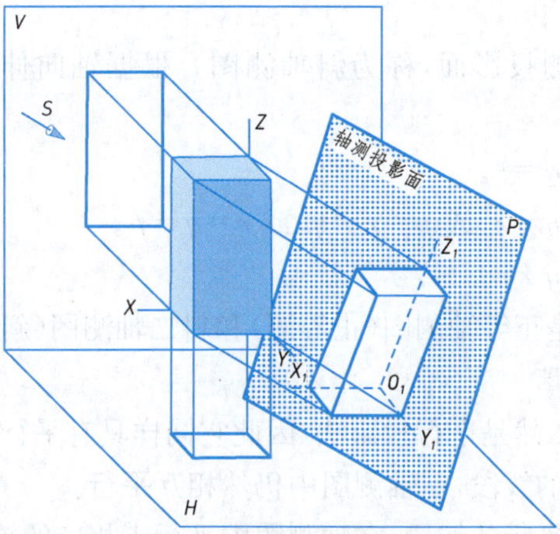

图3-17　轴测图的形成

2. 轴测图相关术语

1）轴测轴

坐标轴 OX，OY，OZ 在轴测投影面 P 上的投影 O_1X_1、O_1Y_1、O_1Z_1，称为轴测投影轴，简称轴测轴。

2）轴间角

轴测投影中，任意两坐标轴在轴测投影面上的投影之间的夹角 $\angle X_1O_1Y_1$，$\angle X_1O_1Z_1$，$\angle Y_1O_1Z_1$，称为轴间角。

3）轴向伸缩系数

直角坐标轴的轴测投影的单位长度，与相应直角坐标轴上的单位长度的比值称为轴向伸缩系数，常用 p、q、r 表示。

① X 轴的轴向伸缩系数 $p=\dfrac{O_1X_1}{OX}$。

② Y 轴的轴向伸缩系数 $q=\frac{O_1Y_1}{OY}$。

③ Z 轴的轴向伸缩系数 $r=\frac{O_1Z_1}{OZ}$。

3. 轴测图的分类

根据轴测投影方向与轴测投影面是否垂直，轴测图可分为正轴测图和斜轴测图两大类。

1）正轴测图

投影方向垂直于轴测投影面，称为正轴测图。根据轴向伸缩系数的不同又可分为三种。

① 正等轴测图：$p=q=r$。

② 正二轴测图：$p=q\neq r$，或 $p=r\neq q$，或 $r=q\neq p$。

③ 正三轴测图：$p\neq q\neq r$。

2）斜轴测图

投影方向倾斜于轴测投影面，称为斜轴测图。根据轴向伸缩系数的不同又可分为三种。

① 斜等轴测图：$p=q=r$。

② 斜二轴测图：$p=q\neq r$，或 $p=r\neq q$，或 $r=q\neq p$。

③ 斜三轴测图：$p\neq q\neq r$。

工程上用得较多的是正等轴测图（正等测）和斜二轴测图（斜二测）。

4. 轴测图的投影特性

由于轴测图采用的依然是平行投影法，因此它同样具有平行投影的投影性质。

① 物体上相互平行的线段，在轴测图中仍然相互平行。

② 物体上与坐标轴平行的线段，在轴测图中平行于相应的轴测轴。

③ 物体上两平行线段或同一直线段上两线段长度之比，等于其轴测投影长度之比。

二、正等轴测图的画法

动画 8：正六棱柱正等轴测图的作图方法

1. 正等轴测图的轴向伸缩系数

正等轴测图的轴向伸缩系数一般取 $p=q=r=0.82$，为简化作图，在实际绘图时取 1，即凡与坐标轴平行的直线，在轴测图上都按视图上的实际尺寸绘制出。

2. 轴间角

$\angle X_1O_1Y_1=\angle X_1O_1Z_1=\angle Y_1O_1Z_1=120°$，绘图时一般取 O_1Z_1 轴作为铅垂位置直线，则 O_1X_1、O_1Y_1 轴与水平线夹角为 30°，如图 3-18 所示。

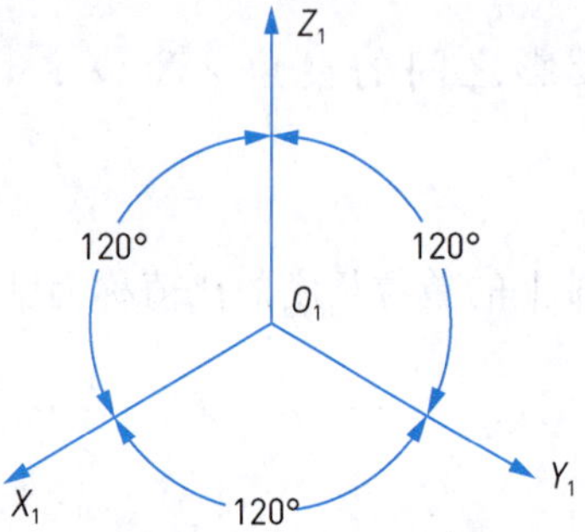

图 3-18 正等轴测图的轴间角

3. 平面立体的正等轴测图的画法

1）坐标法

根据物体表面上的一些关键点（如平面立体的角点、曲线上的控制点）的坐标值作出这些点的轴测投影，再连接成物体的轴测图。

例 3-1:已知长方体的三视图[图 3-19(a)],绘制出它的正等轴测图。

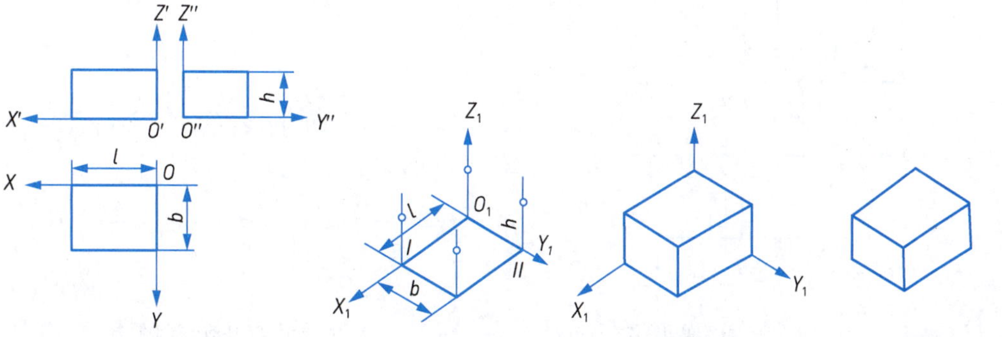

(a) 确定坐标轴和坐标原点　(b) 确定轴测轴　(c) 连接上端点　(d) 正等轴测图

图 3-19　长方体正等轴测图的画法

(1) 作图分析

长方体共有 8 个顶点,用坐标确定各顶点在其轴测图中的位置,然后连接各顶点间的棱线即为所求。

(2) 作图步骤

① 在三视图上确定坐标轴和坐标原点,如图 3-19(a)所示。

② 确定轴测轴,取下底面上各点的坐标,并作出其轴测图,然后过底面上的顶点作平行于 Z_1 的 4 条边线,量取长方体高度 h,得顶面上的 4 个顶点,如图 3-19(b)所示。

③ 连接上端点,擦去不可见的边线,完成立体的轴测图,如图 3-19(c)所示。

④ 擦掉轴测轴后,得到立体的正等轴测图如图 3-19(d)所示。

2) 叠加法

用形体分析法将形状较为复杂的立体看成由几个形状简单的基本体叠加而成,把这些基本体的轴测图按照其相对位置关系叠加,即可得到整个立体的轴测图。

例 3-2:已知垫块的三视图[图 3-20(a)],绘制出它的正等轴测图。

(1) 作图分析

如图 3-20(a)所示的垫块为一简单组合体,是由两个长方体与一个三棱柱组合而成。只要绘制出底部长方体后,应用叠加法就可得到它的正等轴测图。

(2) 作图步骤

① 根据尺寸 24、14、4,绘制出底部长方体的正等轴测图,如图 3-20(b)所示。

② 根据竖直长方体和底部长方体的相对位置及尺寸,绘制出竖直长方体的正等轴测图;根据三棱柱的位置和尺寸,绘制出其正等轴测图,如图 3-20(c)所示。

③ 检查并擦去多余线条,加深即可得到垫块的正等轴测图,如图 3-20(d)所示。

3) 切割法

用形体分析法将形状较为复杂的立体看成由一个形状简单的基本体经过一次或多次逐步切割而成。绘图时先用坐标法画出该简单形体的轴测图,再在此形体上逐步切割去

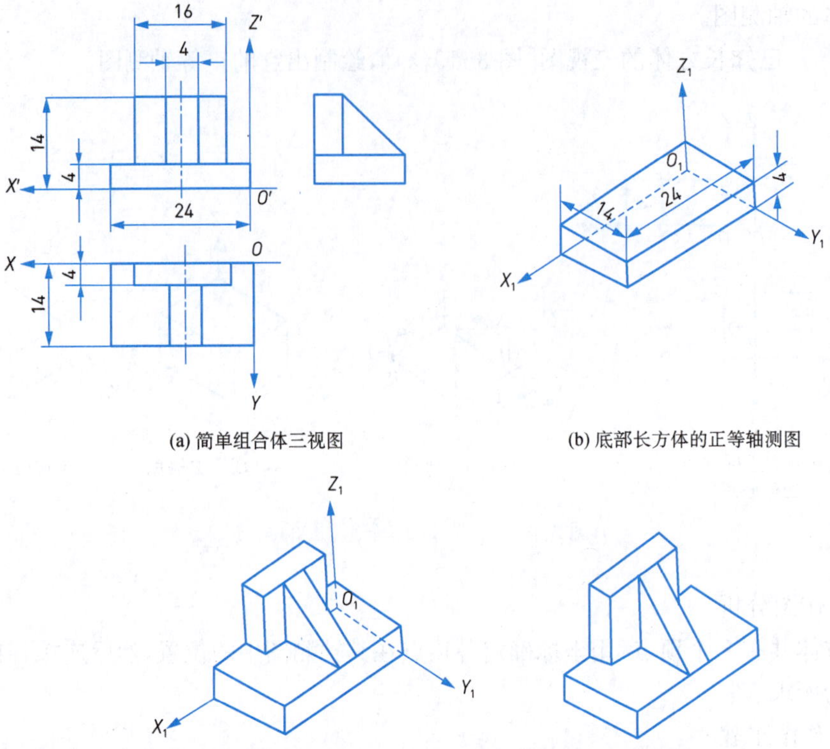

(a) 简单组合体三视图　　(b) 底部长方体的正等轴测图

(c)　　(d)

图 3-20　垫块正等轴测图的画法

除非形体部分，留下部分就是要求绘制的形体的轴测图。

例 3-3：已知凹形槽的三视图[图 3-21(a)]，绘制出它的正等轴测图。

(1) 作图分析：

如图 3-21(a)所示为一长方体上方中部截去一个小长方体形成的。只要绘制出长方体后，再用截割法即可得到凹形槽的正等轴测图。

(2) 作图步骤

① 根据尺寸 40、28、18，绘制出完整长方体的正等轴测图，分别量取中间凹槽在 X_1、Z_1 方向上的长度，绘制出中间凹槽的正等轴测图，如图 3-21(b)所示。

② 检查并擦去多余线条，加深即可得到凹型槽的正等轴测图，如图 3-21(c)所示。

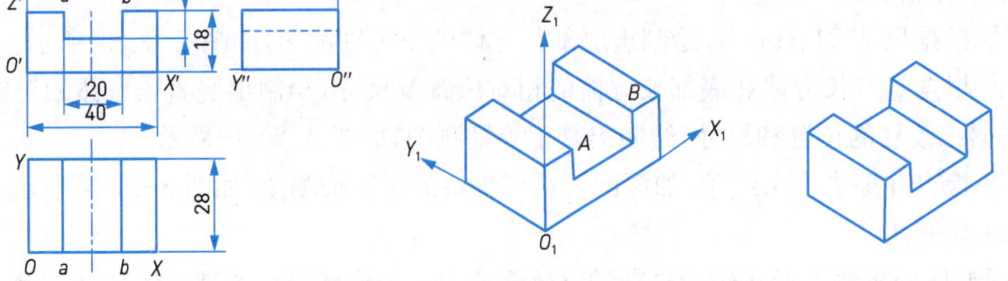

(a) 凹形槽三视图　　(b) 中间凹槽的正等轴测图　　(c) 完成图

图 3-21　凹型槽正等轴测图的画法

4. 曲面立体的正等轴测图的画法

1）平行于坐标面的圆柱体的正等轴测图的画法

平行于坐标面圆的正等轴测图是椭圆，在实际作图时，一般不要求准确地绘制出椭圆曲线，通常采用在学习情境一介绍过的四心近似法，将椭圆用四段圆弧连接而成。

动画 9：圆柱体正等轴测图画法

例 3-4：已知圆柱体的二视图[图 3-22(a)]，绘制出它的正等轴测图。

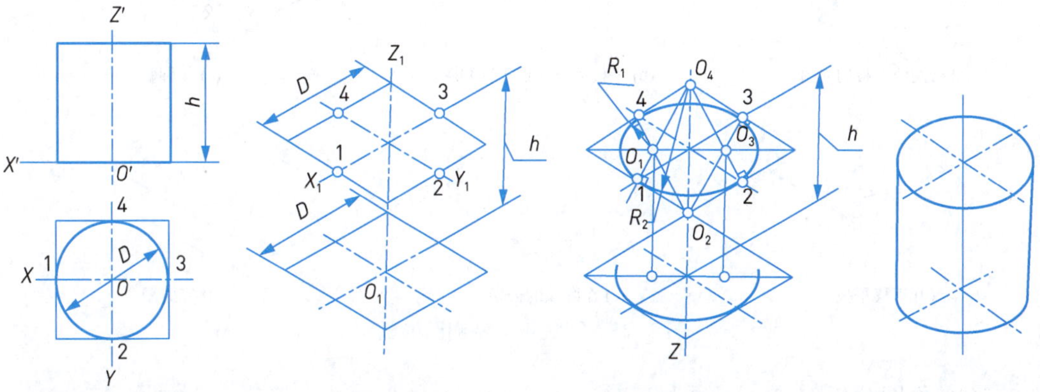

(a) 圆柱二视图 (b) 正等轴菱形图 (c) 顶面和底面椭圆正等轴测图 (d) 完成图

图 3-22 圆柱体正等轴测图的画法

(1) 作图分析

如图 3-22(a)所示为一圆柱的二视图，因圆柱的顶圆和底圆都平行于平面 XOY，所以它们的正等轴测图都是椭圆，作顶面和底面的椭圆正等轴测图，再作两椭圆的轮廓素线即得圆柱的正等轴测图。

(2) 作图步骤

① 视图上建立坐标系，坐标原点设置在下底面的圆心。在俯视图上，以圆心 O 为坐标原点，作圆的外切正方形，切点为 1、2、3、4，如图 3-22(a)所示。

② 作轴测轴，并在轴测轴上作椭圆的四个切点，过切点绘制出外切正方形的正等轴菱形图。在 Z_1 轴上向下量取圆柱高度 h，以相同方法作出下表面外切正方形的正等轴菱形图，如图 3-22(b)所示。

③ 绘制出上表面菱形对角线。菱形的对角线分别是椭圆的长轴和短轴。菱形短对角线端点为 O_2、O_4，连接 $1O_4$、$3O_2$，它们分别垂直于菱形的相应边，并交菱形的长对角线于点 O_1、O_3 两点，则点 O_1、O_2、O_3、O_4 即为四圆弧的圆心。分别以这四点为圆心，利用相应的半径绘制出四段圆弧。然后将 O_1、O_3 点竖直下移高度 h，获得下表面椭圆四圆弧的圆心，同样方法作出可见的前三段圆弧，如图 3-22(c)所示。

④ 做上下圆弧的外公切线，擦去多余的作图线，加深完成圆柱的正等轴测图，如图 3-27(d)所示。

2）圆角的正等轴测图的画法

机器零件常有圆角结构，在正等轴测图上圆角结构应该是椭圆弧，但由于画法太复杂，通常采用简化画法。

例 3-5：已知带圆角平板的视图[图 3-23(a)]，画出它的正等轴测图。

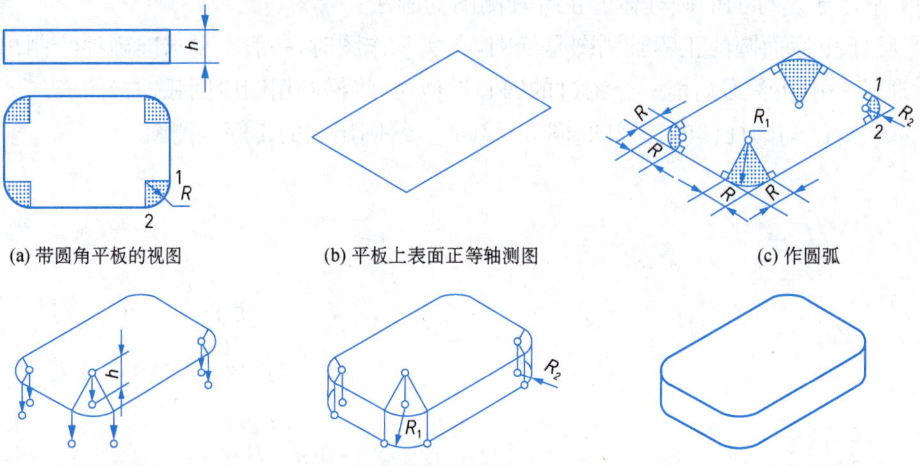

(a) 带圆角平板的视图　(b) 平板上表面正等轴测图　(c) 作圆弧

(d) 下移平板　(e) 作圆弧的公切线　(f) 完成图

图 3-23　圆角正等轴测图的画法

(1) 作图分析

由图 3-23(a)可知，直角弯板由底板和竖板组成，底板和竖板上均有圆角。

(2) 作图步骤

① 作平板上表面的正等轴测图，如图 3-23(b)所示。

② 从正投影图中量得圆角半径 R，得切点 1、2，分别过 1、2 点作对应边的垂线，两条垂线的交点即为矩形板顶面上面圆角的圆心，以此为圆心以垂线为半径作弧，如图 3-23(c)所示。

③ 将可见的前面切点和圆心沿竖直方向下移平板的高度 h，如图 3-23(d)所示。

④ 作出每段圆弧，然后作出圆弧的公切线，如图 3-23(e)所示。

⑤ 擦去多余的作图线，加深完成带圆角平板的正等轴测图，如图 3-23(f)所示。

任务实施单

方法步骤		图　示
分析形体建立坐标系	该组合体可看作是一个叠加体，最下面是一个长方形底板，在其上方的后面叠加一个切角立板、右侧叠加一个三棱柱。取视图右后下方的点作为坐标原点 O，在三视图上标注坐标轴 X、Y、Z	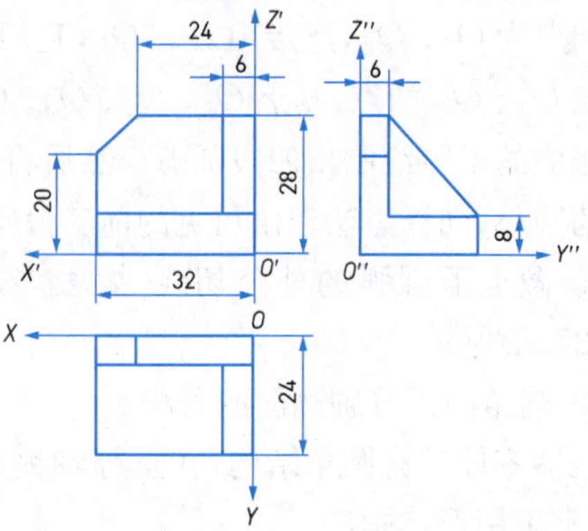

方法步骤		图　示
作正等轴测图	绘制出轴测轴坐标系 O_1-$X_1Y_1Z_1$，图中分别量取长方体在 X_1、Y_1、Z_1 方向上的边长32、24、8，绘制出底板的正等轴测图	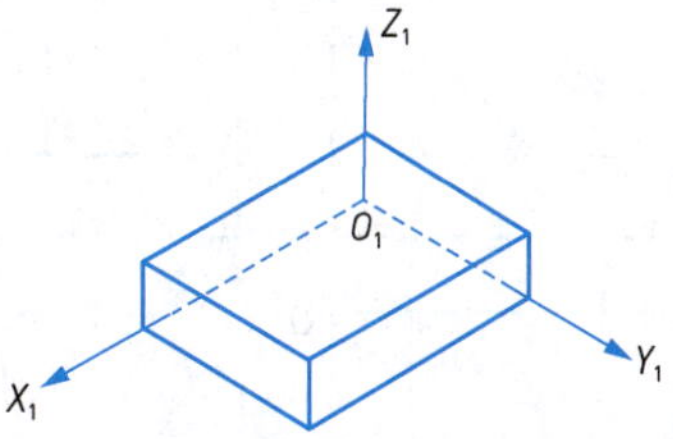
	绘制切角立板的投影。直接连接两个角点，然后图中量取切角立板在 Z_1、X_1、Y_1、方向上的边长20、12、24、6，绘制出切角立板的正等轴测图	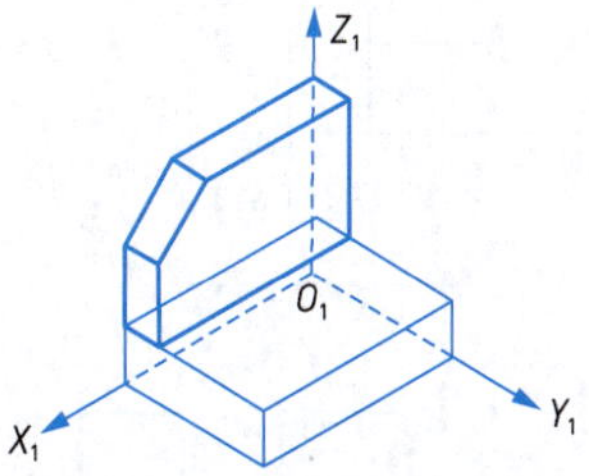
	绘制三棱柱的投影。图中分别量取三棱柱在 X_1 方向上的边长6，绘制出三棱柱的正等轴测图	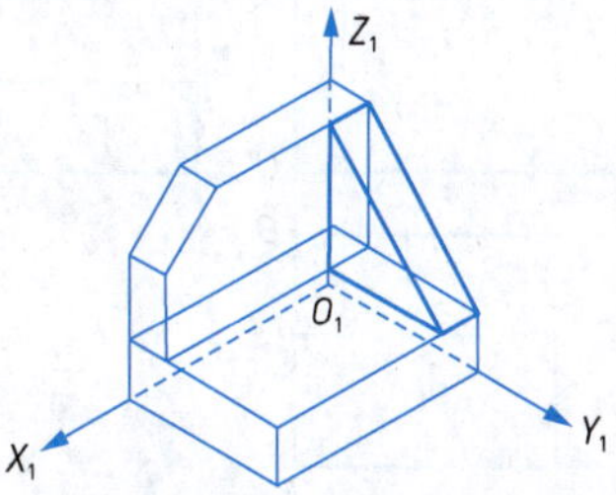
	检查并擦去多余的图线，加粗轮廓线，完成作图	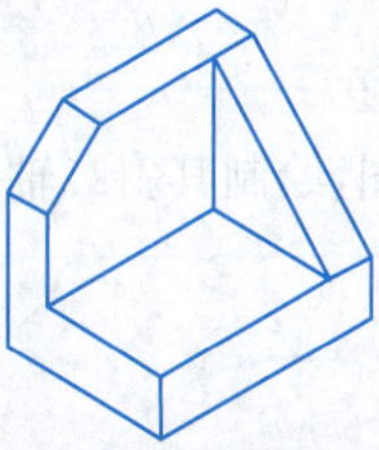

拓展练习

1. 利用视图，绘制其正等轴测图。

(1)

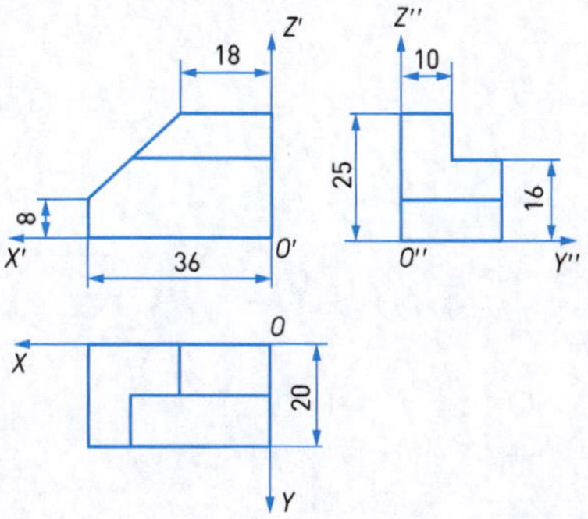

(2)

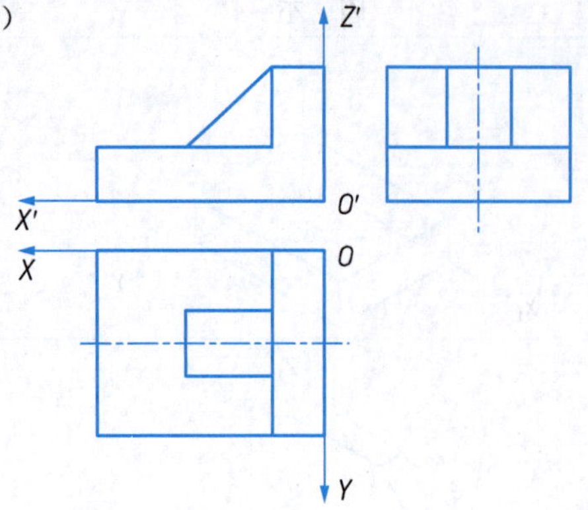

(3)

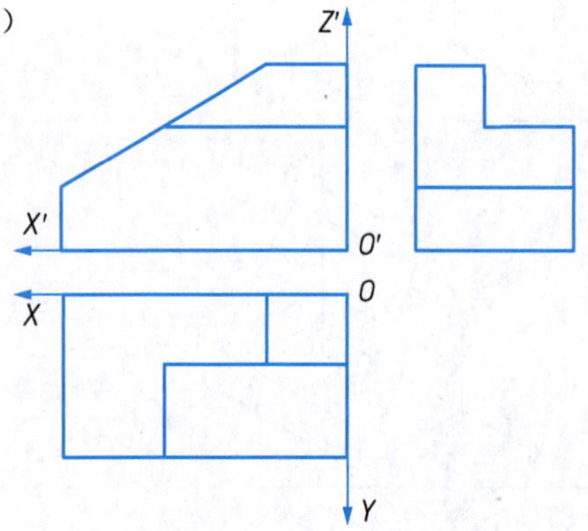

2. 利用视图，绘制其斜二轴测图。

(1)

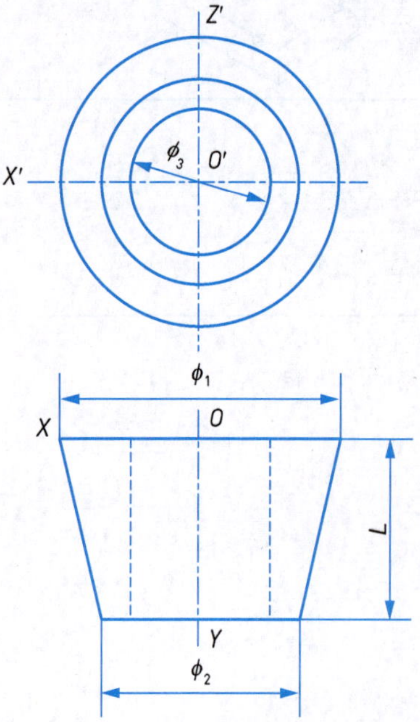

任务三
识读组合体视图

学习任务单

<table>
<tr><td>任务名称</td><td>识读组合体视图</td></tr>
<tr><td>任务描述</td><td>根据如图 3-24 所示组合体的主、俯视图，想象出其立体形状，补绘左视图。
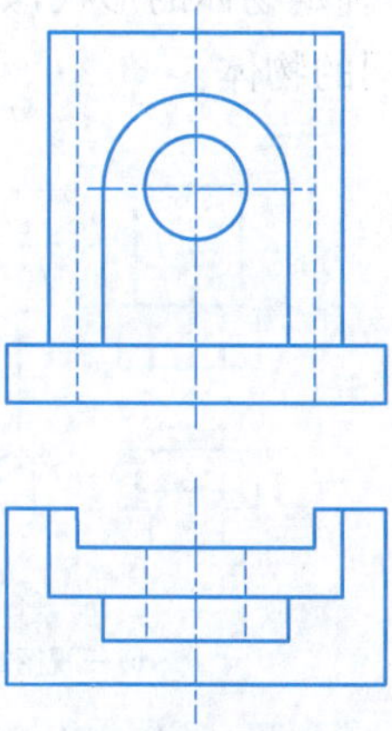
图 3-24　组合体</td></tr>
<tr><td>任务分析</td><td>识读物体的三视图时，首先要对视图进行分析，划分出线框，按线框分成几个部分，根据线框对照投影，分别想象各形体形状，再根据每个形体的位置及相互连接方式，综合想象整体形状。本任务中将使用形体分析法和线面分析法。</td></tr>
<tr><td>成果展示与评价</td><td>各组成员根据给定组合体的两视图独立完成第三视图，自评或小组互评后由教师评定成绩，并填写评定表(表 3-3)。
表 3-3　识读组合体视图任务评定表
<table>
<tr><th>能力目标</th><th>相关知识</th><th>权重</th><th>自测分数</th><th>教师评分</th></tr>
<tr><td>了解相关知识</td><td>线框划分的正确性</td><td>15 分</td><td></td><td></td></tr>
<tr><td>熟练掌握知识点</td><td>根据两视图，想象出物体的立体形状的准确性</td><td>40 分</td><td></td><td></td></tr>
<tr><td>应用知识分析案例</td><td>(1) 每个组成部分第三视图的正确性；
(2) 对于相邻形体表面之间连接关系处理的正确性</td><td>45 分</td><td></td><td></td></tr>
</table></td></tr>
</table>

知识概述

一、读组合体视图的基本要领

绘图是用视图来表达物体的形状，读图是根据视图想象物体的形状。读图时应以形体分析法为主，辅以必要的线面分析法。分析、判断视图中点、线、线框的空间含义及相对应位置是读图的首要思维基础。

1. 多个视图连看

一个组合体通常需要几个视图才能表达清楚，一个视图不能确定物体形状。如图 3-25 所示，主视图都相同，但表示三个不同的物体。

有时只看两个视图也无法确定物体的形状，如图 3-26 所示，它们的主视图、俯视图完全相同，但实际上也是三个不同的物体。

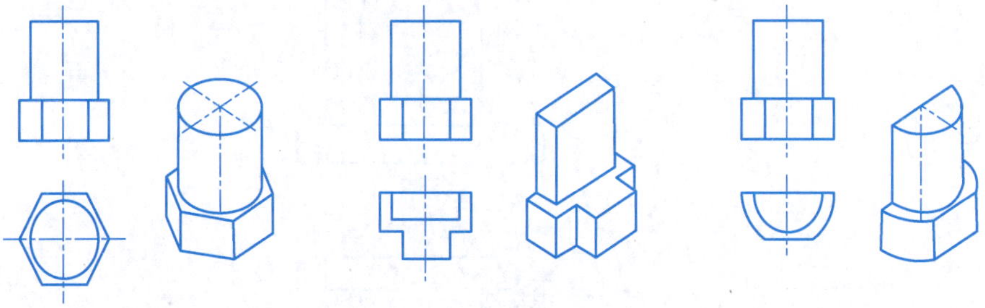

(a) 三视图1　(b) 三视图2　(c) 三视图3

图 3-25　不同物体的主视图相同

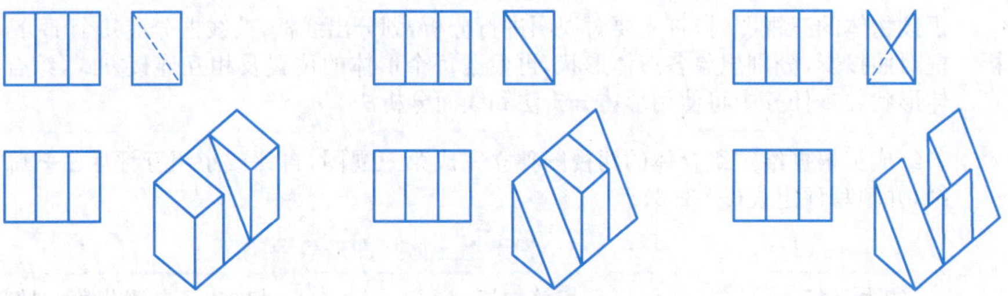

(a) 三视图4　(b) 三视图5　(c) 三视图6

图 3-26　不同物体的两个视图相同

2. 明确视图中的线框和图线的含义

视图是由一个封闭线框组成的，而线框又是由图线构成的，因此弄清它们的确切含义和它们所表示的具体形式是十分必要的。

1) 图线的含义

如图 3-27 所示，视图中的图线主要有粗实线、细虚线和细点画线。

① 粗实线或细虚线(包括直线和曲线)可以表示具有积聚性的面(平面或柱面)的投影、两个面(两平面、两曲面或一个平面和一个曲面)交线的投影、曲面轮廓线积聚的投影。

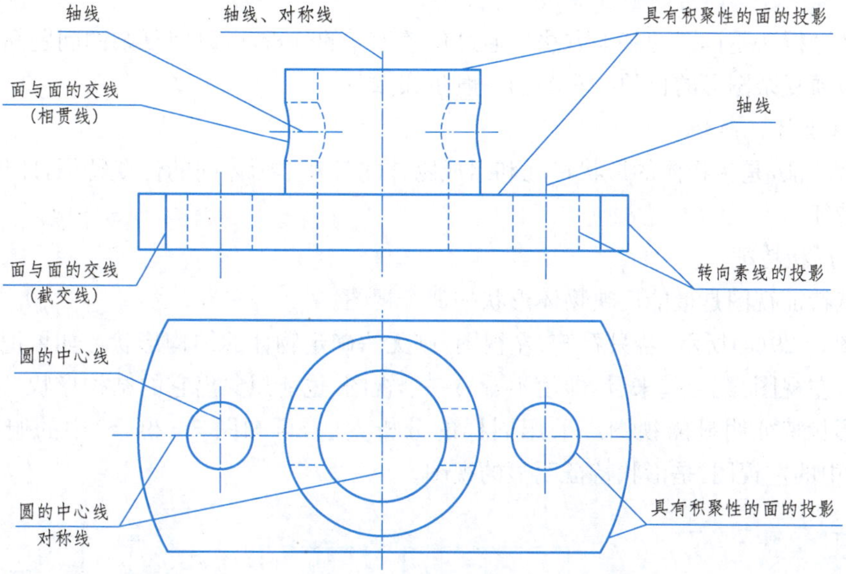

图 3-27　图线含义

② 细点画线可以表示回转体的轴线、对称中心线、圆的对称中心线。

2) 线框的含义

如图 3-28 所示，视图中的线框通常分为以下三种情况。

① 一个封闭的线框：表示物体的一个面(平面、曲面、组合面)或孔洞，如图 3-28(a)所示。

② 相邻的两个封闭线框：表示物体上位置不同的两个面。由于不同线框代表不同的面，而且它们表示的面有左右、前后、上下的相对位置关系，所以可以通过这些线框在其他视图上的对应投影加以判断，如图 3-28(b)所示。

③ 大封闭线框包含小线框：表示在大平面体(或曲面体)上凸出或凹进的各个小平面体(或曲面体)，如图 3-28(c)所示。

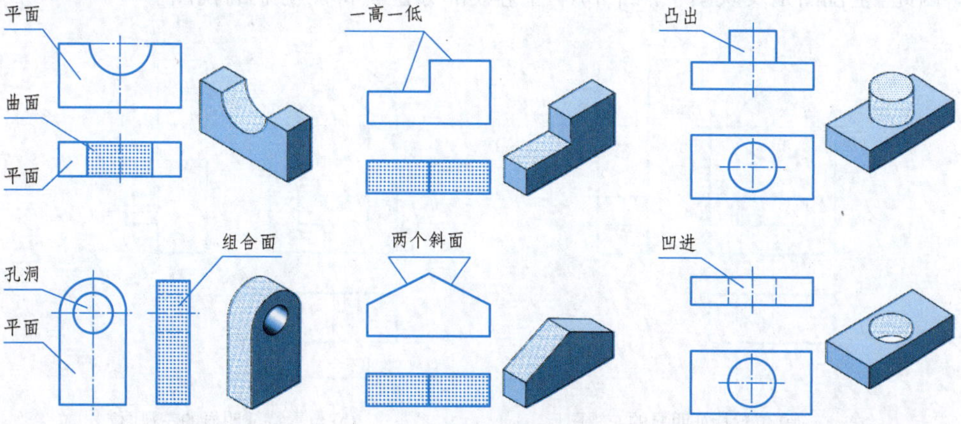

(a) 一个封闭线框　(b) 相邻两个封闭线框　(c) 大封闭线框包含小线框

图 3-28　线框含义

二、读组合体视图的基本方法

形体分析法是读图的基本方法。通过化整为零的分析,可以使复杂的问题简单化,达到较快看懂复杂图形的目的。看图的一般步骤如下。

1. 注重特征部分

所谓特征,是指物体的形状特征和组成物体的各基本形体间的位置特征,即形状特征和位置特征。

(1) 形状特征

形状特征视图是最能反映物体形状的那个视图。

如图 3-29(a)所示,若只看俯、左视图,则无法确定物体的结构形状。如果把主、俯视图(或主、左视图)配合起来看,即使不看另一个视图,也能想象出它的结构形状。因此,主视图是形状特征明显的视图。采用同样的分析方法,可知图 3-29(b)中的俯视图、图 3-29(c)中的左视图,是形状特征明显的视图。

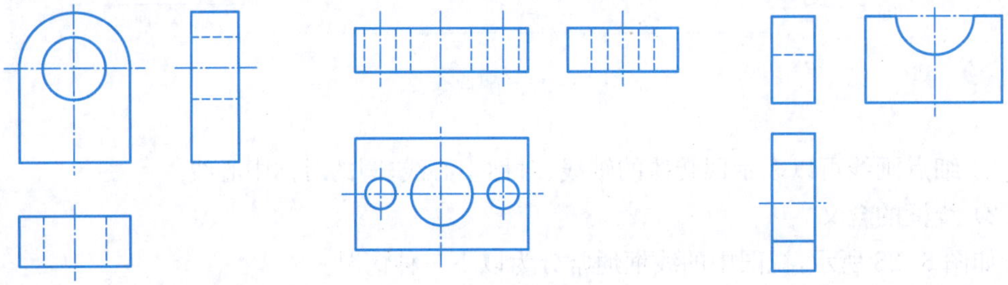

(a) 形状特征明显的主视图 (b) 形状特征明显的俯视图 (c) 形状特征明显的左视图

图 3-29 形状特征

(2) 位置特征

位置特征视图是最能反映物体位置的那个视图。如图 3-30 所示,两幅图的主视图、俯视图一模一样,如果只看主、俯视图,无法确定两个物体的形状。而且主视图中大线框内包含两个小线框(一个圆和一个小矩形),如果没有左视图,无法确定哪个凸出,哪个凹进。因此,左视图是反映图中两个物体各组成部分位置特征明显的视图。

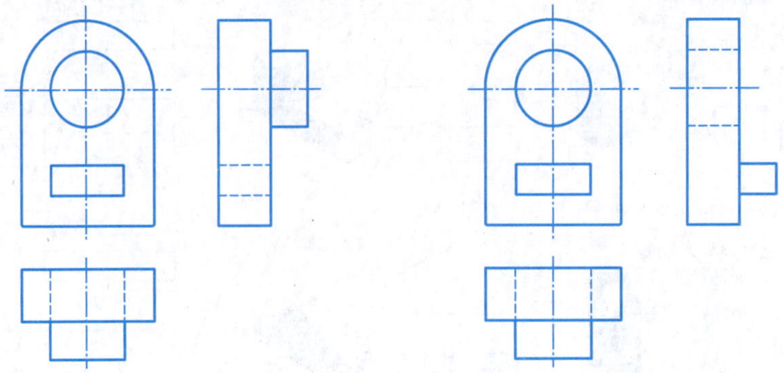

(a) 位置特征明显的左视图1 (b) 位置特征明显的左视图2

图 3-30 位置特征

【提示】

物体上每一组成部分的特征，并非集中在一个视图上。因此，在分部分时，无论哪个视图（一般以主视图为主），只要形状、位置特征有明显之处，就应从该视图入手，这样就能较快地将其分成若干个组成部分。

2. 对准投影想象形状

依据投影“三等”规律，从反映特征部分的线框（一般表示该部分形体）开始，分别在其他两视图上找出对应投影，并想象出它们的形状。

3. 综合位置与组合想象整体

分析了各部分的形状之后，根据各部分在视图中的相互位置关系和组合形式，综合想象出物体整体形状。

【提示】

一般的看图顺序：先看主要部分，后看次要部分；先看容易确定的部分，后看难以确定的部分；先看某一组成部分的整体形状，后看其细节部分形状。

例 3-6：如图 3-31 所示的轴承座，读懂其三视图，想象出立体形状。

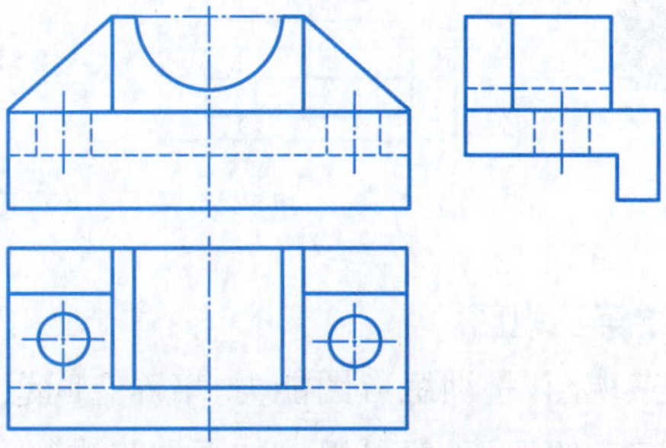

图 3-31　轴承座三视图

① 分析视图，抓住特征，分离出特征明显的线框（Ⅰ、Ⅱ、Ⅲ），如图 3-32 所示。

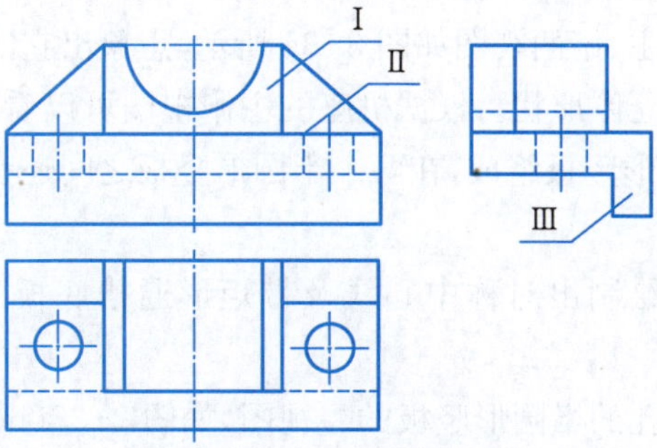

图 3-32　分离线框

② 逐个想象各形体形状，如图 3-33 所示。

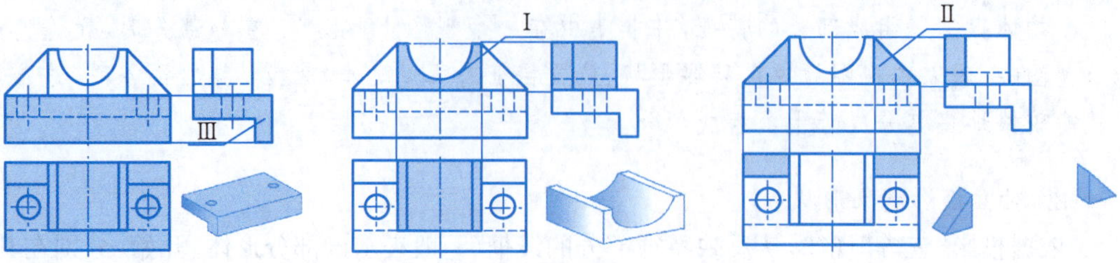

(a) 形体形状1　　(b) 形体形状2　　(b) 形体形状3

图 3-33　逐个想象各形体形状

③ 综合想象整体形状，如图 3-34 所示。

图 3-34　轴承座整体形状

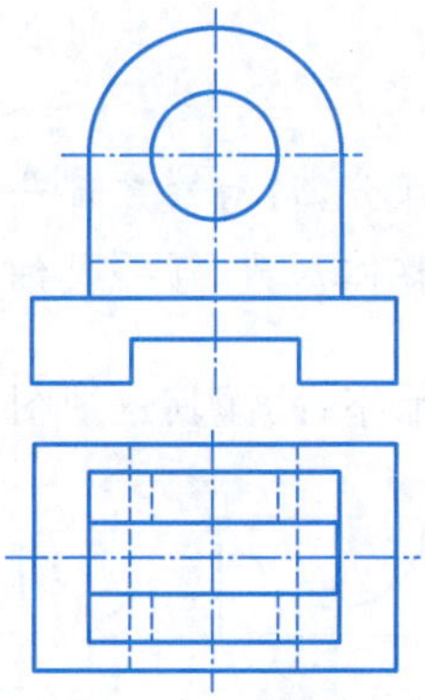

图 3-35　机座视图

图 3-36　机座立体形状

三、已知两个视图补绘第三视图

由已知两视图补绘第三视图，是训练看图能力、培养空间想象力的重要手段。补绘视图实际上是看图和绘图的综合练习，一般可以按如下两步进行。

① 根据已知视图按前述方法看懂视图，并想出物体的形状。

② 在想出物体的形状的基础上，应根据已知的两个视图，按各组成部分逐个作出第三视图，进而完成整个物体的第三视图。

例 3-7：已知机座的主、俯两视图如图 3-35 所示，想象出它的形状，补绘左视图。

① 分析想象出机座立体形状。根据机座的主俯视图可以看出，机座由带矩形通槽的底板、两个带圆孔的半圆形竖板组成，在两个半圆形竖板之间还有一块连接矩形板。机座立体形状如图 3-36 所示。

② 根据主、俯视图，绘制出对称中心线及带矩形通槽底板的左视图，如图 3-37(a)所示。

③ 绘制出两个带圆孔的半圆形竖板的左视图，如图 3-37(b)所示。

④ 绘制出连接矩形板的左视图(只需要添加一条线，但要去掉半圆形竖板上的一小段线)，即可完成作图，如图 3-37(c)所示。

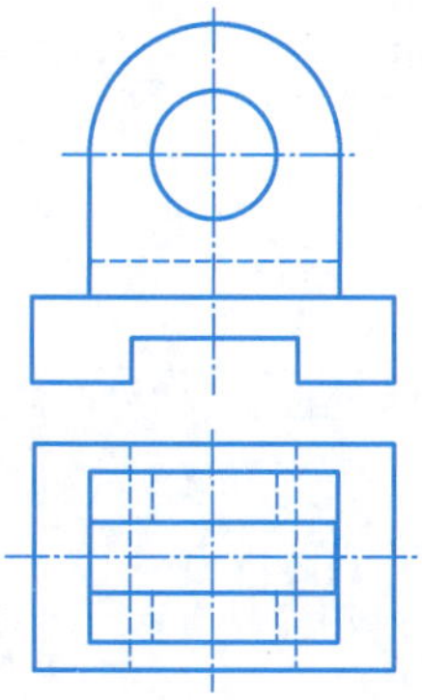

(a) 三视图

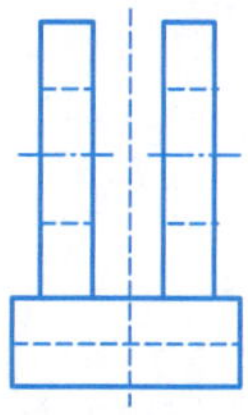

(b) 两个带圆孔的半圆形竖板的左视图

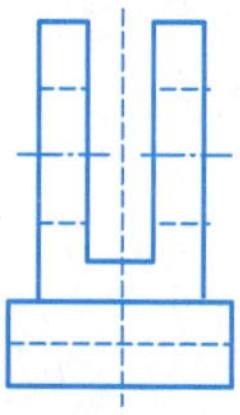

(c) 连接矩形板的左视图

图 3-37　补绘机座第三视图

任务实施单

方法步骤		图　示
线框划分	圆柱上部开槽是由两个平行于轴线的侧平面和一个垂直于轴线的水平面切割而成的。圆柱下部切肩是由两个平行于轴线的正平面与垂直于轴线的水平面切割而成的	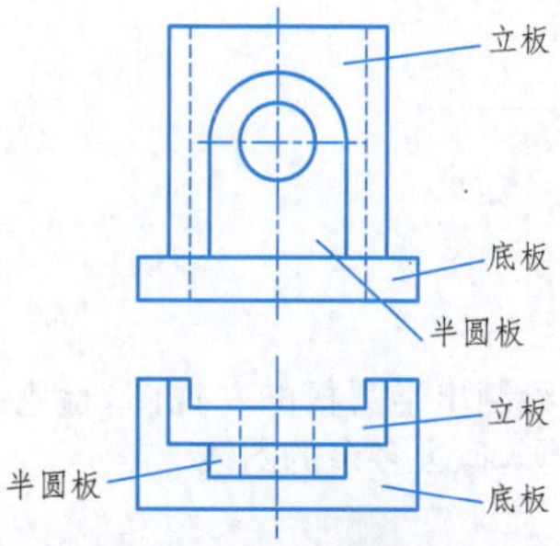
想象形体形状	构建底板形状	
	添加立板形状	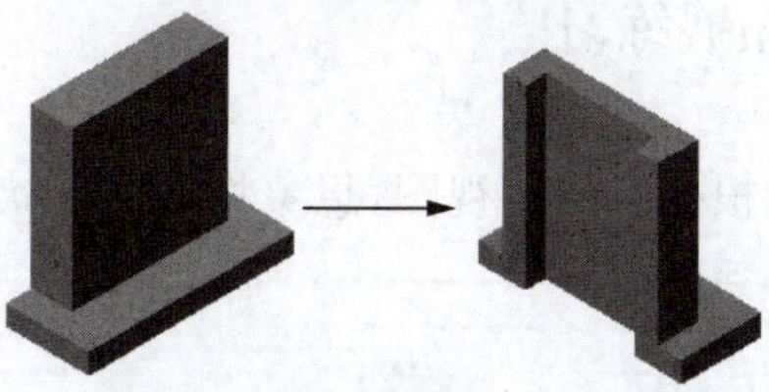
	添加半圆板形状	

方法步骤		图示
补绘左视图	绘制出底板的左视图	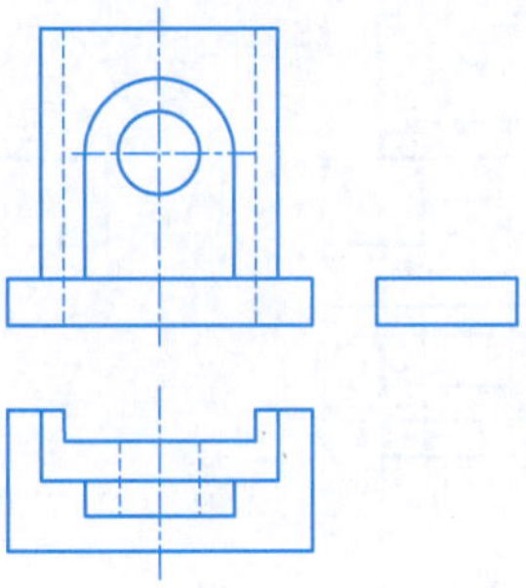
	绘制出立板的左视图	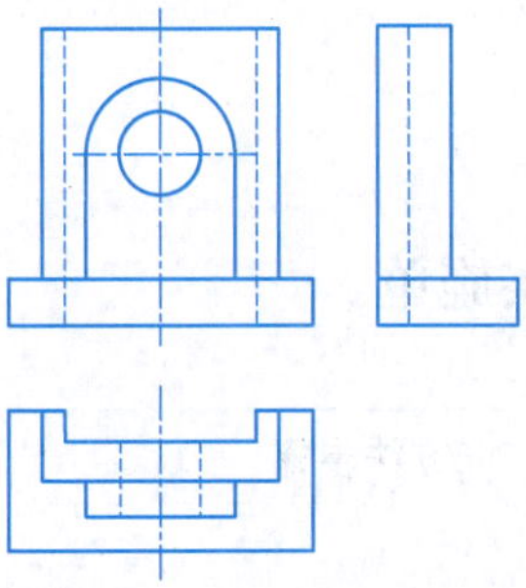
	绘制出半圆板的左视图，检查投影，擦去多余的图线	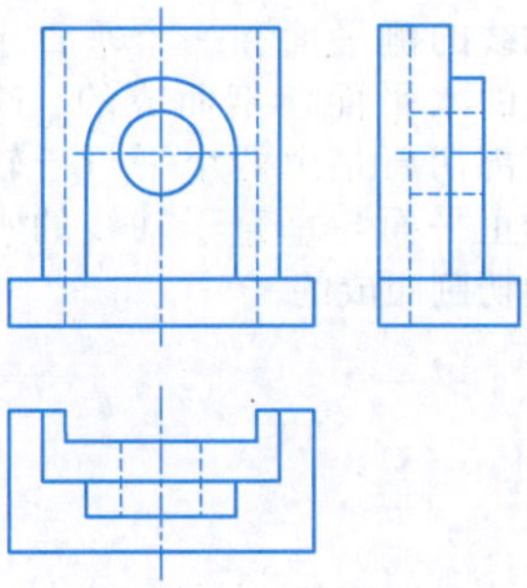

拓展练习

1. 根据给出的视图，想象物体的形状，补绘视图中所缺的图线。

(1) 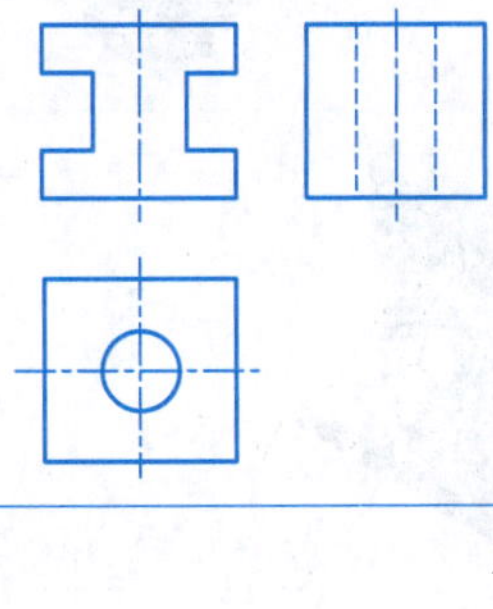	(2) 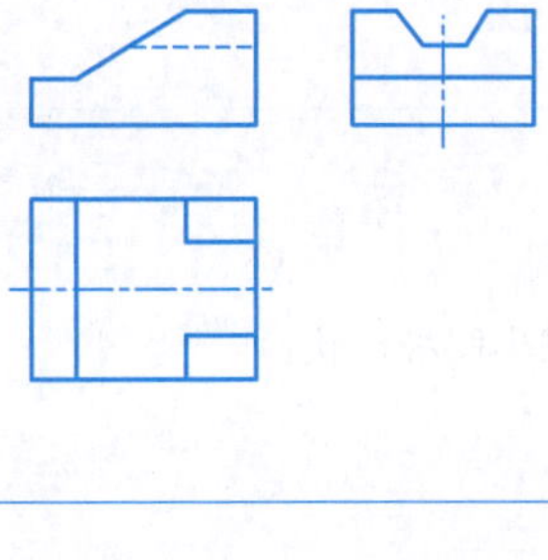

(3)

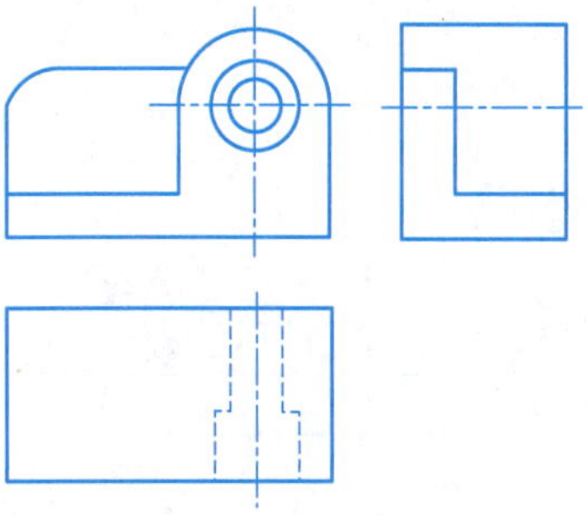

(4)

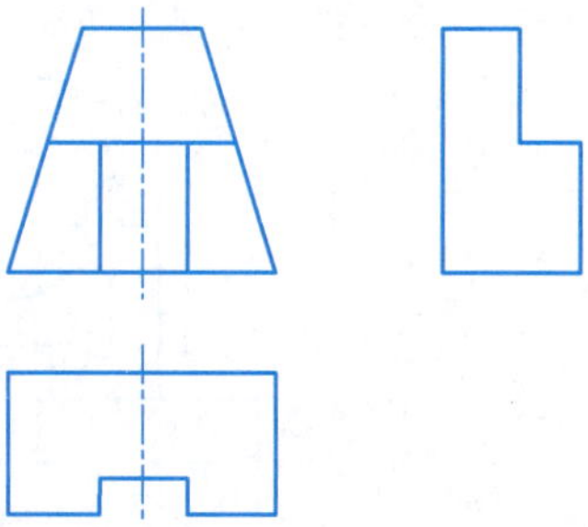

2. 根据下列各组合体的两视图补绘第三视图。

(1)

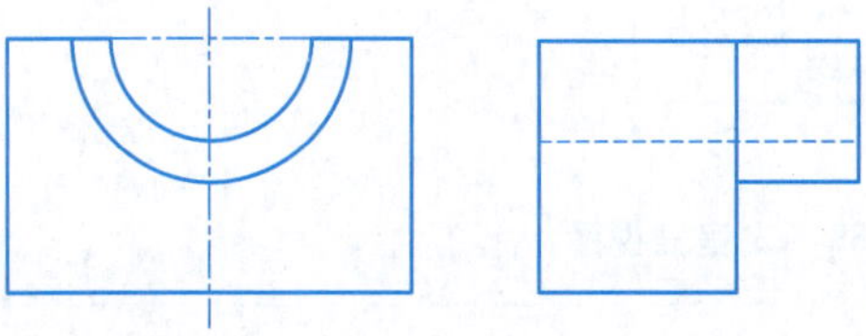

(2)

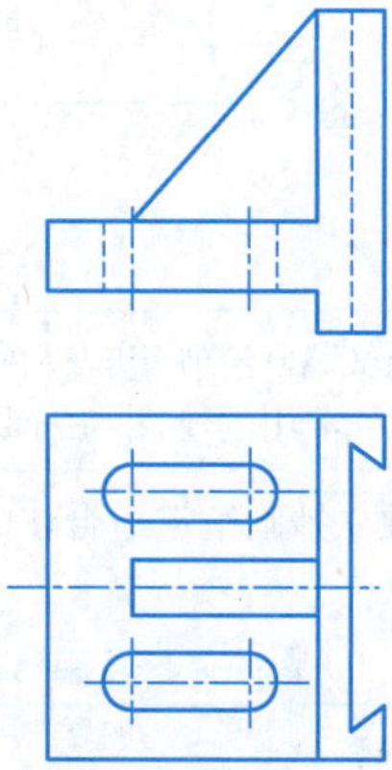

任务四

应用 AutoCAD 软件绘制组合体三视图

学习任务单

任务名称	应用 AutoCAD 软件绘制组合体三视图
任务描述	建立 A4 图纸幅面，抄画图 3-38 所示的支座三视图，并标注尺寸

任务描述

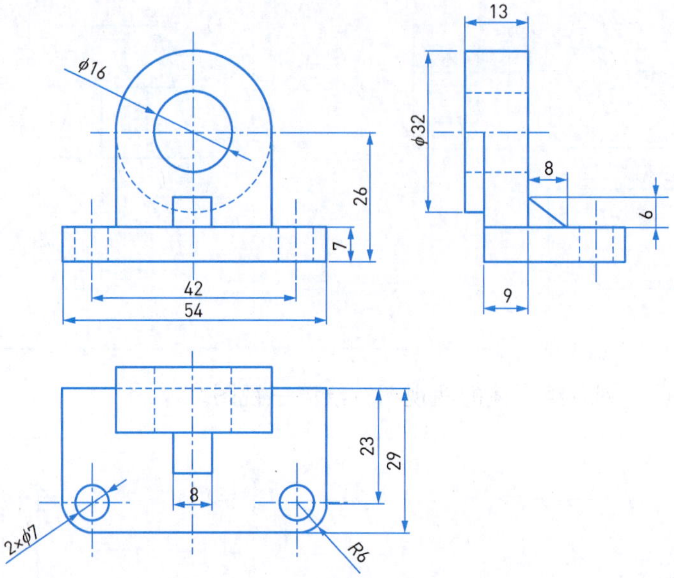

图 3-38　支座三视图

任务分析

要应用 AutoCAD 绘制组合体的三视图，首先应掌握组合体三视图的绘制步骤，其次应熟悉 AutoCAD 常用的绘图与编辑功能及使用对象捕捉追踪功能对齐三视图的方法。

成果展示与评价

各组成员独立抄画给定组合体的三视图，自评或小组互评后由教师评定成绩，并填写评定表（表 3-4）。

表 3-4　应用 AutoCAD 软件绘制组合体三视图任务评定表

能力目标	相关知识	权重	自测分数	教师评分
了解相关知识	（1）图层设置； （2）文字样式、标注样式的设置； （3）对象捕捉、对象追踪	20 分		
熟练掌握知识点	（1）三视图反映物体的三个方向的测量； （2）三视图的投影规律； （3）三视图反映物体的六个方位	30 分		
应用知识分析案例	正确抄画出物体的三视图并进行尺寸标注	50 分		

知识概述

一、绘制组合体三视图的基本要领

1．形体分析

绘制组合体三视图时首先必须进行形体分析。如图 3-38 所示支座形体，可将其分解为底板、圆筒、支撑板和三角形肋板四个组成部分。其中，圆筒圆柱面与支撑板表面相切，圆筒前端面与支撑板前面平齐，底板后端面与支撑板后面平齐。

2. 按顺序绘制各组成部分三视图

按“长对正、高平齐、宽相等”原则，使用对象追踪功能，按顺序绘制底板、圆筒、支撑板和三角形肋板的三视图。

【提示】

绘制每一组成部分的三视图时，先绘制反映形状特征的那个视图，如绘制底板时，先绘制俯视图。

二、绘制组合体三视图

① 单击“开始绘制”按钮，新建一个图形文件。

② 创建 A4 图幅，设置图层，设置文字样式，设置尺寸标注样式，绘制标题栏，或直接调用“A4. dwt”图形样板文件，并确认状态栏中的“极轴”“对象捕捉”“对象追踪”“动态输入”和“线宽”按钮均处于打开状态。

③ 按顺序绘制每一个组成部分的三视图。

三、标注组合体视图尺寸

① 设置好标注样式。

② 选择快速标注按钮或相应的直径、半径等标注按钮，按照形体分析顺序标注各形体的尺寸。

任务实施单

绘图步骤		图　示
绘制底板，布图	绘制俯视图。将“粗实线”图层设置为当前图层，并利用“圆”“直线”和“修剪”命令在合适位置绘制如右图所示的底板的俯视图	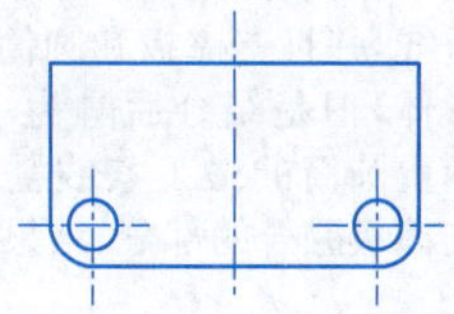
	绘制主视图和左视图。执行“直线”命令，并结合“对象捕捉追踪”功能依次绘制主视图和左视图中底板的轮廓线，然后绘制中心线和虚线，如右图所示	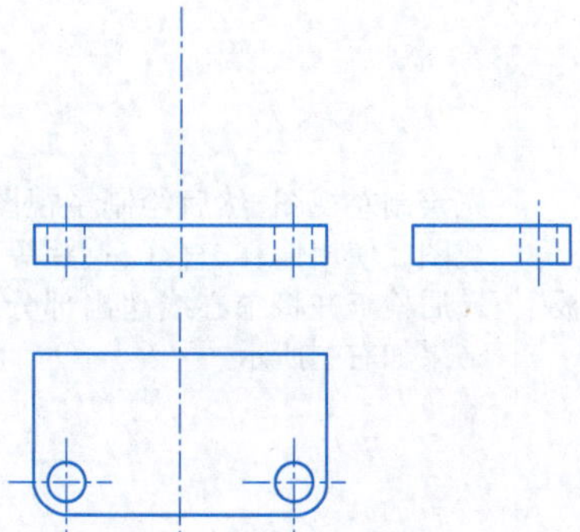

绘图步骤		图 示
绘制圆筒	绘制主视图。选择“偏移”命令，将底板最下面的线向上偏移 26，获得圆筒圆心。选择“圆”命令，以两条中心线的交点为圆心绘制半径为 8 和 16 的两个圆，结果如右图所示	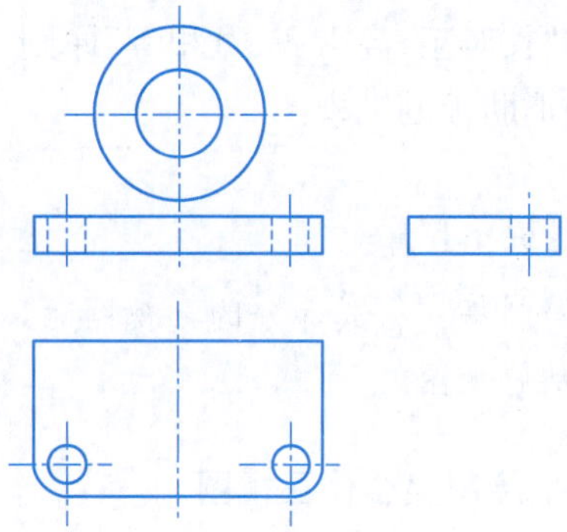
	绘制俯视图和左视图。执行“直线”命令，利用偏移和极轴追踪线绘制。使用“打断于点”命令将底板被圆筒覆盖的线打断，并将其改为虚线，结果如右图所示	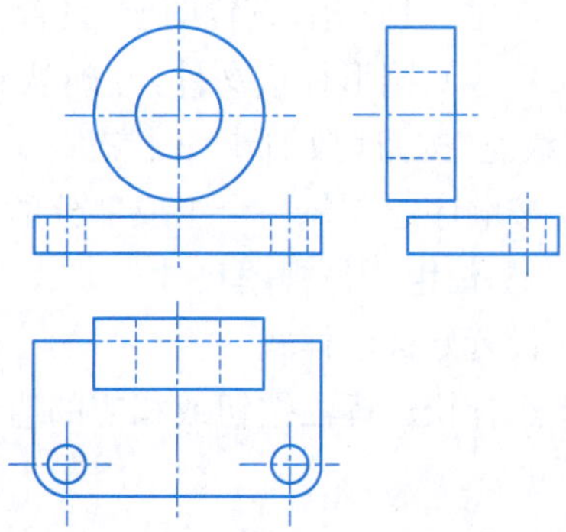
绘制支撑板	先绘制主视图，然后绘制左视图，俯视图不需要绘制。注意，将主视图中圆筒被支撑板盖住的部分圆弧改为虚线，并且支撑板和圆筒虽然是两个形体，但是结合后融为一体，故左视图上圆筒的最下素线需要修剪掉被支撑板融合的部分，结果如右图所示	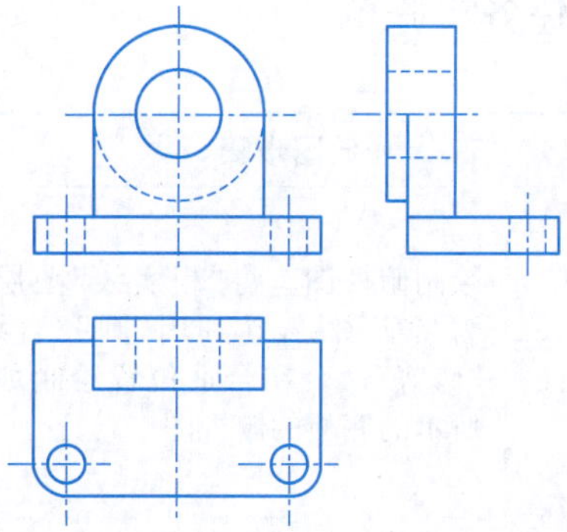
绘制三角形肋板	先绘制左视图，然后绘制主视图和俯视图。使用偏移、直线、追踪等工具。最后检查并将中心线超出部分缩短，结果如右图所示	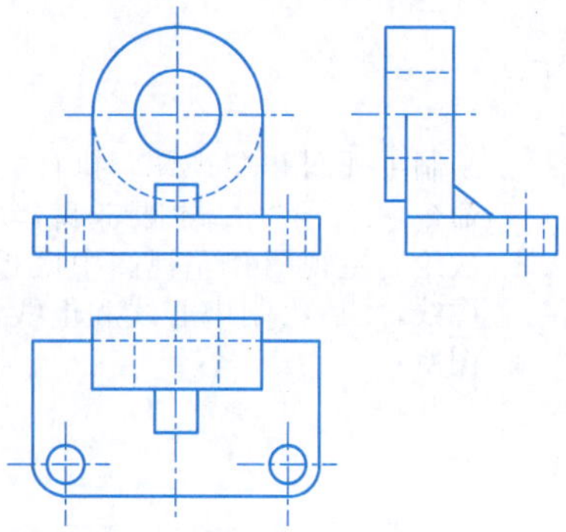

绘图步骤		图　示
标注尺寸	将“标注”图层设置为当前图层。单击“标注”工具栏中的“直径”按钮、“线性”按钮和“半径”按钮标注右图所示的尺寸。双击需要加前缀的尺寸，添加直径符号“ϕ”和“2×”。完成所有尺寸的标注。 注意，尺寸标注要清晰	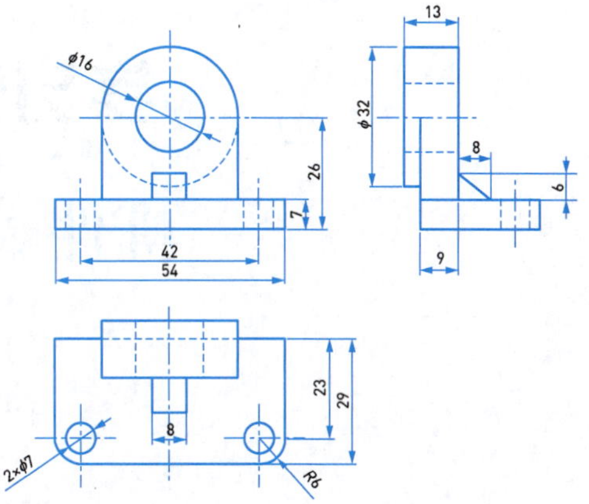

拓展练习

用 AutoCAD 2022 软件按 1∶1 抄画组合体的三视图，并标注尺寸。

(1)

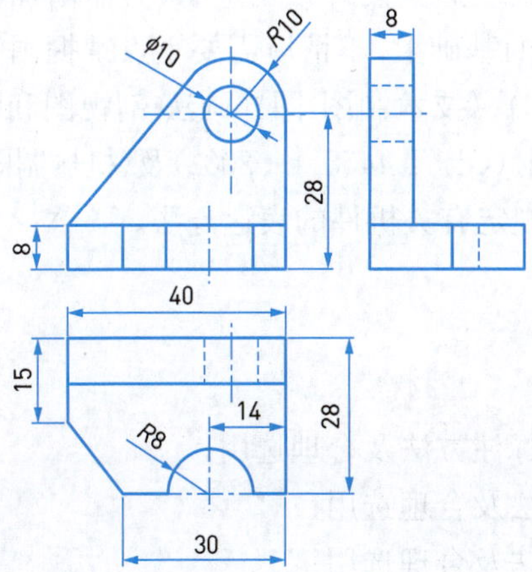

(2)

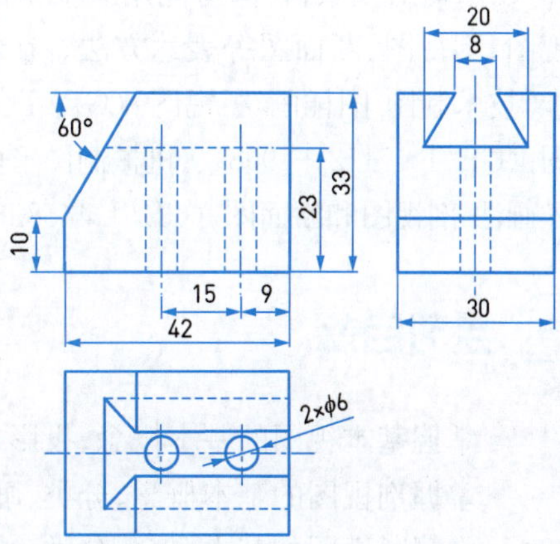

学习情境四

机件表达方法

情境概述

实际生产中，通常用一个或两个视图并标注尺寸，即可完整表达一般机件的结构形状和尺寸；但对复杂机件，可能用三个视图也难以清晰表达其内外结构形状，另需增加其他视图、剖视图、断面图等表达方法。在学习三视图的基础上，本情境需要重点掌握国家标准《技术制图 图样画法 视图》(GB/T 17451—1998)、《技术制图 图样画法 剖视图和断面图》(GB/T 17452—1998)、《机械制图 图样画法 视图》(GB/T 4458.1—2002)及《机械制图 图样画法 剖视图和断面图》(GB/T 4458.6—2002)中规定有关机件的表达方法。

学习目标

- 掌握基本视图的基本概念、投影规律、画法、标注方法及合理选用；
- 掌握剖视图的基本概念、分类、画法、标注方法及合理选用；
- 掌握断面图的基本概念、分类、画法、标注方法及合理选用；
- 了解机件的其他的表达方法。

教学目标

通过学习各种不同机件的表达方法，引导学生运用比较法研究实物的共性与个性，寻找内在联系，使学生能够透过现象抓本质，寻求物体本质上的区别。掌握视图间的投影规律、作图规则及内在联系，最终确定零件合理的表达方案，培养学生综合分析问题、解决问题的能力。

任务一

机件外部形状的表达

学习任务单

<table>
<tr><td>任务名称</td><td>机件外部形状的表达</td></tr>
<tr><td>任务描述</td><td>根据如图 4-1 所示的主、俯视图，绘制机件的左、右、仰、后视图。
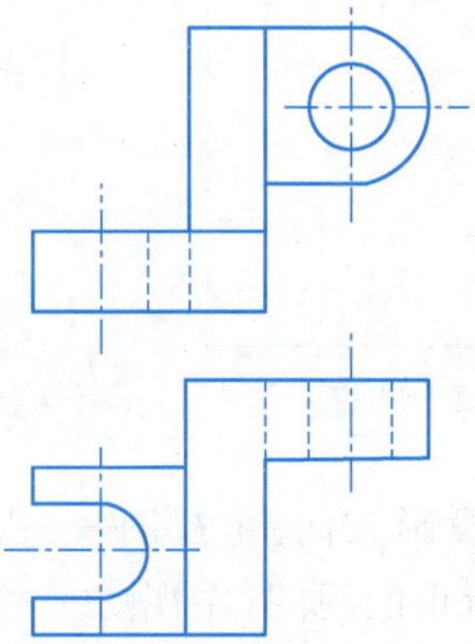
图 4-1 主、俯视图</td></tr>
<tr><td>任务分析</td><td>要绘制机件的基本视图，首先要熟悉基本视图的定义，其次要掌握基本视图的投影规律及方位关系。</td></tr>
<tr><td>成果展示与评价</td><td>各组成员根据给定主、俯视图，独立完成其他基本视图的绘制，自评或小组互评后由教师评定成绩，并填写评定表(表 4-1)。
表 4-1 机件外部形状的表达任务评定表
<table>
<tr><th>能力目标</th><th>相关知识</th><th>权重</th><th>自测分数</th><th>教师评分</th></tr>
<tr><td>了解相关知识</td><td>(1) 基本视图的分类；
(2) 基本视图的形成过程</td><td>30 分</td><td></td><td></td></tr>
<tr><td>熟练掌握知识点</td><td>(1) 基本视图的投影规律；
(2) 基本视图的位置对应关系</td><td>40 分</td><td></td><td></td></tr>
<tr><td>应用知识分析案例</td><td>根据机件的某些基本视图绘制其他基本视图的方法和思路</td><td>30 分</td><td></td><td></td></tr>
</table></td></tr>
</table>

知识概述

视图主要用来表达机件的外形，分为基本视图、向视图、局部视图和斜视图。视图的

微课 10：视图

画法应遵循《技术制图 图样画法 视图》(GB/T 17451—1998)和《机械制图 图样画法 视图》(GB/T 4458.1—2002)的规定。

动画 10:六个基本视图的形成

一、基本视图

在三视图投影面的基础上,增加三个互相垂直的投影面(顶面,左侧立面,前立面),构成了一个正六面体的六个侧面,这六个侧面称为基本投影面,如图 4-2 所示。将机件放在正六面体空间内,分别向各个基本投影面投影,所得的视图为基本视图,除了学习过的主视图、俯视图和左视图外,还有右视图、仰视图和后视图,如图 4-3 所示。

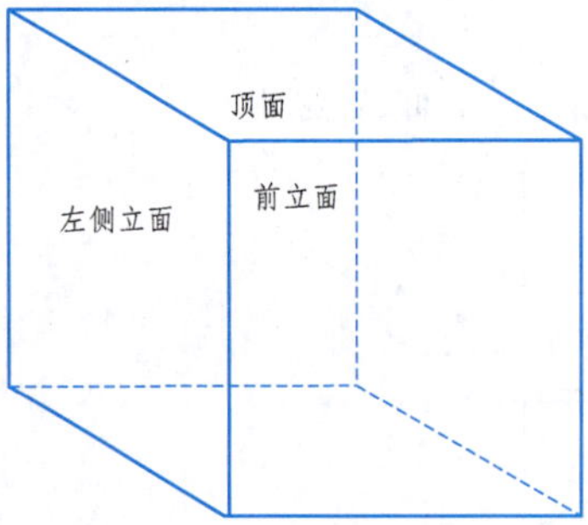

图 4-2 基本投影面

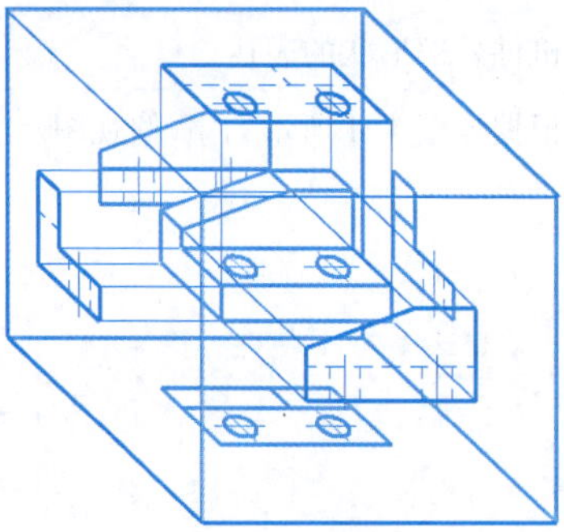

图 4-3 右视图、仰视图、后视图的形成

六个基本视图名称与投影方向:主视图——从机件的前方投射所得的视图;俯视图——从机件的上方投射所得的视图;左视图——从机件的左方投射所得的视图;右视图——从机件的右方投射所得的视图;仰视图——从机件的下方投射所得的视图;后视图——从机件的后方投射所得的视图。

各投影面的展开方法如图 4-4 所示。在同一张图样中,六个基本视图按照图 4-5 所示基本位置配置时,一律不标注视图名称。六个基本视图之间满足"主、俯、仰、后'长对正',主、左、右、后'高平齐',左、俯、右、仰'宽相等'"的投影规律,如图 4-6 所示。

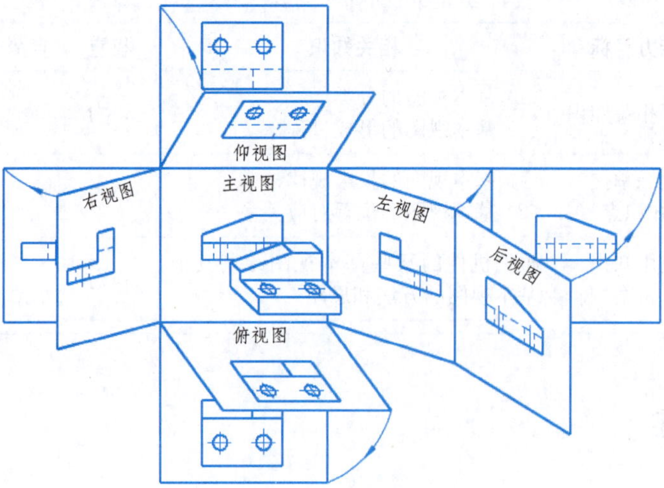

图 4-4 六个基本投影面的展开

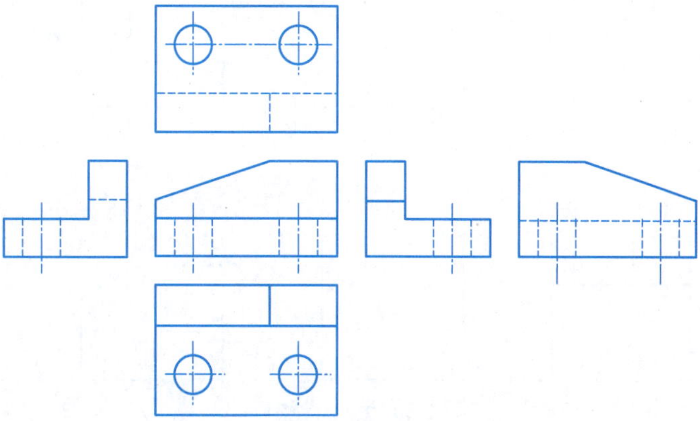

图 4-5　六个基本视图的基本位置配置

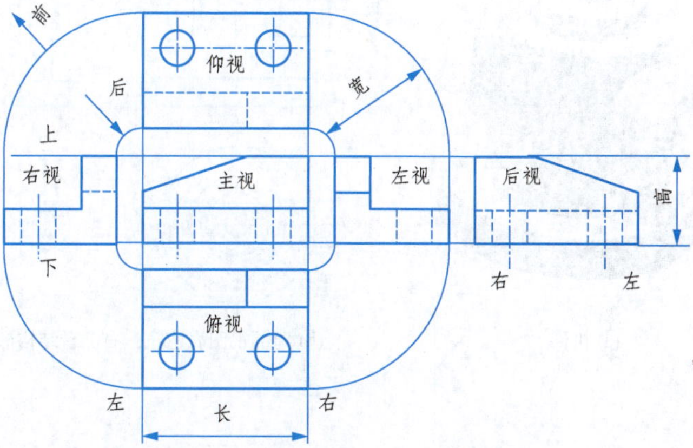

图 4-6　六个基本视图之间的投影规律

【提示】

实际使用中，不一定要将六个基本视图都绘制出来，根据机件形状的复杂程度和结构特点，选择若干基本视图即可。

二、向视图

在同一张图样中，六个基本视图按如图 4-7 所示自由配置时，即为向视图。应在视图上方标注大写拉丁字母，如 A、B、C 等；并在相应视图的附近用箭头标出投影方向，并标注相同字母。

三、局部视图

将物体的某一部分向基本投影面投射所得的视图，称为局部视图。如图 4-8(a)所示的机件，用主、俯基本视图即可清楚表达机件主体结构，但左、右两个凸台结构表达不够清楚，若再增加左视图和右视图，显得繁琐重复。为简练表达方案，突出视图表达重点，可采用两个局部视图表达其左、右凸台结构形状，如图 4-8(b)所示。

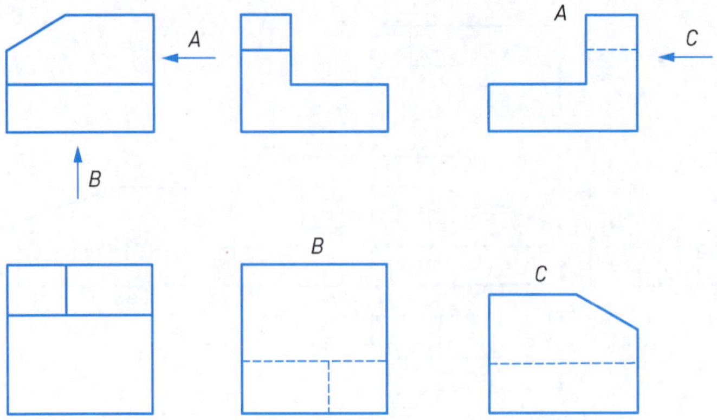

图 4-7　向视图

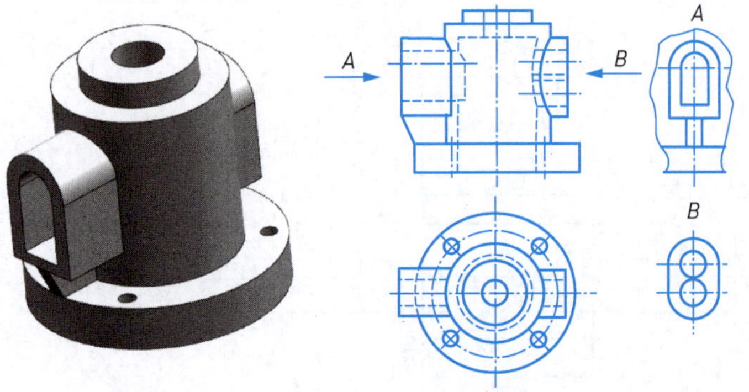

(a) 机件　　(b) 局部视图表达左、右凸台结构形状

图 4-8　局部视图

局部视图的配置、标注及画法如下。

① 局部视图可按基本视图的配置形式配置[图 4-8(b)中的局部视图 *A*]，也可按向视图的配置形式配置[图 4-8(b)中的局部视图 *B*]。

② 局部视图必须标注，即用带字母的箭头表明所要表达的部位和投射方向，并在局部视图的上方标注相应的视图名称，如 *B*。但局部视图按投影关系配置，中间没有其他视图隔开时，可省略标注，如图 4-8(b)中的局部视图 *A* 的箭头和字母均可省略。

③ 局部视图的断裂边界以波浪线表示[图 4-8(b)中的局部视图 *A*]，波浪线不应超出机件实体的投影范围。当所表示的局部结构完整，且其投影的外形轮廓线成封闭图形时，波浪线可省略[图 4-8(b)中的局部视图 *B*]。

【提示】

当采用一定数量的基本视图后，机件上只有部分结构尚未表达清楚，而又无须绘制出完整的其他基本视图时，可采用局部视图。

局部视图是不完整的基本视图，利用它可减少基本视图的数量，补充基本视图尚未表达清楚的部分。

四、斜视图

将机件向不平行于基本投影面的平面投射所得的视图，称为斜视图。如图 4-9(a)所示，当机件的表面与投影面相互倾斜时，其水平投影和左视图均不反映实形。这时，增设一个与倾斜表面平行的辅助投影面，将倾斜部分向辅助投影面投射，并将投射后的新投影面旋转到与它所垂直的投影面重合，即得到斜视图，以反映倾斜部分的实形，如图 4-9(b)所示。

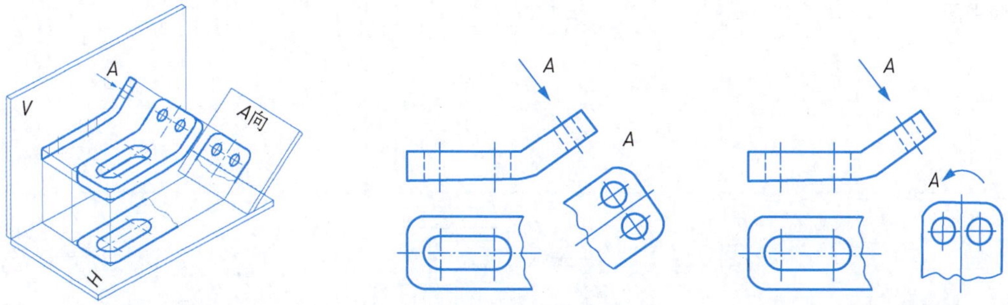

(a) 机件表面与投面相互倾斜　(b) 斜视图配置　(c) 旋转斜视图

图 4-9　斜视图

斜视图的配置、标注及画法如下。

① 斜视图一般按向视图的配置形式配置并标注，如图 4-9(b)所示。

② 在不致引起误解的情况下，为方便作图，允许将斜视图旋转，但必须加注旋转符号，并将表示视图名称的大写拉丁字母标注在靠近旋转符号的箭头端，如图 4-9(c)所示。

③ 斜视图只表达倾斜表面的真实形状，与其他部分用波浪线断开。

任务实施单

方法步骤	图　示
根据主、俯视图，以“高平齐、宽相等”投影规律，绘制左视图	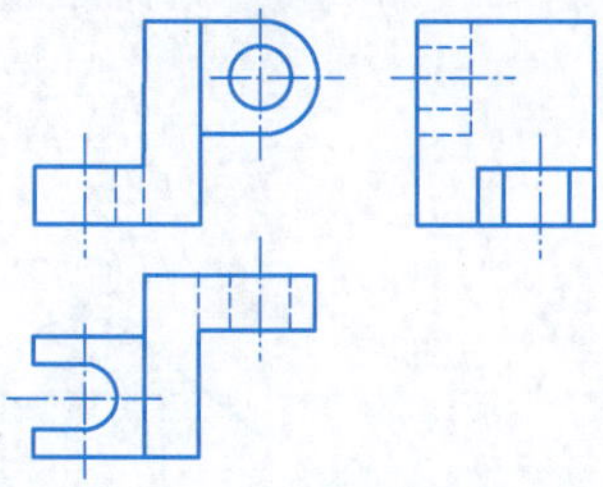
根据主、俯视图，以“高平齐、宽相等”投影规律，绘制右视图	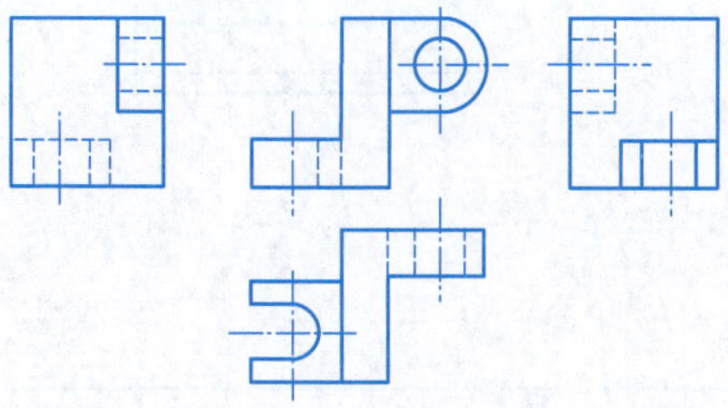

方法步骤	图　示
根据主、俯视图，以“长对正、宽相等”投影规律，绘制仰视图	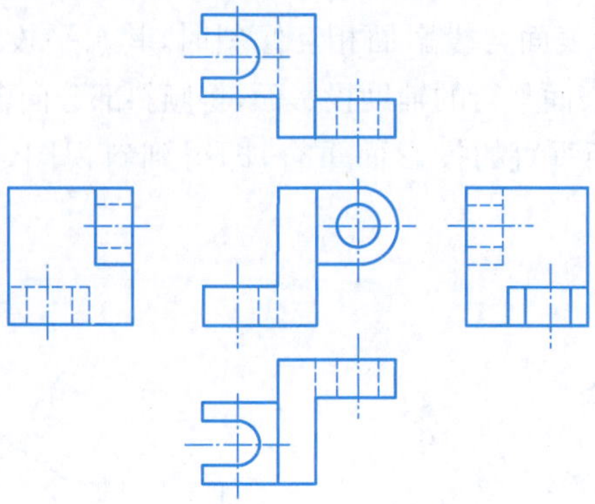
根据主、俯视图，以“高平齐、宽相等”投影规律，绘制后视图	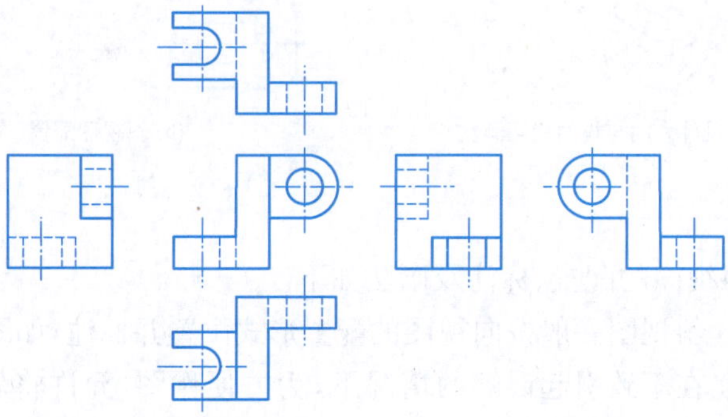

拓展练习

1. 根据主、左视图，绘制出机件的俯、右、仰、后视图。

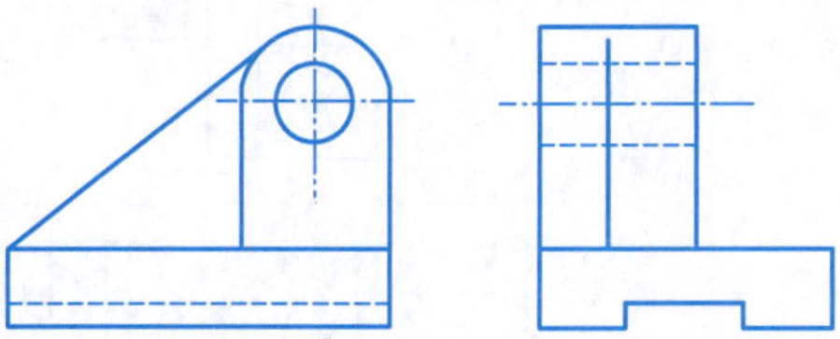

2. 根据主、左视图的投影方向，在对应向视图上标注视图的名称。

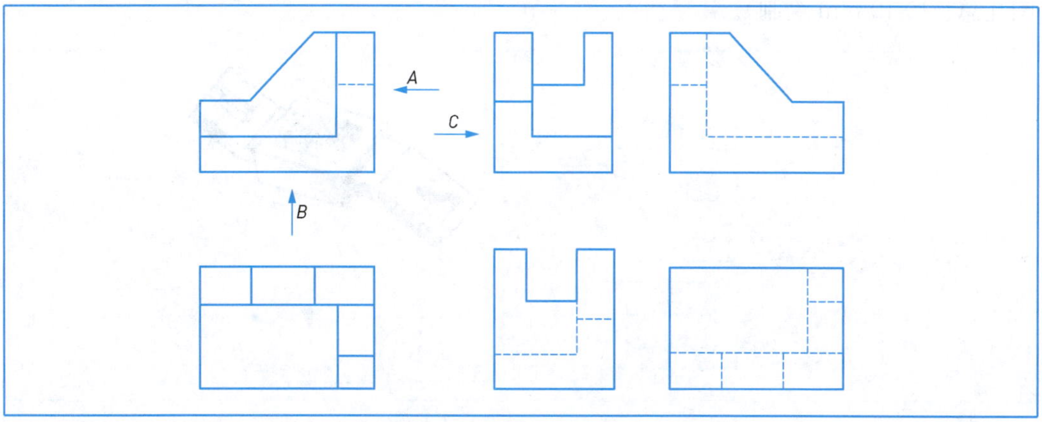

3. 根据三视图，补绘 A、B 向视图。

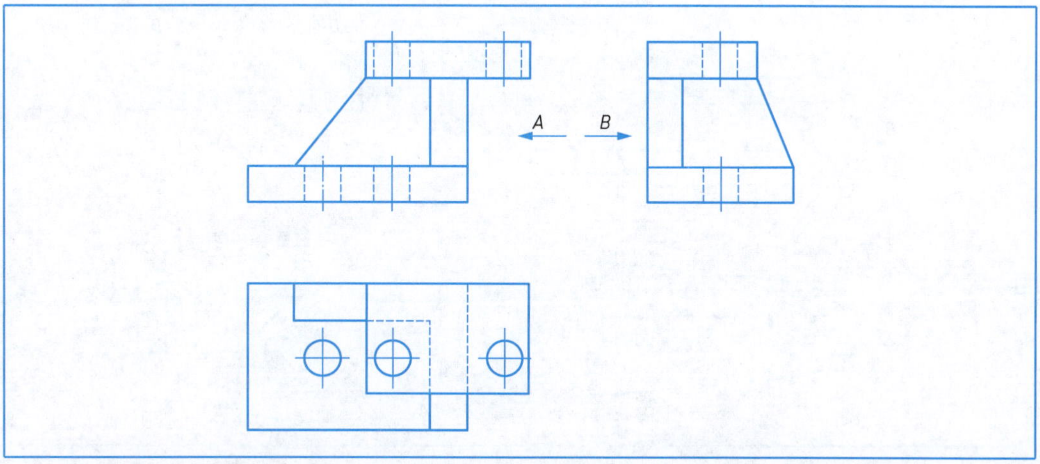

4. 根据立体图和主、俯视图，在图纸右侧绘制出 A、B 局部视图。

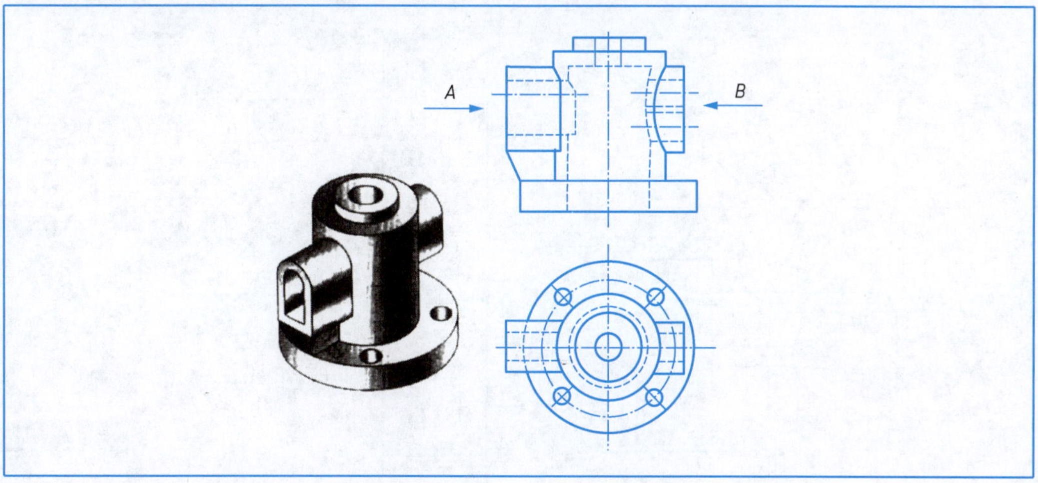

5. 根据立体图和主视图，绘制局部视图和斜视图（左右斜板总宽 16 mm，左斜板上半圆孔总长按 10 mm 绘制）。

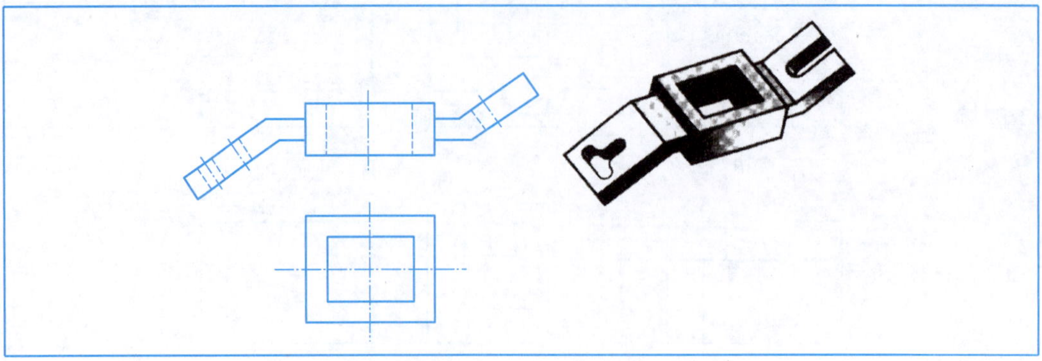

6. 判断下图中 A 向、B 向视图是否正确，并指出错误图例的错误原因。

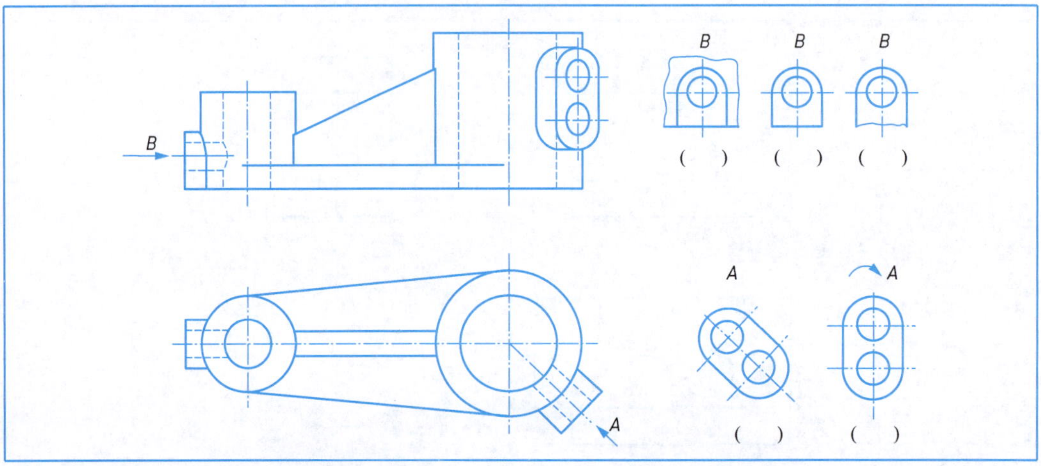

7. 判断下图中 K 向视图是否正确，并指出错误图例的错误原因。

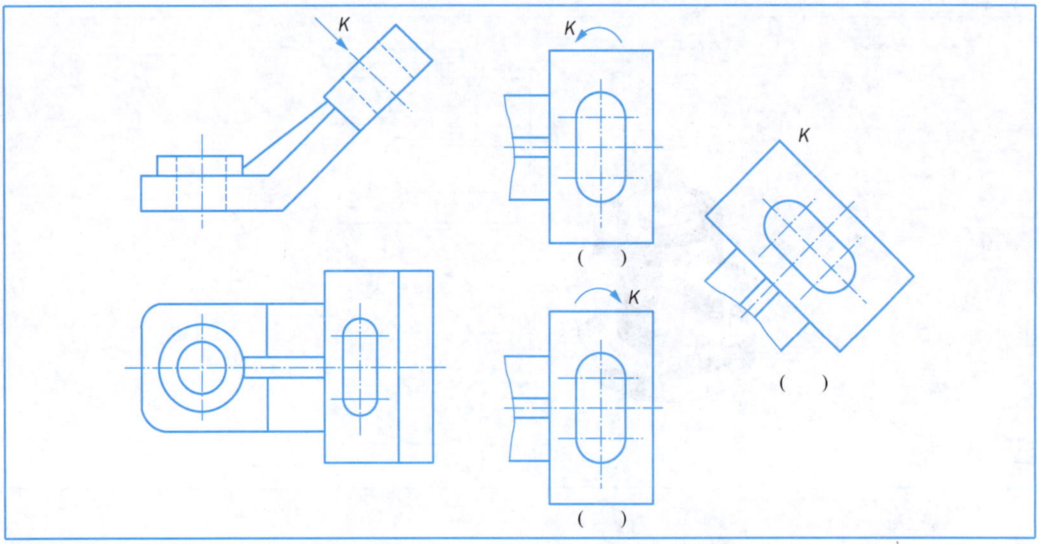

任务二
机件内部形状的表达

学习任务单

<table>
<tr><td>任务名称</td><td>机件内部形状的表达</td></tr>
<tr><td>任务描述</td><td>绘制如图 4-10 所示机件的剖视图。
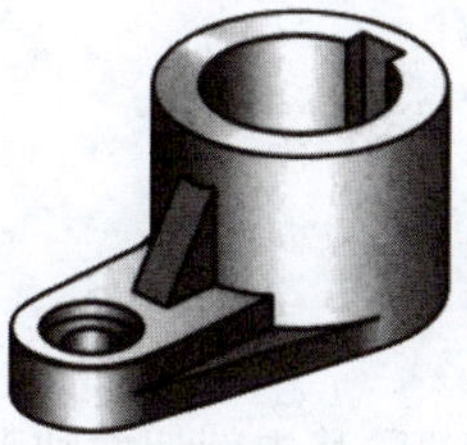
图 4-10　机件轴测图</td></tr>
<tr><td>任务分析</td><td>用剖视图表达零件的结构形状，需掌握剖视图的概念与画法，以及各类剖视图的表达原理。同时也要具备灵活应用各类剖视图正确表达具体零件内部结构的能力。</td></tr>
<tr><td>成果展示与评价</td><td>各组成员根据给定机件轴测图独立完成剖视图的绘制，自评或小组互评后由教师评定成绩，并填写评定表(表 4-2)。
表 4-2　机件内部形状的表达任务评定表
<table>
<tr><th>能力目标</th><th>相关知识</th><th>权重</th><th>自测分数</th><th>教师评分</th></tr>
<tr><td>了解相关知识</td><td>剖视图的类型</td><td>15 分</td><td></td><td></td></tr>
<tr><td>熟练掌握知识点</td><td>剖视图的分类和应用</td><td>20 分</td><td></td><td></td></tr>
<tr><td>应用知识分析案例</td><td>(1) 根据零件的内部结构形状，确定内部结构的剖视表达方案；
(2) 根据剖视表达方案合理绘制剖视图</td><td>65 分</td><td></td><td></td></tr>
</table></td></tr>
</table>

知识概述

微课 11：剖视图

绘制视图时，机件的内部形状，如孔、内沟槽等，因其不可见要用虚线表示，如图 4-11 所示。当内部形状比较复杂时，图上的虚线较多，有时甚至与外形轮廓线重叠，这种情况既不利于读图，也不便于标注尺寸，为了清晰地表达机件的内部形状，国家标准规

定了剖视图的画法。剖视图的画法应遵循《技术制图 图样画法 剖视图和断面图》(GB/T 17452—1998)、《机械制图 图样画法 剖视图和断面图》(GB/T 4458.6—2002)的规定，如图 4-12 所示。

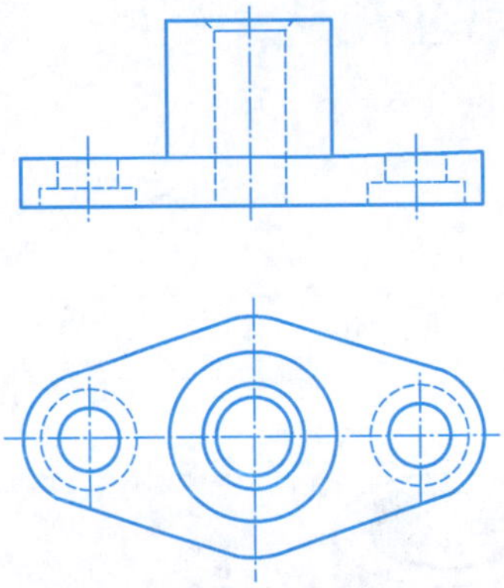

图 4-11　支架的视图

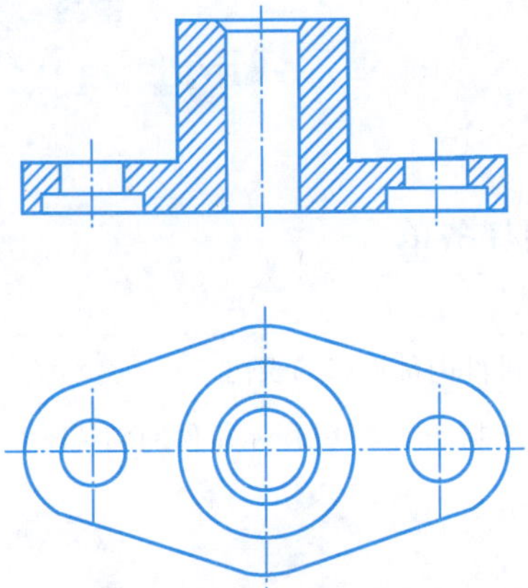

图 4-12　支架的剖视图

一、剖视图的概念及画法

假想用一剖切面将机件剖开，移去剖切面和观察者之间的部分，将其余部分向投影面投射，并在剖面区域内绘制剖面符号，所得到的图形称为剖视图。如图 4-13 所示。

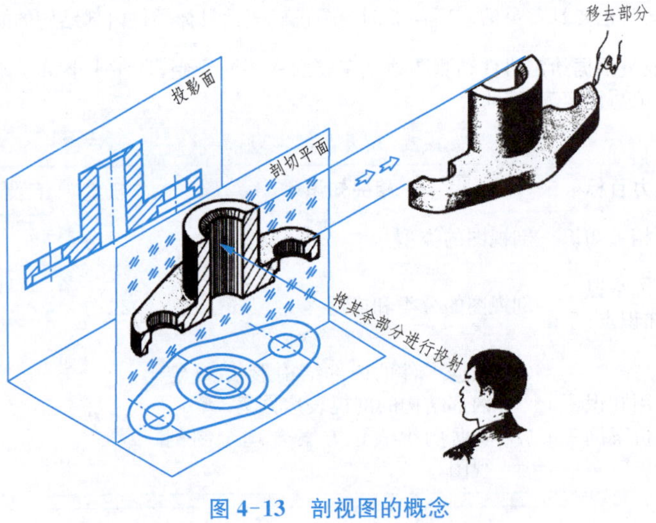

图 4-13　剖视图的概念

二、剖视图的规定画法

1. 绘制剖视图时应注意的问题

① 剖切机件是假想的，并不是真的把机件切开拿走一部分，因此除剖视图外，其他视图的完整性不受影响，如图 4-14(a)所示。

② 剖切后，留在剖切平面之后的部分，应全部向投影面投影，用粗实线绘制出其可见投影，如图 4-14(b)所示。

③ 剖视图中，凡是已表达清楚的结构，虚线可以省略不绘制。

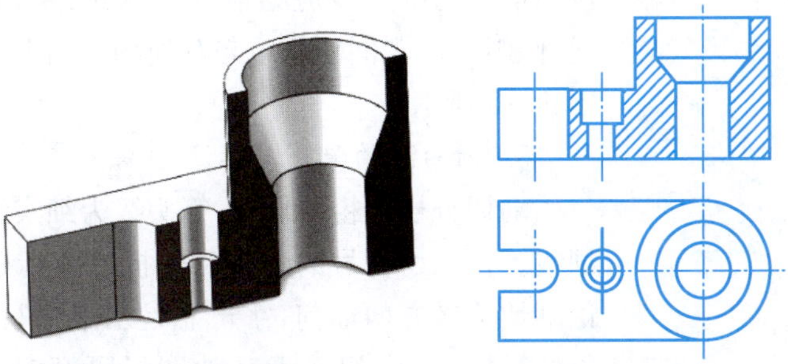

(a) 剖切机件　　(b) 剖视图

图 4-14 剖视图

2. 剖面符号

剖视图中，剖面区域一般应绘制出剖面符号。机件材料不同，剖面符号也不相同，部分材料的剖面符号见表 4-3。

表 4-3 部分材料的剖面符号

材料种类	剖面符号	材料种类	剖面符号
金属材料（已有规定剖切符号者除外）		木制胶合板（不分层数）	
线圈绕组元件	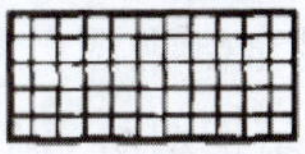	基础周围的泥土	
转子、电枢、变压器和电抗器等迭钢片	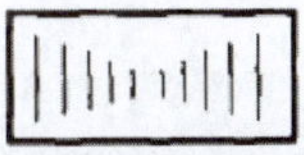	混凝土	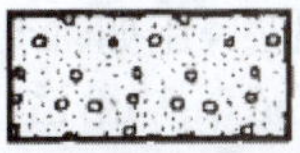
非金属材料（已有规定剖切符号者除外）		钢筋混凝土	
型砂、填砂、粉末冶金、砂轮、陶瓷刀片、硬质合金刀片等	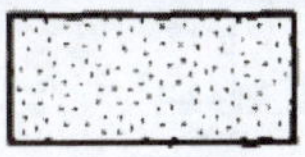	砖	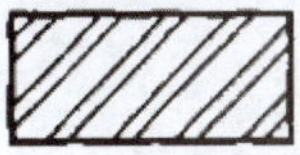
玻璃及供观察用的其他透明材料	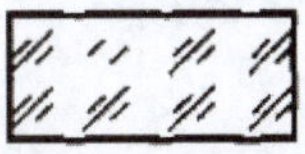	格网（筛网、过滤网等）	
木材　纵剖面		液体	
木材　横剖面			

金属材料的剖面符号又称剖面线，一般绘制成与水平线成 45°角的等距细实线。剖面线向左或向右倾斜均可，并且同一机件在各个视图中的剖面线的倾斜方向应相同，间距也应相等。

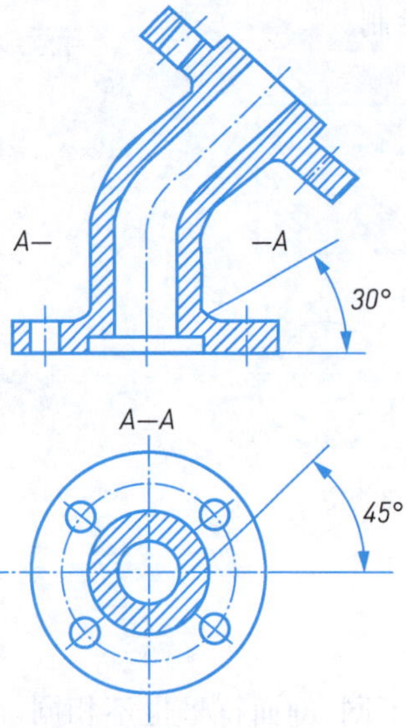

图 4-15　剖面线的方向

当图形中的主要轮廓线与水平线成 45°或接近 45°时，该图形上的剖面线应绘制成与水平线成 30°或 60°的平行线，倾斜方向和间距仍应与其他剖视图上的剖面线一致，如图 4-15 所示。

3. 剖面图的配置与标注

剖切符号为粗短划线，箭头线为细实线，剖切线为细点划线。在剖切符号的起迄和转折处应标记相同的字母，不论剖切符号方向如何，字母总是水平书写。当剖视图按投影关系配置，中间又无其他图形隔开时，可省略箭头，如图 4-15 所示。

三、剖视图的种类

按机件被剖开的范围将剖视图分为全剖视图、半剖视图和局部剖视图三种。根据机件的结构特点，可以选择单一剖切面、多个平行的剖切面或相交的剖切面等剖开物体。

微课 12：剖视图的种类（一）

1. 全剖视图

动画 11：全剖视图

用剖切面完全地剖开机件所获得的剖视图，称为全剖视图。由于全剖视图是将机件完全剖开，机件外形的投影会受影响，因此，全剖视图一般适用于外形简单、内部结构较复杂的不对称机件或外形简单的对称机件。无论是哪一种机件，只要完全剖开，全部移去观察者与剖切面之间的部分所得到的剖视图都是全剖视图。

对于一些具有空心回转结构的机件，即使结构对称，但由于外形简单，亦常采用全剖视图，比如轴套类零件。

(1) 用单一剖切面获得的全剖视图

仅用一个剖切平面剖开机件的剖切方式应用较多，如图 4-16 所示。

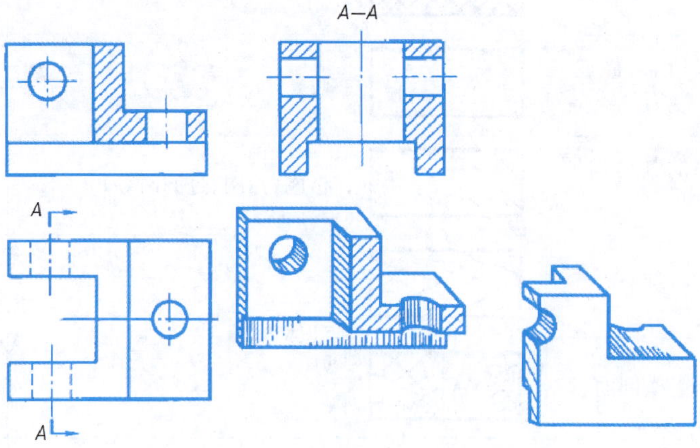

图 4-16　平行基本投影面的单一剖切面剖切获得的剖视图

① 单一剖切面与相应基本视图平面平行时可获得全剖视图、半剖视图、局部剖

视图。

② 单一剖切面与相应基本视图平面垂直时可表达机件上倾斜结构，可获得斜剖视图。当机件上倾斜部分的内部结构需要表达时，与斜视图一样，可以选择一个与该倾斜部分平行的辅助投影面，然后用一个平行于该辅助投影面的单一斜剖切平面剖切机件，在辅助投影面上获得剖视图，如图 4-17(a)所示。为看图方便，用这种方法获得剖视图应尽量使剖视图与剖切面投影关系相对应。在不至引起误解的情况下，允许将图形作适当的旋转，此时必须加注旋转符号，如图 4-17(b)所示。

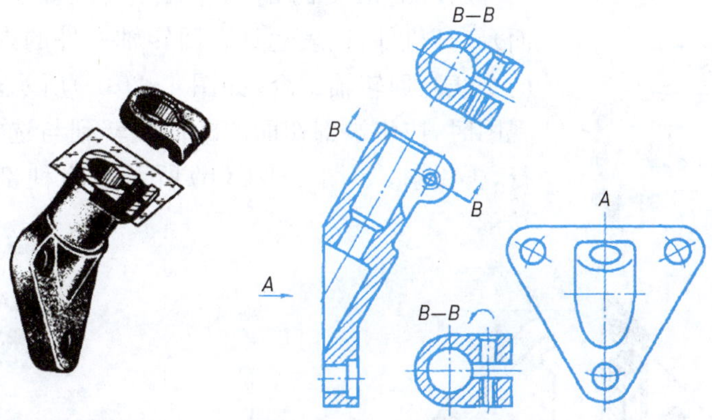

(a) 单一斜剖切平面剖切机件　　(b) 剖视图

图 4-17　垂直基本投影面的单一剖切面剖切获得的剖视图

(2) 用多个平行的剖切面获得的全剖视图

当机件上具有几种不同的结构要素(如孔、槽等)，且它们的中心线排列在几个互相平行的平面上时，难以用单一剖切平面剖切，宜采用多个平行的剖切面剖切，如图 4-18(a)所示。这种剖切方式也称为阶梯剖。

微课 13：剖视图的种类(二)

用多个平行的剖切面剖切获得的剖视图，必须标注剖切符号，如图 4-18(b)所示。

绘制阶梯剖视图时，应注意以下几个问题：

① 不应绘制出剖切面转折处的分界线，如图 4-18(c)所示。

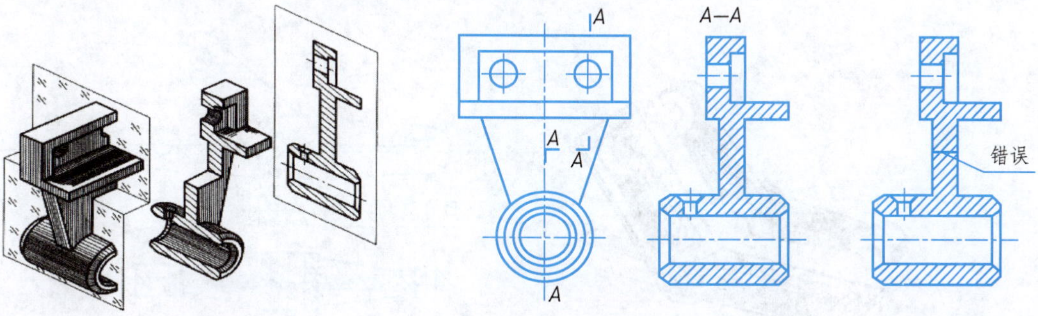

(a) 多个平行剖切面(阶梯剖)　　(b) 正确剖视图　　(c) 错误剖视图

图 4-18　多个平行的剖切面剖切获得的全剖视图(1)

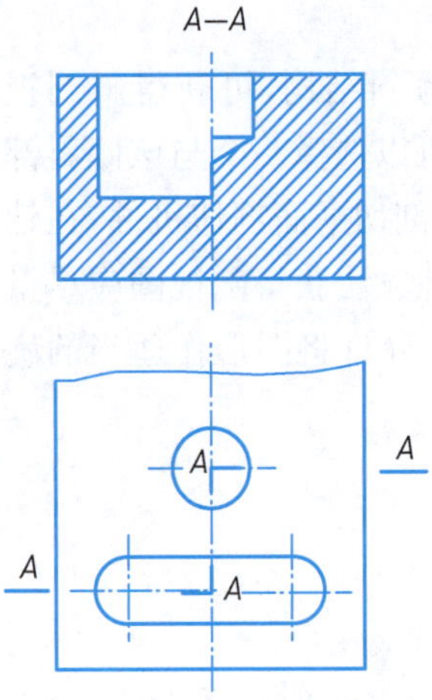

图 4-19　多个平行的剖切面剖切获得的全剖视图(2)

② 剖切面的转折处不应与轮廓线重合；转折处如因位置有限，在不引起误解的情况下，可以不注写字母。

③ 剖视图中不应出现不完整结构要素。只有当两个要素在图形上具有公共对称中心线或轴线时，可以各绘制一半，合并成一个剖视图。此时应以中心线或轴线为分界线，如图 4-19 所示。

(3) 用多个相交的剖切面获得的全剖视图

用两个相交的剖切平面(交线垂直于某一基本投影面)剖开机件，以表达具有回转轴机件的内部形状，两剖切面的交线与回转轴重合，如图 4-20(a)所示。用该方法绘制剖视图时，应将被剖切面的断面旋转到与选定的基本投影面平行，再投射，如图 4-20(b)所示。这种剖切方式也称为旋转剖。

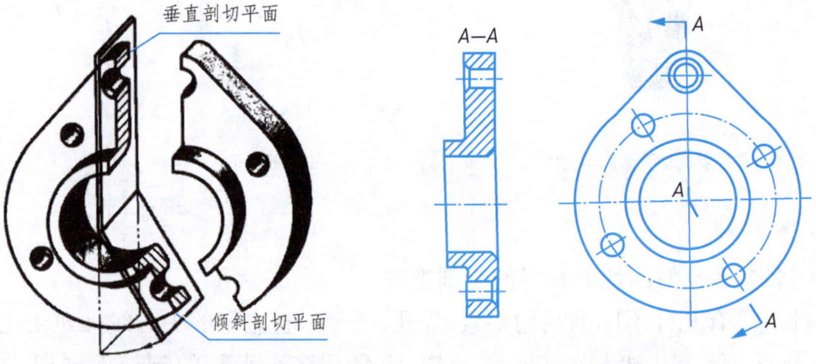

(a) 两个相交剖切面机件　　(b) 全剖视图

图 4-20　多个相交的剖切平面剖切获得的全剖视图(1)

应当注意的是，凡没有被剖切平面剖到的结构，应按原来的位置投射。如图 4-21 所示，机件上小圆孔的俯视图即是按原来位置投射绘制出的。

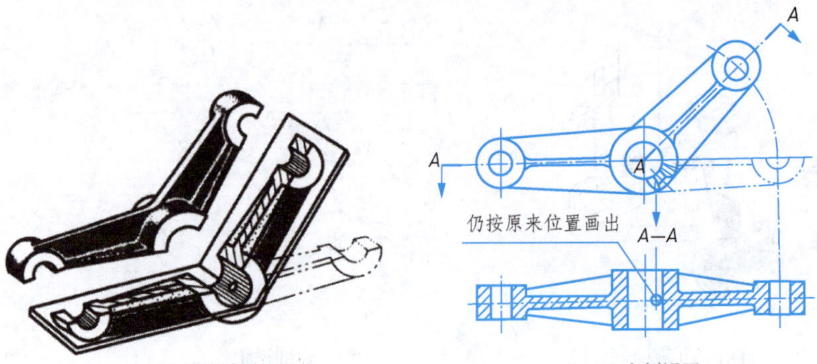

(a) 部分被剖切机件　　(b) 全剖视图

图 4-21　多个相交的剖切平面剖切获得的全剖视图(2)

用相交的剖切面剖切获得的剖视图，必须标注剖切符号，如图 4-21(b)所示。剖切符号的起、止及转折处应采用相同的字母标注，但当转折处位置有限且不引起误解时，允许省略字母。

(4) 用组合的剖切平面获得的全剖视图

除阶梯剖、旋转剖外，还有用组合的剖切面剖开机件的方法。

为把机件上各部分不同形状、大小和位置的孔或槽等结构表达清楚，可采用组合的剖切面进行剖切。这些剖切面有的与基本投影面平行，有的与基本投影面倾斜，但它们都同时垂直于另一投影面。用这种方法绘制剖视图时，将倾斜剖切面剖切到的部分旋转到与选定的投影面平行后再投影，其标注方法如图 4-22 所示。

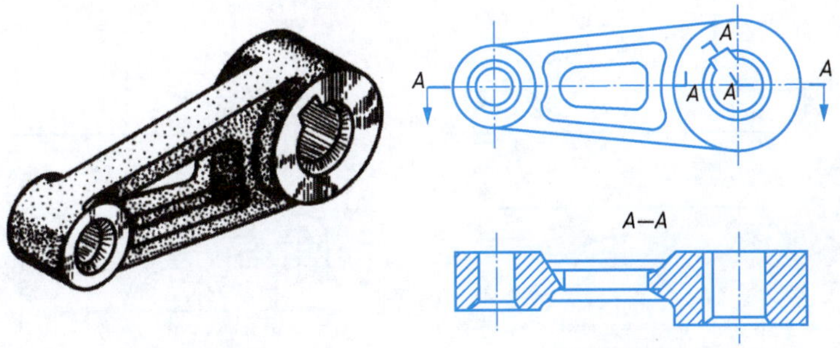

(a) 机件　　(b) 全剖视图

图 4-22　组合的剖切平面剖切获得的全剖视图

2. 半剖视图

当机件具有对称平面时，向垂直于对称平面的投影面上投射所得的图形，允许以对称中心线为界，一半绘制成视图，一半绘制成剖视图，这样获得的剖视图，称为半剖视图，如图 4-23 所示。

动画 12：半剖视图

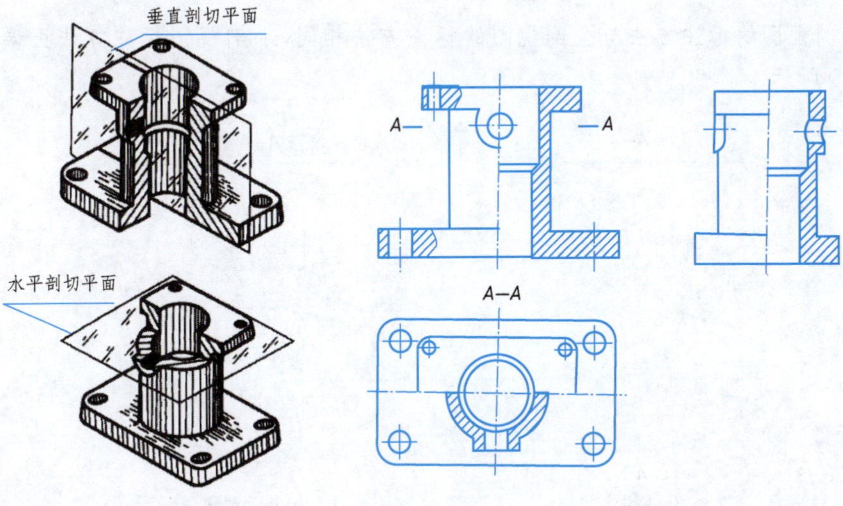

(a)　　(b)

图 4-23　半剖视图(一)

半剖视图主要用于内外形状都需要表达，且结构对称的机件。但当机件的形状接近对称，且不对称部分已有图形表达清楚时，也可以绘制成半剖视图。

半剖视图中，因机件的内部形状已由半剖视图表达清楚，所以在不剖的半个视图中，表达内部形状的虚线应省去不绘制。绘制半剖视图，不影响其他视图的完整性，所以图 4-24(a)中主视图为半剖，俯视图应完整绘制出而不应缺四分之一。

半剖视图中间以细点画线为分界线，不能绘制成粗实线，如图 4-24(b)所示。

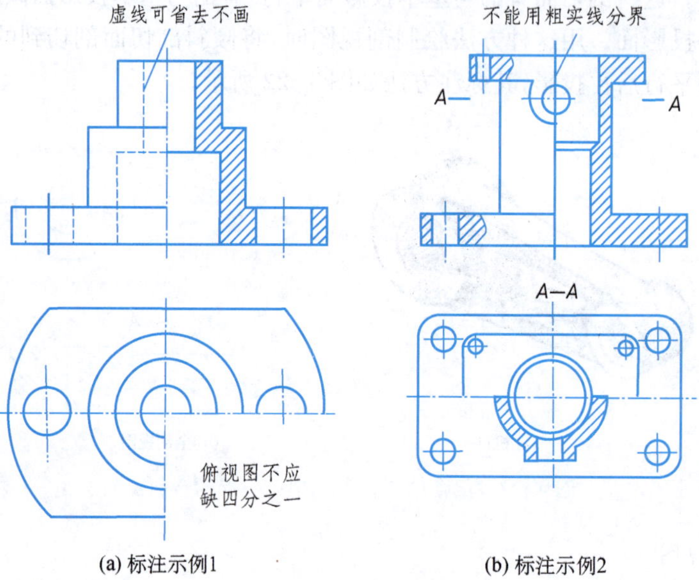

图 4-24　半剖视图(二)

【提示】半剖视图与全剖视图的标注

半剖视图的标注方法与全剖视图的标注方法相同，半剖视图标注方法正误对比如图 4-25 所示。

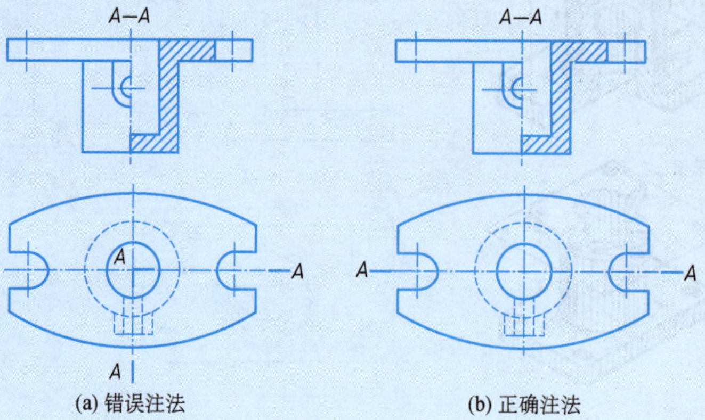

图 4-25　半剖视图标注方法正误对比

3. 局部剖视图

用剖切平面局部地剖开机件，所得的剖视图称为局部剖视图，如图 4-26 所示。

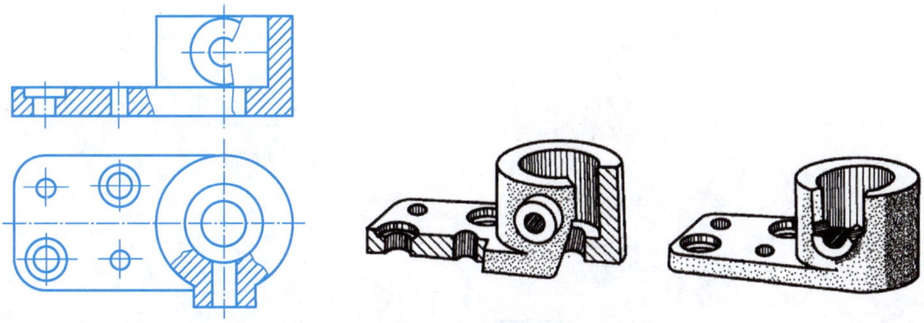

图 4-26　局部剖视图(一)

局部剖视图应用比较灵活，适用范围较广，主要应用在以下场合：

① 需要同时表达不对称机件的内外结构时，可采用局部剖视图。

② 虽有对称面，但轮廓线与对称中心线重合，不宜采用半剖视图时，可采用局部剖视图。

③ 实心轴中的孔槽结构宜采用局部剖视图，以避免在不需要剖切的实心部分绘制剖面线。

④ 表达机件底板、凸缘上的小孔等结构可采用局部剖视图。如图 4-26 所示，为表达上凸缘及下底板上的小孔，就采用了局部剖视图。

局部剖视图剖切范围主要取决于需要表达的内部形状。

局部剖视图中视图与剖视部分的分界线为波浪线，如图 4-27(a)所示。当被剖切的局部结构为回转体时，允许将回转中心线作为局部视图与视图的分界线，如图 4-27(b)所示。

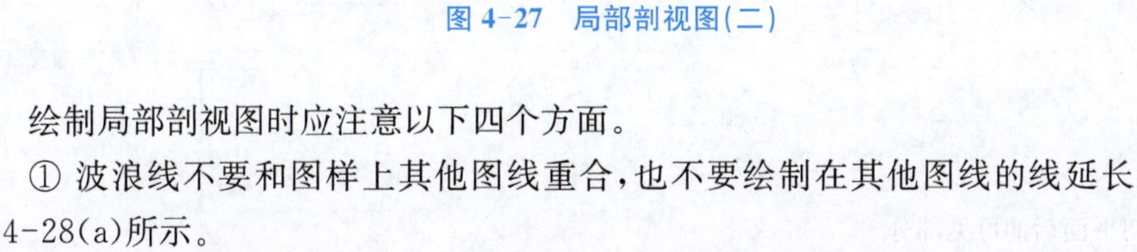

(a) 分界线为波浪线　　(b) 回转中心线作为分界线

图 4-27　局部剖视图(二)

绘制局部剖视图时应注意以下四个方面。

① 波浪线不要和图样上其他图线重合，也不要绘制在其他图线的线延长线上，如图 4-28(a)所示。

② 局部剖视图的剖开与未剖开部分用波浪线隔开，波浪线只能绘制在物体表面有材料的实体部分，不要穿越孔或槽，也不能超出被切实体部分的轮廓线，如图 4-28(b)所示。

③ 在同一个视图中，采用局部剖视图的部位不宜太多，以免图形过于破碎。

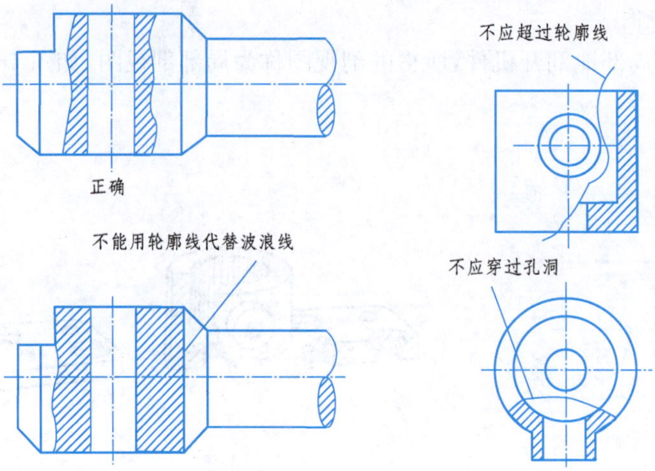

图 4-28　局部剖视图正误对比

任务实施单

方法步骤	图　示
根据轴测图和投影规律，绘视图底稿	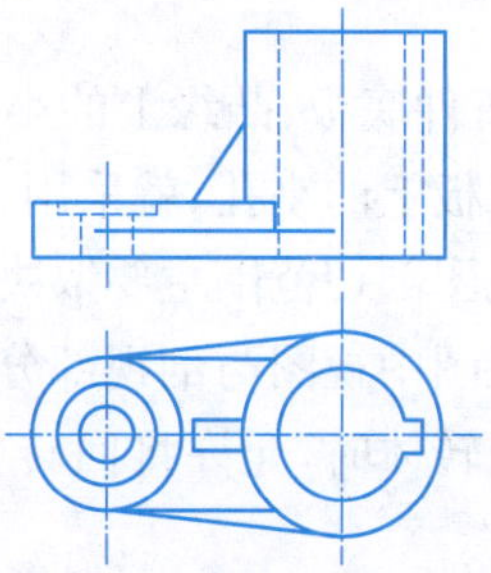
绘制前后对称机件主视图的剖面区域	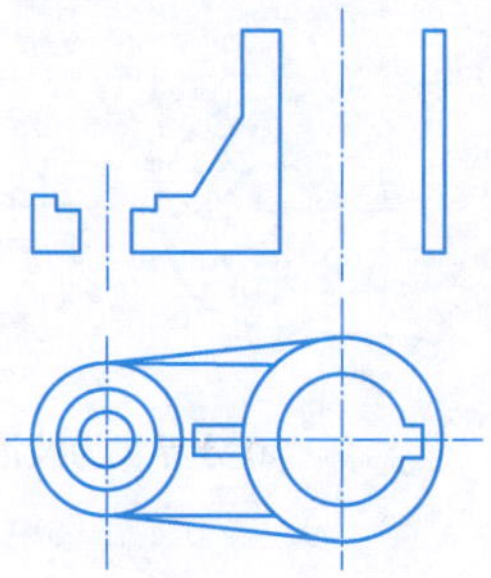
补绘剖切平面后的可见部分	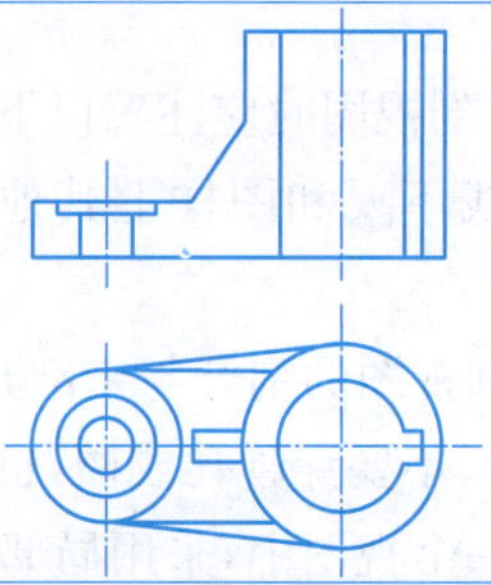

方法步骤	图 示
确定不绘制剖面线区域即箭头所指加强筋纵剖区域	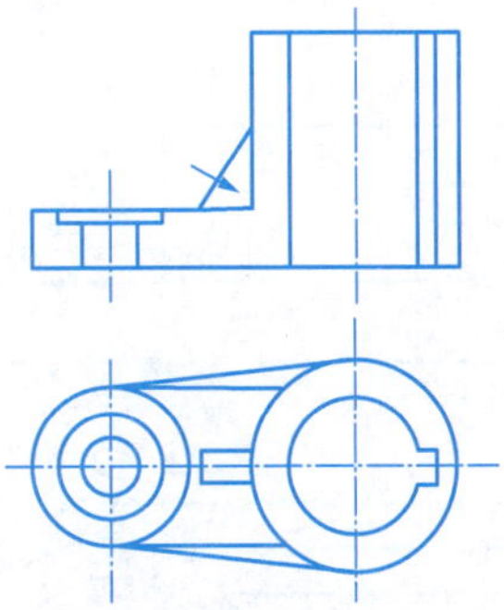
绘制出剖面线和必要的虚线，标注出剖切符号和名称	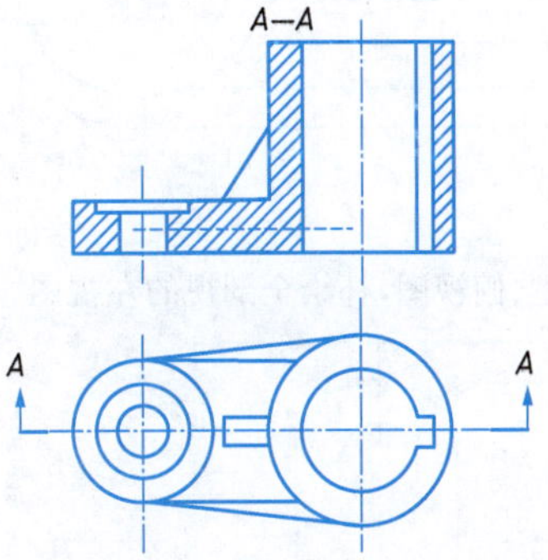

拓展练习

1. 单一剖切面剖切的全剖视图。

(1) 在右侧将左侧的主视图改绘制成全剖视图。

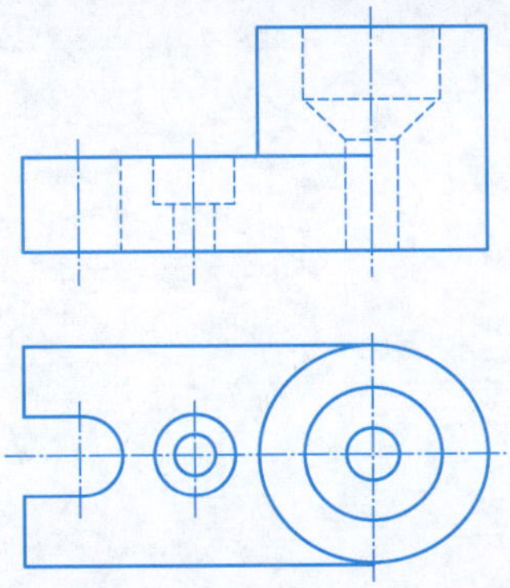

(2) 在右侧将左侧的主视图改绘制成全剖视图。

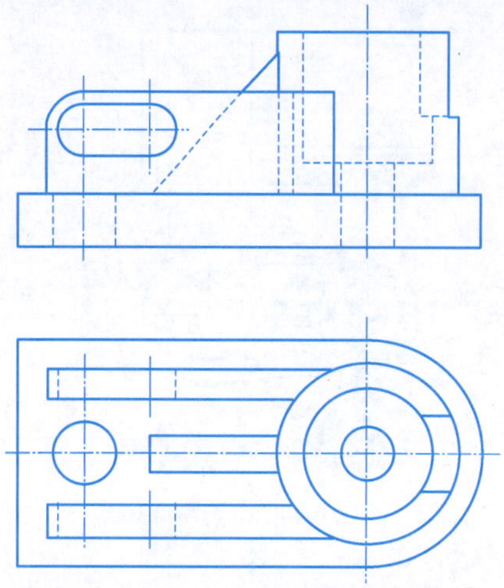

(3) 根据主、俯视图，补绘全剖视的左视图。

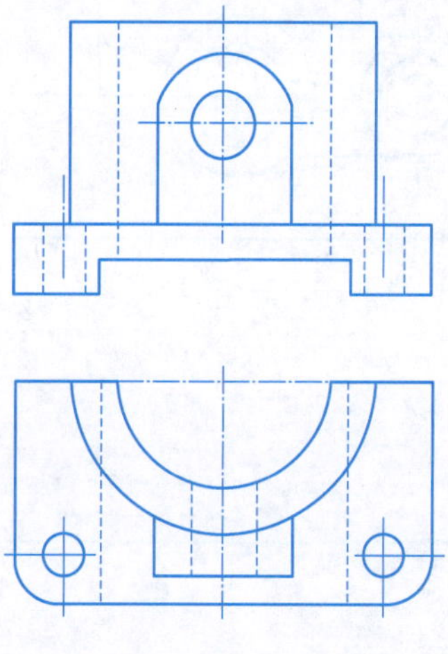

(4) 根据俯、左视图，补绘全剖视的主视图。

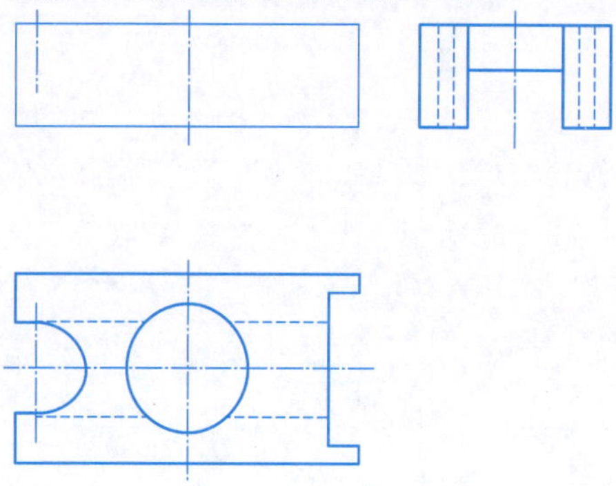

2. 单一剖切面剖切的半剖视图。

(1) 根据主、俯视图，在指定位置绘制出全剖视的主视图，并补绘半剖视的左视图。

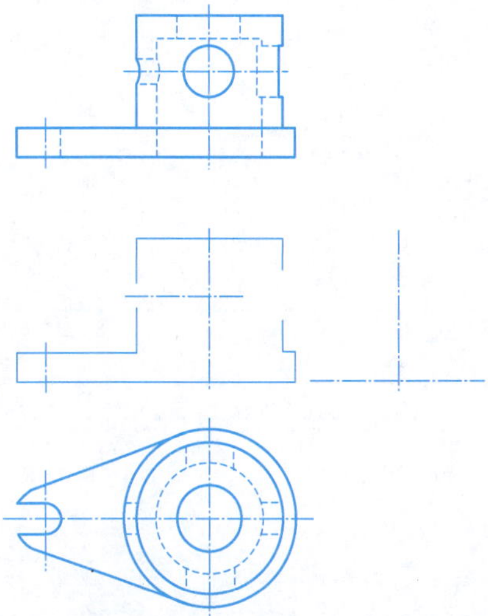

(2) 在指定位置将主、俯视图改绘制成半剖视图。

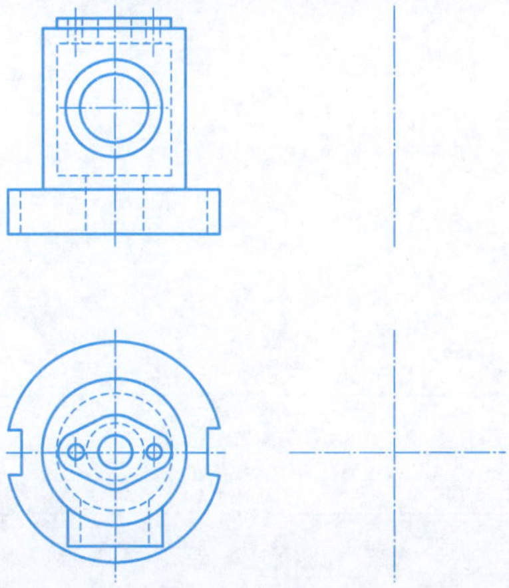

3. 单一剖切面剖切的局部剖视图。

(1) 在指定位置将主、俯视图改绘制成局部剖视图。

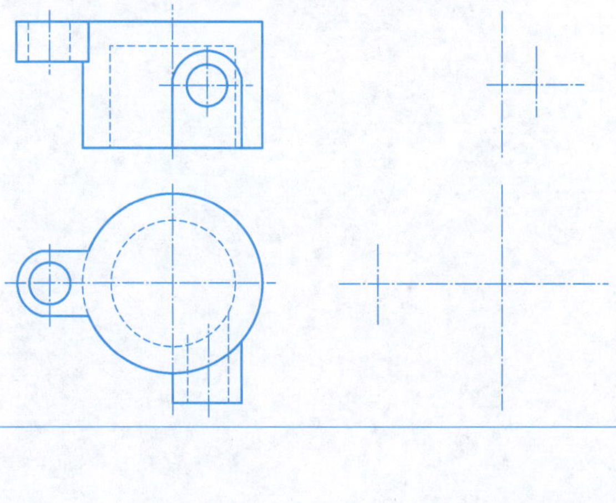

(2) 在指定位置将主、俯视图改绘制成局部剖视图。

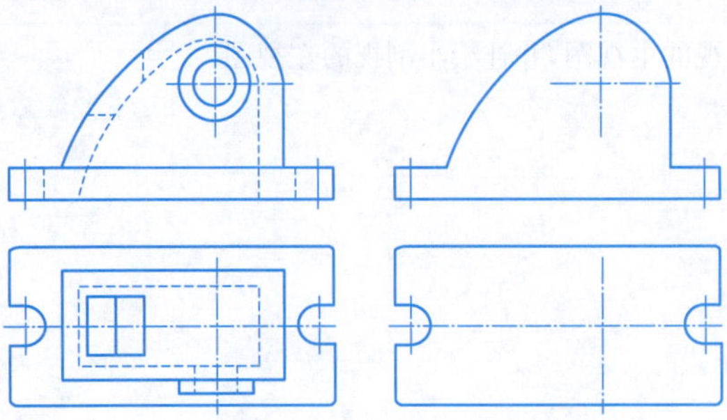

4. 斜剖视图。

根据主、俯视图绘制 $A—A$、$B—B$ 剖视图。

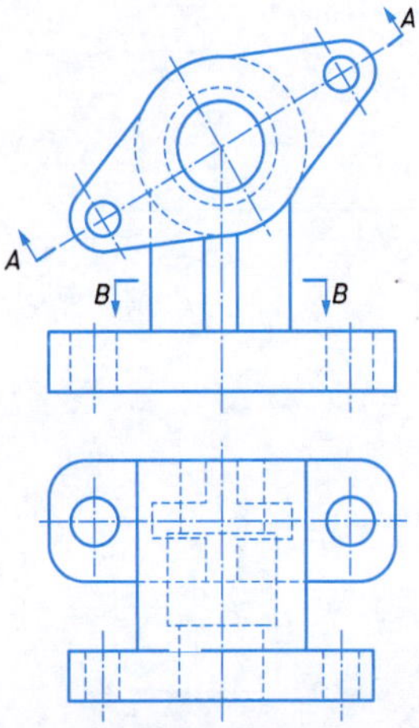

5. 平行剖切平面剖切的全剖视图(阶梯剖视图)。

在指定位置将主视图改绘制成阶梯剖视图。

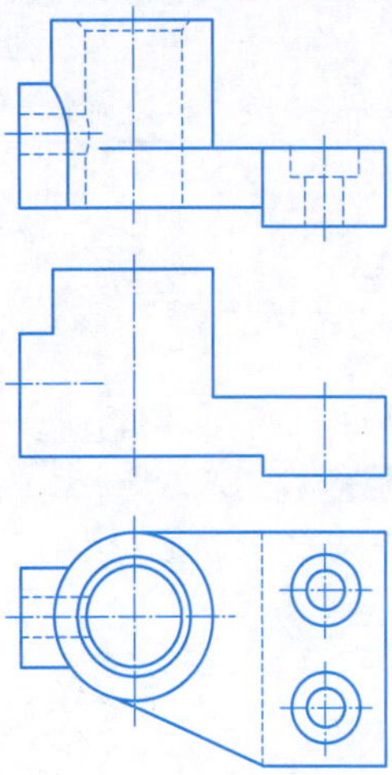

6. 平行剖切平面剖切的半剖视图（阶梯剖视图）。

在指定位置将主、俯视图改绘制成阶梯剖视图。

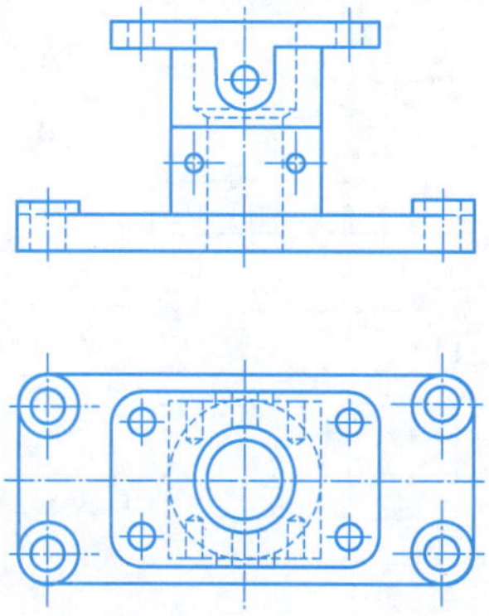

7. 平行剖切平面剖切的局部剖视图（阶梯剖视图）。

（1）在指定位置将主视图改绘制成阶梯剖视图。

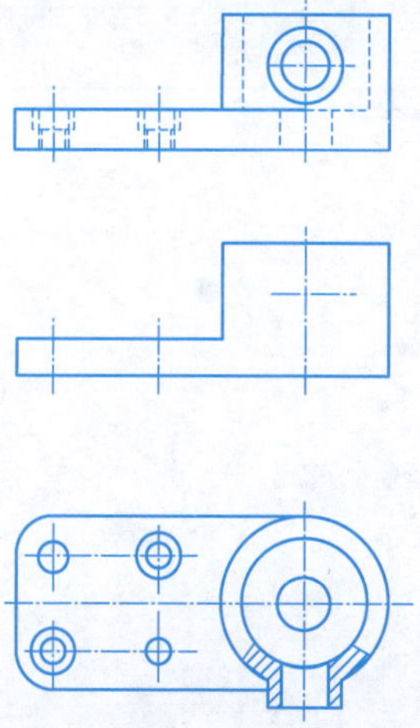

（2）在指定位置将主视图改绘制成阶梯剖视图。

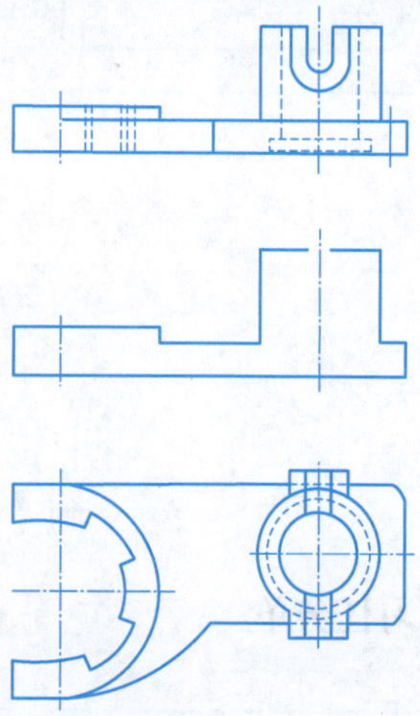

8. 相交剖切平面剖切（旋转剖视图）。

（1）在指定位置将主视图改绘制成旋转剖视图。

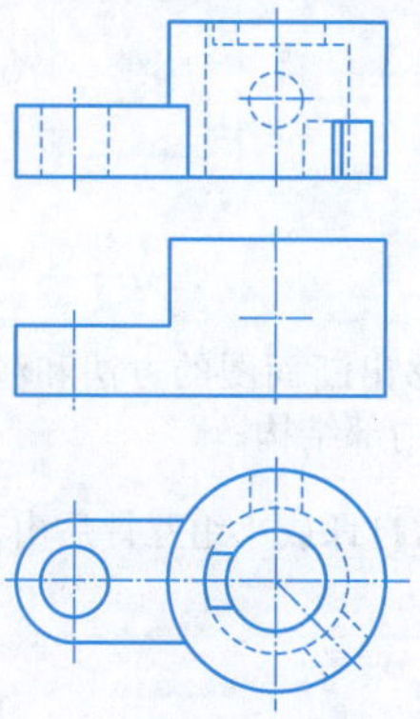

（2）在指定位置将主视图改绘制成旋转剖视图。

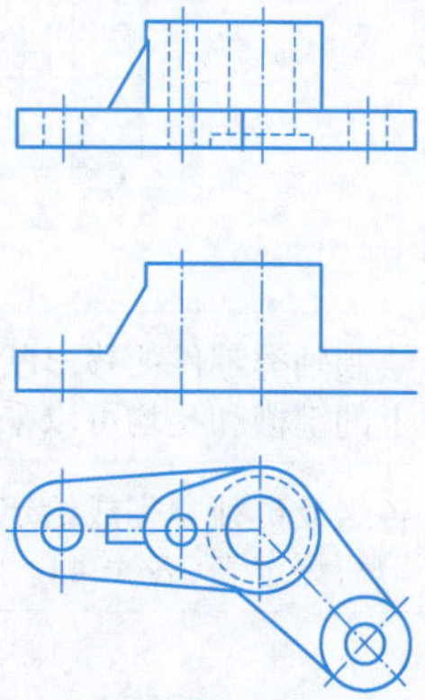

9. 组合剖切平面剖切（复合剖视图）。

(1) 在指定位置将主视图改绘制成复合剖视图。	(2) 在指定位置将主视图改绘制成复合剖视图。
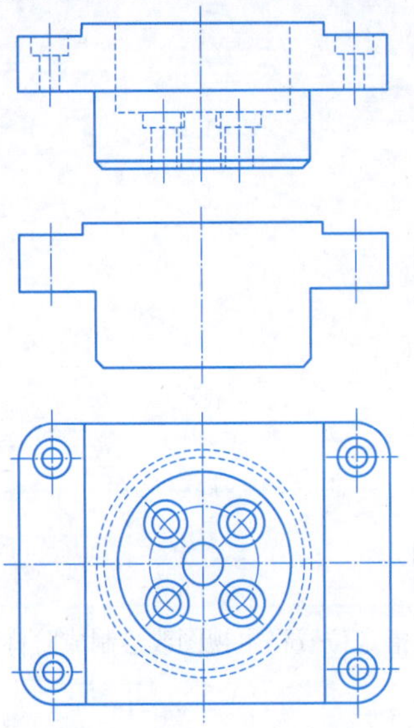	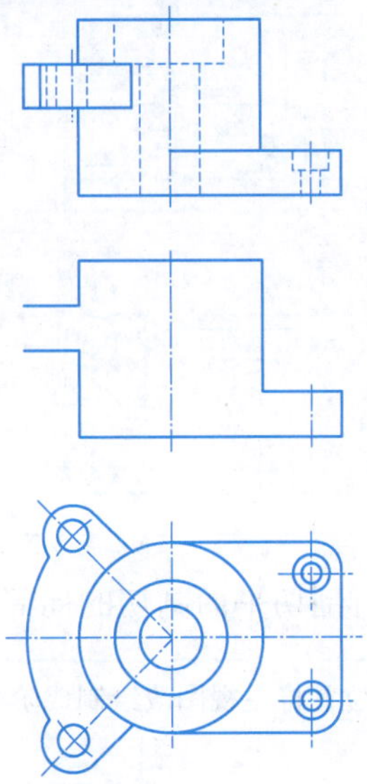

任务三

机件断面形状的表达

学习任务单

任务名称	机件断面形状的表达
任务描述	绘制如图 4-29 所示轴类零件的移出断面图。 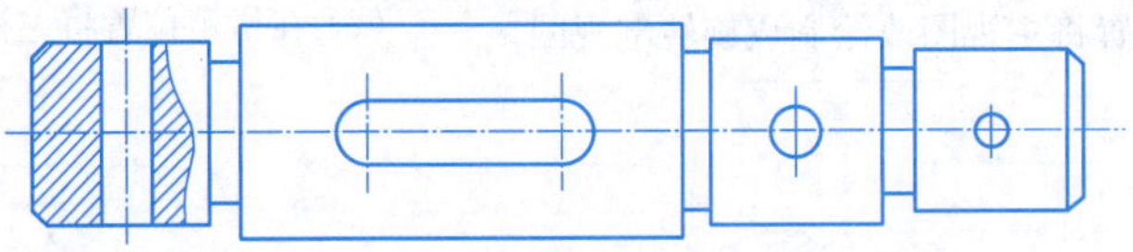 图 4-29　轴类零件
任务分析	绘制轴类零件的移出断面图，需熟练掌握绘制零件移出断面图的方法和注意事项。该轴上的键槽和孔均可以采用移出断面图来表达它们的内部结构。
成果展示与评价	各组成员独立完成给定轴类零件移出断面图的绘制，自评或小组互评后由教师评定成绩，填写评定表（表 4-4）。

成果展示与评价

表 4-4　机件断面形状的表达任务评定表

能力目标	相关知识	权重	自测分数	教师评分
了解相关知识	移出断面图和重合断面图	15 分		
熟练掌握知识点	移出断面图和重合断面图的绘制	30 分		
应用知识分析案例	(1) 绘制移出断面图的方法和思路； (2) 绘制重合断面图的方法和思路	55 分		

知识概述

一、断面图

微课 14：断面图

断面图常用于表达机件上某些局部的断面形状，如键槽、肋板、轮辐等。

假想用剖切面将机件的某处切断，仅绘制出该剖切面与物体接触部分的图形，称为断面图，简称断面，如图 4-30(a)所示。

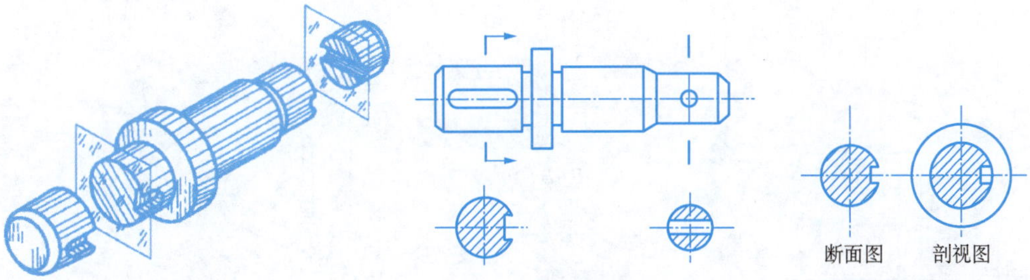

(a) 剖切机件　　(b) 画断面图　　(c) 断面图与剖视图比较

图 4-30　断面图

断面图实际上就是剖切平面垂直于结构要素的中心线(轴线或主要轮廓线)进行剖切，然后将断面图形旋转 90°，使其与图样平面重合而得到的。如图 4-30(b)所示，轴的主视图上表明了键槽的形状和位置，键槽的深度虽然可用视图或剖视图来表达，但比较后不难发现，用断面图表达，图形更清晰、简洁，也便于标注尺寸。

绘制断面图时，应特别注意断面图与剖视图的区别，断面图仅绘制出机件被切断处的断面形状，而剖视图除了绘制出断面形状外，还须绘制出剖切面以后的可见轮廓线，如图 4-30(c)所示。

二、断面图的种类

动画 13：轴的移出断面

1. 移出断面图

绘制在视图之外的断面图，称为移出断面图。绘制移出断面图时，如图 4-31 所示，移出断面图的轮廓线用粗实线绘制。

为看图方便，移出断面图应尽量绘制在剖切线的延长线上；必要时，也可配置在其他适当位置;也可按投影关系配置,如图 4-31 所示。

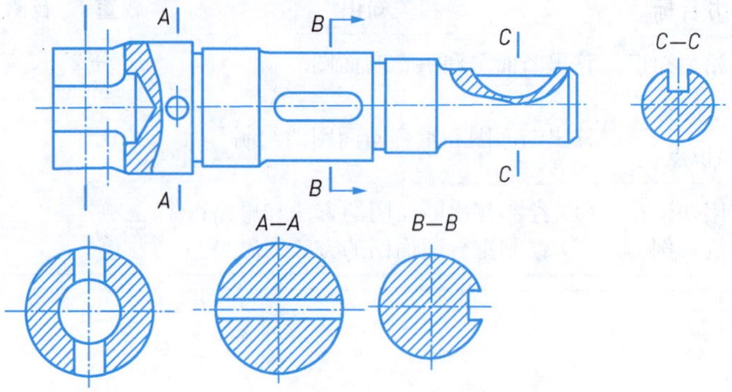

图 4-31 移出断面图(一)

剖切面一般应垂直被剖切部分的主要轮廓线。当遇到如图 4-32 所示肋板结构时,可用两个相交剖切面,分别垂直于左、右板剖切,这样绘制出的断面图,中间应以波浪线断开。

当剖切面通过回转面形成的孔、凹坑,或当剖切平面通过非圆孔,导致出现完全分离的部分时,需按剖视绘制,如图 4-33 所示。

图 4-32 移出断面图(二)

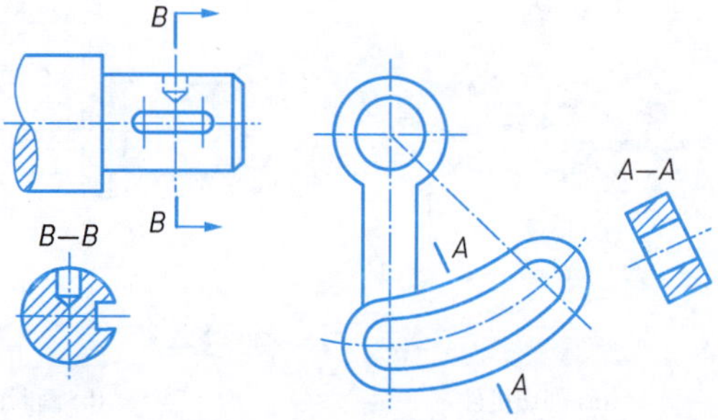

图 4-33 移出断面图(三)

2. 重合断面图

动画 14:重合断面

将断面图绕剖切位置线旋转 90°后,与原视图重叠绘制出,称为重合断面图。

重合断面图的轮廓线用细实线绘制,如图 4-34、图 4-35 所示。当视图中的轮廓线与重合断面图的图形重叠时,视图中的轮廓线仍需完整绘制出,不能间断,如图 4-34 所示。

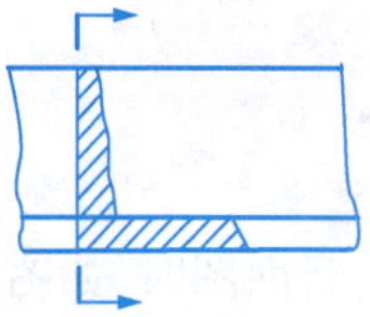

图 4-34 重合断面(一)

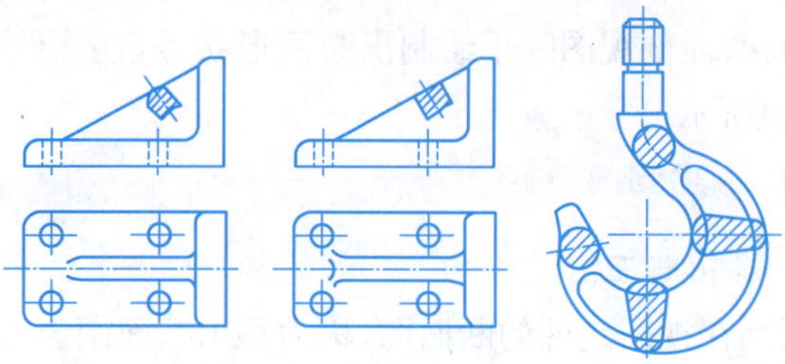

图 4-35 重合断面(二)

三、断面图的标注

配置在剖切位置延长线上的不对称移出断面图，须用剖切符号表示剖切位置和用箭头表示投射方向，可省略字母；如果断面是对称图形，可完全省略标注。

没有配置在剖切位置的延长线上的移出断面图，无论断面是否对称，都应绘制出剖切符号，用大写字母标出断面图名称；如果断面图不对称，还须用箭头表示投射方向。

按投影关系配置的移出断面图，可省略箭头。

四、局部放大图

将机件的部分结构用大于原图形所采用的比例绘制出的图形，称为局部放大图，如图 4-36 所示。当机件上某些局部细小结构在视图中表达不够清楚，或不便于标注尺寸和技术要求时，可采用局部放大图。

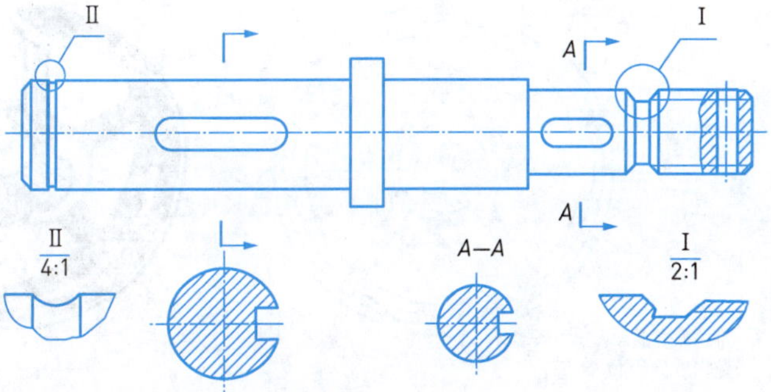

图 4-36　局部放大图

绘制局部放大图时应注意的问题：

① 局部放大图可绘制成视图、剖视图或断面图，与被放大部分所采用的表达方式无关。

② 绘制局部放大图时，应在视图上用细实线圈出放大部位，并将局部放大图配置在被放大部位附近。

③ 当同一机件上有几个被放大部位时，需用罗马数字顺序注明，并在局部放大图上方标出相应罗马数字及所采用的比例。当机件上被放大的部位仅有一处时，在局部放大图上方只需注明所采用的比例即可。

局部放大图中标注的比例，指该图形中机件要素的线性尺寸与实物机件相应要素的线性尺寸之比，而不是与原图形所采用的比例之比。

五、简化画法

对于机件上的肋、轮辐和薄壁等结构，当剖切面沿纵向（通过轮辐、肋等的轴线或对称平面）剖切时，规定在这些结构的截断面上不绘制剖面符号，但须用粗实线将它与邻接部分分开，如图 4-37 左视图中的肋和图 4-38 主视图中的轮辐。但剖切平面沿横向（垂直于结构轴线或对称面）剖切时，仍需绘制出剖面符号，如图 4-37 的俯视图。

动画 15：筋板的剖视图

当机件上的平面在视图中不能充分表达时，可采用平面符号（两条相交的细实线）表示，如图 4-39 所示。

当回转体机件上均匀分布的肋、轮辐、孔等结构不处于剖切平面上时，可将这些结构假想旋转到剖切平面上画出，如图 4-40 所示。

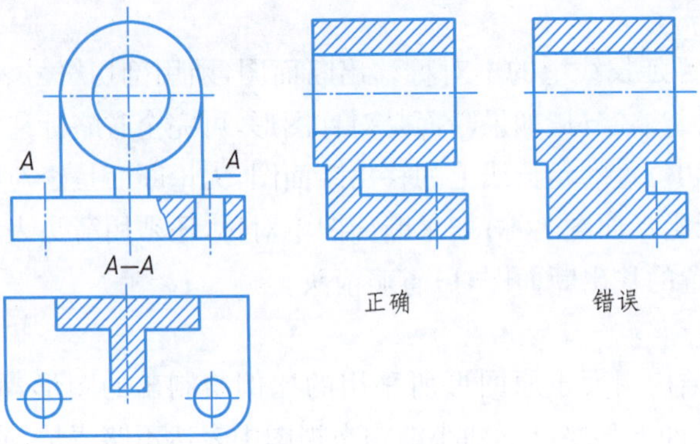

图 4-37　肋的规定画法

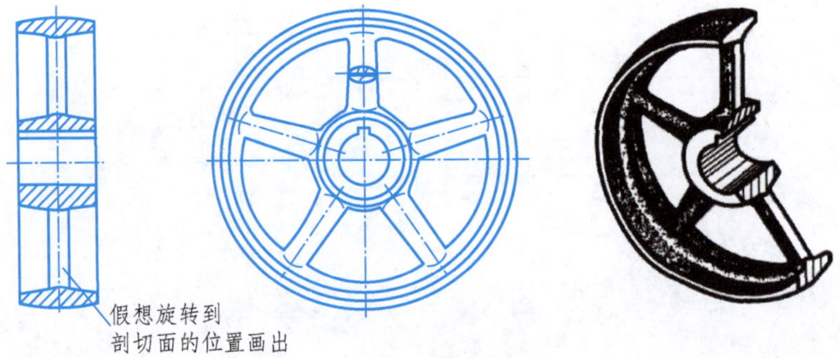

图 4-38　轮辐的规定画法

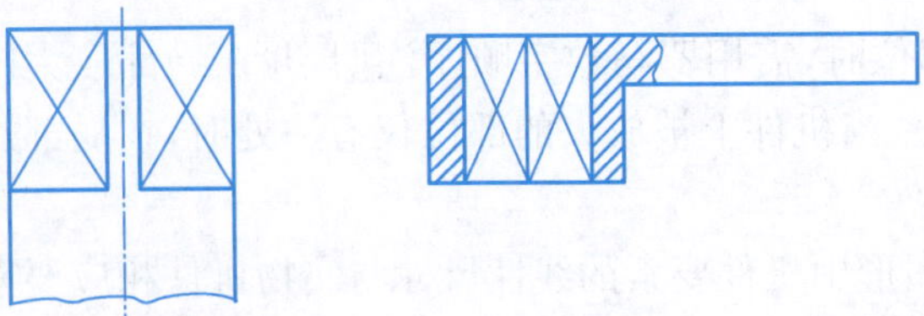

图 4-39　用平面符号表示平面

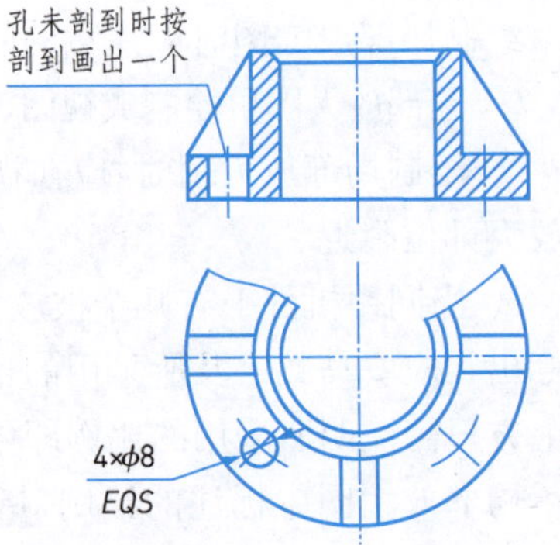

图 4-40　均布结构剖视的规定画法

对较长的机件(如轴、杆或型材等),当沿长度方向的形状一致或按一定规律变化时,可将其断开缩短绘出,但尺寸仍要按机件的实际长度标注,如图 4-41 所示。

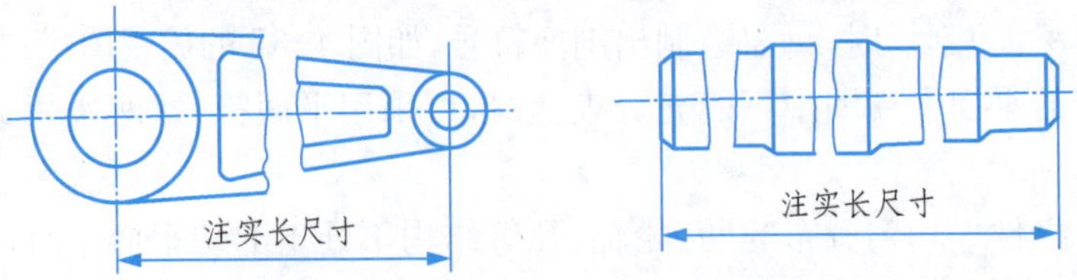

图 4-41　断开画法

移出断面图一般要绘制剖面符号，但不引起误解时，允许省略剖面符号，如图 4-42 所示。

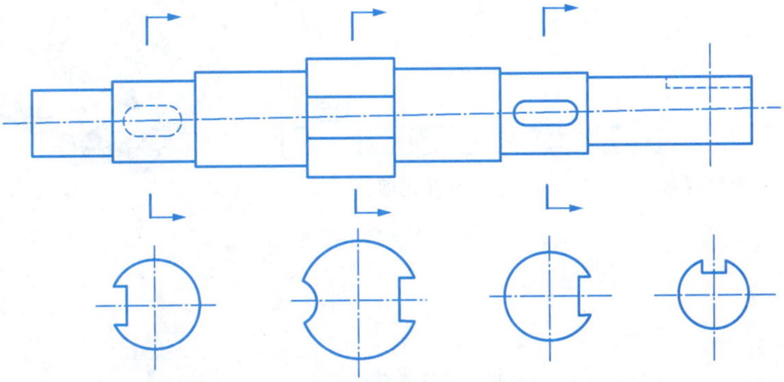

图 4-42　剖面符号的简化

在不引起误解的前提下，对称机件的视图可只绘制一半或$\frac{1}{4}$，但需在对称中心线的两端分别绘制出两条与之垂直的平行短细线，如图 4-43 所示。

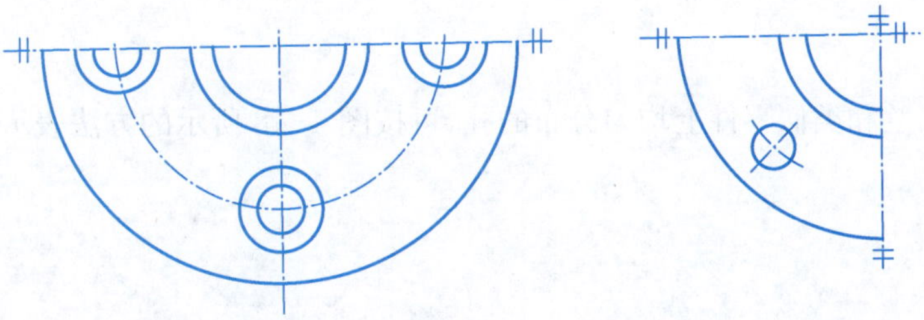

图 4-43　对称机件视图的简化画法

若干形状相同且有规律分布的孔，可以仅绘制出一个或几个孔，其余只需用细点画线表示其中心位置，但须在机件图中注明该结构的总数和直径，如图 4-44 所示。

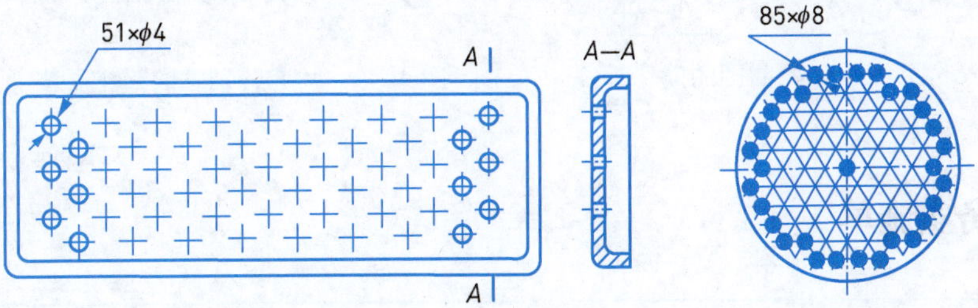

图 4-44　相同孔的规律分布结构

若干形状相同且有规律分布的齿、槽等结构，可以仅绘制出一个或几个完整结构的图形，其余用细实线连接，但必须在机件图中注明该结构的总数，如图 4-45 所示。

圆柱上的孔、键槽等较小结构产生的表面交线允许简化成直线，如图 4-46 所示。

与投影面夹角小于或等于 30°的圆或圆弧，其投影可用圆或圆弧代替，如图 4-47 所示。

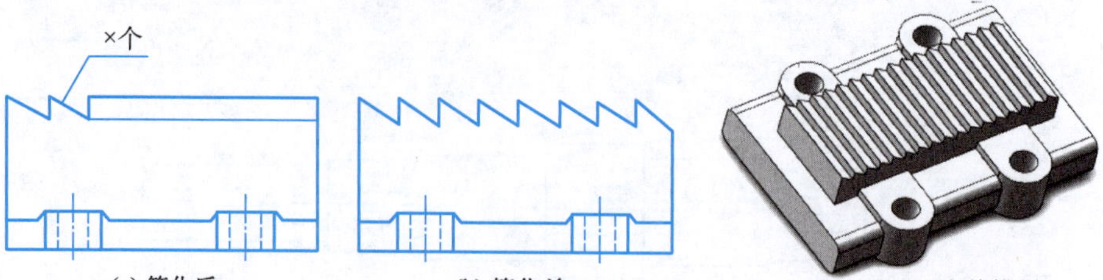

(a) 简化后　　(b) 简化前　　(c) 立体模型

图 4-45　重复结构的简化画法

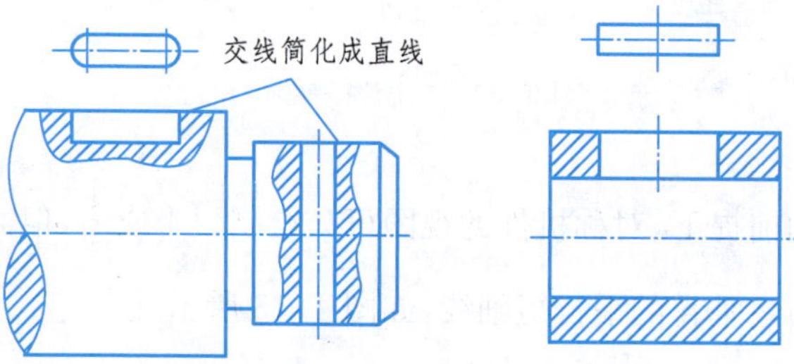

图 4-46　较小结构的省略画法

圆柱形法兰和类似零件上均匀分布的孔，可按图 4-48 所示的方法表示。

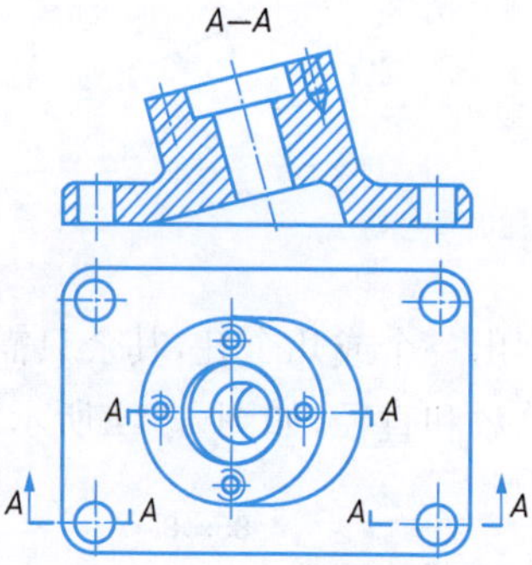

图 4-47　倾斜圆的简化画法

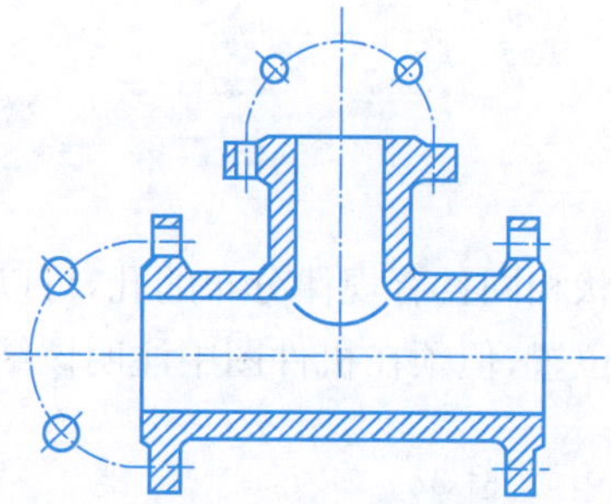

图 4-48　均匀分别孔的简化画法

任务实施单

方法步骤	图　示
绘制移出断面图剖切符号并标注必要的字母	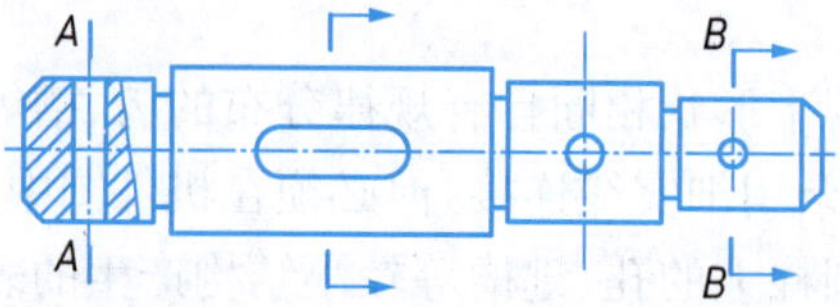

方法步骤	图　示
根据剖切方向绘制断面图，并标注必要的剖面图名称	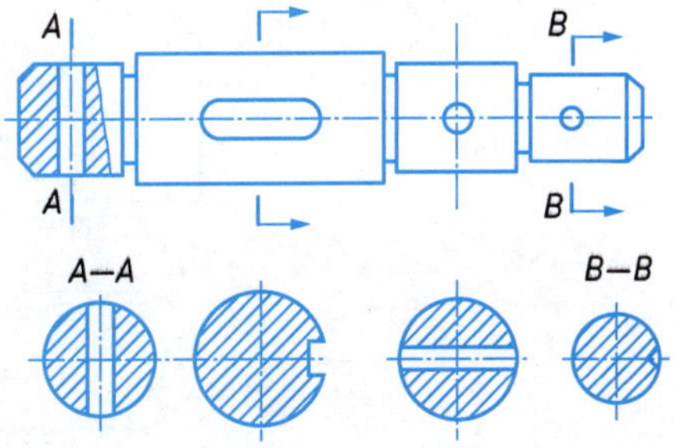

拓展练习

1. 在指定位置绘制出回转轴的各断面图。

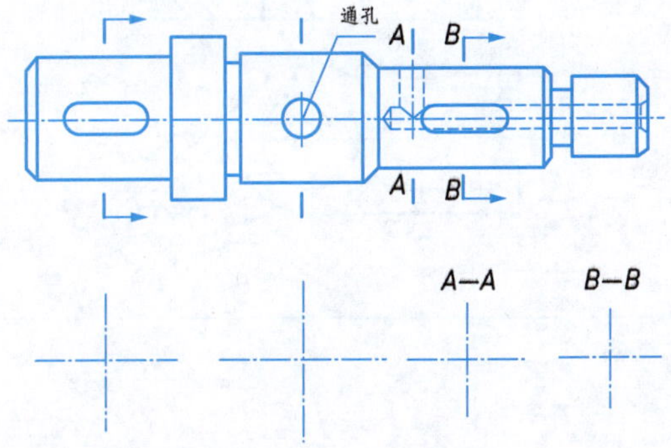

2. 在指定位置绘制出回转轴的各断面图。

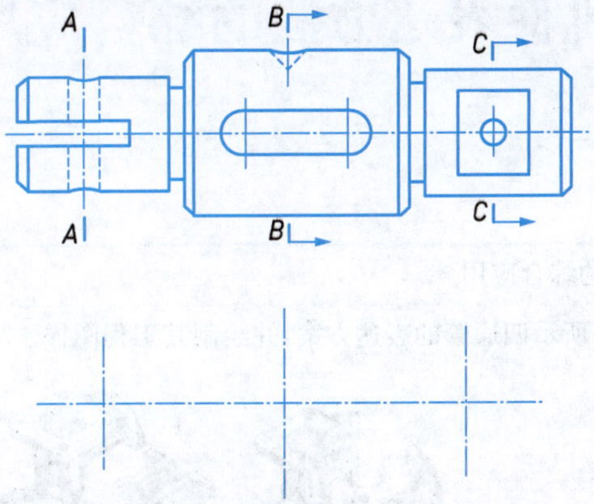

3. 绘制出 A—A 移出断面图。

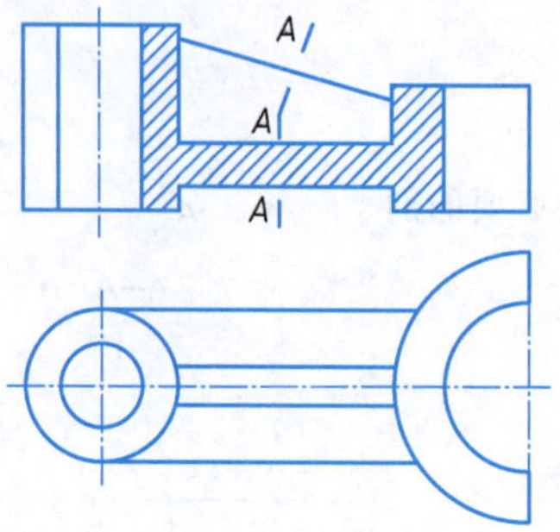

4. 绘制出 B—B 移出断面图和 C—C 重合断面图。

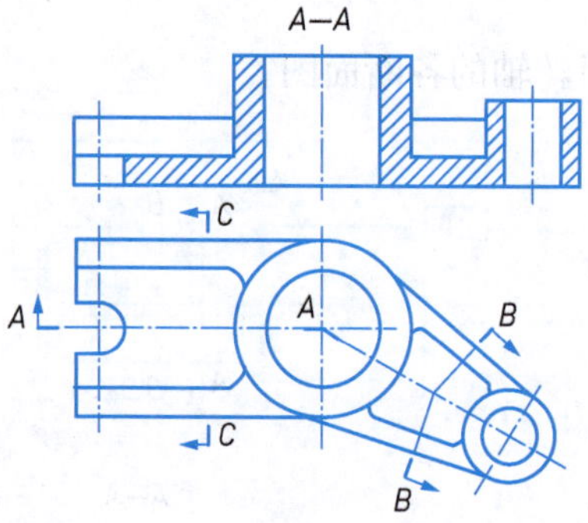

任务四
机件表达方法的综合应用

学习任务单

任务名称	机件表达方法的综合应用
任务描述	确定如图 4-49 所示四通管的表达方案，并绘制其工程图样。 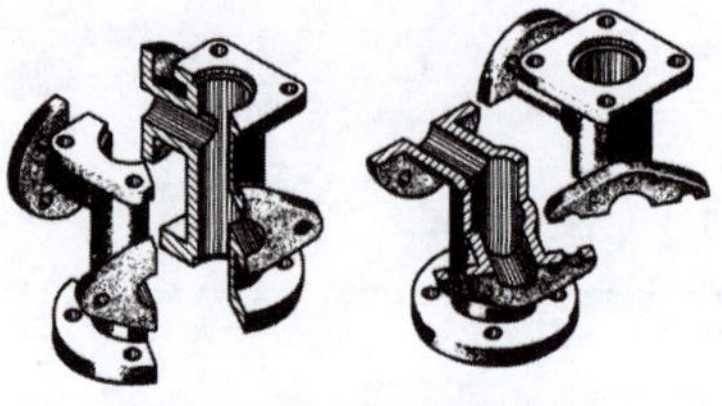 图 4-49　四通管轴测图

任务分析	根据轴测图，绘制工程图，首先对机件的内外结构进行形体分析，其次确定机件内外结构的表达方案，最后绘制工程图。
成果展示与评价	各组成员独立完成给定模型的表达方案的分析和确定，最终绘制工程图，自评或小组互评后由教师评定成绩，填写评定表(表 4-5)。

表 4-5　机件表达方法的综合应用任务评定表

能力目标	相关知识	权重	自测分数	教师评分
了解相关知识	外形表达方案和内形表达方案	10 分		
熟练掌握知识点	机件表达方案综合应用	30 分		
应用知识分析案例	(1) 机件形体分析； (2) 机件表达方案综合应用	60 分		

知识概述

该四通管由三部分组成：一个经三次穿孔而成的完整圆柱体；中间为上下表面到平面孔的圆筒，左右两侧为法兰盘结构。

任务实施单

方法步骤	图　示
绘制 $B—B$ 全剖主视图，主要表达四通管四个方向的连通情况	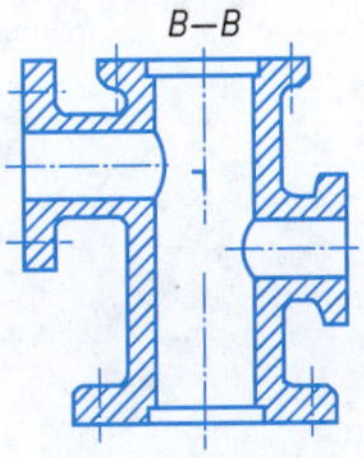
绘制 $A—A$ 全剖俯视图，主要表达右边斜管的位置(右边斜孔与左边侧垂孔轴线是两条平行于水平投影面的交叉线，它们之间的夹角为 α)以及底板的形状	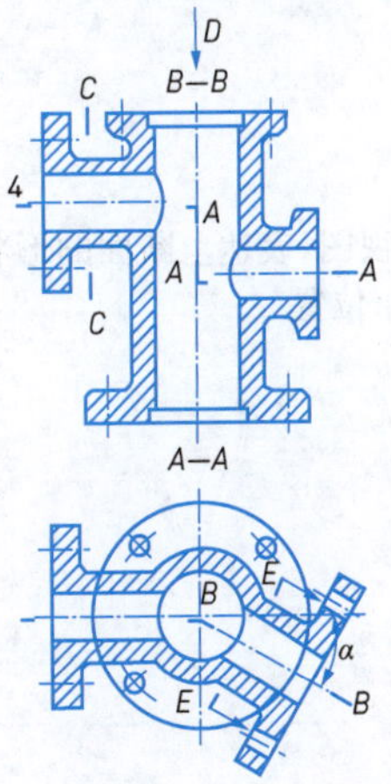

方法步骤	图示
绘制 *C*—*C* 剖视图，表达左边管的形状是圆筒及其圆盘形凸缘上四个小孔的分布位置，并采用了截断画法	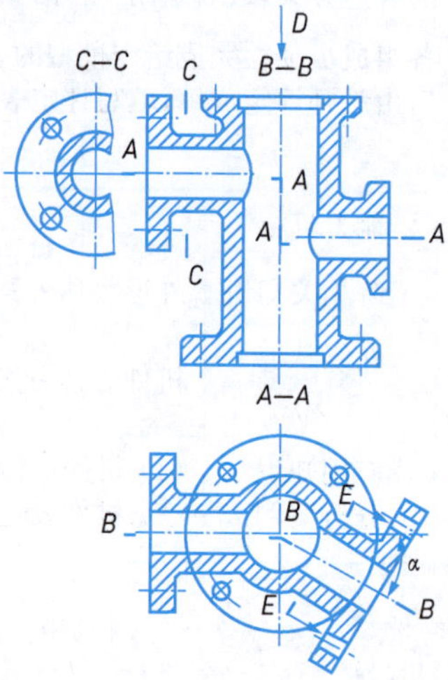
绘制 *E*—*E* 斜视图，真实表达斜管的形状及其卵圆形凸缘上两个小孔的位置和形状	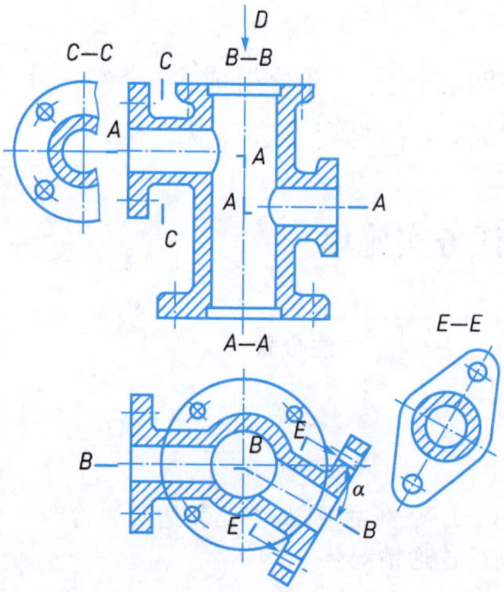
绘制 *D* 向局部视图，表达上断面的形状以及四个小孔的分布位置	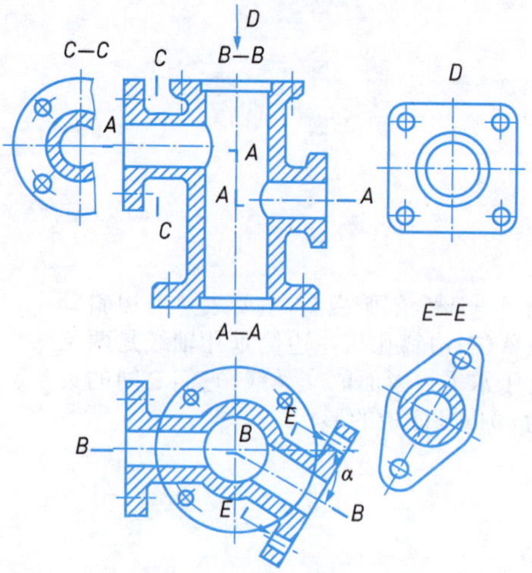

拓展练习

确定图示支架的表达方案，并绘制其工程图。

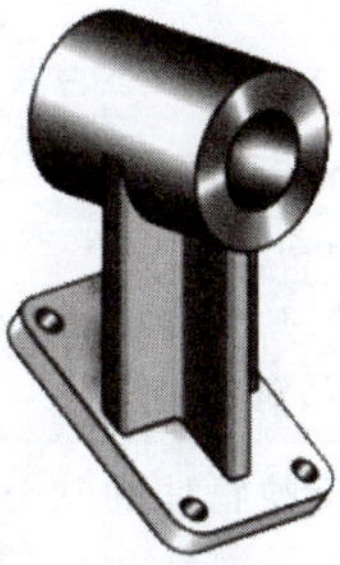

任务五
应用 AutoCAD 软件绘制机件的剖视图

学习任务单

任务名称	应用 AutoCAD 软件绘制机件的剖视图
任务描述	绘制如图 4-50 所示机件的剖视图。要求：布图匀称合理，图形表达正确、完整，不标注尺寸。 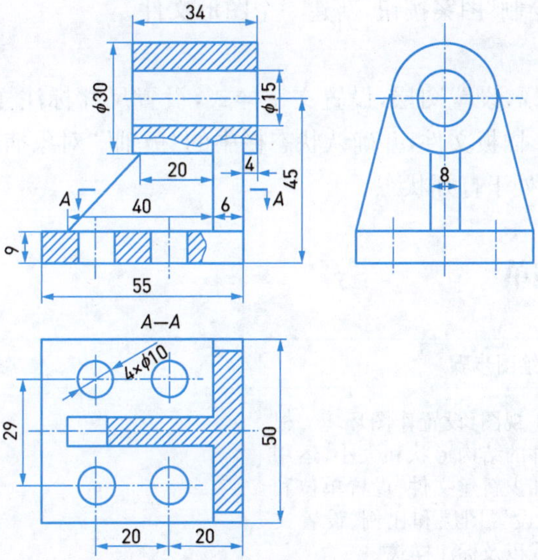 图 4-50　支座

任务分析	要应用 AutoCAD 软件绘制机件的剖视图，首先应掌握机件的绘制步骤，其次应熟悉 AutoCAD 常用的绘图与编辑功能及使用对象捕捉、追踪功能对齐三视图的方法。
成果展示与评价	各组成员独立完成应用 AutoCAD 软件绘制给定机件的剖视图，自评或小组互评后由教师评定成绩，填写评定表（表 4-6）。

表 4-6　应用 AutoCAD 软件绘制机件剖视图任务评定表

能力目标	相关知识	权重	自测分数	教师评分
了解相关知识	（1）图层的设置； （2）文字样式、标注样式的设置； （3）对象捕捉、对象追踪	30 分		
熟练掌握知识点	（1）三视图反映物体的三个方向的测量； （2）三视图的投影规律； （3）三视图反映物体的六个方位	30 分		
应用知识分析案例	根据物体模型正确绘制出三视图并进行尺寸标注	40 分		

知识概述

一、绘图准备工作

如图 4-50 所示支座，可将其分解为带四个安装孔的底板、支撑板、肋板以及圆筒形轴承孔这四个组成部分。

二、新建图形文件

单击“开始绘制”图案按钮，新建一个图形文件。

三、设置绘图环境

创建 A4 图幅，设置图层，设置文字样式，设置尺寸标注样式，绘制标题栏，或直接调用“A4. dwt”图形样板文件，并确认状态栏中的“极轴”“对象捕捉”“对象追踪”“动态输入”和“线宽”按钮均处于打开状态。

动画 16：轴承座的尺寸标注

任务实施单

绘图步骤		图　示
绘制基础形体（半圆筒）	绘制左视图：设置作图环境。根据零件的结构形状和大小，运用相关知识新建文件、设置单位和图幅、设置图层和比例、设置文字样式以及标注样式	

绘图步骤		图　示
绘制基础形体（半圆筒）	绘制中心线、基准线和辅助线等，结果如右图所示	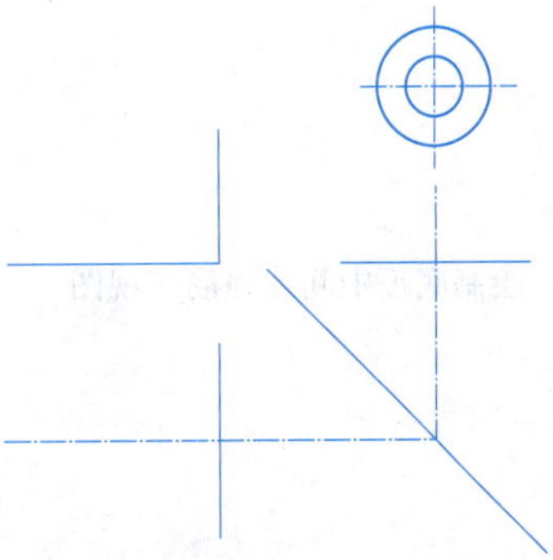
	绘制底板三视图	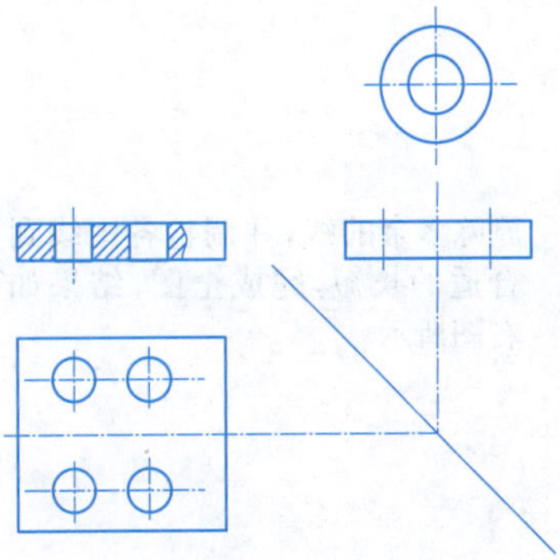
绘制凸台	绘制主视图圆筒部分	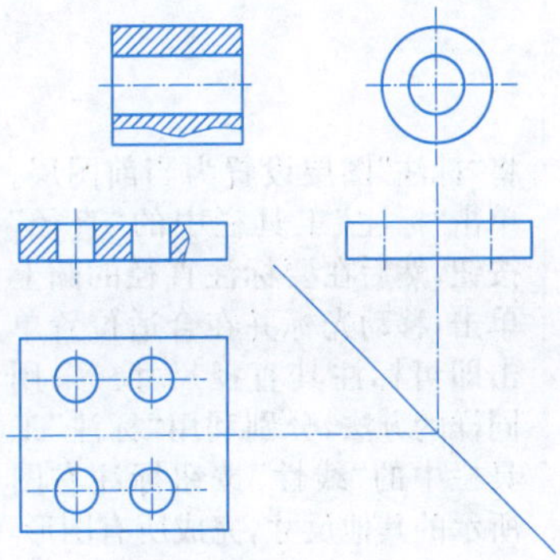
	绘制底板右侧支承板三视图	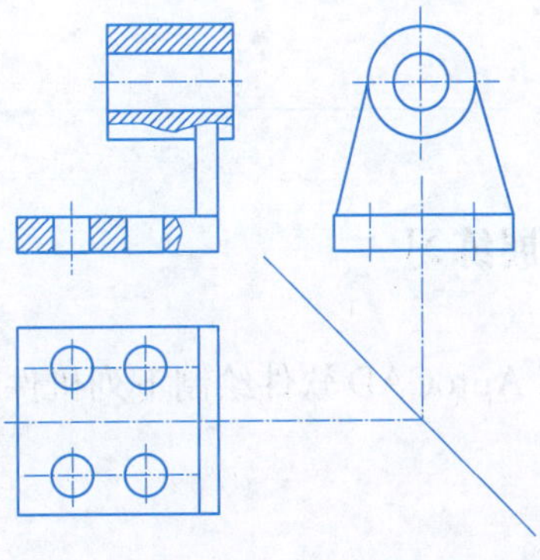

<table>
<tr><th colspan="2">绘图步骤</th><th>图　示</th></tr>
<tr><td rowspan="2">绘制凸台</td><td>绘制底板中间加强筋三视图</td><td>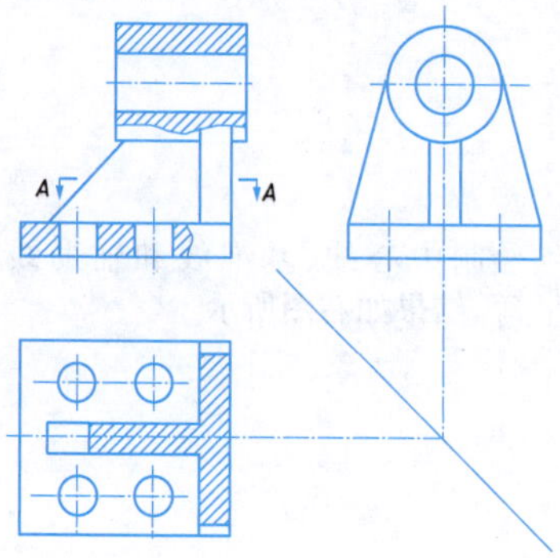
</td></tr>
<tr><td>删除多余的线，并调整各图线到合适的长短，完成全图，结果如右图所示</td><td>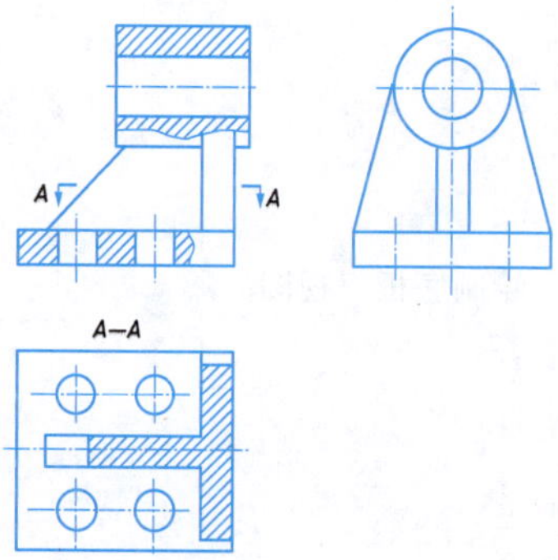
</td></tr>
<tr><td>标注尺寸</td><td>将“标注”图层设置为当前图层。单击“标注”工具栏中的“直径”按钮，然后在要标注直径的圆上单击，移动光标并在合适位置单击即可标注其直径尺寸。采用同样的方法，分别利用“标注”工具栏中的“线性”按钮标注右图所示的其他尺寸，完成所有图形</td><td>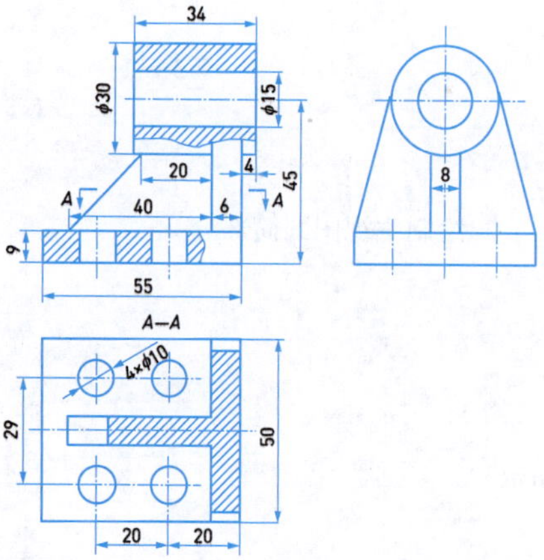
</td></tr>
</table>

拓展练习

应用 AutoCAD 软件绘制下列机件的三视图。

(1) 按 1∶1 抄画机件的三视图,并标注尺寸。

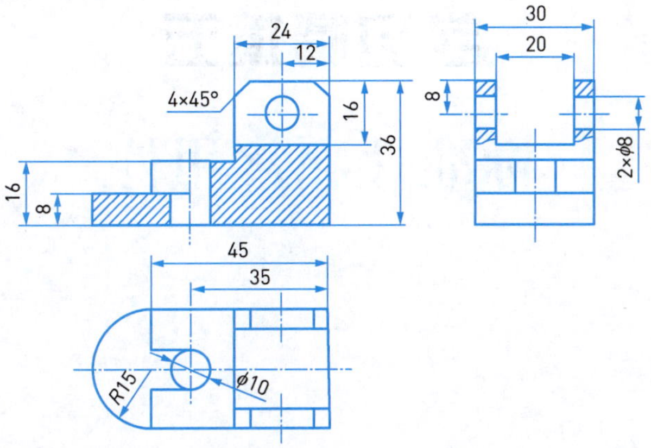

(2) 按 1∶1 抄画机件的三视图,并标注尺寸。

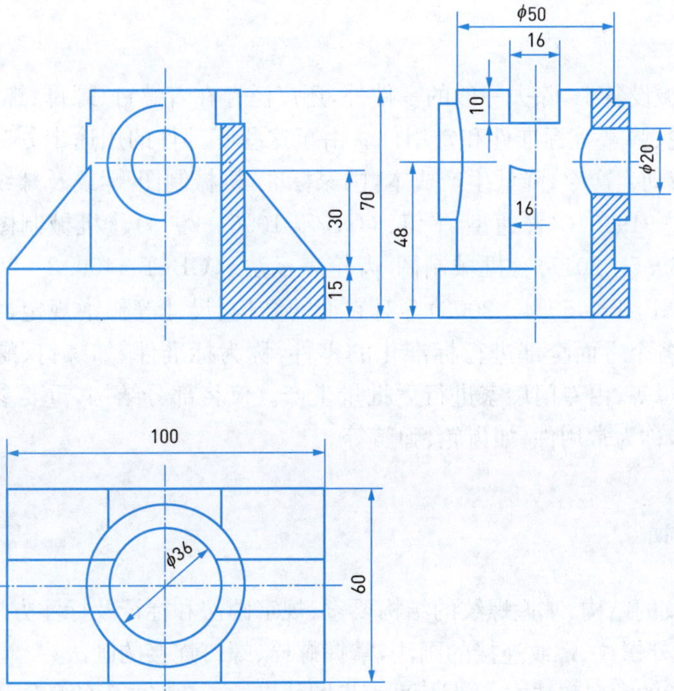

学习情境五

标准件和常用件

情境概述

在各种机械设备中，除去一般的零件外，还广泛存在着螺钉、螺母、螺栓、垫圈、键、销、滚动轴承、齿轮、弹簧等标准件和常用件。由于这些零部件的用途十分广泛，而且用量又大，为了提高劳动生产率，降低生产成本，国家标准《机械制图 螺纹及螺纹紧固件表示法》(GB/T 4459.1—1995)、《普通型 平键》(GB/T 1096—2003)、《机械制图 滚动轴承表示法》(GB/T 4459.7—2017)、《机械制图 齿轮表示法》(GB/T 4459.2—2003)、《机械制图 弹簧表示法》(GB/T 4459.4—2003)等对它们的结构、尺寸等作了规定，实现了标准化和系列化。其中各个方面全部进行标准化的零件，称为标准件，如螺钉、螺栓、螺母、垫圈、键、销、滚动轴承等，由专门厂家进行大批量生产。仅将部分结构、重要参数进行标准化、系列化的零件，称为常用件，如齿轮、弹簧等。

学习目标

- 了解螺纹的结构、掌握螺纹的结构要素、规定画法和标记及标注方法；
- 掌握内、外螺纹、螺纹连接的画法，掌握螺栓、螺钉连接的画法；
- 了解尺寸的类型和结构，掌握标准直齿圆柱齿轮各几何要素的名称和尺寸计算方法；
- 掌握标准直齿圆柱齿轮的视图和啮合图的画法；
- 了解键、销的标记，掌握普通平键连接图和销连接图的画法；
- 掌握滚动轴承的通用画法和规定画法。

教学目标

通过结合标准件和常用件在生产制造的实际应用，联系专业实际和生产实际介绍标准件和常用件，丰富学生的感性认识，养成自觉遵守国家标准规定的习惯，培养热爱专业、热爱岗位的职业素养。

任务一

绘制螺栓连接图

学习任务单

<table>
<tr><td>任务名称</td><td>绘制螺栓连接图</td></tr>
<tr><td>任务描述</td><td>如图 5-1 所示，采用 1∶1 比例使用简化画法绘制螺栓连接图，已知：螺栓（GB/T 5782—2016）M24，螺母（GB/T 6170—2015）M24，垫圈（GB/T 97.1—2002）24，每块板的厚度为 40 mm、板宽为 66 mm、长为 100 mm。要求绘制主视图（全剖）和俯视图。
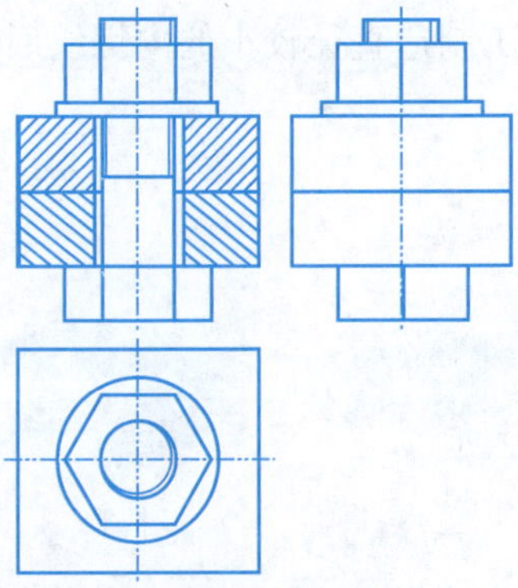
图 5-1　螺栓连接</td></tr>
<tr><td>任务分析</td><td>要绘制螺栓连接图，首先要了解其由哪些零件组成，然后根据螺栓连接装配的顺序进行图形的绘制。先绘制两块板的图形，然后按照螺栓的画法绘制螺栓视图，再绘制垫圈和螺母，在绘制的过程中要时刻注意被覆盖线条的修改和擦除。为了绘制出正确的螺栓连接图，需明确螺纹紧固件的画法、螺栓连接的装配和绘图方法</td></tr>
<tr><td>成果展示与评价</td><td>各组成员独立完成螺栓连接的两视图，自评或小组互评后由教师评定成绩，并填写评分表（表 5-1）
表 5-1　绘制螺栓连接图任务评定表
<table>
<tr><th>能力目标</th><th>相关知识</th><th>权重</th><th>自测分数</th><th>教师评分</th></tr>
<tr><td>了解相关知识</td><td>（1）绘制表面连接关系的正确性；
（2）尺寸基准选择的正确性</td><td>20 分</td><td></td><td></td></tr>
<tr><td>熟练掌握知识点</td><td>（1）螺纹旋合画法的正确性；
（2）读懂螺纹紧固件的标记；
（3）螺栓连接画法方法的掌握程度</td><td>40 分</td><td></td><td></td></tr>
<tr><td>应用知识分析案例</td><td>螺栓连接全剖主视图和俯视图绘制的正确性</td><td>40 分</td><td></td><td></td></tr>
</table>
</td></tr>
</table>

知识概述

一、螺纹

1. 螺纹的形成与加工

1）螺纹的形成

在圆柱或圆锥表面上，沿着螺旋线[图 5-2(a)]所形成的具有相同剖面的连续凸起和沟槽，称为螺纹。

制在零件外表面上的螺纹称为外螺纹，制在零件内表面上的螺纹称为内螺纹。

2）螺纹的加工

加工螺纹的方法很多，一般采用以下两种方法。

① 车床加工，工件加在三爪卡盘中随主轴作等速旋转，刀具沿轴向作等速移动，刀具切入工件一定深度即能在工件表面切削出螺纹相应外螺纹和内螺纹，如图 5-2(b)和图 5-2(c)所示。

② 专用工具加工，加工制造直径较小的内螺纹时，先用钻头钻孔，再用丝锥加工出螺纹，如图 5-3 所示。

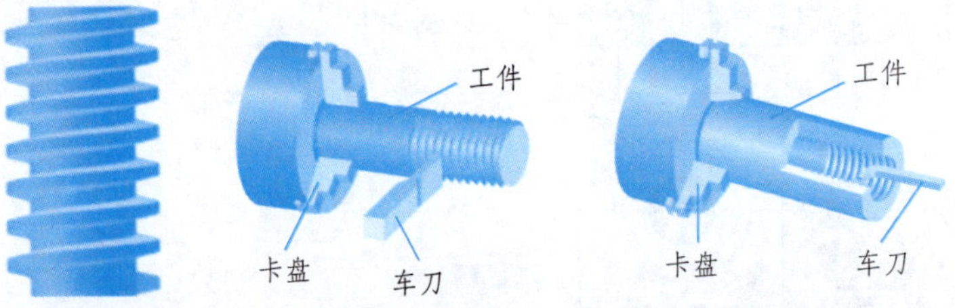

(a) 螺旋线　(b) 车外螺纹　(c) 车内螺纹

图 5-2　螺纹的形成与加工

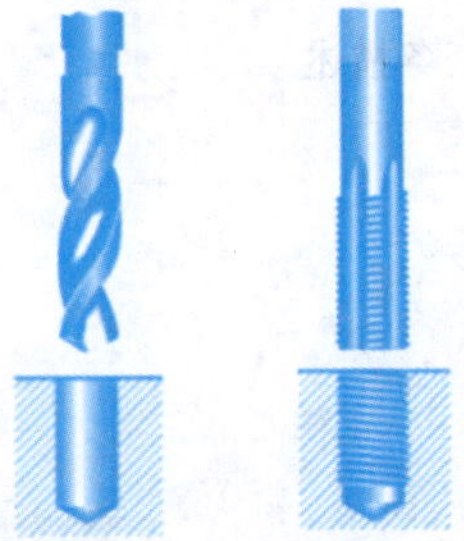
图 5-3　小孔内螺纹的加工

2. 螺纹的基本要素

1）牙型

在通过螺纹轴线的剖面上，螺纹的轮廓形状称为牙型。常见螺纹牙型有三角形、梯形、锯齿形和矩形等，如图 5-4 所示。不同的螺纹牙型有不同的用途，并有相应的名称及特征代号。

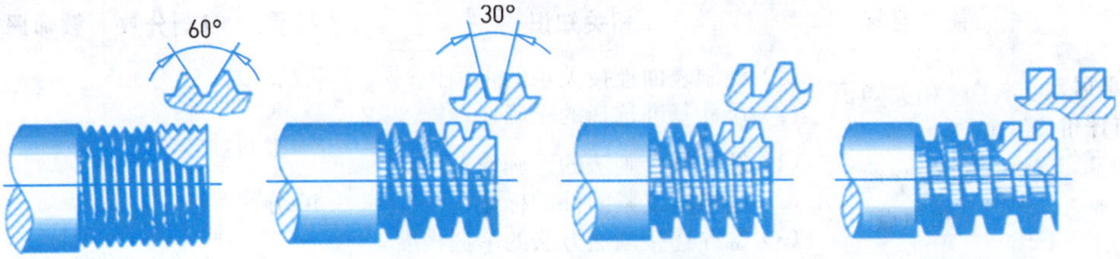

(a) 三角形　(b) 梯形　(c) 锯齿形　(d) 矩形

图 5-4　常见螺纹的牙型

【提示】

矩形螺纹为非标准螺纹。

2）直径

螺纹的直径有大径、小径和中径之分，如图 5-5 所示。

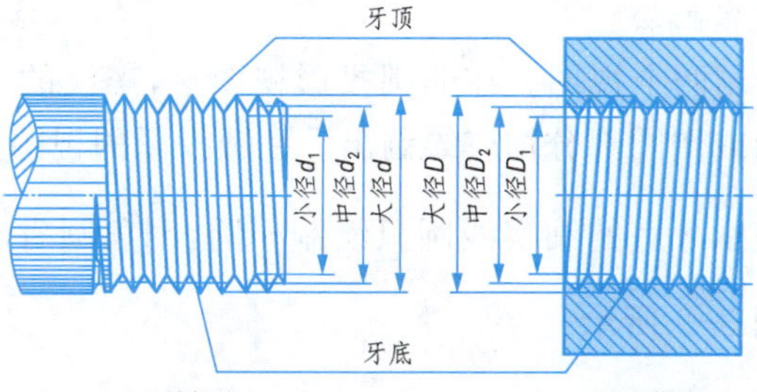

(a) 外螺纹　　(b) 内螺纹

图 5-5　螺纹的直径

【提示】

外螺纹直径用小写字母表示，内螺纹直径用大写字母表示。

3）线数 n

螺纹有单线和多线之分。如图 5-6 所示。沿一条螺旋线形成的螺纹为单线螺纹；沿轴向等距分布的两条或两条以上的螺旋线所形成的螺纹为多线螺纹。

4）螺距 P 和导程 P_h

相邻两牙在中径线上对应两点之间的轴向距离称为螺距，用 P 表示。在同一条螺旋线上的相邻两牙在中径线上对应两点之间的轴向距离称为导程，用 P_h 表示，如图 5-7 所示。导程等于 n 倍的螺距，n 为线数。

5）旋向

螺纹分右旋和左旋两种，如图 5-8 所示。将螺纹竖直放置，左边高则为左旋，右边高则为右旋。

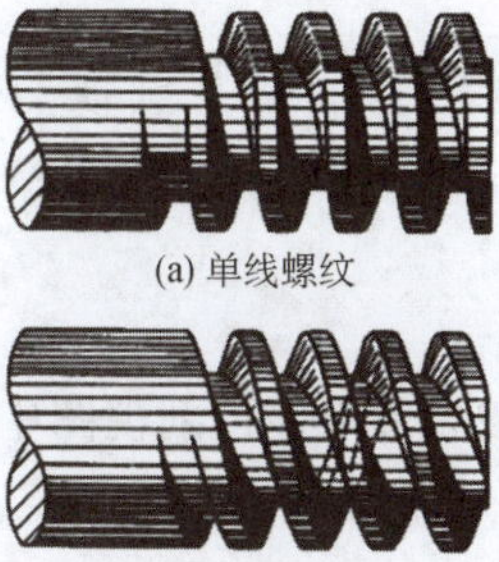

(a) 单线螺纹

(b) 双线螺纹

图 5-6　线数

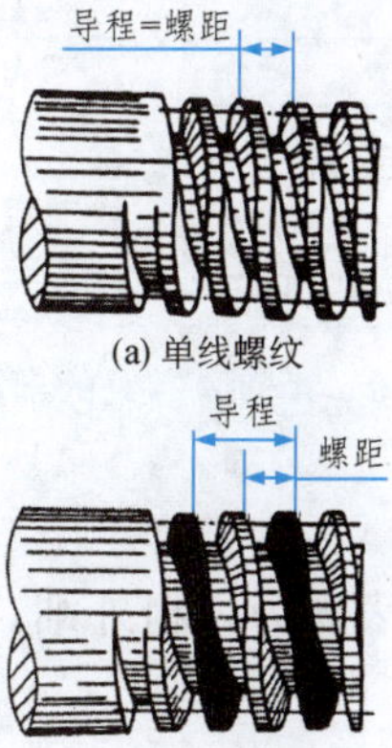

(a) 单线螺纹

(b) 双线螺纹

图 5-7　螺距和导程

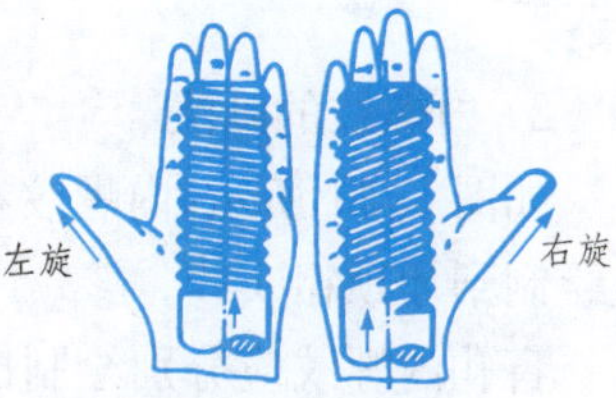

图 5-8　螺纹的旋向

【提示】

① 工程上常用的多为右旋螺纹。

② 只有当螺纹的五要素(牙型、直径、线数、螺距和旋向)均相同时,内外螺纹方能旋合。

3. 内、外螺纹的规定画法

基本规定:一般绘制两个视图。在非圆投影视图上,螺纹的牙顶用粗实线表示,牙底用细实线表示,倒角或倒圆部分均应绘制出。在圆投影的视图上,表示牙顶的粗实线圆要完整绘制出,而表示牙底的细实线圆只绘制$\frac{3}{4}$圆,倒角圆省略不绘制,螺纹的终止线用粗实线表示,如图 5-9 所示。

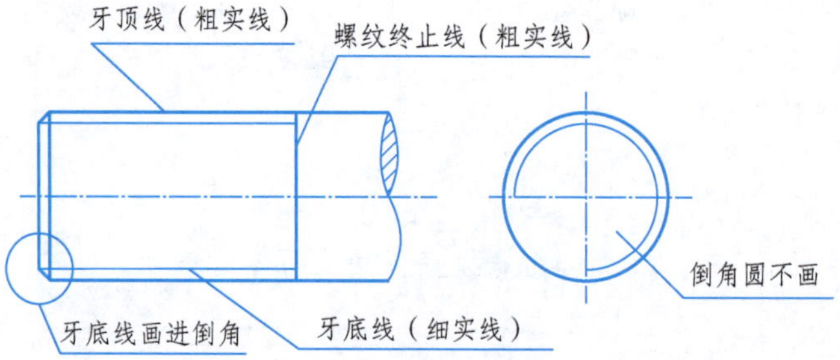

图 5-9　实心轴上的外螺纹的规定画法

1) 外螺纹的画法

外螺纹在图中表现为外粗内细。绘图时小径尺寸可以近似地取 $d_1 \approx 0.85d$。

实心轴上的外螺纹不必剖切,管道上的外螺纹沿轴向剖切后的画法如图 5-10 所示,剖面线应绘制到牙顶粗实线。

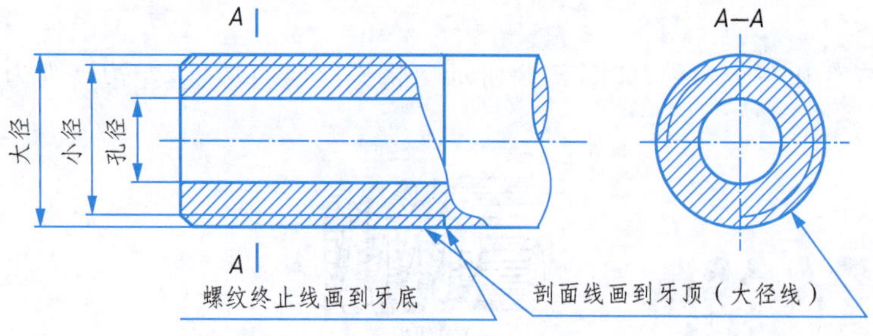

图 5-10　管道外螺纹的剖切画法

2) 内螺纹的画法

如图 5-11 所示,内螺纹在图中表现为内粗外细。内螺纹需要剖切,剖视图中剖面线应绘制到牙顶粗实线。

盲孔内螺纹应分别绘制出钻孔深度和螺纹深度,并且钻孔深度大于螺纹深度,且孔底顶角为 120°,如图 5-12 所示。

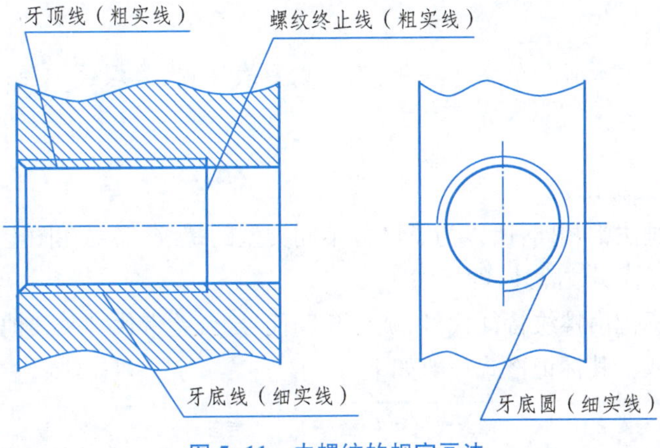

图 5-11　内螺纹的规定画法

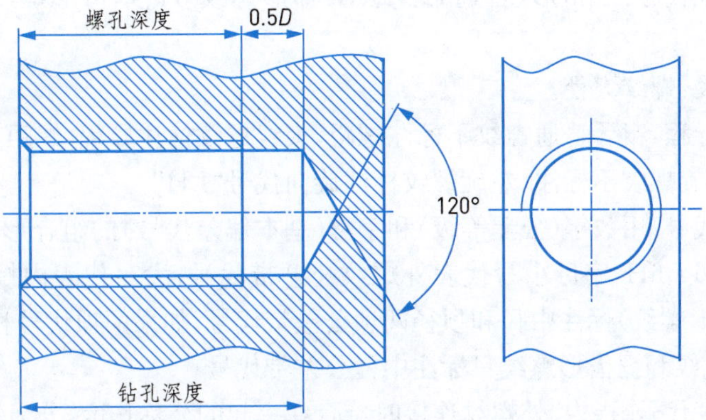

图 5-12　盲孔内螺纹的规定画法

3）内、外螺纹连接的画法

通常需要剖切表示，如图 5-13 所示。在剖视图中，内、外螺纹旋合的部分应按外螺纹的画法绘制，其余部分仍按照各自的画法表示。

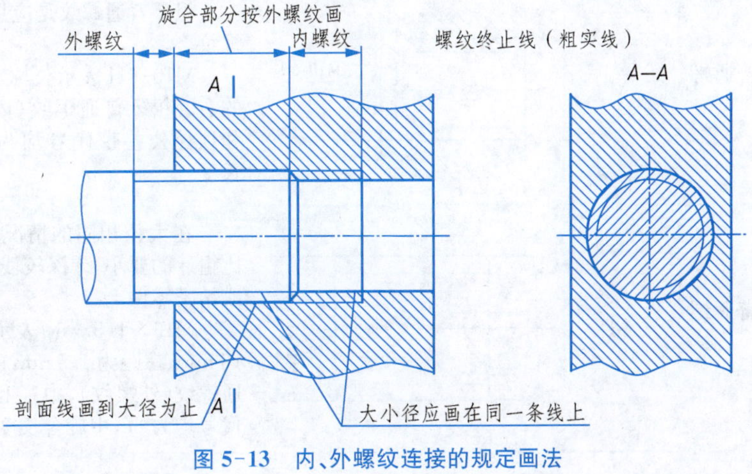

图 5-13　内、外螺纹连接的规定画法

【提示】

表示内、外螺纹大径的细实线和粗实线，以及表示内、外螺纹小径的粗实线和细实线必须分别对齐。

4. 螺纹的规定标记

各种螺纹的画法都相同，所以为了区分不同类型的螺纹，需要在图上进行标注。

1）标准螺纹（管螺纹除外）的标注

完整的螺纹标记由螺纹特征代号、旋合长度代号、公差带代号及其他必要作进一步说明的个别信息组成。其标记格式一般如下。

螺纹特征代号 公称直径 × 螺距或导程（螺距 P） 旋向 — 公差带代号 — 旋合长度代号

标注说明：

① 螺纹特征代号：三角形（普通）螺纹 M、梯形螺纹 Tr、锯齿形螺纹 B、矩形螺纹无代号。

② 公称直径：螺纹大径。

③ 螺距或导程：粗牙普通螺纹不标注螺距，多线螺纹标注导程（螺距 P）。

④ 旋向：右旋螺纹不标注，左旋螺纹标注旋向代号“LH”。

⑤ 公差带代号：用数字（公差等级）和字母（基本偏差代号）的组合形式表示螺纹尺寸精度要求，如 5g6g、6H，字母小写代表外螺纹公差带代号，大写代表内螺纹公差带代号。普通螺纹（三角形螺纹）标注中径和顶径两项公差带代号，如果两项代号相同，则合写成一项代号。梯形螺纹和锯齿形螺纹只标注中径公差带代号。

⑥ 旋合长度代号：指内、外螺纹连接时旋合在一起的公称长度，分为短（S）、中（N）、长（L）三种。当旋合长度为中时，N 省略不标。

标准螺纹的标注示例见表 5-2。

表 5-2　标准螺纹的标注示例

螺纹类别		特征代号	标注示例	说明
连接螺纹	粗牙普通螺纹	M	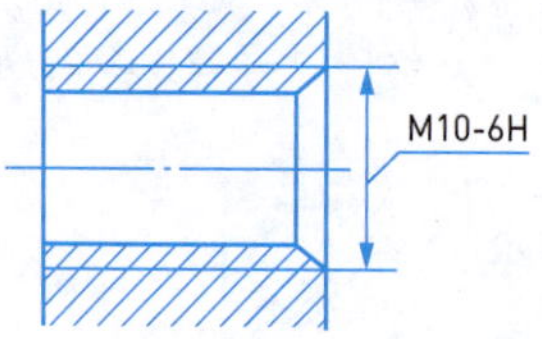	粗牙普通螺纹是应用最广的连接螺纹。 M10-6H 表示公称直径为 10 mm 的右旋粗牙普通螺纹（内螺纹），中径和顶径公差带代号均为 6H，中旋合长度
	细牙普通螺纹	M	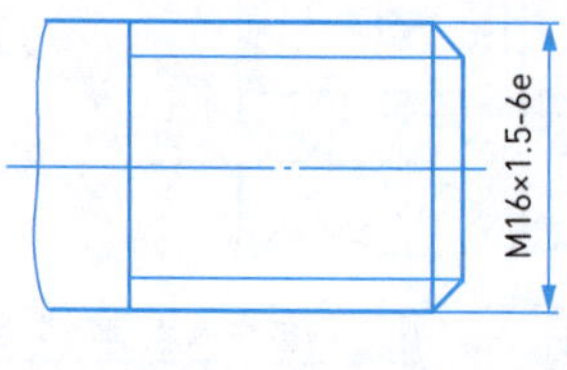	在大径相同的情况下，它的螺距比粗牙的要小，牙深较浅，多用于薄壁或精密零件上。 M16×1.5－6e 表示公差直径为 16 mm、螺距为 1.5 mm 的右旋细牙普通螺纹（外螺纹），中径和顶径公差带代号均为 6e，中旋合长度

（续表）

螺纹类别		特征代号	标注示例	说明
传动螺纹	梯形螺纹	Tr	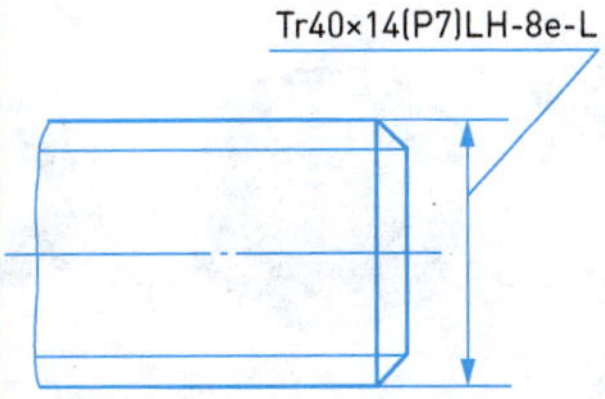	常用的传动螺纹，传递动力，如机床丝杆等。 Tr40×14(P7)LH-8e-L 表示公称直径 40 mm、导程为 14 mm、螺距为 7 mm 的双线左旋梯形外螺纹，中径公差带代号为 8e，长旋合长度
	锯齿形螺纹	B	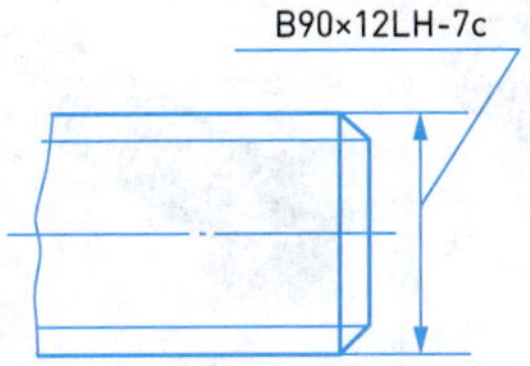	传递单项动力，如螺旋压床等。 B90×12LH-7c 表示公称直径为 90 mm、螺距为 12 mm 的单线左旋锯齿形外螺纹，中径公差带代号为 7c，中旋合长度

2）矩形螺纹的标注

矩形螺纹是非标准螺纹，它的标注如图 5-14 所示，对于非标准螺纹，通常应绘制出螺纹的牙型，并标注出所需要的尺寸和有关要求。

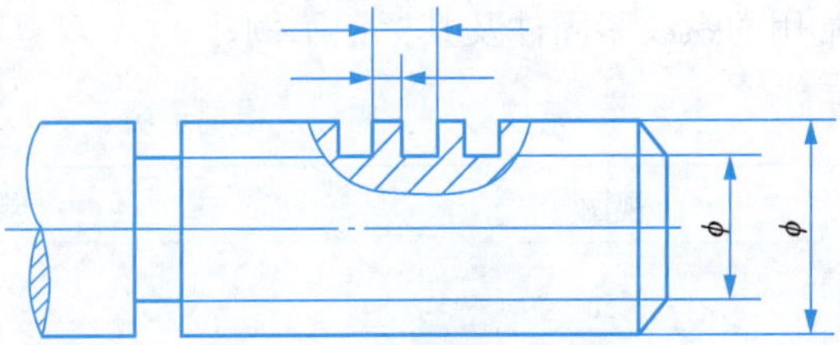

图 5-14　矩形螺纹的标注

3）螺纹连接时的标注

如图 5-15 所示，普通螺纹、梯形螺纹、锯齿形螺纹的标注方法与单个螺纹基本相同，所不同的是将公差带代号换为配合代号。

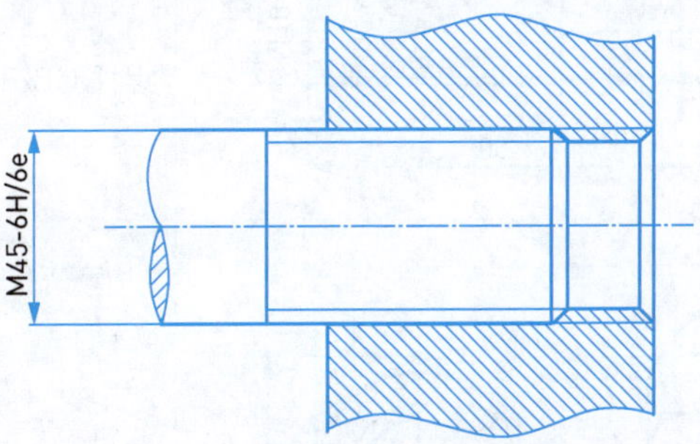

图 5-15　螺纹连接的标注

二、螺纹紧固件

螺纹紧固件连接是在工程上应用最广泛的可拆连接方式。

常用的螺纹紧固件有螺栓、螺钉、螺母和垫圈等，如图 5-16 所示。它们是用来连接和紧固两个被连接件的标准件，使用时一般无须绘制出它们的零件图。

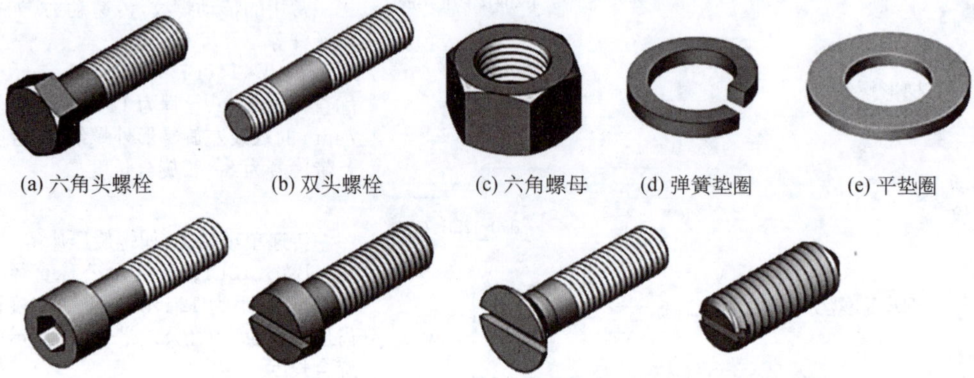

(a) 六角头螺栓　(b) 双头螺栓　(c) 六角螺母　(d) 弹簧垫圈　(e) 平垫圈

(f) 内六角圆柱头螺钉　(g) 开槽盘头螺钉　(h) 开槽沉头螺钉　(i) 紧定螺钉

图 5-16　常用螺纹紧固件

1. 常见螺纹紧固件及其标记

常用的螺纹紧固件，其结构和尺寸已全部标准化，使用时可以在相应的标准紧固件中选取。表 5-3 列出了常用的螺纹紧固件及其标记示例。

表 5-3　常用螺纹紧固件及标记示例

名称	视图	规定标记示例
六角头螺栓	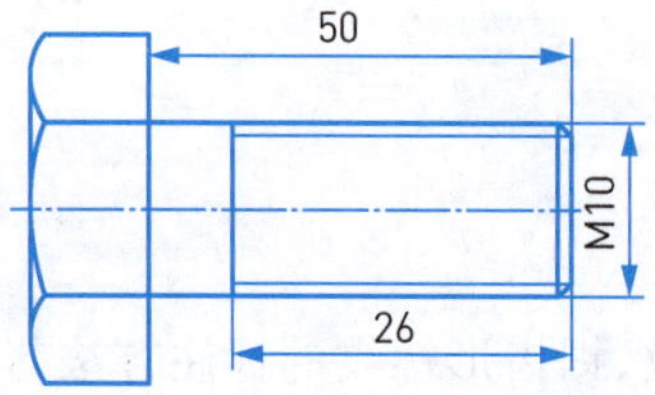	螺栓 GB/T 5782—2016 M10×50
双头螺柱	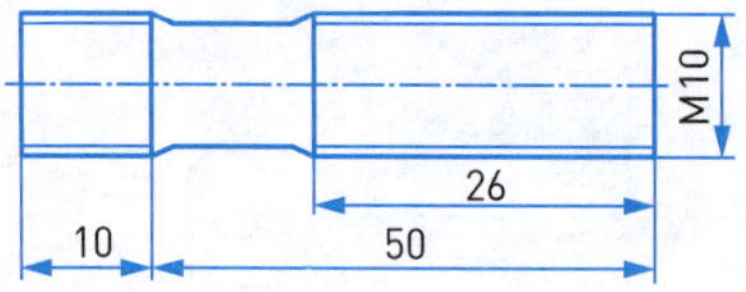	螺柱 GB/T 897—1988 M10×50
六角螺母	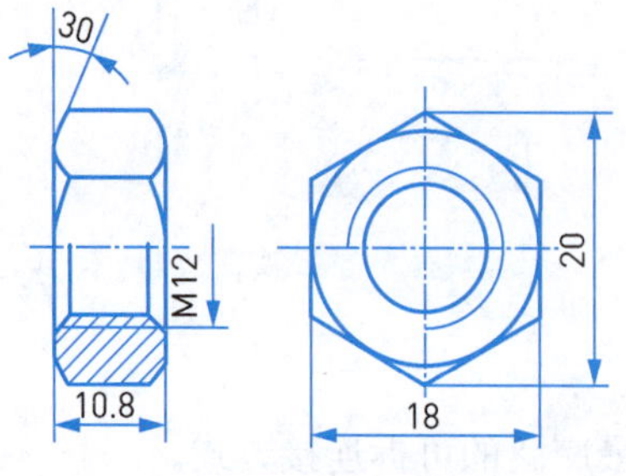	螺母 GB/T 6170—2015 M12

（续表）

名称	视图	规定标记示例
弹簧垫圈	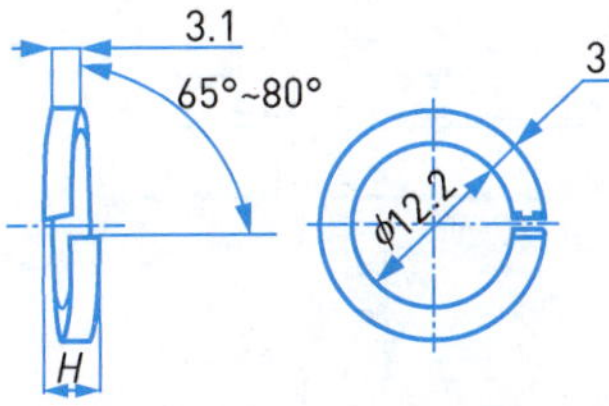	垫圈 GB/T 93—1987 12
平垫圈	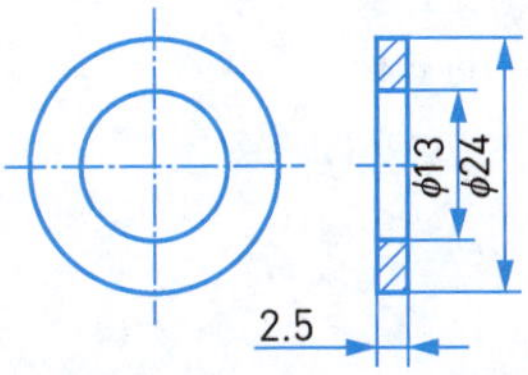	垫圈 GB/T 97.1—2002 12
内六角圆柱头螺钉	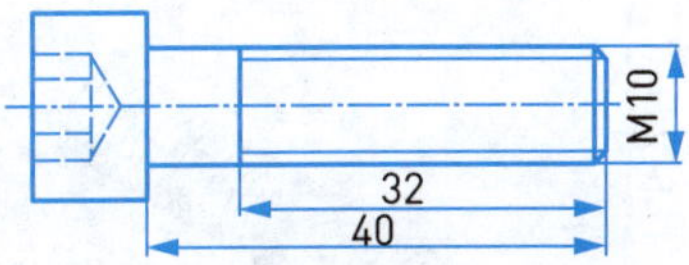	螺钉 GB/T 70.1—2008 M10×40
开槽盘头螺钉	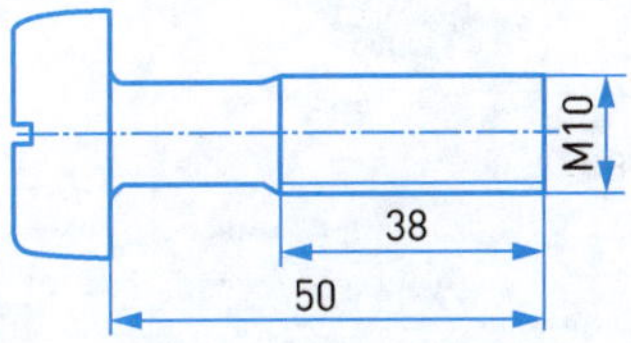	螺钉 GB/T 67—2016 M10×50
开槽沉头螺钉	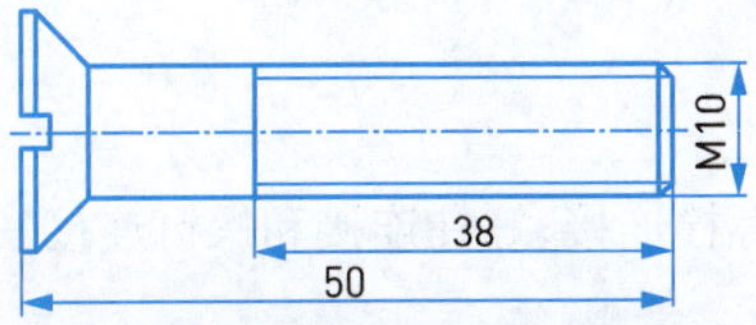	螺钉 GB/T 68—2016 M10×40
紧定螺钉	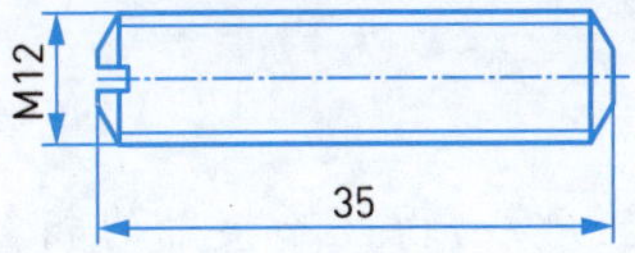	螺钉 GB/T 71—2018 M12×35

2. 常用螺纹紧固件的画法

螺纹紧固件的绘制方法按照其尺寸来源的不同，分为比例画法和查表画法两种。

1）比例画法

为了提高绘图速度，在知道了紧固件的规格（直径 d、D）后，就可以按照一定的比例关系来绘图，这种方法称为比例画法。采用比例画法时，紧固件的有效长度由被连接件的厚度决定，并且按照实际长度画出。这种作图方法应用非常广泛。

如图 5-17 所示为螺母、螺栓 GB/T 897 M20×50、平垫圈 GB/T 97.1 20 的比例画法。如图 5-18 所示为双头螺柱 GB/T 897 M20×50 的比例画法。

2）查表画法

根据紧固件的标记，在标准中查得各有关尺寸后进行作图。

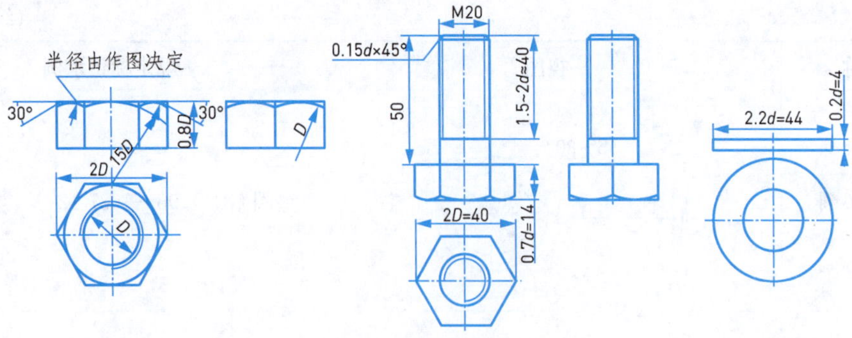

(a) 螺母　　(b) 螺栓　　(c) 平垫圈

图 5-17　螺母、螺栓、平垫圈比例画法

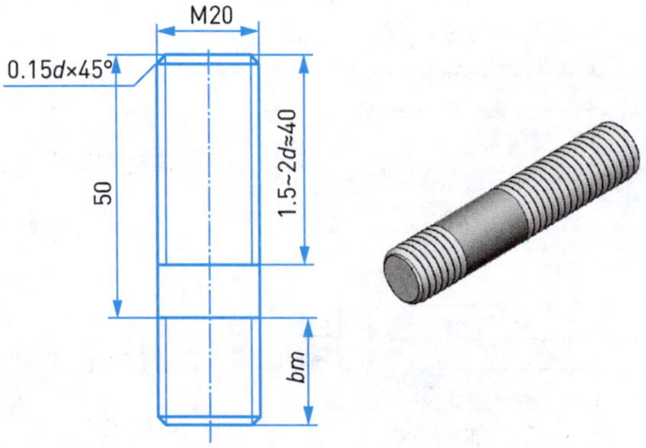

图 5-18　双头螺柱比例画法

3. 螺纹紧固件的连接画法

通常螺纹紧固件的连接形式分为螺栓连接、螺柱连接和螺钉连接三类。

【提示】

绘图时应遵守下列基本规定。

① 两零件的接触表面只绘制一条轮廓线，而凡不接触的相邻表面（无论间隙多小）应绘制出两条轮廓线。

② 在剖视图、断面图中，相邻两零件的剖面线，应绘制成不同方向或同向而不同间距，加以区别。同一零件在各个剖视、断面图中，其剖面线方向和间距必须相同。

③ 当剖切平面通过紧固件的轴线时，这些零件都按不剖绘制。

动画 17：螺栓连接

1）螺栓连接

螺栓连接一般适用于两个不太厚并允许钻成通孔的零件连接，可承受较大的力，由螺栓、螺母和垫圈配套使用。

连接前，先在两个被连接件上钻出通孔，通孔的直径一般取 $1.1d$（d 为螺栓大径），将螺栓从一端穿入孔中，然后在另一端加上垫圈、拧紧螺母。

螺栓的长度 l 应符合下列关系：

$$l=\delta_1+\delta_2+h+m+a$$

式中　δ_1、δ_2——被连接件的厚度；

h——垫圈的厚度，$h=0.15d$；

m——螺母的厚度，$m=0.8d$；

a——螺栓伸出长度，$a=(0.2\sim0.3)d$。

选择螺栓规格时，先按上式计算出长度，再查相关标准选取最接近的标准值。

绘制螺栓连接图时注意：螺栓上的螺纹终止线应绘制出，表示螺母还有拧紧的余量，而两个被连接件之间无间隙存在。

如图 5-19(a)所示为螺栓连接示意，绘图时可以采用规定比例画法[图 5-19(b)]，也可以采用简化画法[图 5-19(c)]。

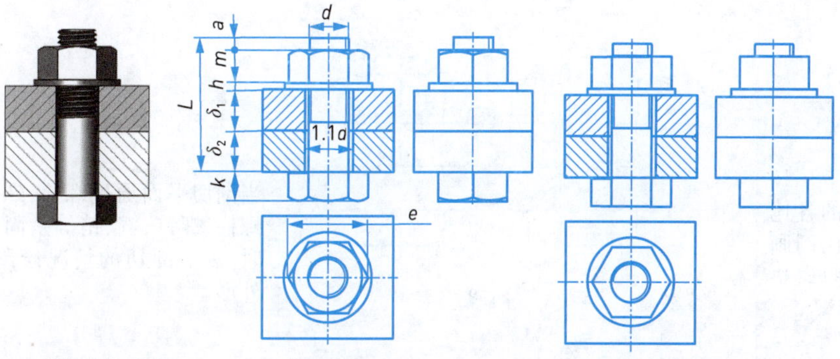

(a) 螺栓连接示意　　(b) 规定比例画法　　(c) 简化画法

图 5-19　螺栓连接画法

螺栓连接的具体画法如下。

① 估算螺栓公称长度 L。根据前文给出的螺纹公称直径或螺纹标记、垫圈、螺母的国家标准号，查得螺母和垫圈的厚度，用公式估算 L 值，查阅相关国家标准，取一相近且不小于估算值的标准值。

② 按图 5-19(b)所示的各比例，如螺栓头部厚度 k 取 $0.7d$、垫圈厚度 $h=0.15d$、螺母厚度 $m=0.8d$ 等计算得螺栓、螺母、垫圈的各结构尺寸，绘制步骤见表 5-4。

表 5-4　绘制螺栓连接视图的方法与步骤

步骤	图例	绘制说明
绘制轴线和被连接零件的视图	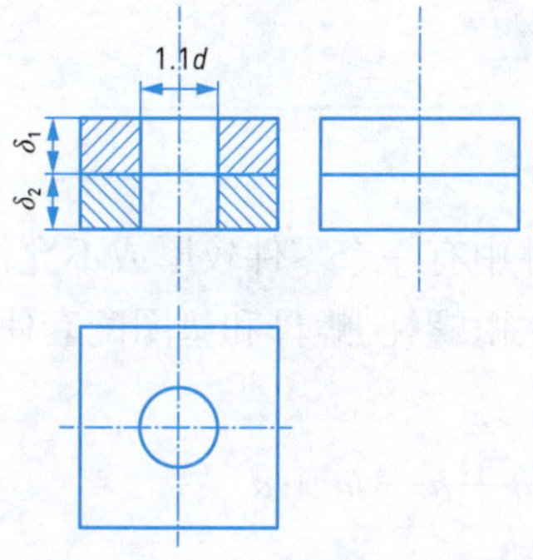	① 两零件的接触表面只绘制一条轮廓线； ② 相邻两零件的剖面线，应绘制成不同方向或同向而不同间距，加以区别。同一零件在各个剖视图中，其剖面线方向和间距必须相同

步骤	图例	绘制说明
按如图 5-19(b)所示的各比例，采用比例画法绘制螺栓视图	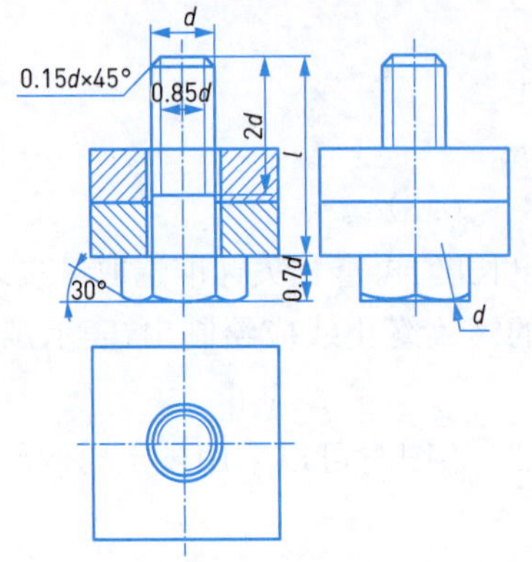	① 不接触的相邻表面(无论间隙多小)应绘制出两条轮廓线。 ② 螺栓杆上应绘制出牙底线和螺纹终止线。
按如图 5-19(b)所示的各比例，采用比例画法绘制螺母、垫圈的视图	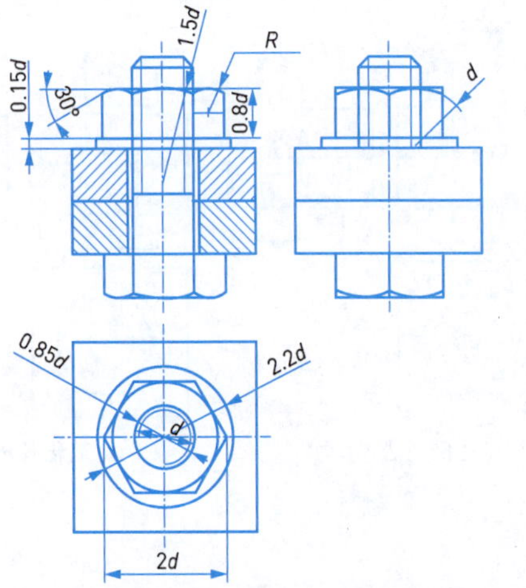	当剖切平面通过螺栓、螺母、垫圈、螺柱、螺钉、键、销等紧固件的轴线时，按不剖切的情况绘制，只绘制外形
检查，擦去螺栓上被垫圈和螺母覆盖的螺纹大径线和小径线	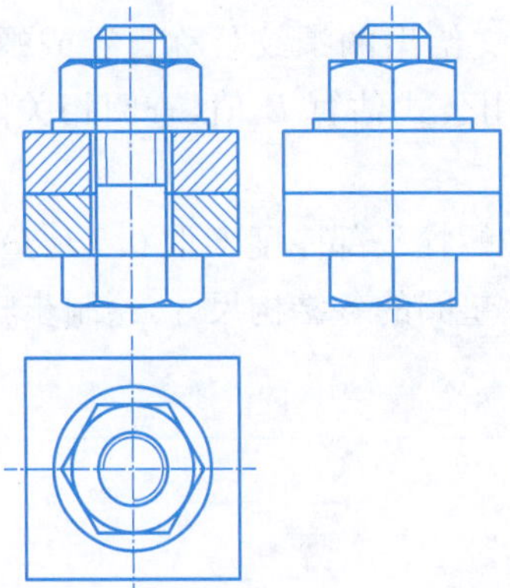	注意仔细观察

2）螺柱连接

螺柱连接一般适用于两个被连接件中有一个零件较厚或不允许钻成通孔的零件时采用，可承受较大的力，允许频繁拆卸。它由螺柱、螺母和垫圈配套使用。

动画 18：螺柱连接

螺柱的长度 l 应符合下列关系：

$$l=\delta+h+m+a$$

式中　δ——薄零件的厚度；

h——垫圈的厚度，$h=0.15d$；

m——螺母的厚度，$m=0.8d$；

a——螺栓伸出长度，$a=(0.2\sim0.3)d$。

选择螺柱规格时，先按上式计算出长度，再查标准选取最接近的标准值。

如图 5-20 所示为螺柱连接画法，绘图时可以采用图 5-20(b)所示的规定比例画法。

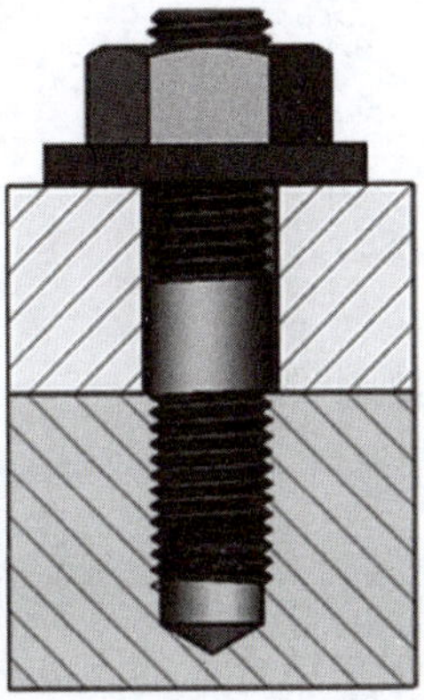

(a) 螺柱连接示意

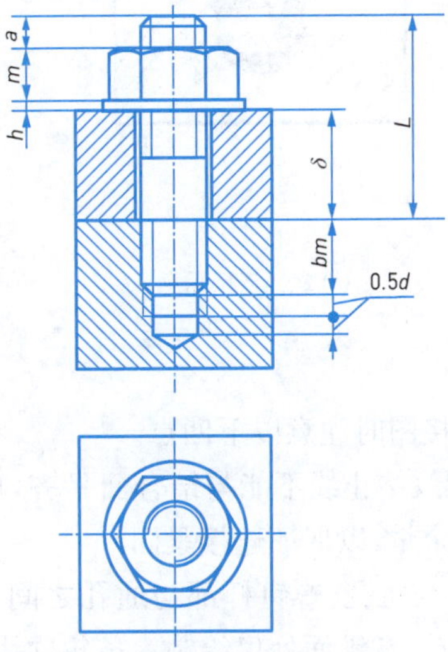

(b) 规定比例画法

图 5-20　螺柱连接画法

绘制螺柱连接图时注意以下四点。

① 螺柱的旋入端 bm 与被连接件的材料有关：当 $bm=1d$ 时，用于钢、青铜、硬铝；当 $bm=1.25d$ 或 $1.5d$ 时，用于铸铁；当 $bm=2d$ 时，用于铝合金、有色金属较软材料。

② 螺柱旋入端的螺纹终止线应与结合面平齐，表示旋入端全部旋入螺孔内。

③ 零件上螺孔的深度应大于旋入端的螺纹长度 bm，通常取螺孔深为 $bm+0.5d$，钻孔深为 $bm+d$。

④ 旋入端的旋合部分按外螺纹的画法绘制，其他部分与螺栓连接画法相同。

3）螺钉连接

螺钉按用途分为连接螺钉和紧定螺钉两类，前者用于连接零件，后者主要用于固定零件。

(1) 连接螺钉

连接螺钉的种类繁多，按照螺钉的头部和扳拧形式来划分。通常用于连接被连接件之一比较厚，且受力较小而又不需要经常拆卸的情况。螺钉由头部和螺杆两部分组成，一般在较厚的被连接件上加工出螺孔，然后把螺钉穿过另一被连接件的通孔旋入螺孔，依靠螺钉头部压紧另一被连接件。

常见的连接螺钉有内六角圆柱螺钉、开槽圆柱头螺钉、开槽沉头螺钉、开槽盘头螺钉等，常见螺钉的连接画法如图 5-21 所示。

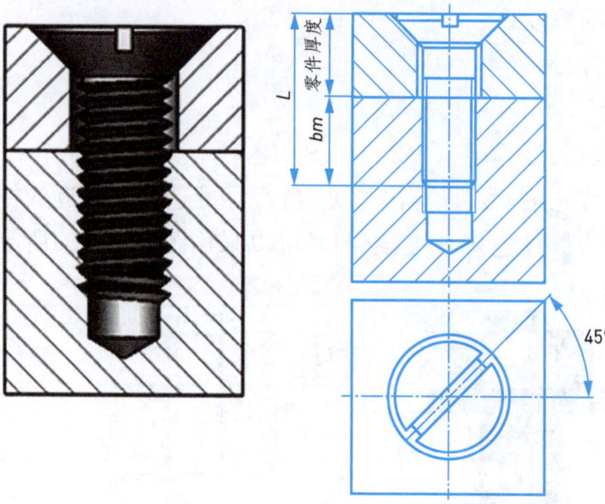

(a) 螺钉连接示意　(b) 规定比例画法

图 5-21　螺钉连接画法

绘制螺钉连接图时注意以下四点。

① 螺钉的螺纹终止线不能与结合面平齐，应绘制在结合面的上方(光孔零件内)，表示螺钉还有拧紧余量，以保证连接紧固。

② 螺钉头部与沉孔、螺钉杆部与通孔之间分别有间隙，应绘制出两条轮廓线。但对于沉头螺钉，则应注意锥面处仅绘制一条轮廓线。

③ 当开槽螺钉连接时，采用一字槽的画法：在非圆视图上槽位于螺钉头部的中间位置，而在圆投影的视图上槽应与水平成 45°绘制。如果需要绘制左视图，一字槽也绘制在中间位置。当槽宽小于等于 2 mm 时，可涂黑表示。三种螺钉头部的画法如图 5-22 所示。

④ 在圆投影的视图上，螺钉头部及其槽的倒角投影一般省略。

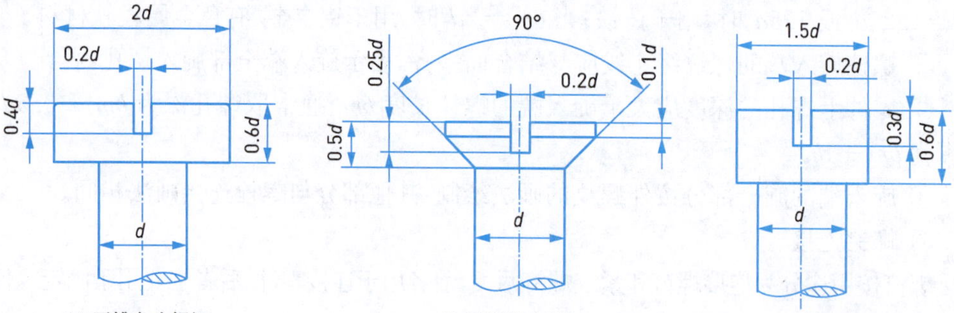

(a) 开槽盘头螺钉　(b) 开槽沉头螺钉　(c) 开槽圆柱头螺钉

图 5-22　三种螺钉头部的画法

(2) 紧定螺钉

紧定螺钉多用于轮毂与轴之间的固定。通常在轴上加工出锥坑，如图 5-23(a)所示；在轮子的轮毂上加工出螺孔，如图 5-23(b)所示；连接时，将轮子套装于轴上，再将螺钉拧入轮子的螺孔中，使螺钉的锥形端部紧压在轴上的锥坑内，从而固定了轮子与轴的相对位置，如图 5-23(c)所示。其他注意事项均与螺栓连接相同。

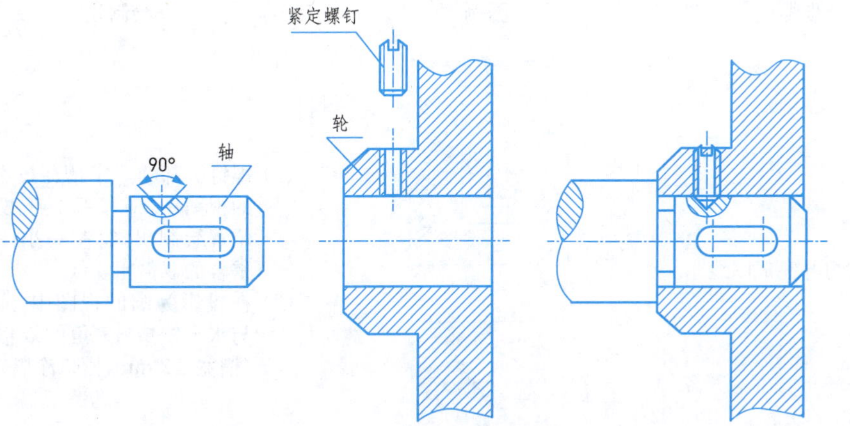

(a) 轴上加工出锥坑　(b) 轮毂上加工出螺孔　(c) 螺钉锥形端部紧压在轴上锥坑内

图 5-23　紧定螺钉的画法

螺钉连接的具体绘制步骤见表 5-5。

表 5-5　绘制螺钉连接视图的步骤

步骤	图例	绘制说明
绘制被连接零件的视图	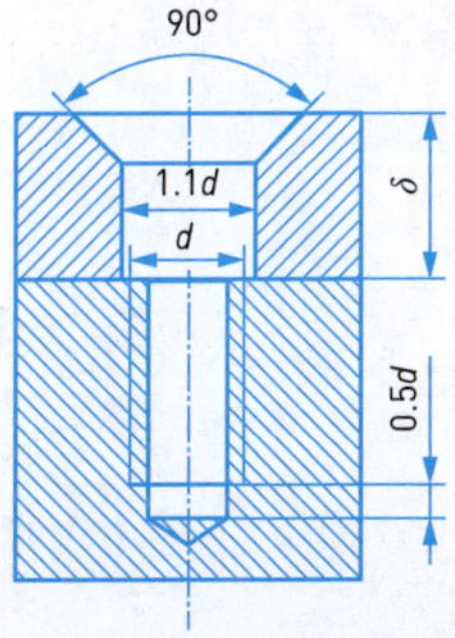	较薄零件按开通孔绘制，较厚零件不穿通孔，应绘制螺纹孔
绘制螺钉	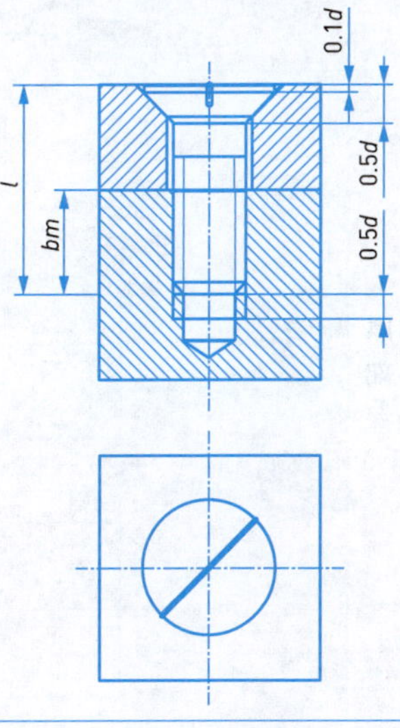	(1) 螺钉的螺纹终止线应绘制在两被连接零件的接合面之上； (2) 螺钉一字槽的水平投影与水平方向成 45°倾斜； (3) 内、外螺纹小径要对齐

（续表）

步骤	图例	绘制说明
检查、加粗并完成图线	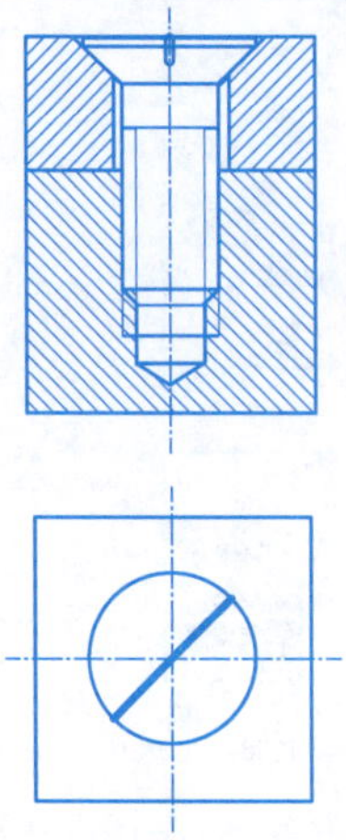	(1) 螺钉头部的一字槽在投影为非圆的视图中，应按垂直于投影面的位置绘制出，绘制一小段与轴线重合的双倍粗实线； (2) 在投影为圆的视图中，应绘制成与水平线成 45°角的双倍粗实线（槽宽≤2 mm，槽口涂黑）

任务实施单

方法步骤	图　示
估算螺栓公称长度 l 并用细实线绘制轴线和被连接零件的视图。根据任务给出的螺纹公称直径或螺纹标记、垫圈、螺母的国家标准号，查得螺母和垫圈的厚度 $m = 21.5$，$h = 4$，计算得 $a = 0.3d = 0.3 \times 24 = 7.2$，用公式估算 l 值得 $l = \delta_1 + \delta_2 + h + m + a = 30 + 30 + 4 + 21.5 + 7.2 = 92.7$，取一相近且不小于估算值的标准值 $l = 100$	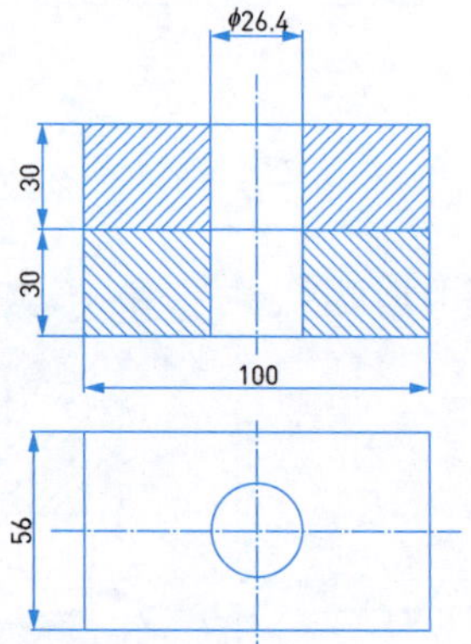
采用简化画法绘制螺栓视图。螺栓头部厚度取 $k = 0.7d = 0.7 \times 24 = 16.8$，螺栓头部外径取 $e = 2d = 2 \times 24 = 48$，螺纹终止线深度取 $2d = 2 \times 24 = 48$	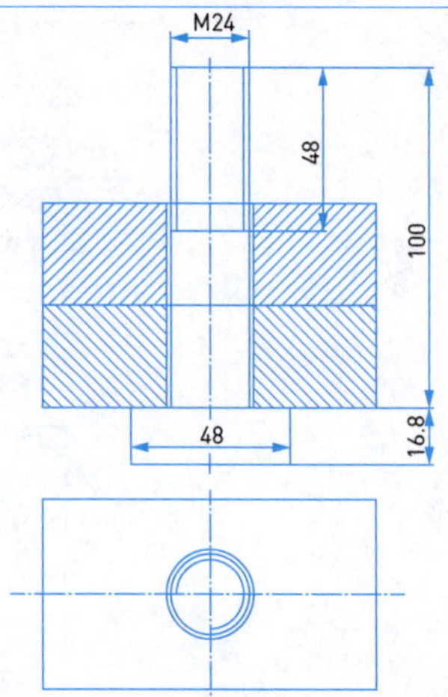

方法步骤	图　示
采用简化画法绘制螺母、垫圈的视图。垫圈厚度取 $h=0.15d=0.15\times24=3.6$，螺母厚度取 $m=0.8d=0.8\times24=19.2$，垫圈外径取 $2.2d=2.2\times24=52.8$，螺母外径与螺栓头外径相同	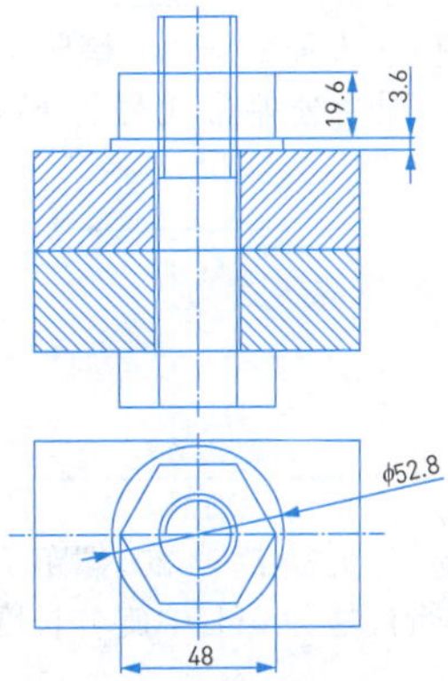
检查，擦去螺栓上被垫圈和螺母覆盖的螺纹大径线和小径线等线条并加粗	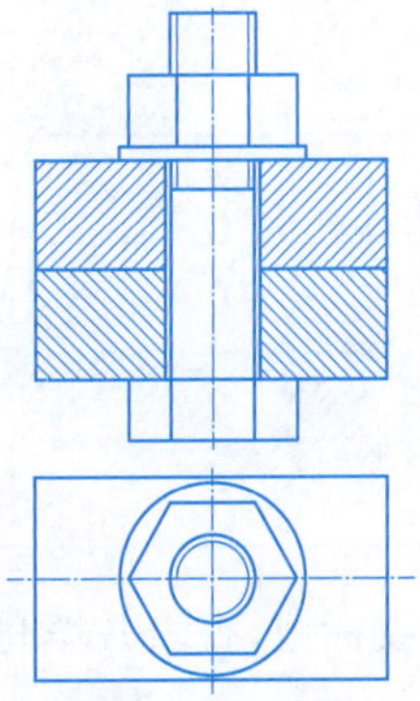

拓展练习

1. 圈出螺纹画法中的错误，并按正确画法重新绘制。

(1) 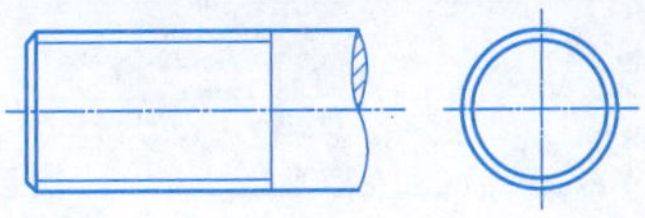	(2) 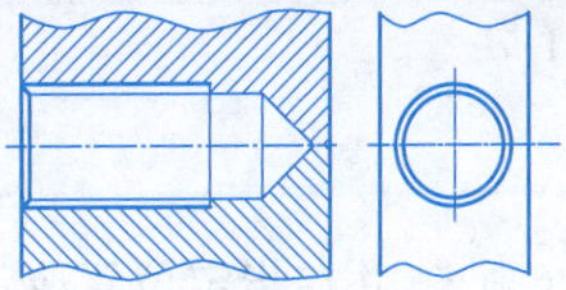
(3) 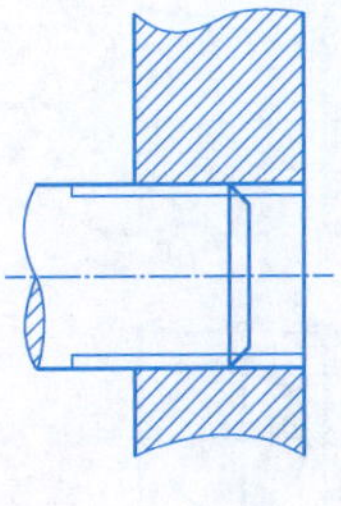	(4) 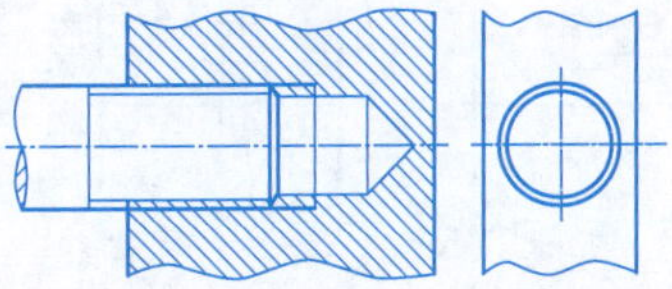

2. 完成下列螺纹标注。

(1) 粗牙普通螺纹，大径 $d=30$，螺距 $P=3.5$，右旋，中径、顶径公差带代号为 6h，中旋合长度。

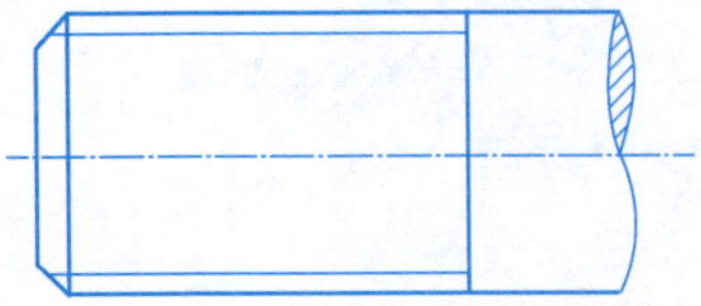

(2) 梯形螺纹，大径 $d=32$，双线，导程 $Ph=12$，左旋，公差带代号为 7h，中旋合长度。

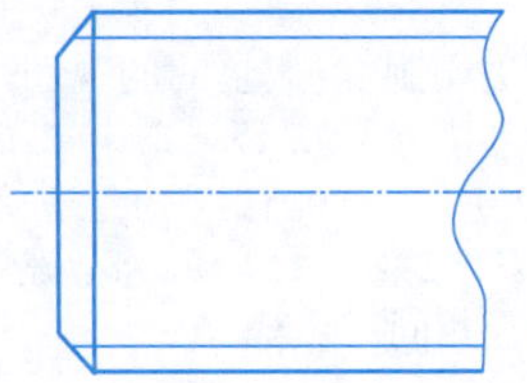

(3) 普通细牙螺纹，大径 $D=20$，螺距 $P=1.5$，左旋，公差带代号为 6H，中旋合长度。

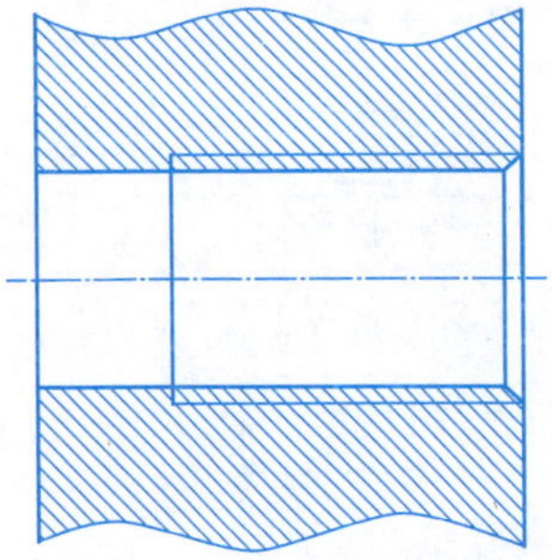

(4) 锯齿形螺纹，大径 $d=36$，螺距 $P=6$，单线，右旋，公差带代号为 7e，中旋合长度。

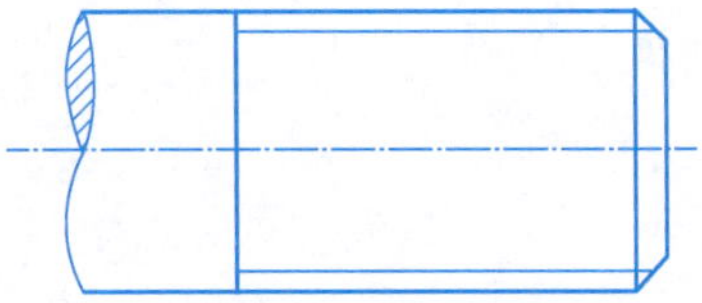

3. 根据螺纹标记，查表并填写表 5-6 中各项内容。

表 5-6　第 3 题表

螺纹代号	螺纹种类	内/外螺纹	大径	螺距	导程	线数	公差带代号	旋向
M20-6H								
M24×2LH-6g								
Tr48×16(P8)LH-7e								
B36×6-7e								

4. 在错误处画×，并在指定位置改正错误。

(1)

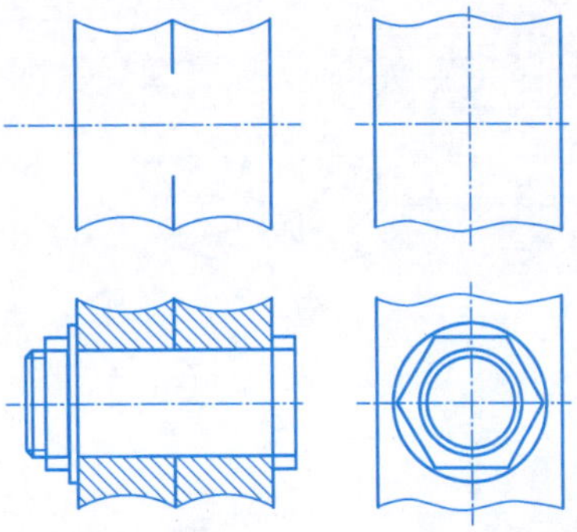

(2)

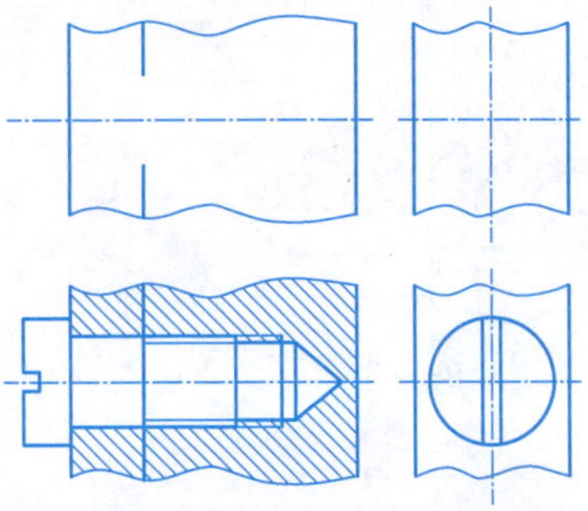

任务二
绘制齿轮零件图

学习任务单

<table>
<tr><td>任务名称</td><td>绘制单个齿轮的视图</td></tr>
<tr><td>任务描述</td><td>已知齿轮为标准直齿圆柱齿轮，模数 $m=3$，齿数 $z=14$，齿宽为 20 mm，中间孔的尺寸如图 5-24 所示，请绘制该齿轮的视图。
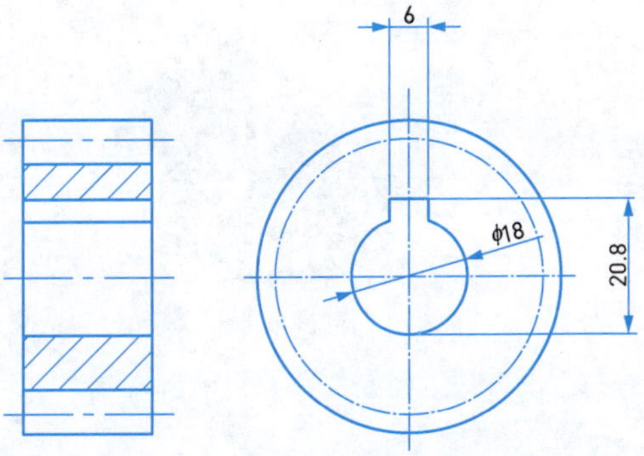

图 5-24　单个直齿圆柱齿轮视图</td></tr>
<tr><td>任务分析</td><td>绘制标准直齿圆柱齿轮的视图，首先要熟悉齿轮各部分的名称，其次会计算齿轮的齿顶圆、分度圆、齿根圆等相关尺寸，最后要掌握齿轮视图的绘制方法和相关规定。</td></tr>
<tr><td>成果展示与评价</td><td>各组成员独立完成单个直齿圆柱齿轮的视图，自评或小组互评后由教师评定成绩，并填写表 5-7。
表 5-7　绘制单个齿轮的视图任务评定表
<table>
<tr><th>能力目标</th><th>相关知识</th><th>权重</th><th>自测分数</th><th>教师评分</th></tr>
<tr><td>了解相关知识</td><td>正确在视图中表达出直齿圆柱齿轮的特点</td><td>10 分</td><td></td><td></td></tr>
<tr><td>熟练掌握知识点</td><td>(1) 正确计算直齿圆柱齿轮各部分尺寸；
(2) 直齿圆柱齿轮画法的掌握程度</td><td>40 分</td><td></td><td></td></tr>
<tr><td>应用知识分析案例</td><td>采用的表达方法正确，并能正确绘制出单个直齿圆柱齿轮的视图</td><td>50 分</td><td></td><td></td></tr>
</table></td></tr>
</table>

知识概述

一、齿轮的基本知识

1. 齿轮的应用

齿轮是机器中应用最广泛的传动零件之一，主要用于传递动力和运动，可以变换速度和改变运动方向。

2. 齿轮的分类

齿轮的种类很多，按其传动情况分，常见的有下列三种，如图 5-25 所示。

① 圆柱齿轮：用于两平行轴之间的传动。

② 圆锥齿轮：用于两相交轴之间的传动。

③ 蜗杆蜗轮：用于两交叉轴之间的传动。

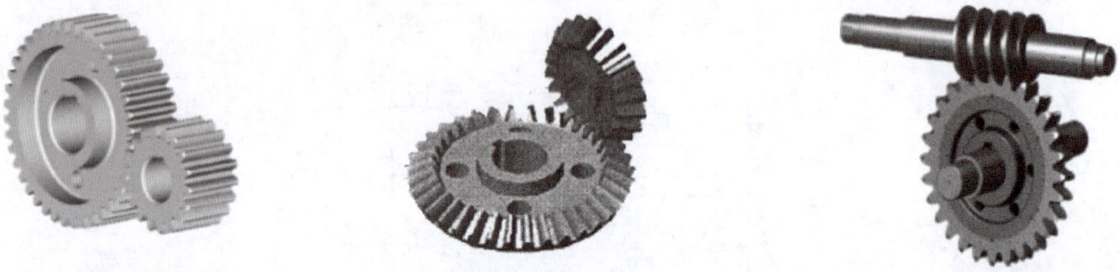

(a) 圆柱齿轮　(b) 圆锥齿轮　(c) 蜗杆蜗轮

图 5-25　常见的齿轮传动

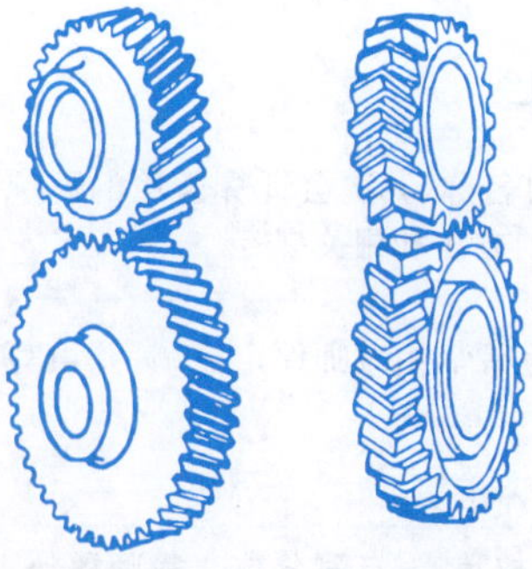

(a) 斜齿圆柱齿轮　(b) 人字齿圆柱齿轮

图 5-26　轮齿形式

其中圆柱齿轮应用广泛，根据轮齿的不同，圆柱齿轮分为直齿圆柱齿轮、斜齿圆柱齿轮、人字齿圆柱齿轮等，斜齿、人字齿圆柱齿轮如图 5-26 所示。

本书只介绍标准直齿圆柱齿轮相关内容。锥齿轮、蜗杆蜗轮的画法，可查阅《机械制图 齿轮表示法》(GB/T 4459.2—2003)。

二、直齿圆柱齿轮的轮齿结构和基本参数

圆柱齿轮的外形为圆柱形，它的传动形式有外啮合传动和内啮合传动。

动画 19：圆柱齿轮基本参数

1. 直齿圆柱齿轮各部分参数

如图 5-27 所示为啮合的圆柱齿轮示意图及圆柱齿轮各部分的参数。

1）齿顶圆

通过轮齿顶部的圆，其直径用 d_a 表示。

2）齿根圆

通过轮齿根部的圆，其直径用 d_f 表示。

3）分度圆

分度圆是一个约定的假想圆，齿轮的轮齿尺寸均以此圆直径为基准确定，该圆上的齿

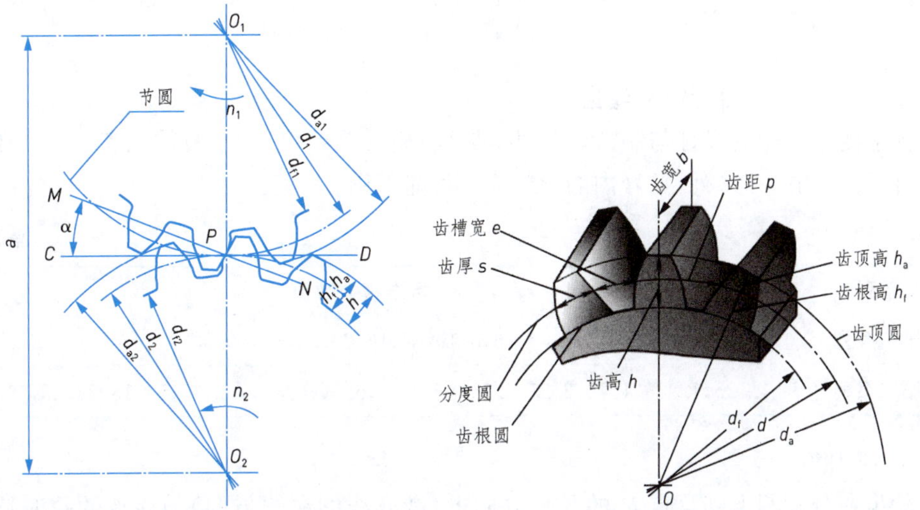

图 5-27　啮合的圆柱齿轮示意图及圆柱齿轮各部分的名称

厚 s 等于齿槽宽 e。其直径用 d 表示。

4）齿高、齿顶高、齿根高

① 齿高：齿顶圆与齿根圆的径向距离，用 h 表示。

② 齿顶高：齿顶圆与分度圆的径向距离，用 h_a 表示。

③ 齿根高：分度圆与齿根圆的径向距离，用 h_f 表示。

三者的关系为 $h=h_a+h_f$。

5）齿距、齿厚、齿槽宽

① 齿距：在分度圆上，相邻两齿，同侧齿面间的弧长，用 p 表示。

② 齿厚：在分度圆上，一个轮齿齿廓间的弧长，用 s 表示。

③ 齿槽宽：在分度圆上，一个齿槽齿廓间的弧长，用 e 表示。

标准齿轮的齿厚与齿槽宽相等，即 $s=e$，$p=s+e$。

6）齿数

一个齿轮的轮齿总数，用 z 表示。

7）模数

模数 m 是设计和制造齿轮的重要参数。它是齿距 p 与 π 的比值，即 $m=\dfrac{p}{\pi}$，推导过程如下。

在齿轮上有多少个齿（齿数 z），就会有多少个齿距（p），因此分度圆的周长为

$$\pi d=pz$$

所以

$$d=\frac{pz}{\pi}$$

令

$$\frac{p}{\pi}=m$$

得
$$d = mz$$

模数大，轮齿大；模数小，轮齿小。

为了便于齿轮的设计与制造，国家标准已将模数系列化，标准模数见表 5-8。在选用时，应优先选用第一系列，括号内的模数应尽可能不用。

表 5-8　标准模数(GB/T 1357—2008)　　单位:mm

系列	标准模数数值
第一系列	1,1.25,1.5,2,2.5,3,4,5,6,8,10,12,16,20,25,32,40,50
第二系列	1.125,1.375,1.75,2.25,2.75,3.5,4.5,5.5,(6.5),7,9,11,14,18,22,28,36,45

8) 压力角

轮齿在分度圆上啮合点 **P** 的受力方向上(渐开线的法线方向)与该点的瞬时速度方向(分度圆的切线方向)所夹的锐角 α。我国标准齿轮采用的压力角为 20°。

9) 中心距

相互啮合的两圆柱齿轮轴线之间的最短距离，用 a 表示。

2. 直齿圆柱齿轮尺寸计算

在设计齿轮时，要先确定齿轮的齿数、模数，其他各部分尺寸均可计算出来，具体的计算公式见表 5-9。

表 5-9　标准直齿圆柱齿轮各基本尺寸的计算公式

名称	符号	计算公式
分度圆直径	d	$d = mz$
齿顶圆直径	d_a	$d_a = m(z+2)$
齿根圆直径	d_f	$d_f = (mz-2.5)$
齿顶高	h_a	$h_a = m$
齿根高	h_f	$h_f = 1.25m$
齿高	h	$h = h_a + h_f$
齿距	p	$p = \pi m$
中心距	a	$a = (d_1+d_2)/2 = m(z_1+z_2)/2$

三、直齿圆柱齿轮的规定画法

1. 单个齿轮的画法

单个直齿圆柱齿轮的视图如图 5-28 所示，对于单个齿轮的画法有以下规定。

① 齿顶圆和齿顶线用粗实线绘制。

② 分度圆和分度线用细点画线绘制，并且分度线应超出齿轮两端面 2~3 mm。

③ 齿根圆和齿根线用细实线绘制或省略；在剖视图中，齿根线用粗实线绘制且不可省略。

④ 在剖视图中，沿轴线剖切时，轮齿一律按不剖处理。

⑤ 除轮齿部分外，其余轮体的结构均按正视投影绘制，其结构和尺寸由设计要求确定。

绘制齿轮零件图时，通常用两个视图表达：将非圆的剖视图或半剖视图作为主视图，并将轴线水平放置，再配合一个圆的完整视图或局部视图。

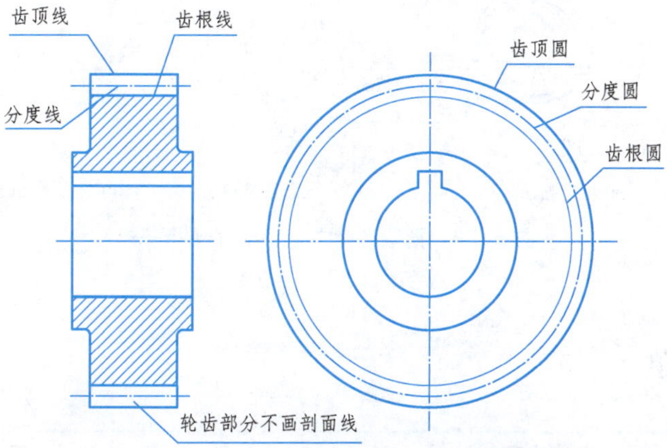

图 5-28　单个直齿圆柱齿轮的画法

当圆柱齿轮上的齿为斜齿或人字齿时，则其画法与直齿圆柱齿轮相似，但一般主视图采用半剖或局部剖，并在它们的不剖部分绘制三条与齿线方向一样的细实线表示轮齿的方向，如图 5-29 所示。

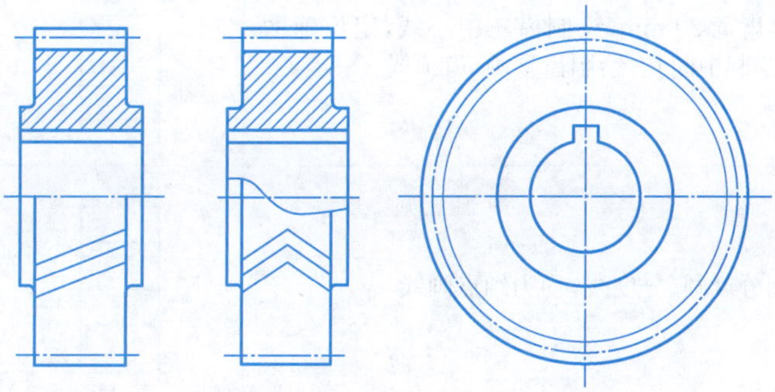

(a) 斜齿轮(左)和人字齿轮(右)主视图　　(b) 左视图

图 5-29　单个斜齿轮和人字齿轮的画法

2. 两直齿圆柱齿轮啮合的画法

两齿轮啮合时，除啮合区外，其余部分均按单个齿轮绘制，如图 5-30 所示。啮合区按以下规定绘制。

动画 20：直齿圆柱齿轮的啮合传动

① 在剖视图中，将一个齿轮的轮齿用粗实线绘制出，另一个齿轮的轮齿被遮挡部分用虚线绘制或省略；并且一齿轮的齿顶线与另一齿轮的齿根线之间应留有间隙。

② 在圆投影的视图中，两节圆应相切，两齿轮啮合区的齿顶圆均用粗实线绘制或省略。在外形图上，啮合区的齿顶线无须绘制出，节线用粗实线绘制。

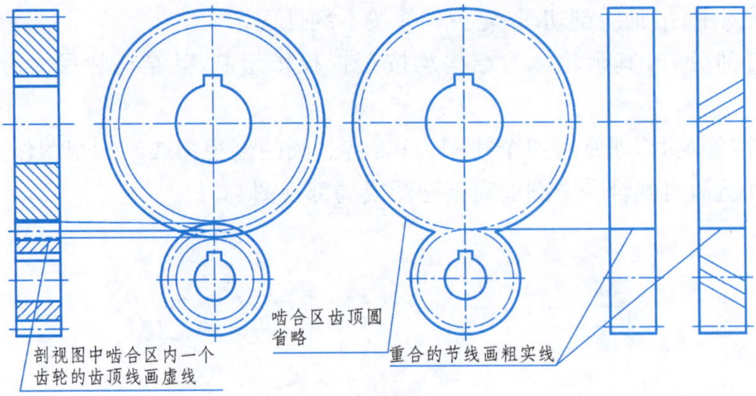

(a) 规定画法　(b) 左视图省略画法　(c) 外形视图(直齿、斜齿)

图 5-30　两直齿圆柱齿轮啮合的画法

任务实施单

方法步骤		图　示
计算齿轮各部分尺寸	已知模数 $m=3$,齿数 $z=14$,计算 $d=mz=3\times14=42$ $d_a=m(z+2)=3\times(14+2)=48$ $d_f=m(z-2.5)=3\times(14-2.5)=34.5$	—
作图步骤	根据齿宽 20 mm,绘制齿轮中心线,定位辅助线;绘制中间孔;绘制齿顶圆、齿顶线	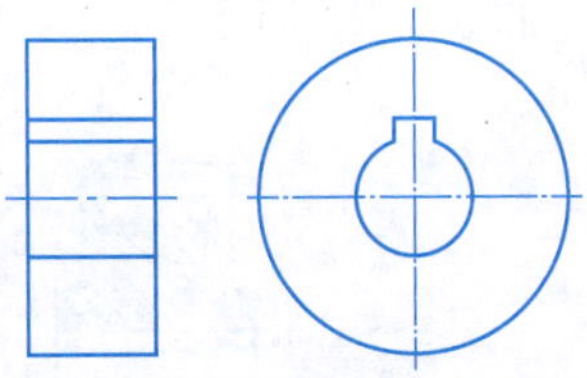
	绘制分度圆、分度线,均为细点画线	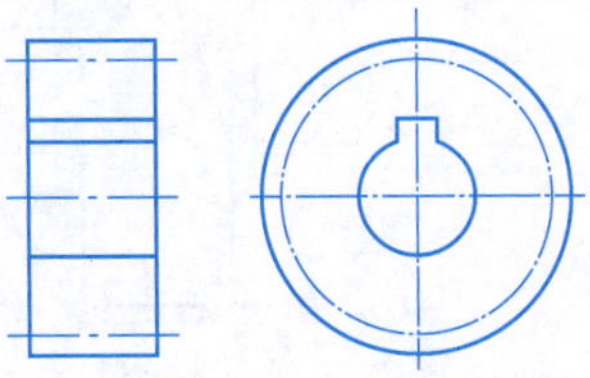
	绘制齿根圆,齿根线。齿根圆为细实线,可省略。齿根线为粗实线	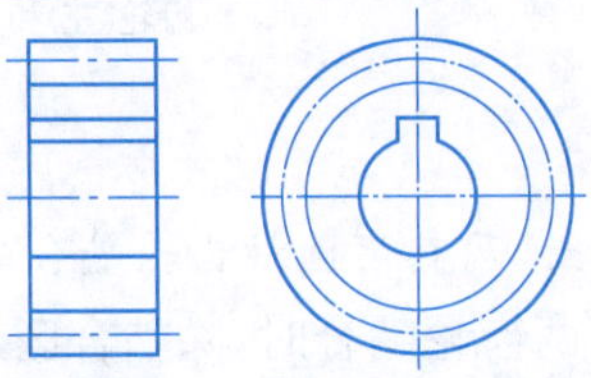
	绘制剖面线。检查,完成作图	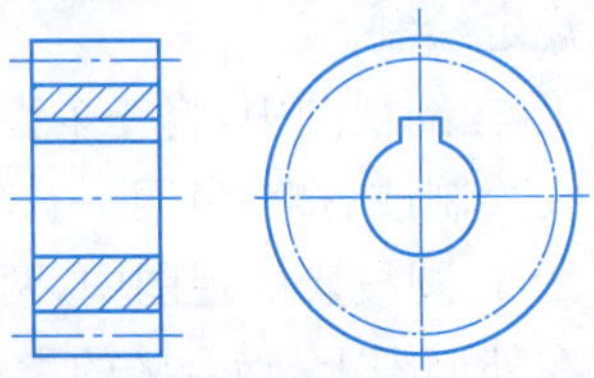

拓展练习

1. 完成齿轮参数计算。

已知一标准渐开线直齿圆柱齿轮；其齿顶圆直径 $d_{a1} = 100$ mm，齿数 $z_1 = 38$。现要求设计一个大齿轮与其相啮合，传动的安装中心距 $a = 112.5$ mm，试计算这对齿轮的主要参数及大齿轮的主要尺寸。

2. 完成齿轮的绘制。

(1) 使用 AutoCAD 2022 绘制出齿轮的两个视图，已知 $m = 3$ mm，$z = 20$，写出主要计算式。

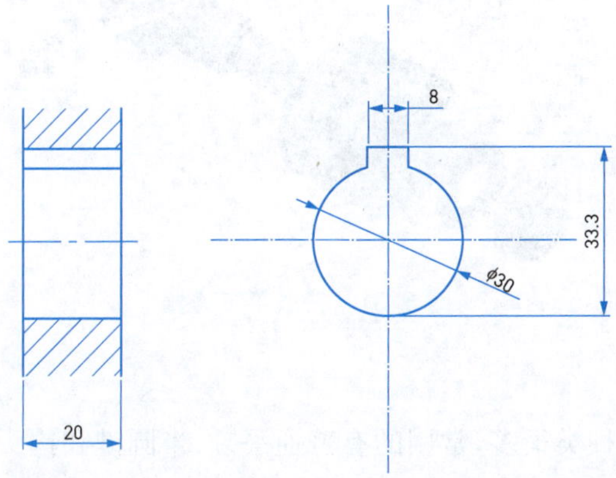

(2) 已知两标准直齿圆柱齿轮啮合，$m = 4$ mm，$z_1 = 20$，$z_2 = 35$，分别计算其齿顶圆、分度圆、齿根圆直径，并使用 AutoCAD 2022 绘制出其啮合图（比例 1∶2）。

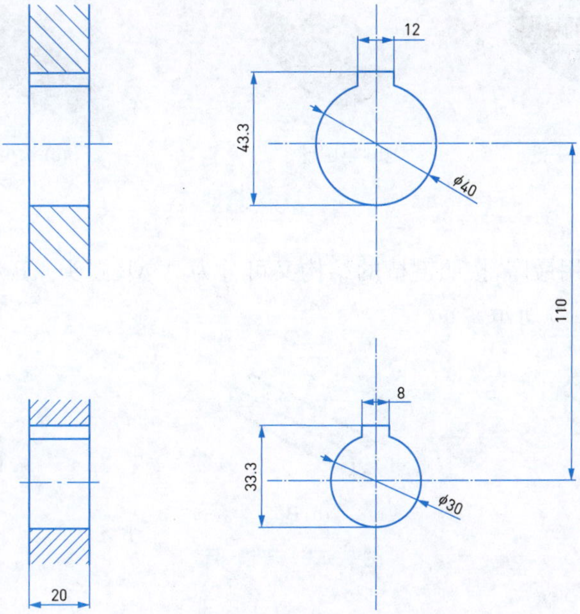

拓展知识

一、键连接

动画 21：键连接轴和齿轮

1. 应用

键连接用于轴与轴上零件（如齿轮、带轮等）间的轴向连接，以传递扭矩和运动。如图 5-31 所示为普通平键连接的情况。普通平键连接最为广泛，在轴和轮毂上分别加工出键槽，装配时先将键嵌入轴的键槽内，再将轮毂上的键槽对准轴上的键。此时有一部分键位于轴内，另一部分则在轮毂的键槽中，便可起到连接和传递扭矩的作用。

图 5-31　普通平键连接

2. 分类

键是标准件，键的种类很多，常用的有普通平键、半圆键和钩头楔键，如图 5-32 所示。使用时只需根据轴的直径查键的国家标准选取即可。

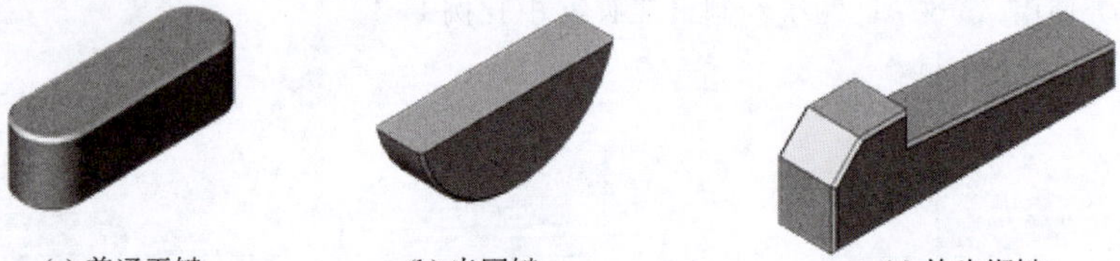

(a) 普通平键　(b) 半圆键　(c) 钩头楔键

图 5-32　常用键

普通平键的应用最广，按照键槽的结构又可分为 A 型（圆头）、B 型（方头）和 C 型（单圆头）三种，如图 5-33 所示。

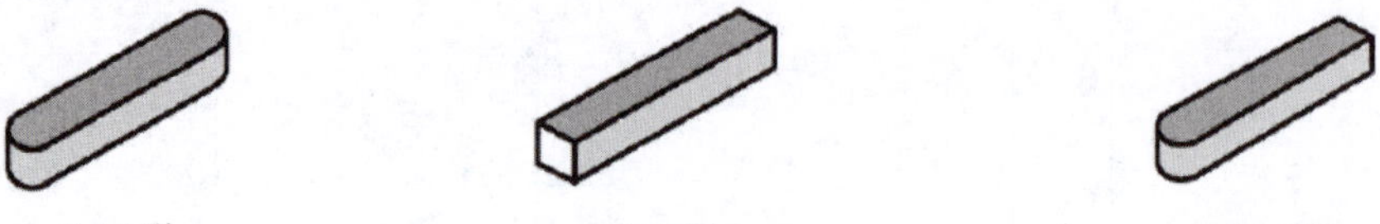

(a) A型　(b) B型　(c) C型

图 5-33　普通平键

3. 键的标记

规定标记：标准号 键 类型代号 $b \times h \times L$。

在键的标记中，类型代号为 A 型时，省略型号字母 A。

如：$b = 18$ mm，$h = 11$ mm，$L = 100$ mm 的 A 型普通平键标记为：

GB/T 1096—2003 键 18×11×100

又如：$b = 18$ mm，$h = 11$ mm，$L = 100$ mm 的 B 型普通平键标记为：

GB/T 1096—2003 键 B18×11×100

4. 键槽的画法与尺寸标注

键是标准件，不需要绘制零件图形，但是要绘制出零件上与键配合的键槽。键槽的型式和尺寸由选用的相应键而定，也应符合标准规定。键槽画法和尺寸标注如图 5-34 所示。

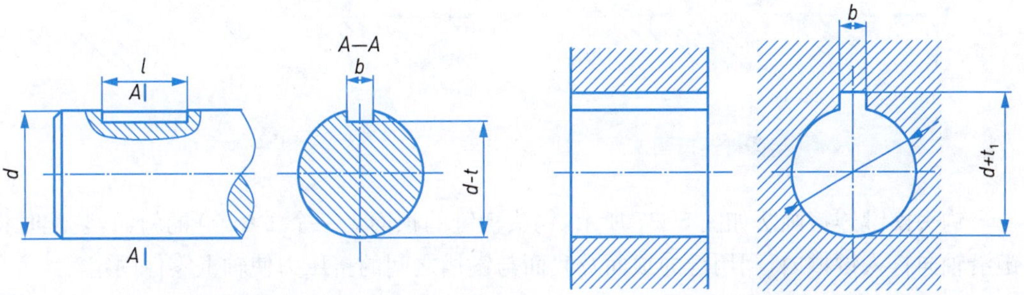

(a) 轴上键槽画法和尺寸标注　　(b) 轮毂上键槽画法和尺寸标注

图 5-34　键槽的画法和尺寸标注

设计或测绘时，键槽的宽度、深度和键的宽度、高度尺寸，可根据被连接的轴径在标准中查出。键和键槽的长度尺寸，应根据轮毂宽度，在标准系列当中选取(键长<轮毂宽)。

5. 键连接的画法

普通平键连接图如图 5-35 所示。绘图时应注意：

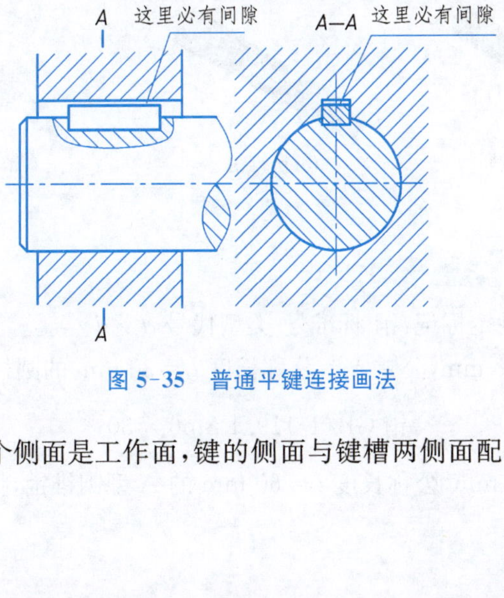

图 5-35　普通平键连接画法

① 普通平键的两个侧面是工作面，键的侧面与键槽两侧面配合，键底面与轴的键槽

底面接触，所以均只绘制一条线。

② 键顶面是非工作面，它和轮毂之间留有间隙，因此绘制两条线。

③ 键被纵向剖切时，键按不剖绘制；键按横向剖切时，则绘制出剖面线。

④ 倒角、圆角均省略不绘制。

半圆键连接画法如图 5-36 所示，画法与普通平键相同。半圆键常用于载荷不大的传动轴上。

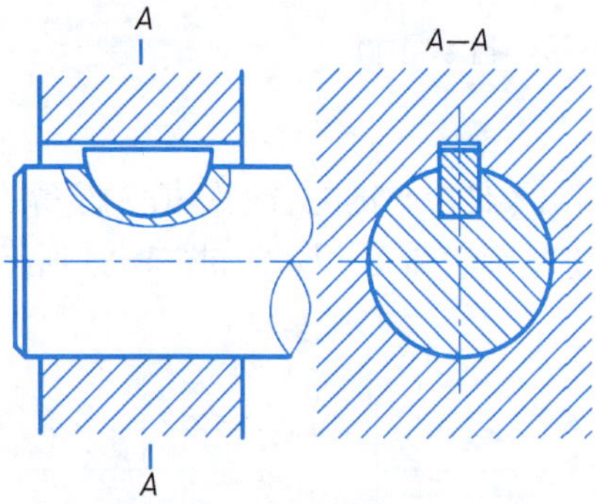

图 5-36　半圆键连接画法

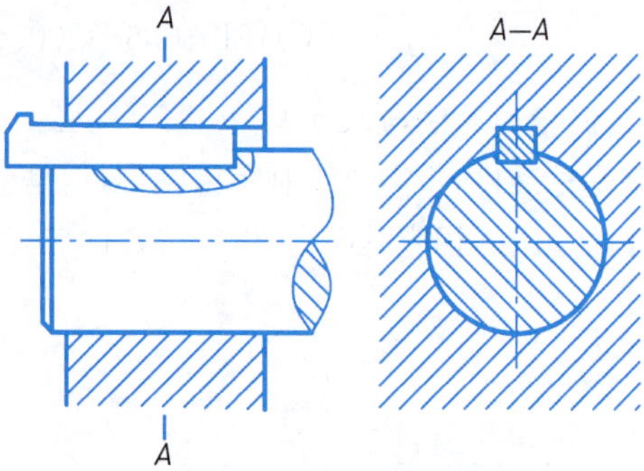

图 5-37　钩头楔键连接画法

钩头楔键连接画法如图 5-37 所示，钩头楔键的顶面为一个 1∶100 的斜面，装配时将键沿轴向打入键槽内，利用键的顶面及底面与键槽之间的挤压力使轴上零件固定。

二、销连接

1. 应用

销也是标准件，在机器设备中，主要用于零件间的定位、连接、锁定和防松。

2. 分类

常用的销有圆柱销、圆锥销、开口销等，如图 5-38 所示。圆柱销和圆锥销主要用于零件间的连接和定位，其中圆锥销用于精确定位；开口销常与槽型螺母配合使用，以防止螺母松动。

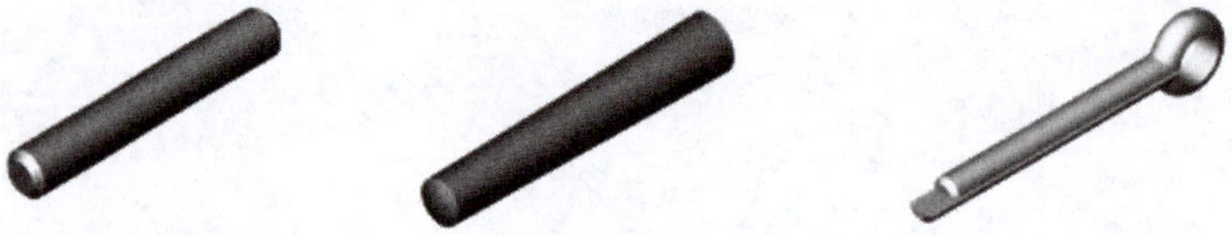

(a) 圆柱销　(b) 圆锥销　(c) 开口销

图 5-38　常用销

3. 销的标记

国家标准对销的规定标记：销 标准号 类型代号 $d \times l$。

如：公称直径 $d=8$ mm，公差 m6，公称长度 $l=30$ mm 的圆柱销，标记为

销 GB/T 119.1 8m6 × 30；

又如：公称直径 $d=10$ mm，公称长度 $l=60$ mm 的 A 型圆锥销，标记为

销 GB/T 117 A10×60。

圆锥销公称直径指小端直径。

4. 圆柱销和圆锥销的连接画法与尺寸标注

圆柱销和圆锥销的连接如图 5-39 所示。

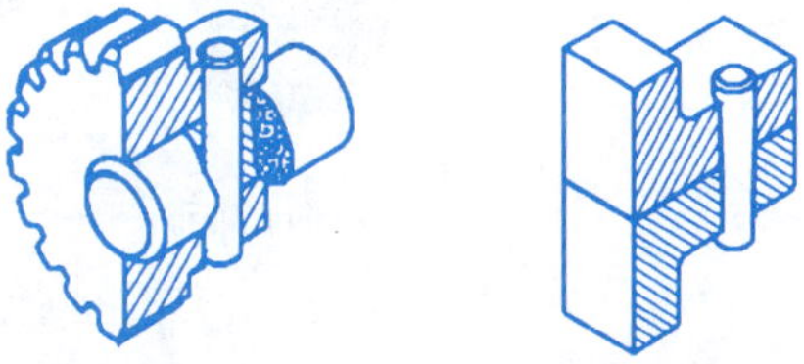

(a) 圆柱销连接　(b) 圆锥销连接

图 5-39　常用销

其连接画法如图 5-40 所示。绘图时应注意：

① 销在装配图中的画法应遵循装配图画法的有关规定，当剖切平面通过销的轴线时，销按不剖切绘制。

② 圆柱销孔为直孔，销两端不露出，孔采用一般直径标注，如图 5-40(a)所示。圆锥销孔为锥孔，销两端稍露头，锥销孔应采用如图 5-41 所示的旁注法标注尺寸。

③ 为了保证销连接的配合质量，被连接的两零件销孔必须在装配时一起加工。因此，在零件图上对销孔标注尺寸时，除了标注公称直径外，还须注明"与××件配作"。

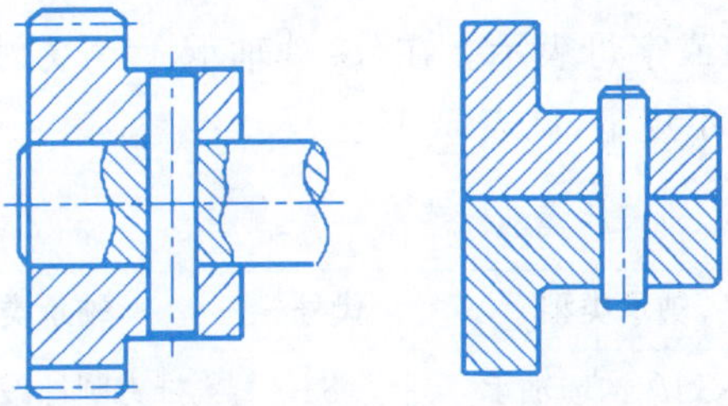

(a) 圆柱销连接画法　(b) 圆锥销连接画法

图 5-40　常用销连接画法

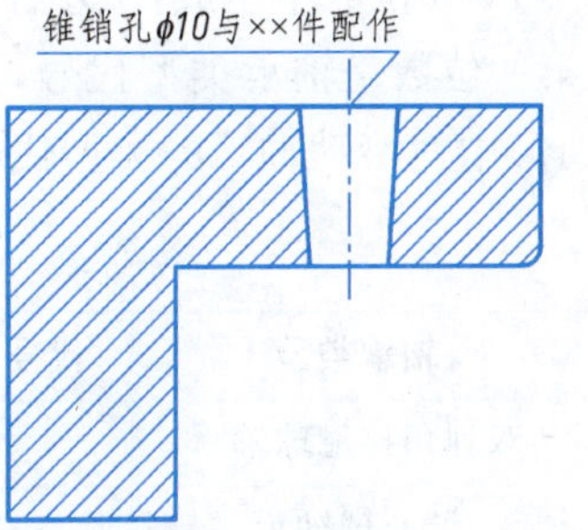

图 5-41　销孔的尺寸标注

三、滚动轴承

动画 22：滚动轴承的拆装

1. 应用

滚动轴承是一种支撑旋转轴的组件。它具有摩擦小、结构紧凑的优点，被广泛地使用在机器或部件中。滚动轴承也是标准件，由专门工厂生产。

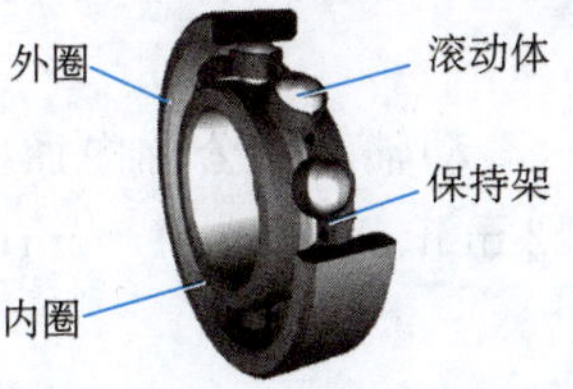

图 5-42　滚动轴承的结构

2. 结构形状和分类

滚动轴承通常由外圈、内圈、滚动体、保持架四部分组成，其基本结构如图 5-42 所示。

外圈：与孔座配合，静止不动；内圈：与轴配合，随轴转动；滚动体：在内、外圈直径的滚道中，一般做成球、圆柱、圆锥或滚针；保持架：用来均匀隔开滚动体。

滚动轴承按照可承受载荷的方向，分为以下三类：

① 向心轴承，主要承受径向载荷，如深沟球轴承，如图 5-43(a)所示。

② 推力轴承，主要承受轴向载荷，如推力球轴承，如图 5-43(b)所示。

③ 向心推力轴承，能同时承受径向和轴向载荷，如圆锥滚子轴承，如图 5-43(c)所示。

(a) 向心轴承　　(b) 推力轴承　　(c) 向心推力轴承

图 5-43　滚动轴承

3. 滚动轴承的代号

滚动轴承的代号由基本代号、前置代号和后置代号三部分组成，分别表明轴承的结构、尺寸、公差等级、技术性能等特征。

(1) 基本代号

滚动轴承的基本代号由轴承类型代号、尺寸系列代号和内径代号构成，一般由“×××××”5 位数字组成，从左往右数起，其含义如下。

① 第一位数是轴承类型代号，用数字或字母表示。在《滚动轴承 代号方法》(GB/T 272—2017)中对滚动轴承的类型代号进行了规定，见表 5-10。

表 5-10　滚动轴承的类型代号

代号	轴承类型	代号	轴承类型	代号	轴承类型
0	双列角接触球轴承	4	双列深沟球轴承	8	推力圆柱滚子轴承
1	调心球轴承	5	推力球轴承	N	圆柱滚子轴承
2	调心滚子轴承	6	深沟球轴承	U	外球面球轴承
3	圆锥滚子轴承	7	角接触球轴承	QJ	四点接触球轴承

② 第二、三位数是尺寸系列代号，用两位阿拉伯数字表示。其中第二位表示宽度系列(深沟球轴承为 0 省略)，第三位表示直径系列，即在内径相同时，有各种不同的外径和宽度。它反映了同种轴承在内圈孔径相同时，内外圈的宽度、厚度的不同及滚动体大小的不同。

③ 第四、五位数是内径代号，用两位阿拉伯数字表示。表示滚动轴承的公称内径。代号数字<04 时，即 00、01、02、03 分别表示内径 $d=10$ mm、12 mm、15 mm、17 mm；代号数字≥04 时，代号数字乘以 5，即为轴承内径。

示例：轴承型号为 51206

5　12　06

内径代号($d=6\times5=30$ mm)

尺寸系列代号(宽度系列代号为 1；直径系列代号为 2)

类型代号(推力球轴承)

（2）前置、后置代号

前置代号为字母，表示结构、尺寸的变化；后置代号为字母及数字，表示公差等级或结构变化。

具体可查阅滚动轴承国家标准。

4. 滚动轴承的画法

滚动轴承是标准件，一般不绘制零件图。在装配图中，也不必按照其真实尺寸完全绘制出，而是根据轴承代号查出外径 D、内径 d、宽度 B 等尺寸，绘制出轴承的外部轮廓，然后在此基础上按照规定绘图。

滚动轴承的画法有规定画法和简化画法两类，简化画法又分为通用画法和特征画法。当需要表达轴承的主要结构时，可将轴承的一半按规定画法绘制，否则采用简化画法即可。在同一图样中一般只采用一种画法。

表 5-11 所列是用通用画法、特征画法和规定画法绘制的滚动轴承视图。

表 5-11　滚动轴承的各种画法及尺寸比例

轴承类型	结构形式	滚动轴承在所属装配图的剖视图中的画法			承载特征
		通用画法	特征画法	规定画法	
深沟球轴承	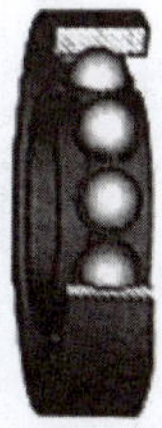		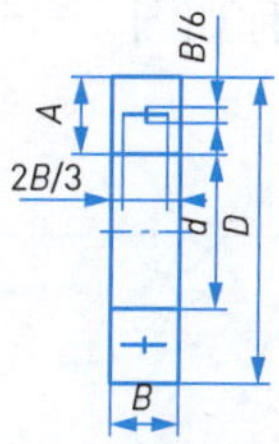	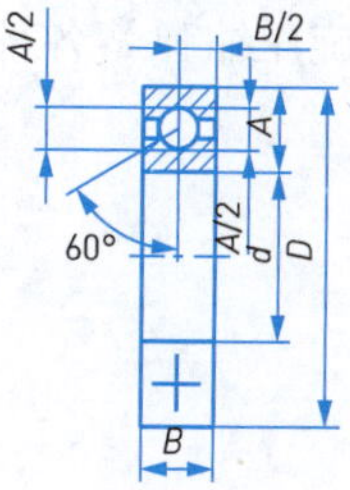	主要承受径向载荷
推力球轴承		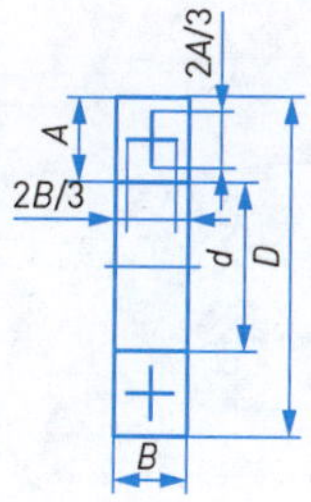	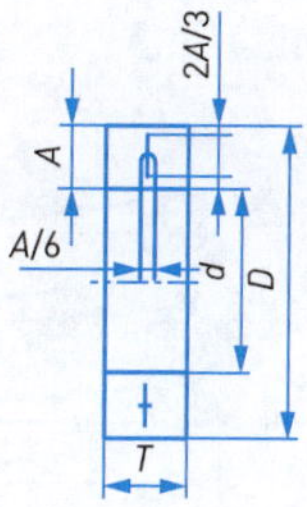	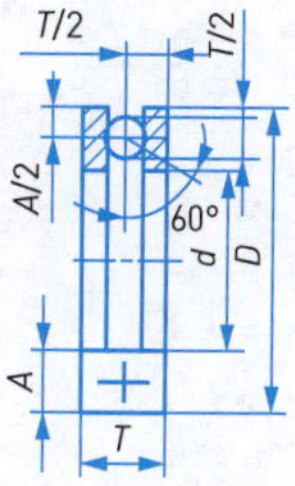	承受单方向的轴向载荷
圆锥滚子轴			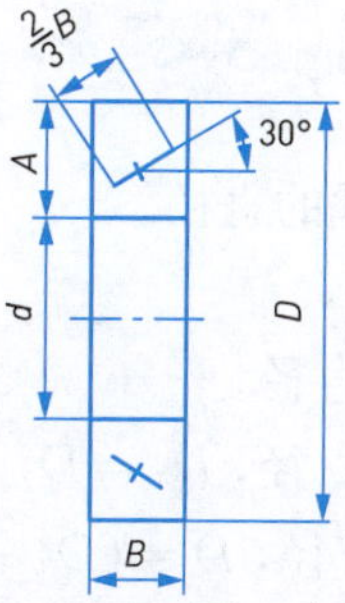	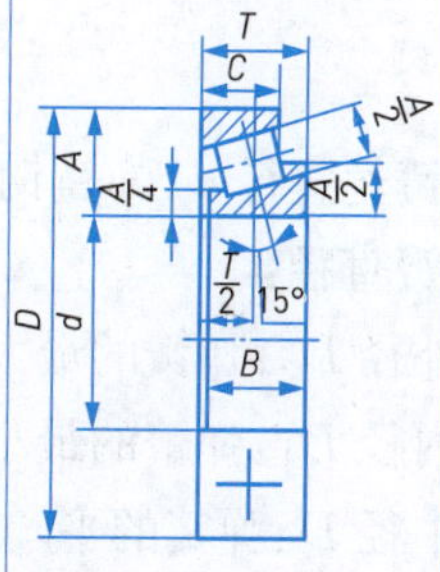	可同时承受径向和轴向载荷

四、弹簧

1. 应用

弹簧是一种常用件，具有功、能转换的特性，常用于机器、车辆、仪表中，主要起减振、夹紧、测力、复位、调节、储存能量等作用，其特点是除去外力后，能立即恢复原状。

2. 分类

弹簧的种类很多，常见的有圆柱螺旋弹簧、板弹簧、平面涡卷弹簧等。其中最常见的是圆柱螺旋弹簧，它又分为压缩弹簧、拉伸弹簧和扭转弹簧，如图 5-44 所示。

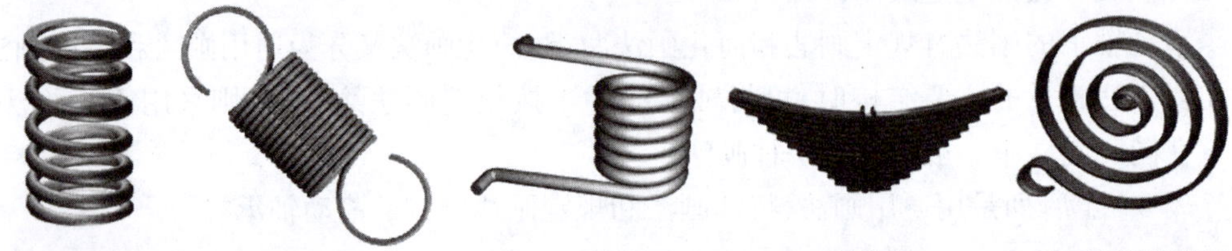

(a) 压缩弹簧　(b) 拉伸弹簧　(c) 扭转弹簧　(d) 板弹簧　(e) 平面涡卷弹簧

图 5-44　常用弹簧的种类

3. 圆柱螺旋压缩弹簧各部分名称及尺寸计算

圆柱螺旋压缩弹簧各部分名称如图 5-45 所示。

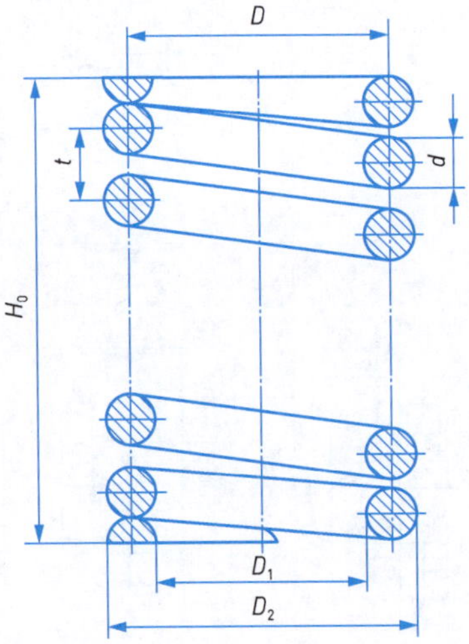

图 5-45　弹簧各部分名称

① 弹簧丝直径 d：弹簧钢丝的直径。

② 弹簧直径：

弹簧外径 D_2：弹簧的最大直径。

弹簧内径 D_1：弹簧的最小直径，$D_1=D_2-2d$。

弹簧中径 D：弹簧的平均直径，$D=(D_1+D_2)/2=D_1+d=D_2-d$。

③ 节距 t：相邻两有效圈截面中心线的轴向距离。

④ 圈数。

支承圈数 n_2：为了保证弹簧在被压缩时受力均匀，使中心线垂直于支撑面，通常将弹簧的两端并紧、磨平。并紧、磨平的各圈仅起支承作用，称为支承圈。这一部分的圈数称为支承圈数。常见的支承圈数有 1.5 圈、2 圈和 2.5 圈三种，其中 2.5 圈用得最多。

有效圈数 n：除支承圈数外的保持相同节距的圈数。

总圈数 n_1：支承圈数和有效圈数之和，即 $n_1 = n_2 + n$。

⑤ 自由高度 H_0：弹簧无负荷时的高度。

⑥ 展开长度：弹簧丝展开的长度，按螺旋线展开可得 $L = n\sqrt{(\pi D)^2 + t^2}$。

⑦ 旋向：螺旋弹簧分为右旋和左旋两种。

4. 圆柱螺旋压缩弹簧的画法

(1) 螺旋弹簧的规定画法

可采用视图、剖视图(图 5-45)和示意图三种形式绘图，应注意以下三点：

① 在平行于螺旋弹簧轴线的视图中，其各圈的外形轮廓应绘制成直线。

② 有效圈数在四圈以上的螺旋弹簧，可在每一端只绘制 1～2 圈(支承圈除外)，中间各圈只需用通过簧丝断面中心的细点画线连起来，且允许适当缩短图形长度，但应注明弹簧设计要求的自由高度。

③ 螺旋压缩弹簧如要求两端并紧且磨平时螺旋弹簧均可绘制成右旋，但对于左旋弹簧不论绘制成左旋与否，一律要注出旋向符号“LH”。

(2) 装配图中弹簧的简化画法

① 在装配图中，弹簧被看作实心物体，弹簧后面被挡住的零件轮廓不必绘制出。弹簧可以只绘制弹簧丝端面，如图 5-46(a)所示。

② 在装配图中，被剖切后的簧丝直径在图形上等于或小于 2 mm 时，可采用涂黑表示，且各圈的轮廓线不绘制，如图 5-46(b)所示；也允许用示意图绘制，如图 5-46(c)所示。

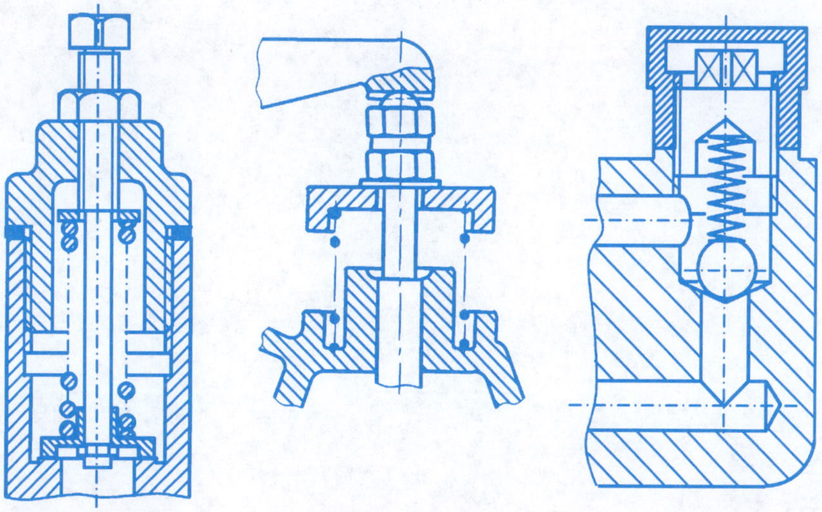

(a) 只画弹簧丝端面　(b) 涂黑表示　(c) 示意图绘制

图 5-46　装配图中弹簧的画法

第二篇

机械零件图与装配图模块

学习情境六

识读与绘制零件图

情境概述

零件是组成机器的最小单元。零件分为标准件和非标准件(包括常用件),标准件的结构、大小均已标准化,非标准件则需要根据零件图进行加工制造。本情境主要介绍机器中各类典型零件的结构特点、表达方法、尺寸标注和技术要求等内容,为识读与绘制零件图提供理论依据和方法指导。

学习目标

- 熟悉轴类、盘盖类及箱体类零件的结构特点和表达方法;
- 能正确标注零件图中的尺寸及技术要求;
- 掌握读零件图的方法,能读懂中等复杂程度的零件图;
- 能应用 AutoCAD 绘制零件图。

教学目标

通过对零件图基本绘图和读图方法的学习,树立“只有把好图样质量关,才能生产出高质量”的产品意识。逐步加强对学生的表达能力和绘图能力培养,培养学生严格执行国家标准要求,一丝不苟、精益求精、遵纪守法的职业素养。帮助学生在零件生产过程中树立经济效益观念,养成严格遵守日常的行为准则、执业规范和职业道德的良好习惯。

任务一 识读与绘制轴类零件图

子任务一 识读铣刀头主轴零件图

学习任务单

<table>
<tr><td>任务名称</td><td>识读铣刀头主轴零件图</td></tr>
<tr><td>任务描述</td><td>如图 6-1 所示为铣刀头主轴零件图，识读其结构、形状、大小和加工要求。

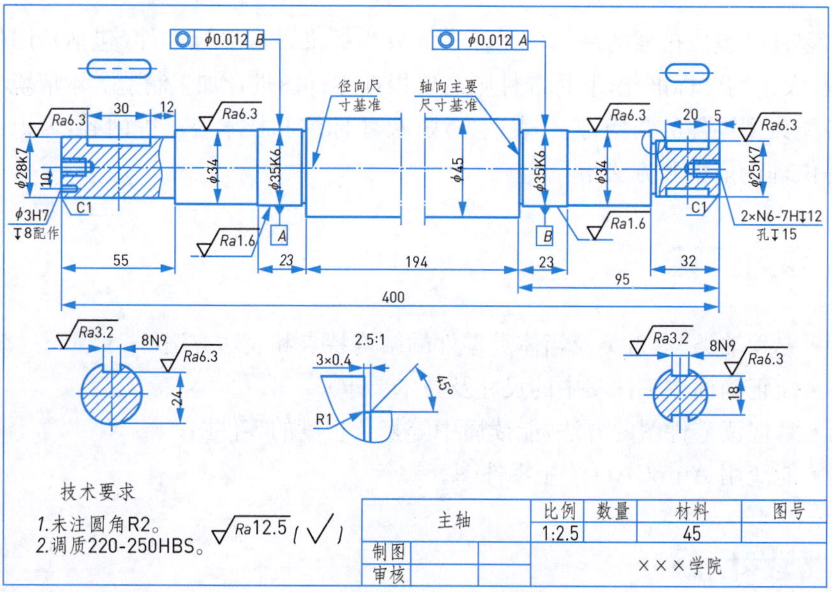

图 6-1 铣刀头主轴零件图</td></tr>
<tr><td>任务分析</td><td>零件图是加工零件的依据，它通过一组视图表达零件的结构形状，通过尺寸反映零件的大小，通过技术要求传递加工信息。识读零件图就是要根据零件在机器或部件中所起的作用及其与相邻零件的关系，读懂零件的结构、形状和大小，弄清其技术要求等。</td></tr>
<tr><td>成果展示与评价</td><td>各组成员相互配合，通过小组讨论读懂给定的轴套类零件图，自评或小组互评后由教师综合评定成绩，并填写评定表(表 6-1)。
表 6-1 识读铣刀头主轴零件图任务评定表
<table>
<tr><th>能力目标</th><th>相关知识</th><th>权重</th><th>自测分数</th><th>教师评分</th></tr>
<tr><td>了解相关知识</td><td>零件图在工程图中的作用</td><td>20 分</td><td></td><td></td></tr>
</table>
</td></tr>
</table>

（续表）

	能力目标	相关知识	权重	自测分数	教师评分
成果展示与评价	熟练掌握知识点	(1) 零件图的内容； (2) 轴类零件的表达； (3) 零件图中的尺寸及技术要求	30 分		
	应用知识分析案例	轴类零件图中的尺寸及技术要求的标注正确性	50 分		

知识概述

一、零件图概述

1. 零件图与装配图的作用和关系

零件图表示零件的结构、形状、大小和有关技术要求，是加工零件的依据。装配图表示机器或部件的工作原理、零件间的装配关系和技术要求，是装配部件的依据。在产品设计过程中，一般先绘出装配图，再根据装配图绘制零件图。零件与部件、零件图与装配图之间关系密切，表达零件或识读零件图时应从部件或装配图入手，识读装配图时也要结合其主要零件的零件图。如图 6-2 所示为铣刀头的装配轴测图，铣刀头是安装在铣床上的一个部件，用来安装铣刀盘。当动力通过 V 带轮带动轴转动，轴带动铣刀盘旋转，对工件进行平面铣削加工。轴通过滚动轴承安装在座体内，座体通过底板上的四个沉孔安装在铣床上。

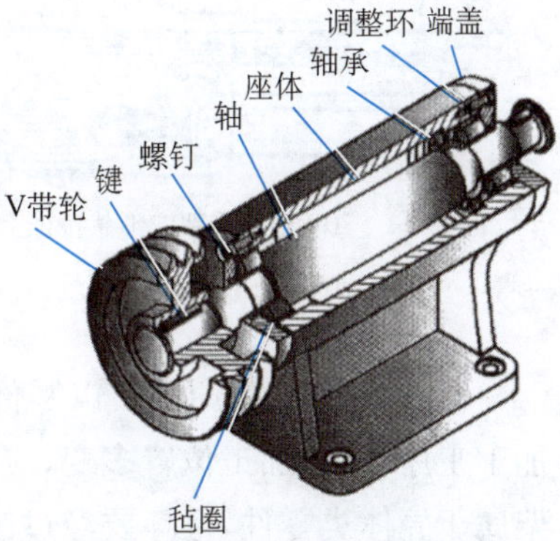

图 6-2　铣刀头的装配轴测图

2. 零件图的内容

如图 6-1 所示，一张完整的零件图应包括如下内容。

① 一组视图。选用一组适当的视图，如剖视图、断面图等，将零件的内、外形状正确、完整、清晰地表达出来。

② 完整的尺寸。正确、完整、合理地标注零件在制造和检验时所需要的全部尺寸。

③ 技术要求。用规定的符号、代号、标记和文字说明等简要地给出零件在制造、检验时所应达到的各项技术指标与要求，如尺寸公差、几何公差、表面结构和热处理要求等。

④ 标题栏。填写零件名称、材料、比例、图号以及制图、审核人员的责任签字等。

二、零件图的视图选择

选择零件的视图，应以能表达清楚零件的形状和结构为原则，同时使视图数量最少，遵循"方便看图为主，绘图简便为辅"的原则。

1. 主视图的选择

主视图是零件图的核心，它的选择一般应遵循以下原则。

①“形状特征”原则。以最能反映零件形状特征的方向作为主视图的投射方向，即从此方向观察零件能显示出最多的结构形状和各形体间的相对位置关系，如图 6-3(a)所示。

②“加工位置”原则。为便于加工时看图，以零件的主要加工工序中的装夹位置来确定零件的位置。如轴类零件主要是在车床和磨床上进行加工，零件的轴线应水平放置，如图 6-3(b)所示。

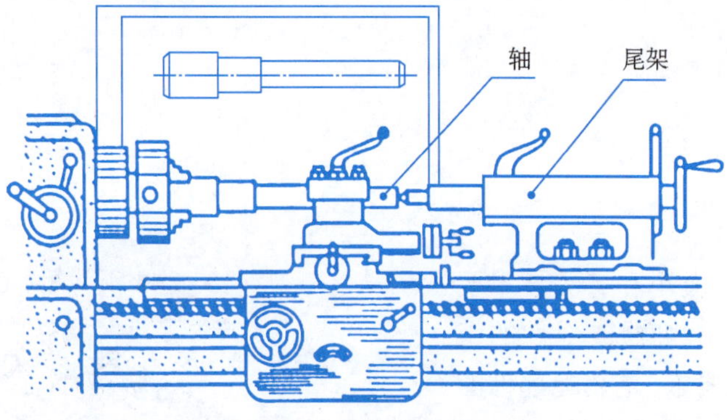

(a) 轴与尾架的形状特征与相对位置

(b) 轴的加工位置

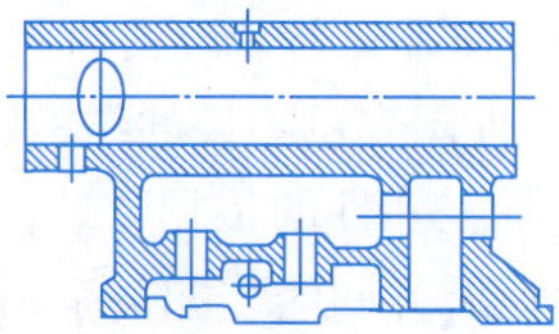
(c) 尾架的工作位置

图 6-3　主视图的选择

③“工作位置”原则。以零件在机器中工作时的位置来确定零件的位置。此类零件加工工序复杂，加工位置多变，应按工作位置来确定零件的位置。如图 6-3(c)所示的尾架属于壳体类零件，毛坯要经过刨、铣、钻、镗等多道工序加工，主视图的选择应遵循“工作位置”原则。

④“习惯位置”原则。由于机器中的某些运动件无固定位置，零件需经多道不同加工位置的工序加工，此时，往往在满足“形状特征”原则的前提下，按“习惯位置”原则放置。另外，还应考虑图纸的合理利用。

2. 其他视图的选择

主视图确定之后，要分析该零件还有哪些结构形状未表达清楚，再考虑如何将主视图上未表达清楚的部分用其他视图来表达，并使每个视图都有表达重点。在选择视图时，首先考虑看图方便，优先选择基本视图。其次，在充分表达清楚零件结构的前提下，尽量减少视图数量，力求制图简便。如图 6-4 所示，主视图投射方向符合工作位置，反映了支架的主要形状特征和圆筒、安装板、连接板之间的相对位置。另外，为表达支架各组成部分前后方向的相对位置及圆筒和安装板上孔的结构，采用了局部剖的俯视图；为表达安装板左端面的形状，采用了 *A* 向局部视图；为表达 T 形连接板的形状，采用了移出断面图。

三、零件图的尺寸标注

零件图中的尺寸是加工和检验零件的依据，是零件图的主要内容之一。零件图的尺寸标注，除了要正确、完整和清晰外，还要考虑标注尺寸的合理性。标注尺寸的合理性是指所注尺寸既要满足设计使用要求，又要符合工艺要求，便于零件的加工测量。

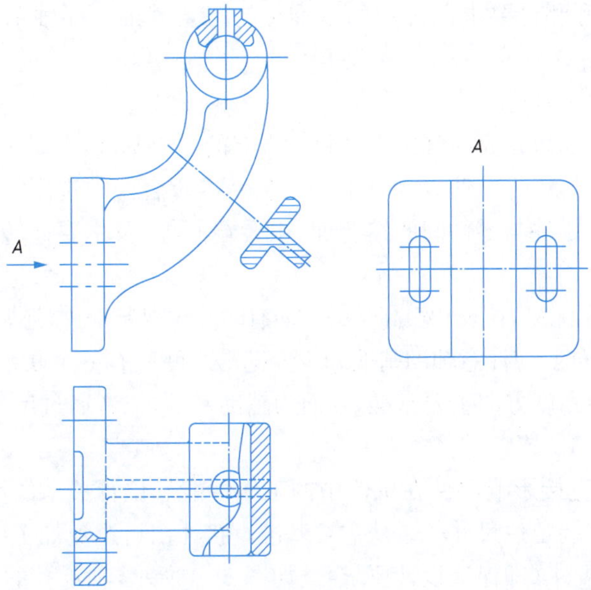

图 6-4　其他视图的选择

1. 合理选择尺寸基准

标注零件图尺寸时，必须首先选择尺寸基准，而尺寸基准的选择应符合零件的设计要求并便于加工和测量。

1）设计基准和工艺基准

根据零件的结构和设计要求而确定的基准称为设计基准，如图 6-5 所示的轴承座，选择底面为高度方向的设计基准，左右对称平面为长度方向的设计基准。

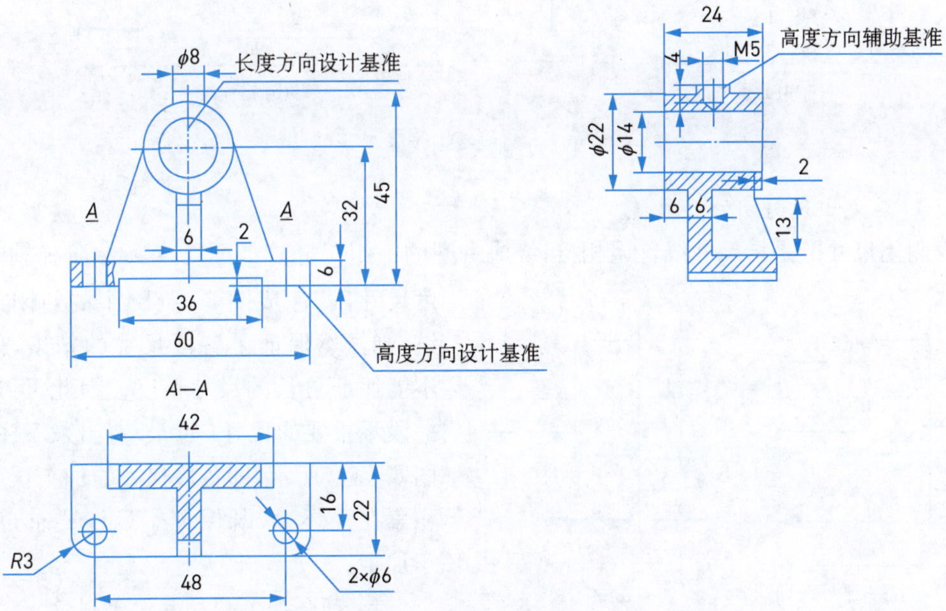

图 6-5　尺寸基准的选择

根据零件加工和测量要求而确定的基准称为工艺基准。如轴承座底面既是设计基准,又是工艺基准。

2) 主要基准和辅助基准

标注零件图尺寸时,首先应确定零件每一方向的主要基准,即确定零件的主要尺寸基准。确定主要基准时,应尽量使设计基准和工艺基准重合。常选用零件上一些重要的面(安装底面、对称面、零件与零件间的结合面、主要端面等)及主要回转体的轴线等为主要基准。

为了便于加工和测量,在长、宽、高某一方向有时除主要基准外,还常常选取一些辅助基准。在确定辅助基准时,应注意辅助基准和主要基准之间应有一个联系尺寸。如图 6-5 所示,以轴承座底面为高度方向主要基准,顶面为辅助基准,二者通过尺寸 45 相联系。

2. 直接注出主要尺寸

主要尺寸是指直接影响零件在机器中的工作性能和位置关系的尺寸,如零件之间的配合尺寸、重要的安装定位尺寸等。从主要基准直接注出可避免加工误差的积累,保证尺寸精度以满足装配要求(即保证设计要求)。如图 6-6 所示,轴承孔的中心高尺寸 a 应以底面为基准直接注出,不能用 b、c 两个尺寸之和代替。同理,底板上两个安装孔的中心距 l 应直接注出,不应注成两个 e。

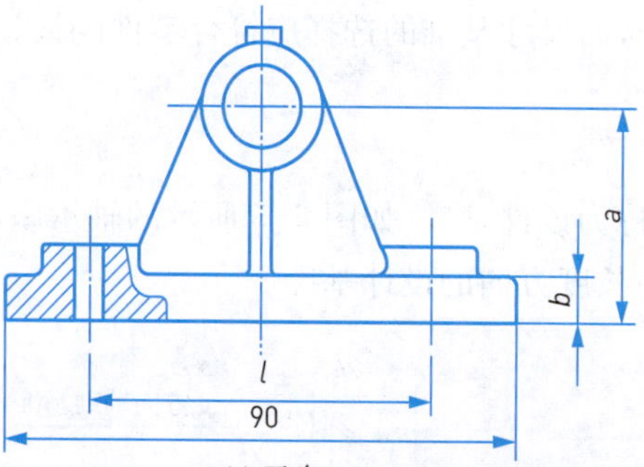

(a) 正确

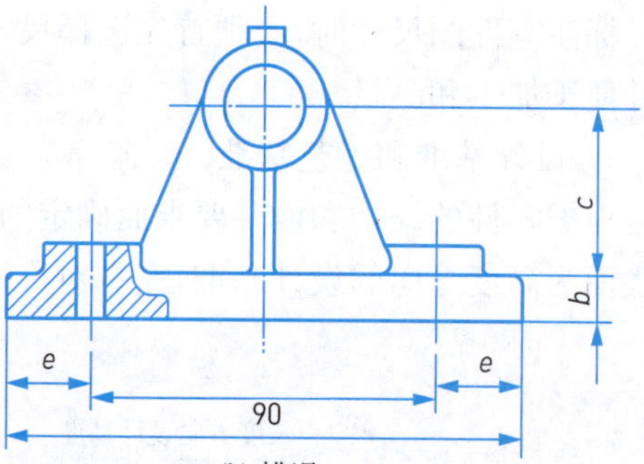

(b) 错误

图 6-6 直接注出主要尺寸

3. 避免出现封闭的尺寸链

封闭尺寸链是指尺寸线首尾相接,绕成一圈的一组尺寸。如图 6-7 所示阶梯轴的长度尺寸,若注成图 6-7(b)中的封闭尺寸链,则虽然保证了各段尺寸的精度,但是不能保证总长的尺寸精度。因此,可选择一段不重要的尺寸(如 l_1)空出来不注,如图 6-7(a)所示,即各段尺寸的加工误差都积累在开环上,既保证了设计要求,又便于加工。

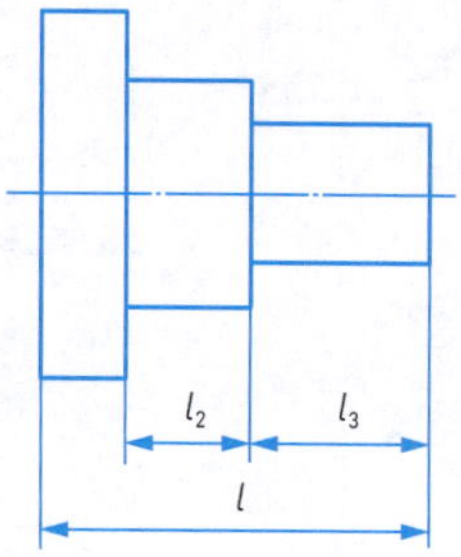

(a) 合理

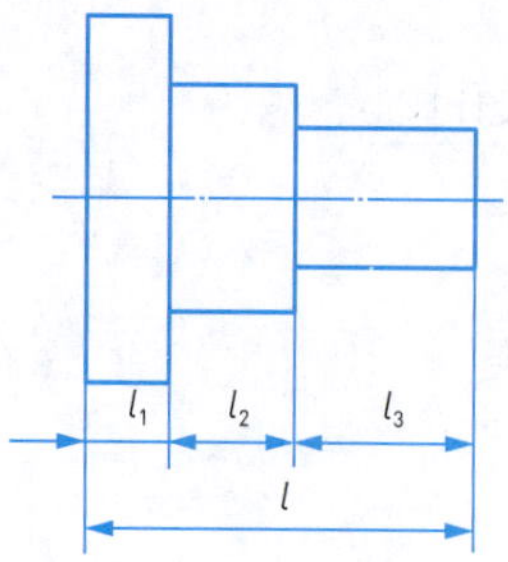

(b) 不合理

图 6-7 尺寸标注应避免出现封闭的尺寸链

4. 符合加工顺序且便于测量

按零件的加工顺序标注尺寸,便于看

图和测量，有利于保证加工精度。如图 6-8 所示为退刀槽的尺寸标注，如图 6-9 所示为阶梯孔的尺寸标注。

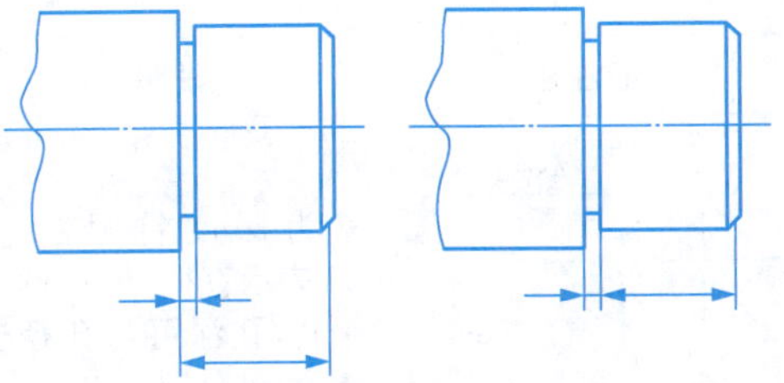

(a) 合理　　(b) 不合理

图 6-8　退刀槽的尺寸标注

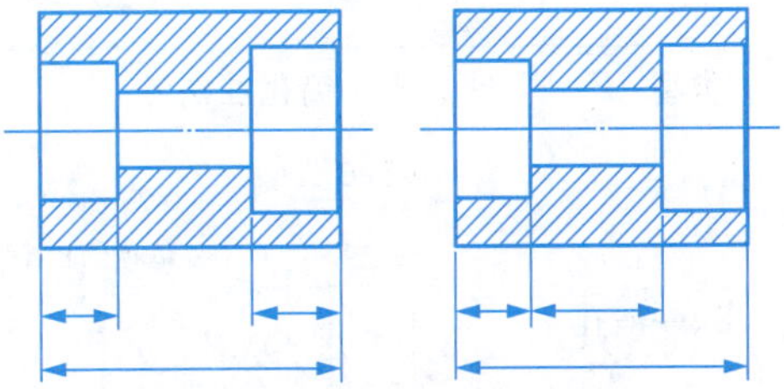

(a) 合理　　(b) 不合理

图 6-9　阶梯孔的尺寸标注

5. 零件上常见工艺结构的尺寸注法

1）倒角和圆角

为了便于装配，轴和孔的端部通常加工成倒角；为避免应力集中而产生裂纹，轴肩处应加工成圆角。倒角和圆角的尺寸标注如图 6-10(a)所示。

2）退刀槽

在车削螺纹时，为了便于退出刀具，常在零件的待加工表面的末端车出螺纹退刀槽。退刀槽一般按“槽宽×槽深”或“槽宽×直径”的形式标注，如图 6-10(b)所示。

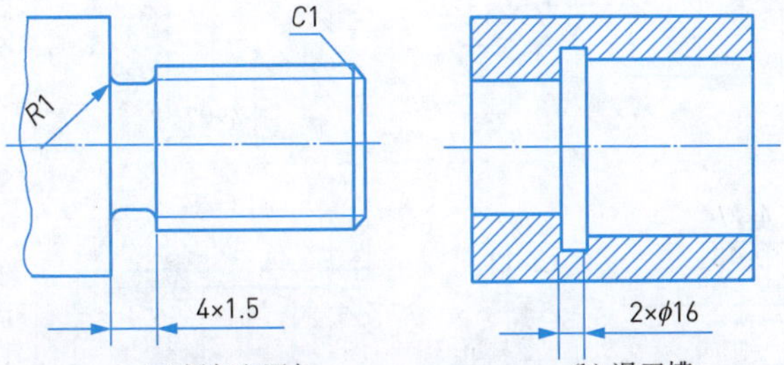

(a) 倒角和圆角　　(b) 退刀槽

图 6-10　倒角、圆角和退刀槽的尺寸标注

3）凸台或凹坑、凹槽

零件间的接触面都要加工，为了减少加工面，并保证两零件的表面接触良好，常将两零件的接触面做成凸台或凹坑、凹槽等结构，如图 6-11 所示。

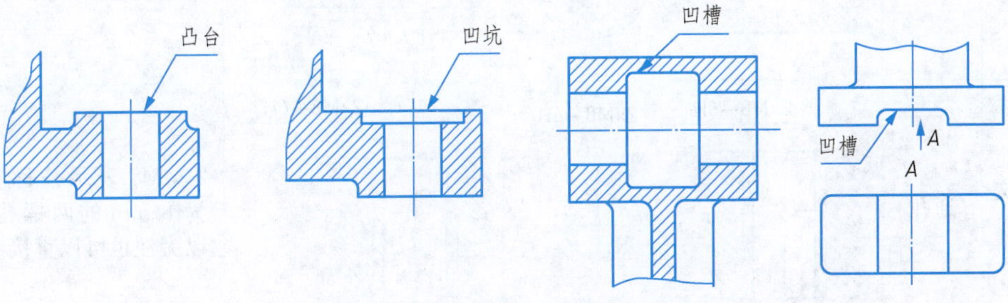

图 6-11　凸台或凹坑、凹槽的表达

4）常见孔

常见孔（光孔、沉孔、螺纹孔）的尺寸注法见表 6-2。

表 6-2　常见孔（光孔、沉孔、螺纹孔）的尺寸注法

类型		简化注法	一般注法	说明
光孔	一般孔	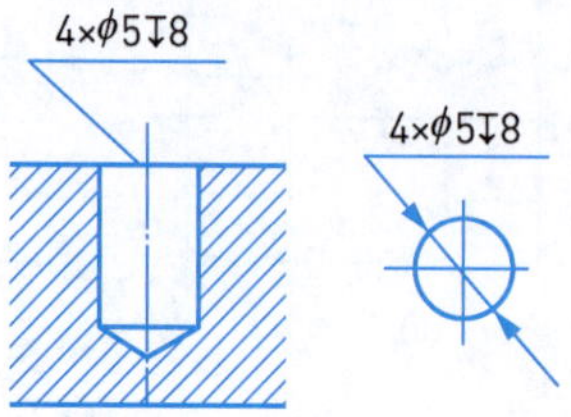	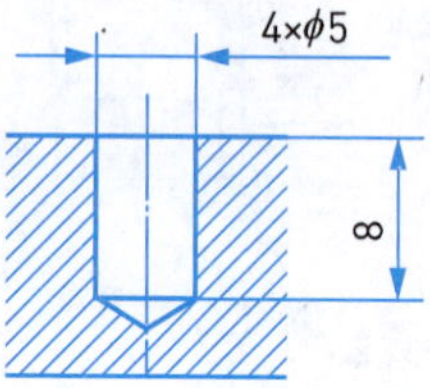	↧为深度符号，4×ϕ5 表示直径 5 mm 的四个孔，孔深可与孔径连注，也可分别注出
	锥孔	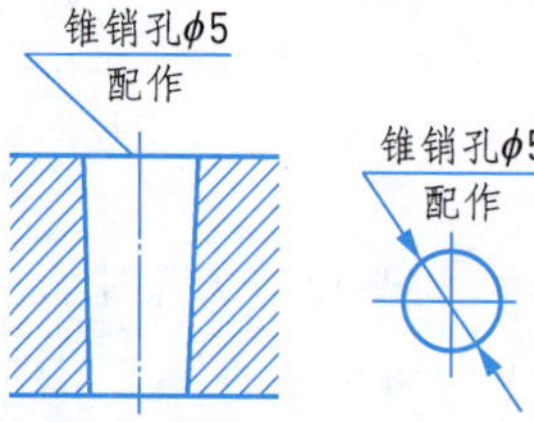	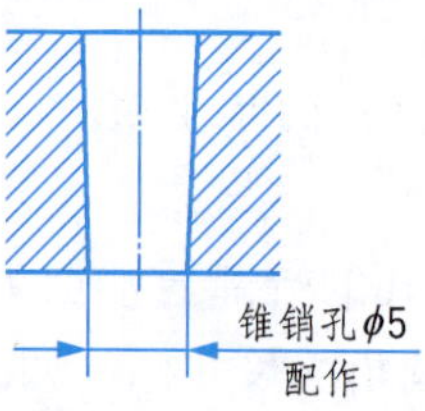	ϕ5 为与锥销孔相配的圆锥销小端直径，锥销孔通常是两个零件装在一起加工的
沉孔	锥形沉孔	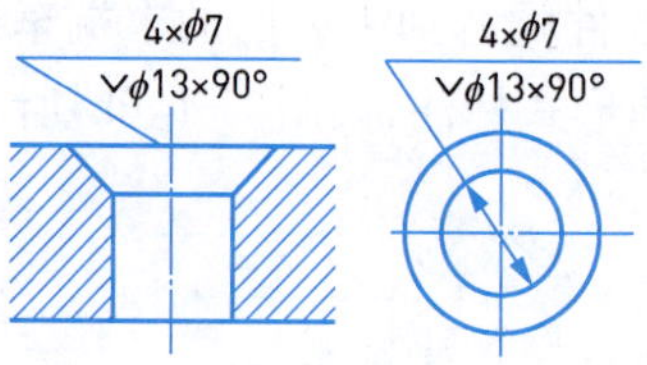	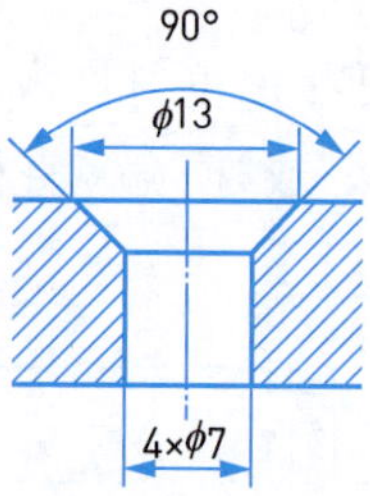	⌵为埋头孔符号，4×ϕ7 表示直径为 7 mm 的四个孔，锥形沉孔可以旁注，也可直接注出
	柱形沉孔	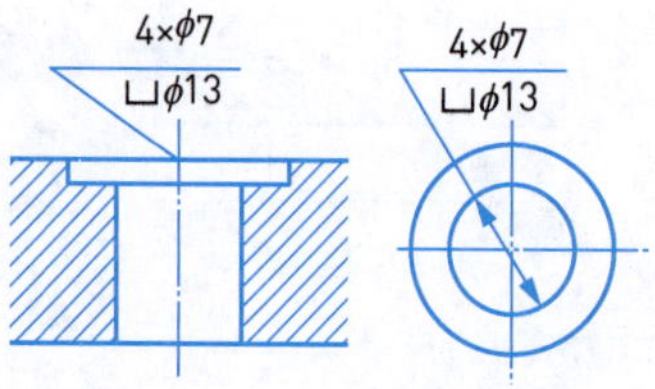	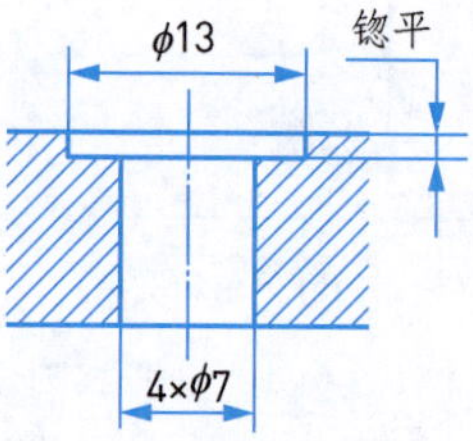	⌴为沉孔或锪平符号，柱形沉孔的直径为 13 mm，深度为 3 mm，均需标注
	锪平沉孔	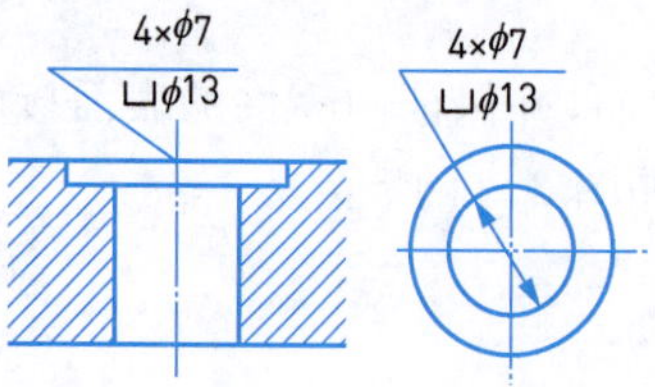	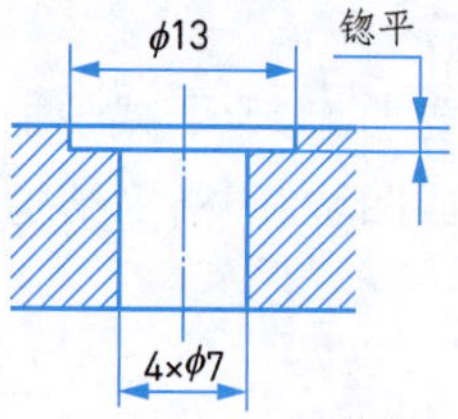	锪平面 ϕ13 mm 的深度不必标注，一般锪平到不出现毛面为止
螺纹孔	通孔	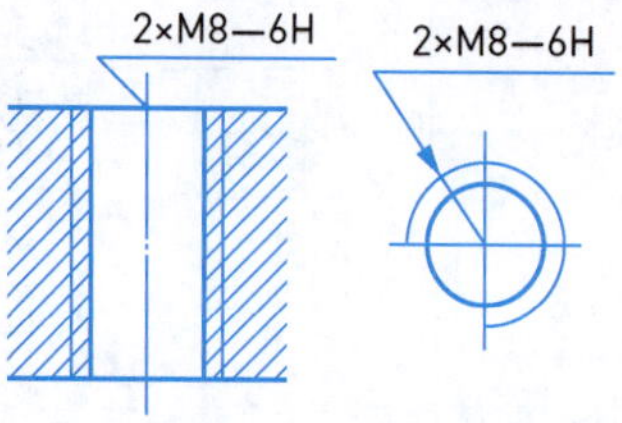	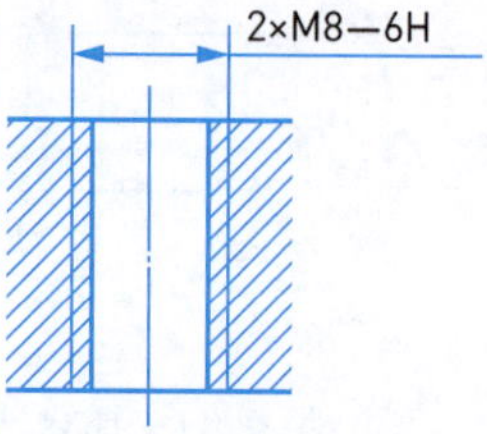	2×M8 表示公称直径为 8 mm 的两螺孔，可以旁注也可以直接注出

（续表）

类型		简化注法	一般注法	说明
螺纹孔	不通孔	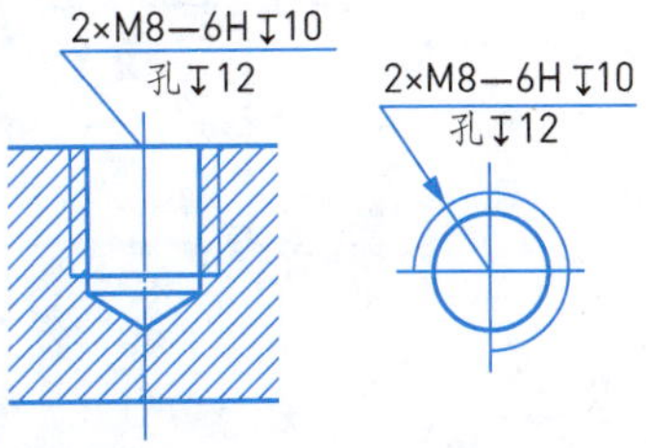	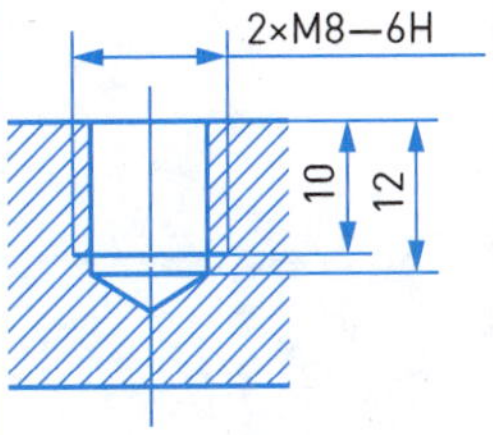	一般应分别注出螺纹和钻孔的深度尺寸

四、零件图中的技术要求

技术要求主要指对产品提出的在制造、检验、使用、维修及生命周期过程中的质量要求及其他一些相关要求，主要包括产品几何技术规范（GPS）、材料处理、工艺程序、检验、生命周期、质量要求、其他要求等，对保证产品质量极其重要。机械图样中的技术要求主要指产品几何技术规范，包括尺寸公差与配合、几何公差和表面结构的表示法三部分内容。

1. 尺寸公差与配合

1）零件的互换性

在一批规格和型号相同的零件中任取一件，不经任何修配就能顺利地装配使用，并能达到规定的技术性能要求，零件所具有的这种性质称为零件的互换性。具有互换性的零件，既能保证产品质量的稳定性，又便于实现高效率的专业化生产，还能满足生产部门广泛协作的要求，方便设备的使用、维修。

2）极限与配合

在实际生产中，零件的尺寸是不可能绝对精确的，为了使零件具有互换性，就必须对零件尺寸限定一个变动范围，这个范围既要保证相互结合的零件之间形成一定的尺寸关系，以满足不同的使用要求，又要使制造成本经济合理，这就形成了极限制（经标准化的公差与偏差制度）和配合制（同一极限制的孔和轴组成的一种配合制度）。

3）尺寸公差

在实际生产中，零件的尺寸不可能加工得绝对准确，而是允许零件的实际尺寸在一个合理的范围内，这个允许的尺寸变动量就是尺寸公差。如图 6-12 所示，$\phi 50$ 孔的尺寸公差为 0.025。

（1）公称尺寸与极限尺寸

公称尺寸是指由图样规范确定的理想形状要素的尺寸，如 $\phi 50$；极限尺寸是指尺寸要素允许的尺寸的两个极端；上极限尺寸是指尺寸要素允许的最大尺寸；下极限尺寸是指尺寸要素允许的最小尺寸。

（2）极限偏差与尺寸公差

极限偏差是指极限尺寸减去公称尺寸所得的代数差，分为上极限偏差和下极限偏差。其中，上极限偏差是指上极限尺寸减去其公称尺寸所得的代数差；下极限偏差是指下极限尺寸减去其公称尺寸所得的代数差。尺寸公差是指上极限尺寸与下极限尺寸之差，或上极限偏差与下极限偏差之差，它是允许的尺寸变动量。

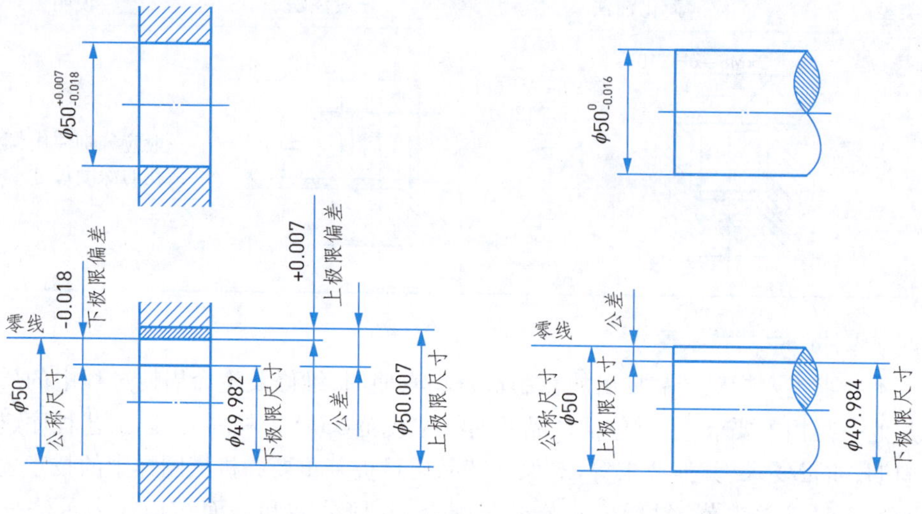

(a) 孔　　(b) 轴

图 6-12　尺寸公差基本术语

(3) 公差带

为了便于分析和计算，将孔和轴的尺寸公差用公差带图表示。在公差带图解中，由代表上极限偏差和下极限偏差或上极限尺寸和下极限尺寸的两条直线所限定的一个区域称为公差带。它是由公差大小和其相对零线的位置（如基本偏差）来确定的，如图 6-13 所示。

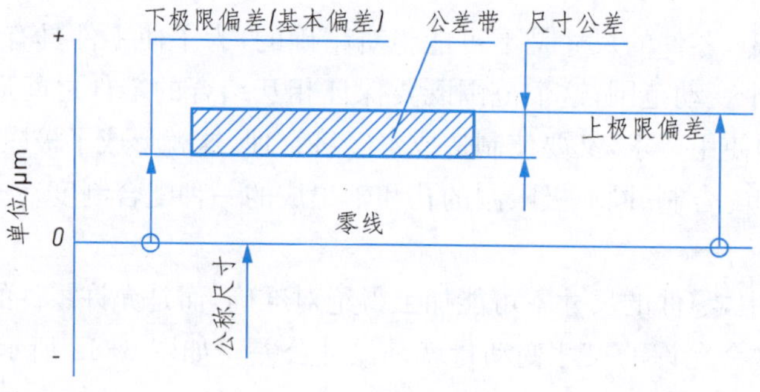

图 6-13　公差带图解

(4) 标准公差与基本偏差

标准公差是极限与配合制中所规定的用以确定公差带大小的任一公差。标准公差等级分为 20 级，其代号用符号 IT 和数字组成，如 IT00，IT01，IT1，…，IT18。从 IT00 至 IT18 等级依次降低，对应的标准公差数值依次增大。

确定公差带相对零线位置的那个极限偏差称为基本偏差。孔的基本偏差用 A，…，ZC 表示，轴的基本偏差用 a，…，zc 表示，孔、轴基本偏差代号各有 28 个，如图 6-14 所示。其中，基本偏差 H 代表基准孔，h 代表基准轴。

(5) 公差带代号

孔、轴的尺寸公差可用公差带代号表示，公差带代号用基本偏差的字母和公差等级数字表示，如 H8 为孔公差带、f7 为轴公差带。由公称尺寸和公差带代号可查表确定孔和轴的上、下极限偏差值。

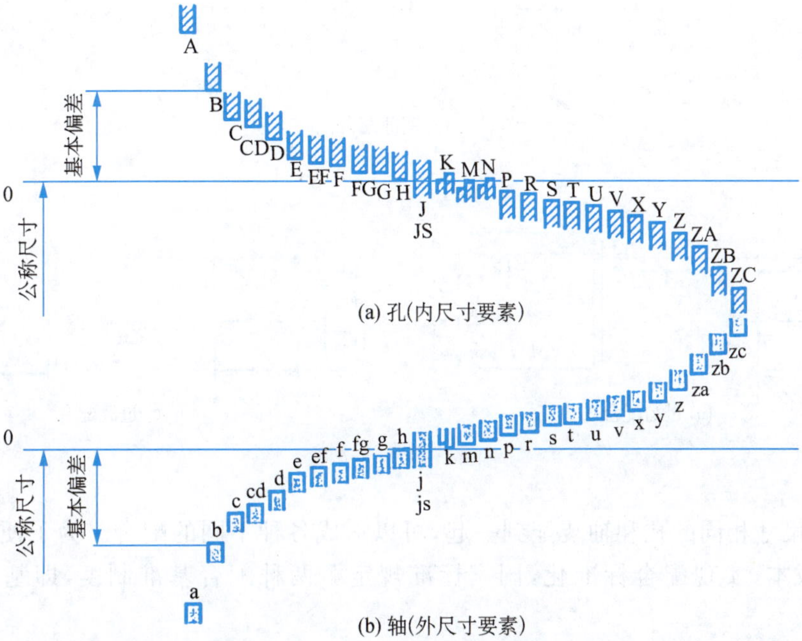

图 6-14　孔、轴基本偏差系列

4) 配合

公称尺寸相同的，相互结合的孔和轴公差带之间的关系称为配合。根据不同的使用要求，相配合的孔、轴之间的松紧程度也不同。为此，《产品几何技术规范(GPS)线性尺寸公差 ISO 代号体系 第 1 部分：公差、偏差和配合的基础》(GB/T 1800.1—2020)将配合分成三种，即间隙配合、过盈配合和过渡配合。

(1) 间隙配合

间隙配合是指具有间隙(包括最小间隙等于零)的配合。此时，孔的公差带在轴的公差带之上，如图 6-15(a)所示。当孔、轴装配在一起后，轴在孔中能相对运动。

(2) 过盈配合

过盈配合是指具有过盈(包括最小过盈等于零)的配合。此时，孔的公差带在轴的公差带之下，如图 6-15(b)所示。当孔、轴装配时需要一定的外力才能把轴装入孔中，轴与孔装配在一起后不能做相对运动。

(3) 过渡配合

过渡配合是指可能具有间隙或过盈的配合。此时，孔的公差带和轴的公差带相互交叠，如图 6-15(c)所示。当孔、轴装配在一起后，可能出现间隙，或出现过盈，但间隙或过盈相对较小。这种介于间隙与过盈之间的配合，称为过渡配合。

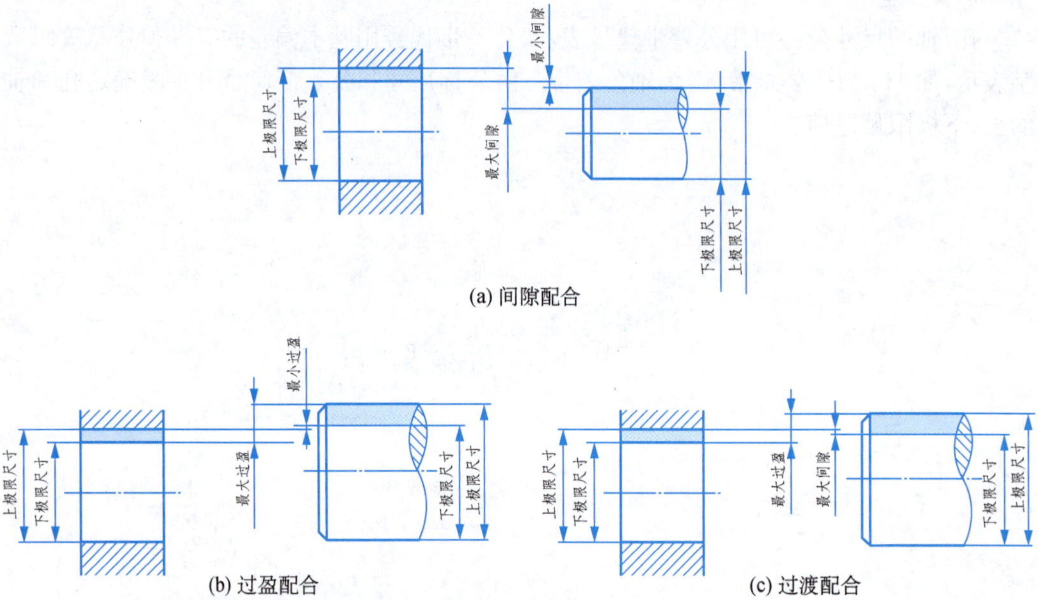

(a) 间隙配合

(b) 过盈配合

(c) 过渡配合

图 6-15　配合种类

公称尺寸相同的孔和轴装配到一起，可以形成各种不同的配合。为了便于设计制造、降低成本，实现配合标准化，国家标准规定了两种配合基准制度，即基孔制和基轴制。

① 基孔制。基孔制即基本偏差为一定(H)的孔的公差带，与不同基本偏差的轴的公差带形成各种配合的一种制度，如图 6-16(a)所示。

② 基轴制。基轴制即基本偏差为一定(h)的轴的公差带，与不同基本偏差的孔的公差带形成各种配合的一种制度，如图 6-16(b)所示。

在一般情况下，优先选用基孔制配合。如有特殊需要，允许将任一孔、轴公差带组成配合。

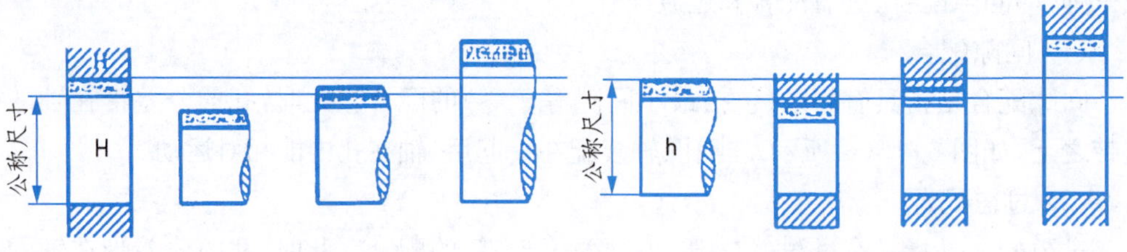

(a) 基孔制配合

(b) 基轴制配合

图 6-16　配合制

GB/T 1800.2—2020 将孔、轴公差带分为优先、常用和一般用途公差带，并由孔、轴的优先和常用公差带分别组成基孔制和基轴制的优先配合和常用配合，以便设计者选用。基孔制和基轴制的优先配合各 13 种，具体内容见表 6-3。

表 6-3　基孔制和基轴制的优先配合

配合种类	基孔制优先配合	基轴制优先配合
间隙配合	$\frac{H7}{g6},\frac{H7}{h6},\frac{H8}{f7},\frac{H8}{h7},\frac{H9}{d9},\frac{H9}{h9},\frac{H11}{c11},\frac{H11}{h11}$	$\frac{G7}{h6},\frac{H7}{h6},\frac{F8}{h7},\frac{H8}{h7},\frac{D9}{h9},\frac{H9}{h9},\frac{C11}{h11}$
过渡配合	$\frac{H7}{k6},\frac{H7}{n6}$	$\frac{K7}{h6}$
过盈配合	$\frac{H7}{p6},\frac{H7}{s6},\frac{H7}{u6}$	$\frac{P7}{h6},\frac{S7}{h6},\frac{U7}{h6}$

5）尺寸公差与配合注法

（1）在装配图上的配合注法

在装配图中采用配合代号标注配合时，用相同的公称尺寸后跟孔、轴公差带表示。孔、轴公差带写成分数形式，分子为孔的公差带代号，分母为轴的公差带代号，如图 6-17(a)所示。

（2）在零件图上的公差注法

零件图上线性尺寸的公差可用下列三种形式之一标注：采用公差带代号标注公差，如图 6-17(b)所示；采用极限偏差标注公差，如图 6-17(c)所示；同时标注公差带代号和极限偏差，如图 6-17(d)所示。

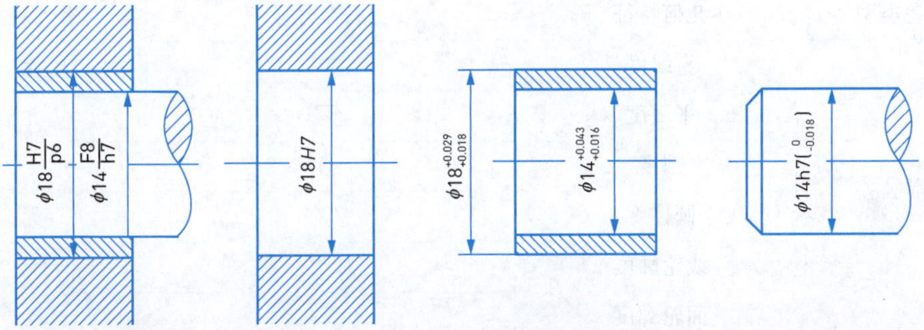

(a) 装配图的配合注法　(b) 公差带代号标注　(c) 极限偏差标注　(d) 同时标注

图 6-17　尺寸公差与配合注法

例 6-1: 查表写出 $\phi 18\,\frac{H8}{f7}$ 和 $\phi 14\,\frac{N7}{h6}$ 配合中孔和轴的极限偏差数值，并说明其属于何种配合制度和配合类别。

① $\phi 18\,\frac{H8}{f7}$ 中的 H8 为基准孔的公差带代号，f7 为轴的公差带代号。

ϕ18H8 基准孔的极限偏差，由附录 C 查得。在表中由公称尺寸大于 10～18 mm 的行和公差带 H8 的列汇交处查得$^{+27}_{\ 0}$ μm，即为孔的上、下极限偏差，标注为 $\phi 18^{+0.027}_{\ \ 0}$。

18f7 轴的极限偏差，由附录 C 查得。在表中由公称尺寸>10～18 mm 的行和公差带 f7 的列汇交处查得$^{-16}_{-34}$ μm，即为轴的上、下极限偏差，标注为 $\phi 18^{-0.016}_{-0.034}$。

$\phi 18\,\frac{H8}{f7}$ 的含义：公称尺寸为 18、公差等级为 8 级的基准孔，与相同公称尺寸、公差等级为 7 级、基本偏差为 f 的轴组成的间隙配合。

② $\phi 14\ \dfrac{N7}{h6}$中的 h6 为基准轴的公差带代号，N7 为孔的公差带代号。

14h6 基准轴的极限偏差，由附录 C 查得$^{\ 0}_{-11}$ μm，即为基准轴的上、下极限偏差，标注为 $\phi 14^{\ 0}_{-0.011}$，基准轴的公差为 0.011 mm。

ϕ14N7 孔的极限偏差，由附录 C 查得$^{-5}_{-23}$ μm，即为孔的上、下极限偏差，标注为 $\phi 14^{-0.005}_{-0.011}$。

$\phi 14\ \dfrac{N7}{h6}$的含义：公称尺寸为 14、公差等级为 6 级的基准轴，与相同公称尺寸、公差等级为 7 级、基本偏差为 N 的孔组成的过渡配合。

2. 几何公差

零件加工过程中，不仅会产生尺寸误差，也会出现形状和相对位置误差。为保证零件的装配和使用要求，在图样上除给出尺寸及其公差要求外，有时还应按照功能要求给定几何公差，同时考虑制造和检测上的要求。几何公差在图样上以框格的形式标注。

1）几何特征和符号

几何公差的几何特征和符号见表 6-4。

表 6-4　几何公差的几何特征和符号

公差类型	几何特征	符　号	有无基准
形状公差	直线度	—	无
	平面度	▱	无
	圆度	○	无
	圆柱度	⌭	无
	线轮廓度	⌒	无
	面轮廓度	⌓	无
方向公差	平行度	∥	有
	垂直度	⊥	有
	倾斜度	∠	有
	线轮廓度	⌒	有
	面轮廓度	⌓	有
位置公差	位置度	⌖	有或无
	同心度	◎	有
	同轴度	◎	有
	对称度	⌯	有
跳动公差	圆跳动	↗	有
	全跳动	⌰	有

2）公差框格

用公差框格标注几何公差时，公差要求注写在划分成两格或多格的矩形框格内。框格从左至右顺序标注几何特征符号、公差值、基准，如图 6-18 所示。

3）被测要素

在标注几何公差时，按下列方式之一用指引线连接被测要素和公差框格。指引线引自框格的任意一侧，终端带一箭头。

① 当被测要素是轮廓线或轮廓面时，箭头指向该要素的轮廓线或其延长线（应与尺寸线明显错开），如图 6-19(a)所示。

② 当被测要素为轴线或中心平面时，箭头应位于相应尺寸线的延长线上，如图 6-19(b)所示。

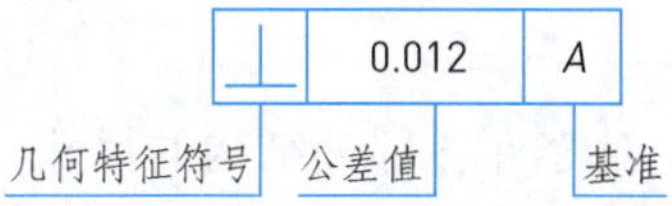

图 6-18　公差框格

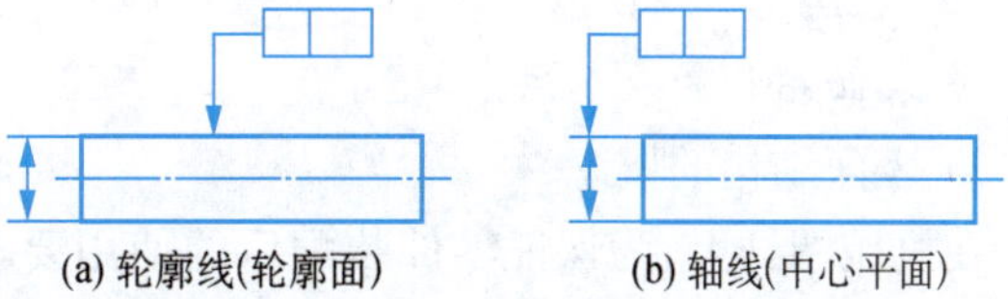

图 6-19　被测要素的表示法

4）基准

与被测要素相关的基准用一个大写字母表示。字母标注在基准方格内，与一个涂黑的或空白的三角形相连以表示基准，如图 6-20(a)所示。带基准字母的基准三角形应按如下规定放置。

① 当基准要素是轮廓线或轮廓面时，基准三角形放置在要素的轮廓线或其延长线上（应与尺寸线明显错开），如图 6-20(b)所示。

② 当基准要素是轴线或中心平面时，基准三角形应放置在该尺寸线的延长线上，如图 6-20(c)所示。

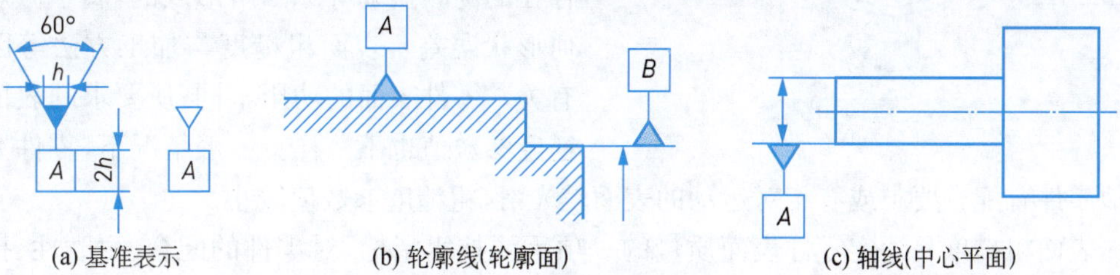

图 6-20　基准要素的表示法

5）几何公差标注示例

如图 6-21 所示的阀杆零件图上标注有三处几何公差。当被测要素是轮廓要素时，从框格引出的指引线箭头应指在该要素的轮廓线或其延长线上，如 $\phi16$ 圆柱度的注法。当被测要素是轴线时，应将箭头与该要素的尺寸线对齐，如 M8×1 轴线的同轴度注法。当基准要素是轴线时，应将基准符号与该要素的尺寸线对齐，如基准 A。

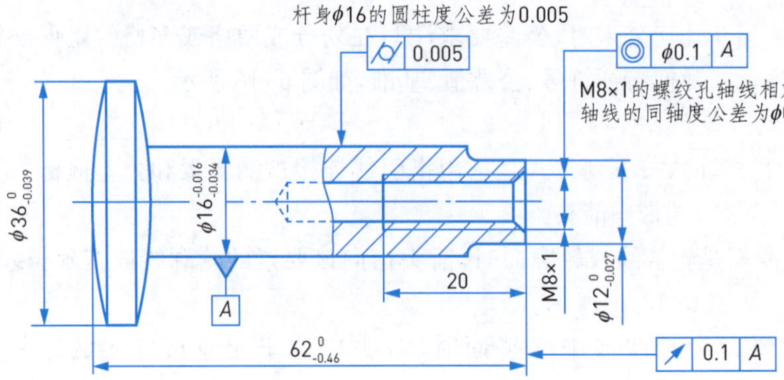

图 6-21　几何公差标注示例

3. 表面结构的表示法

1) 表面结构的概念

在机械图样上，为保证零件装配后的使用要求，除了对零件各部分结构的尺寸、形状和位置给出公差要求，还要根据功能需要对零件的表面质量——表面结构给出要求。机械零件的破坏，一般是从表面层开始的，可见零件表面质量的重要性。

表面结构是指几何体表面重复或偶然的偏差所形成的该表面的三维形貌，一般是表面粗糙度、表面波纹度、表面缺陷、表面几何形状的总称。本节主要介绍表面结构表示法中涉及的主要轮廓参数——R 轮廓(粗糙度轮廓)参数的表示法。

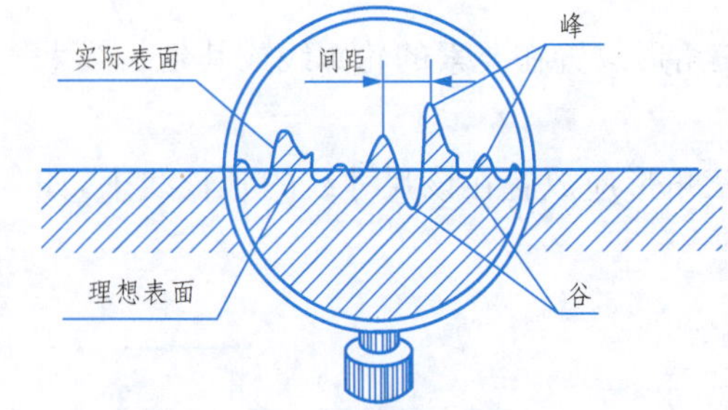

图 6-22　表面粗糙度

表面粗糙度指零件经过加工后表面上产生的较小间距和微小峰谷所组成的微观几何形状特征，如图 6-22 所示。表面粗糙度主要是由于加工过程中刀具和零件表面之间的摩擦、切屑分离时的塑性变形，以及工艺系统中存在的高频振动等原因所形成的，属于微观几何形状误差。表面粗糙度与加工方法等因素有关。零件表面的功用不同，所要求的表面粗糙度参数值也不一样。一般情况下，零件上与其他零件有配合要求或有相对运动的表面较光滑，粗糙度参数值较小。

表面粗糙度是评定零件表面质量的一项重要技术指标，对零件的配合、耐磨性、抗腐蚀性以及密封性等有显著影响。对表面结构有要求时，应在零件图上标注表面结构代号，用以说明该零件表面完工后须达到的表面技术要求。表面粗糙度参数有两种：轮廓算术平均偏差 Ra 和轮廓最大高度 Rz。目前，一般机械设计中主要采用轮廓算术平均偏差 Ra。

轮廓算术平均偏差 Ra 是在取样长度 l(用于判别具有表面粗糙度特征的一段基准线长度)内，轮廓上的点到中线之间距离绝对值的算术平均值。《产品几何技术规范(GPS) 表面结构 轮廓法 表面粗糙度参数及其数值》(GB/T 1031—2009)规定了轮廓算术平均参数 Ra 的优选系列值，供设计时选用，具体内容见表 6-5。

表 6-5　轮廓的算术平均偏差 *Ra* 的数值(第一系列)　　单位:μm

Ra	0.012　0.025　0.05　0.10　0.20　0.40　0.80
	1.6　3.2　6.3　12.5　25　50　100

2) 标注表面结构的图形符号

在技术产品文件中,对表面结构的要求可用几种不同的图形符号表示。各种表面结构图形符号的含义见表 6-6。

表 6-6　各种表面结构图形符号的含义

符号名称	符号示例	含　义
基本图形符号	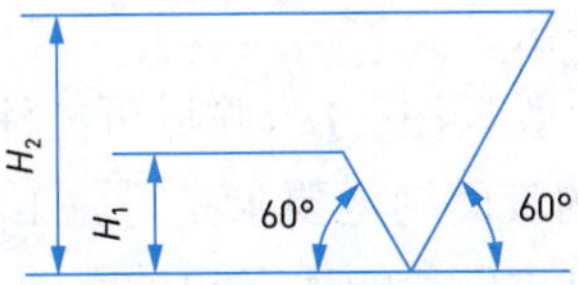 符号线宽 $d=\frac{h}{10}$;$H_1=1.4h$;$H_2=3h$;h 为字高	基本符号仅用于简化代号标注,没有补充说明时不能单独使用
扩展图形符号	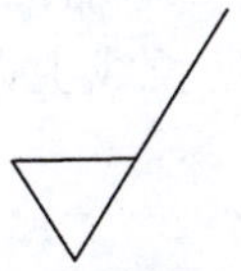	基本符号加一短横表示指定表面用去除材料的方法获得,如通过机械加工获得表面
	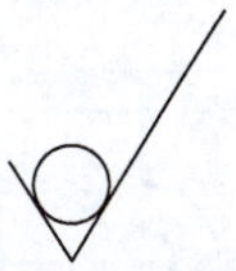	基本符号加一个圆圈表示指定表面用不去除材料的方法获得
完整图形符号	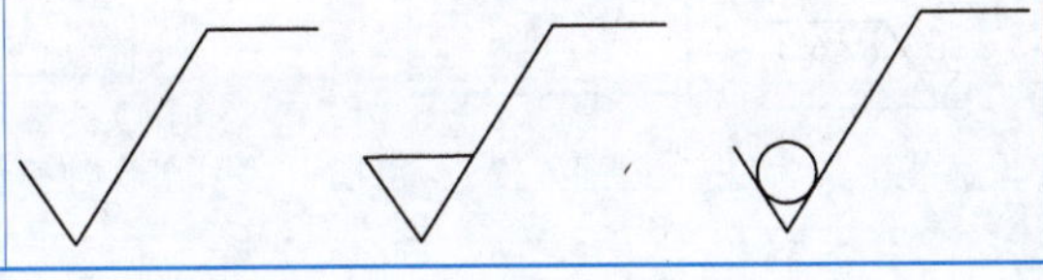	在上述三种图形符号的长边上加一横线,以便标注表面结构特征的补充信息

当图样某个视图上构成封闭轮廓的各表面(1,2,3,4,5,6)具有相同的表面结构要求时,在完整图形符号上加一圆圈,标注在图样中工件的封闭轮廓线上,如图 6-23 所示。

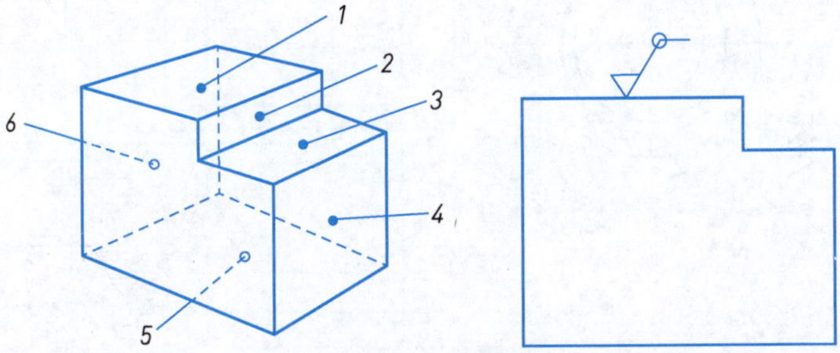

图 6-23　封闭轮廓表面有相同的表面结构要求的注法

为了明确表面结构要求，除了标注表面结构参数和数值外，必要时应标注补充要求。在完整图形符号中，对表面结构的单一要求和补充要求应注写在图示的指定位置，具体内容见表 6-7。

表 6-7　表面结构补充要求的注写位置

代号	含义
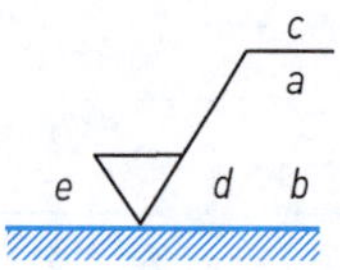	位置 a:注写表面结构的单一要求，如 *Ra*3.2； 位置 a 和 b:注写两个或多个表面结构要求； 位置 c:注写加工方法，如“车”“磨”“镀”等； 位置 d:注写表面纹理和方向，如“=”“X”“M”； 位置 e:注写加工余量

3）表面结构要求在图样中的注法

① 表面结构要求对每一表面一般只注一次，并尽可能注在相应的尺寸及其公差的同一视图上。除非另有说明，所标注的表面结构要求是对完工零件表面的要求。

② 表面结构的注写和读取方向与尺寸的注写和读取方向一致。

③ 表面结构要求可标注在轮廓线上，其符号应从材料外指向并接触表面。必要时，表面结构符号也可用带箭头或黑点的指引线引出标注，如图 6-24 和图 6-25 所示。表面结构要求也可以直接标注在轮廓特征的延长线上，或用带箭头的指引线引出标注，如图 6-26 所示。

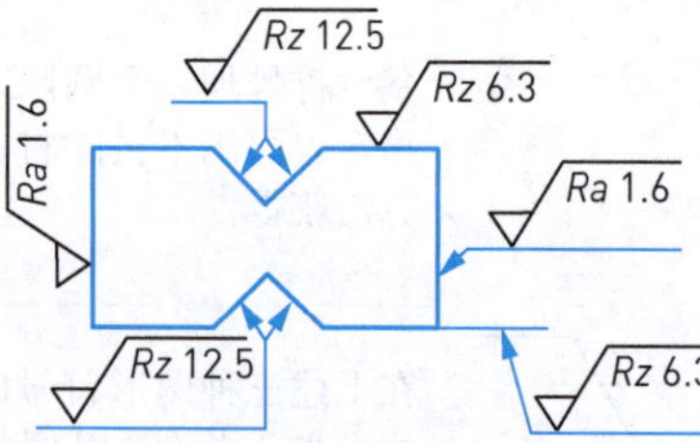

图 6-24　表面结构要求在轮廓线上的标注

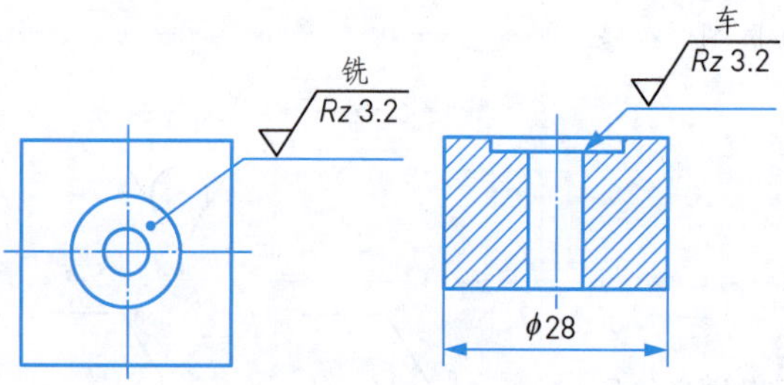

图 6-25　用指引线引出标注表面结构要求

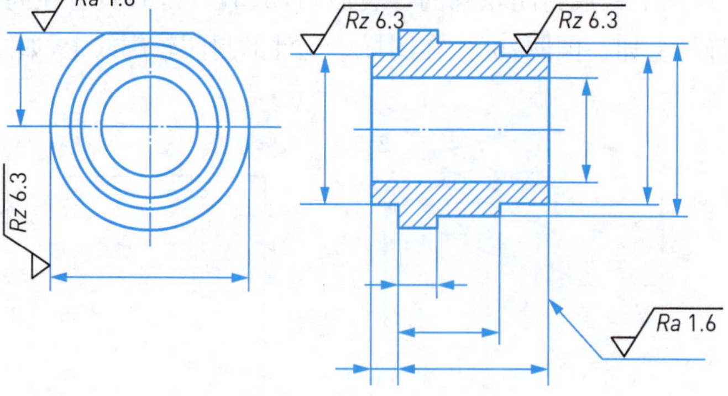

图 6-26　表面结构要求标注在轮廓特征的延长线上

④ 在不致引起误解时，表面结构要求可以标注在给定的尺寸线上，如图 6-27 所示。

⑤ 表面结构要求可标注在几何公差框格的上方，如图 6-28 所示。

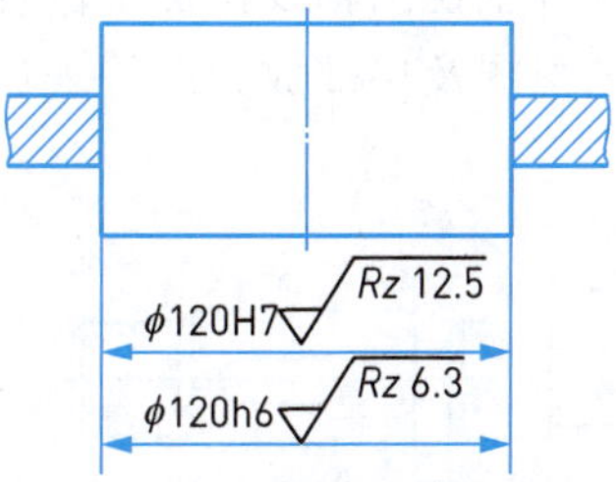

图 6-27　表面结构要求标注在尺寸线上

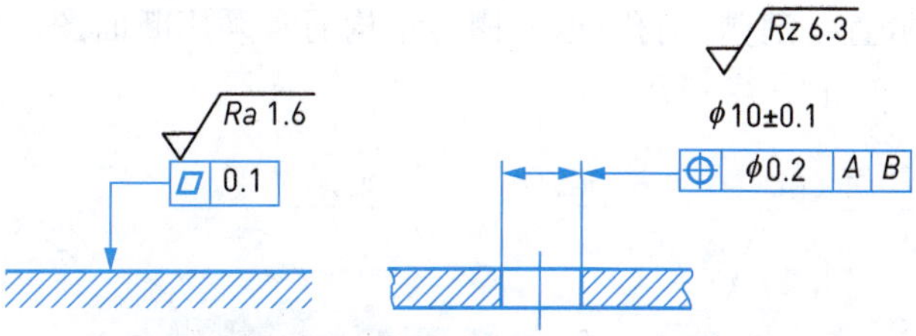

图 6-28　表面结构要求标注在几何公差框格的上方

4）表面结构要求在图样中的简化注法

① 有相同表面结构要求的简化注法。如果工件的多个(包括全部)表面具有相同的表面结构要求，那么其表面结构要求可统一标注在图样的标题栏附近。此时，表面结构要求的符号后应包括：在圆括号内给出无任何其他标注的基本符号，如图 6-29(a)所示；在圆括号内给出不同的表面结构要求，如图 6-29(b)所示。

② 图纸空间有限时的简化注法。当多个表面具有相同的表面结构要求或图纸空间有限时，可用带字母的完整符号以等式的形式在图形或标题栏附近进行简化标注，如图 6-30 所示。

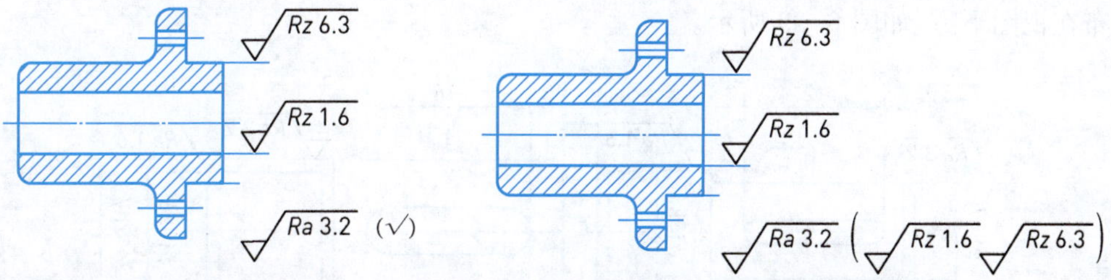

(a) 圆括号内给出无任何其他标注的基本符号　(b) 圆括号内给出不同的表面结构要求

图 6-29　多数表面有相同表面结构要求的简化注法

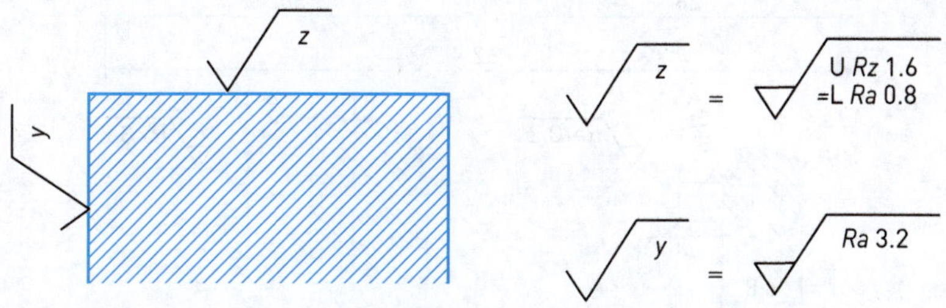

图 6-30　图纸空间有限时的简化注法

五、轴类零件的表达

1. 轴类零件的结构特点及视图选择

轴类零件的作用是支承齿轮、带轮等传动件，以传递运动和动力，主体部分多为同轴回转体，常具有倒角、圆角、轴肩、键槽、销孔、螺纹、退刀槽、砂轮越程槽和中心孔等结构，如图 6-31 所示。

轴类零件一般采用一个基本视图和若干辅助视图表达，且主视图轴线按加工位置水平放置。键槽、销孔、退刀槽等结构通常采用断面图、局部剖视图及局部放大图等表达方法，如图 6-32 所示。

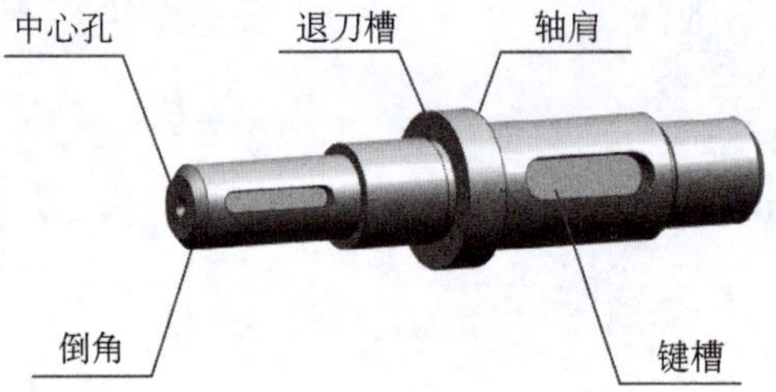

图 6-31　轴类零件的结构

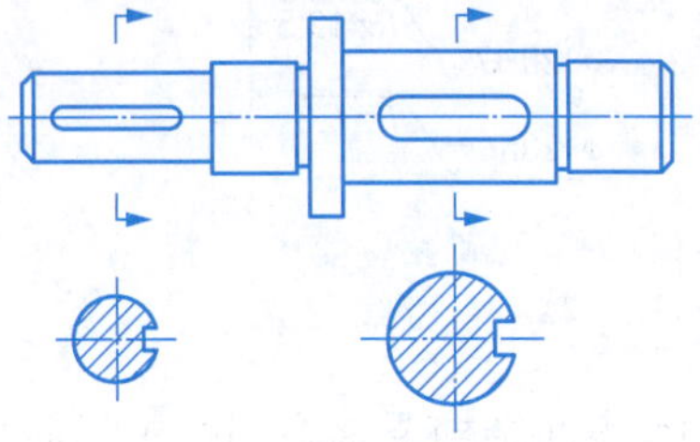

图 6-32　轴类零件的视图选择

2. 轴类零件的尺寸标注及技术要求

标注轴类零件的尺寸时，以水平轴线为径向主要尺寸基准标注各轴段直径尺寸，轴向主要基准通常选择比较重要的端面或轴肩，如图 6-33 所示，以轴的右端面为轴向主要基准。标注轴向尺寸时应按加工顺序布置尺寸，把不同工序的尺寸分别集中，方便加工和测量。一般将铣削加工（键槽）的相关尺寸集中分布在视图上方，车削加工的相关尺寸集中分布在视图下方，如图 6-33 所示。

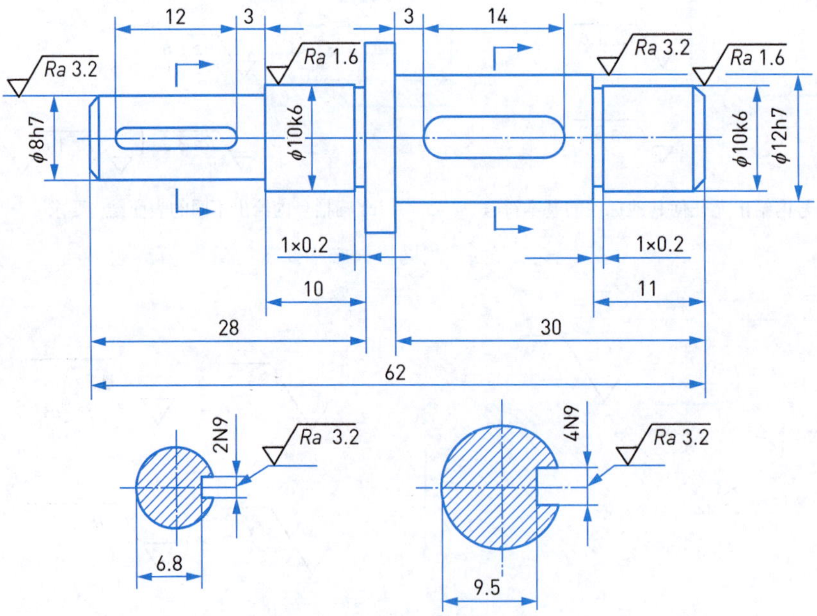

图 6-33　轴类零件的尺寸标注及技术要求

零件上与其他零件有配合关系的结构要素，其产品几何技术规范要求相对较高，一般都注有尺寸公差和几何公差，相应的表面也具有较高的表面粗糙度要求。如图 6-33 所示，轴段 ϕ8h7 和 ϕ12h7 是装配传动件的部位，两处 ϕ10k6 轴段是装配轴承的部位，键槽宽度 2N9 和 4N9 处与键有装配关系，这几处轴径和键槽宽度尺寸均有公差要求，且相应表面粗糙度 *Ra* 的上限值为 1.6 μm 及 3.2 μm。

任务实施单

整体分析	由图 6-1 标题栏可知该零件的名称为主轴、材料为 45 钢。该零件图采用一个主视图、两个移出断面图、两个局部视图和一个局部放大图，主视图采用局部剖视和断开画法。
结构分析	结合图 6-2 铣刀头的装配轴测图和图 6-1 铣刀头主轴零件图，可看出主轴的左端通过普通平键与 V 带轮连接，右端通过双键与铣刀盘连接，并用挡圈和螺钉进行轴向固定。轴上有两处装端盖的轴段(34)和两处装滚动轴承的轴段(ϕ35k6)。主轴的结构如图 6-34 所示。 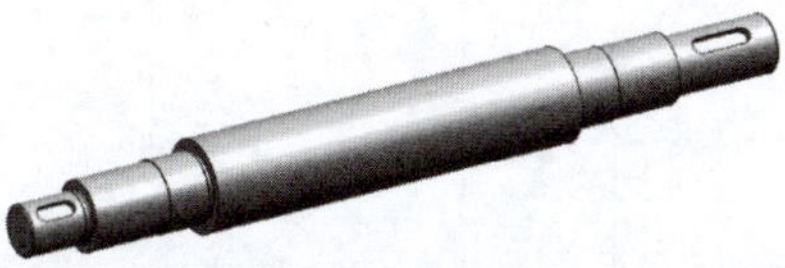 图 6-34　主轴的结构
视图分析	主视图两端采用局部剖视表达键槽、螺孔和销孔，中间较长轴段采用了断开画法。两个移出断面图表达，左、右两端键槽的宽度和深度。局部视图表达键槽的形状。局部放大图则表达了砂轮越程槽的结构。
尺寸分析	以主轴轴线为径向尺寸基准，注出各轴段的直径尺寸。以 ϕ45 轴段的右端面为轴向主要尺寸基准，直接注出长度尺寸 23、95 和 194。轴上与标准件连接的结构，如键槽、销孔、螺纹孔的尺寸，均由查表确定。
技术要求分析	主轴与其他零件（如 V 带轮、滚动轴承）有配合要求的轴段尺寸均注有尺寸公差，如 ϕ28k7、ϕ35k6、ϕ25k7 等。这几处配合面的表面粗糙度 *Ra* 的上限值分别为 6.3 μm 和 1.6 μm。 键槽与键采用正常连接，键槽宽度尺寸为 8N9，键槽工作面 *Ra* 的上限值为 3.2 μm。两处装滚动轴承的轴段同轴度公差为 ϕ0.012 mm。

拓展练习

1. 完成图样中技术要求的注法。

(1) 按表中给定的 *Ra* 值在图中标注指定表面的表面结构要求。

表面	*A*	*B*	*C*	*D*	*E*	*F*	*G*	*H*
***Ra*/μm**	25	3.2	3.2	3.2	12.5	12.5	0.4	3.2

表面 *A* 用不去除材料的方法获得，除指定表面外的其余表面 *Ra* 为 25 μm。

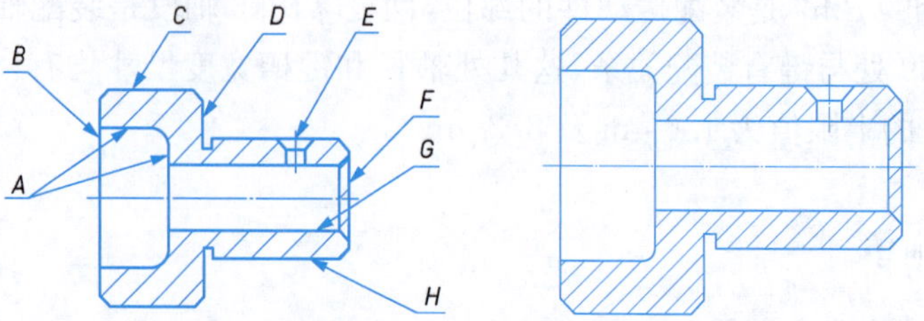

(2) 已知孔的公称尺寸为 $\phi30$，基本偏差代号为 H，公差等级为 IT7；轴的公称尺寸为 $\phi30$，基本偏差代号为 f，公差等级为 IT7。查表确定孔、轴的极限偏差。

① 孔的上极限偏差为________，下极限偏差为________，公差为________。

② 轴的上极限偏差为________，下极限偏差为________，公差为________。

③ 以极限偏差的形式在图中标注孔、轴尺寸公差。

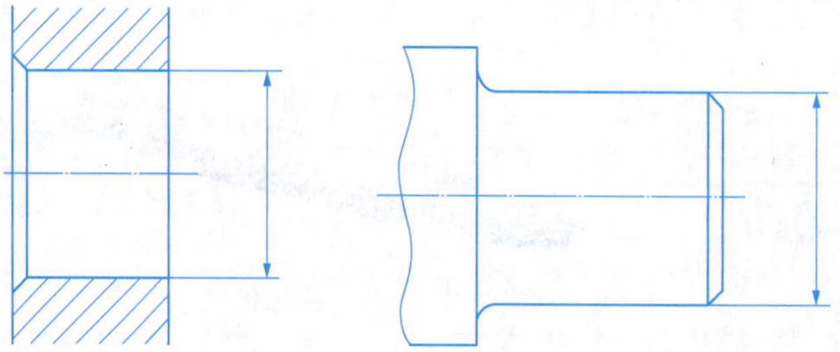

(3) 根据配合代号，在零件图上分别标注孔和轴的尺寸公差，并指出是何种配合。

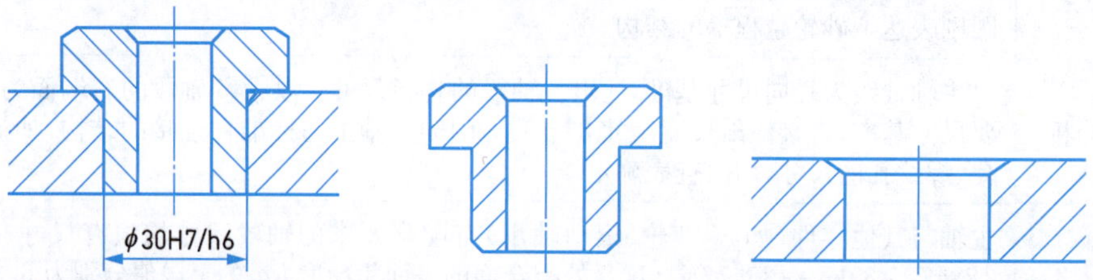

$\phi30$H7/h6 属于________配合。

(4) 根据零件图中孔、轴的极限偏差，查表确定其公差带代号，在装配图上标注配合尺寸，并解释其含义。

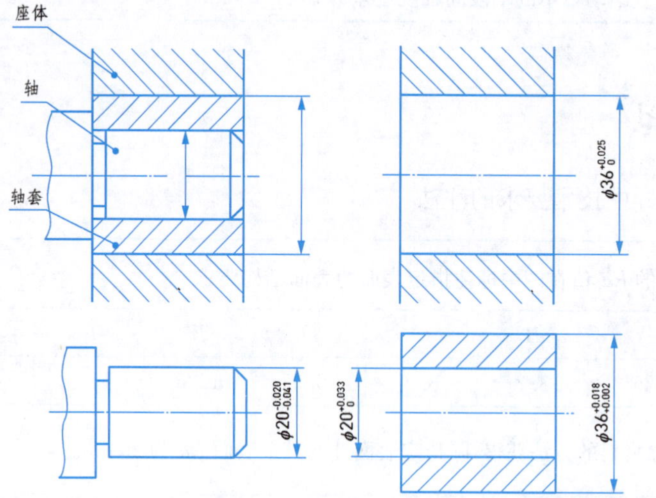

① 轴与轴套的配合尺寸为________，属于________制________配合。
② 轴套与座体的配合尺寸为________，属于________制________配合。

(5) 将文字说明的几何公差以公差框格的形式标注在零件图上。

① ϕ42g6 轴线对 ϕ20H7 轴线的同轴度公差为 ϕ0.05 mm，右端面对 ϕ20H7 轴线的垂直度公差为 0.15 mm，ϕ42g6 的圆柱度公差为 0.03 mm。

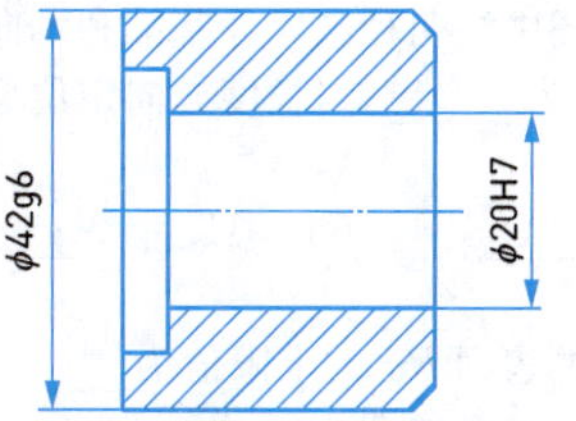

② ϕ28h7 圆柱面对 ϕ15h6 轴线的径向跳动公差为 0.015 mm，ϕ15h6 轴线对右端面的垂直度公差为 ϕ0.02 mm。

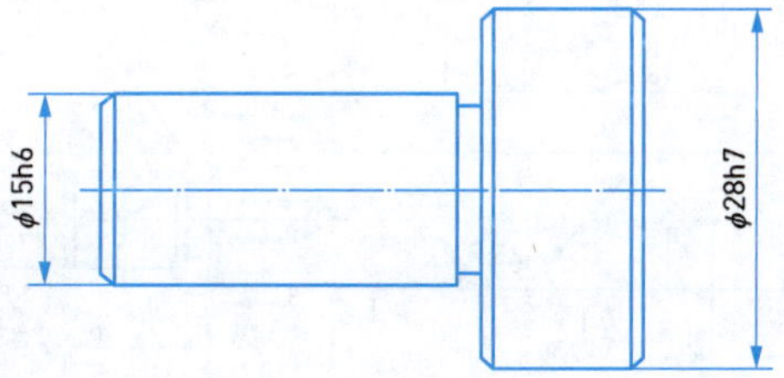

(6) 解释图中标注的几何公差的含义。

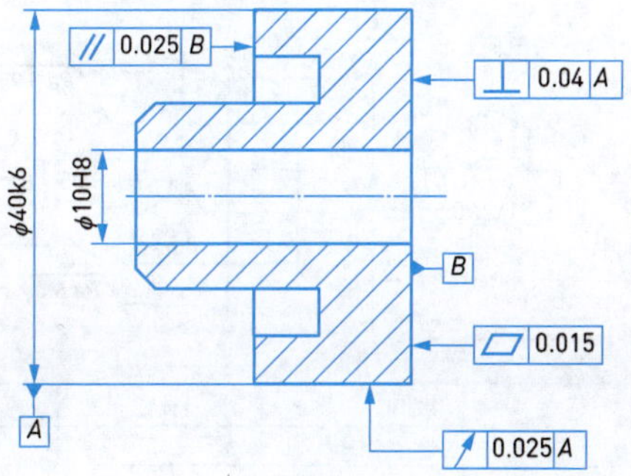

① ⏥ 0.015 ________________

② // 0.025 B ________________

③ ⊥ 0.04 A ________________

④ ↗ 0.025 A ________________

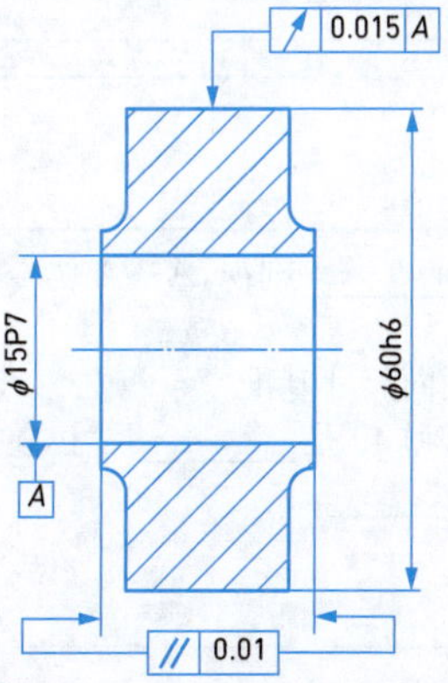

① ↗ 0.015 A ________________

② // 0.01 ________________

2. 识读泵轴零件图。

(1) 该零件属于________类零件，材料为________。

(2) 该零件图采用________个基本视图表达零件的结构形状。主视图采用________剖视，________表达轴的内部结构；此外采用________表达退刀槽结构；采用________表达键槽处断面形状。

(3) 用带箭头指引线和文字在图中注明径向尺寸基准和轴向尺寸基准。

(4) 键槽长度为________，宽度为________，长度方向定位尺寸为________，注出 $8.5_{-0.1}^{\ 0}$ 是为了________。

(5) $\phi 11_{-0.011}^{\ \ 0}$ 的上极限尺寸是________，下极限尺寸是________，公差为________，查附录可得其公差带代号为________。

(6) 该轴表面粗糙度要求最高的表面 Ra 的上限值为________。

(7) 在图中指定位置绘制出 B—B 断面图。

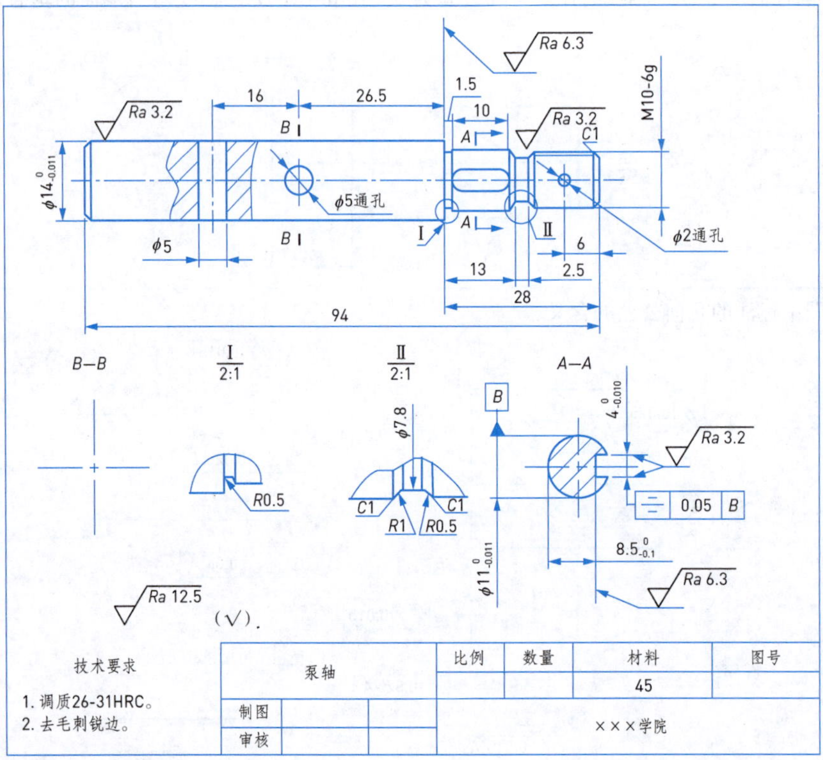

3. 识读轴套零件图。

(1) 该零件共用________个图形表达，主视图采用________剖视，A—A 为________图，B—B 为________图，D—D 为________图。

(2) 用指引线和文字在图中注明径向尺寸基准和轴向尺寸基准。

(3) 主视图中，67 和 142±0.1 是________尺寸，40 和 49 是________尺寸，①、②是________线。

(4) 该轴套大多数表面的表面粗糙度要求 Ra 为________。

(5) 在图中指定位置绘制出 P 向局部视图。

(6) 说明图中几何公差代号的含义。

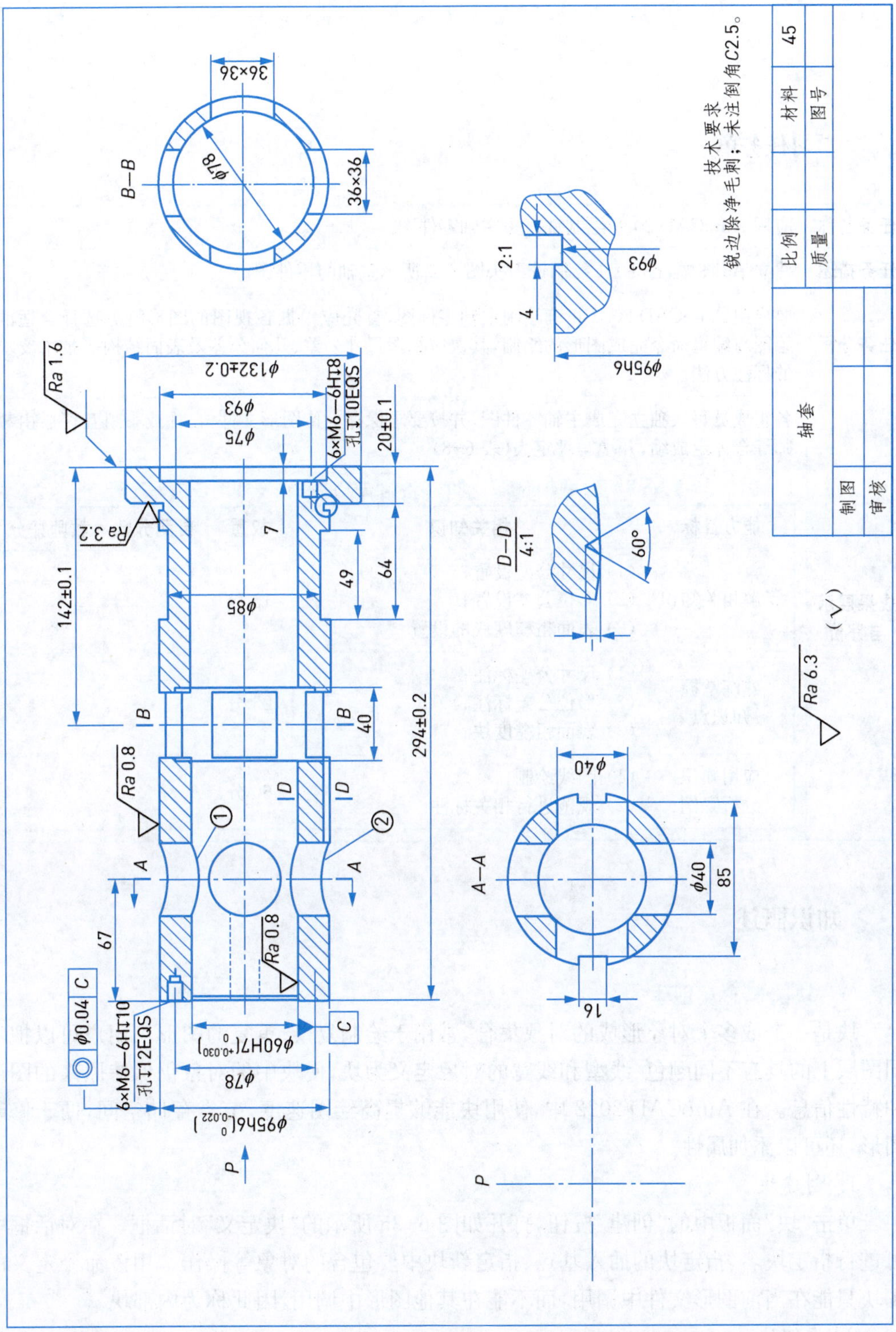
技术要求
锐边除净毛刺；未注倒角C2.5。
轴套
比例
质量
材料
45
图号
制图
审核
B—B
A—A
D—D
4:1
2:1
Ra 6.3
（√）
36×36
φ18
φ93
φ95h6
φ40
85
16
60°
φ132±0.2
φ75
6×M6—6H↧8
孔↧10EQS
20±0.1
142±0.1
Ra 1.6
Ra 3.2
Ra 0.8
49
64
φ85
294±0.2
40
67
φ0.04 C
6×M6—6H↧10
孔↧12EQS
φ60H7
φ78
P

子任务二　应用 AutoCAD 2022 绘制铣刀头主轴零件图

学习任务单

<table>
<tr><td>任务名称</td><td>应用 AutoCAD 2022 绘制铣刀头主轴零件图。</td></tr>
<tr><td>任务描述</td><td>建立 A3 图幅，按 1∶1 绘制铣刀头图 6-1 所示主轴的零件图。</td></tr>
<tr><td>任务分析</td><td>要应用 AutoCAD 2022 正确绘制主轴零件图，首先应根据各视图的图形特点选择合适的绘图与编辑命令完成图形的绘制，其次应掌握尺寸公差、几何公差及表面结构等技术要求的标注方法。</td></tr>
<tr><td>成果展示与评价</td><td>各组成员每人独立完成主轴零件图，并按要求保存上传图形文件，自评或小组互评后由教师综合评定成绩，并填写评定表(表 6-8)。
表 6-8　应用 AutoCAD 2022 绘制铣刀头主轴零件图任务评定表
<table>
<tr><th>能力目标</th><th>相关知识</th><th>权重</th><th>自测分数</th><th>教师评分</th></tr>
<tr><td>了解相关知识</td><td>(1) 尺寸公差设置；
(2) 形位公差设置；
(3) 表面粗糙度块的设置</td><td>15 分</td><td></td><td></td></tr>
<tr><td>熟练掌握知识点</td><td>(1) 尺寸公差标注；
(2) 形位公差标注；
(3) 表面粗糙度块</td><td>25 分</td><td></td><td></td></tr>
<tr><td>应用知识分析案例</td><td>(1) 图线绘制；
(2) 规范进行相关标注</td><td>60 分</td><td></td><td></td></tr>
</table></td></tr>
</table>

知识概述

一、块的概念及创建

块是一个或多个对象形成的对象集合，常用于绘制复杂、重复的图形。用户可以把不同图层上的具有不同颜色、线型和线宽的对象定义为块，使块中的对象仍保持原来的图层和特性信息。在 AutoCAD 2022 中，使用块能够提高绘图速度，节省存储空间，便于修改图形，还可以添加属性。

1. 创建块

单击“块”面板中的“创建”按钮，打开如图 6-35 所示的“块定义”对话框。在对话框中可进行指定块名、指定块的插入基点、指定新块中要包含的对象等操作。用该命令定义的图块只能在当前图形文件中调用，而不能在其他图形中调用，因此称为内部块。

2. 存储块

存储块是将块、对象或图形文件保存到独立的图形文件中。在 AutoCAD 2022 中，使

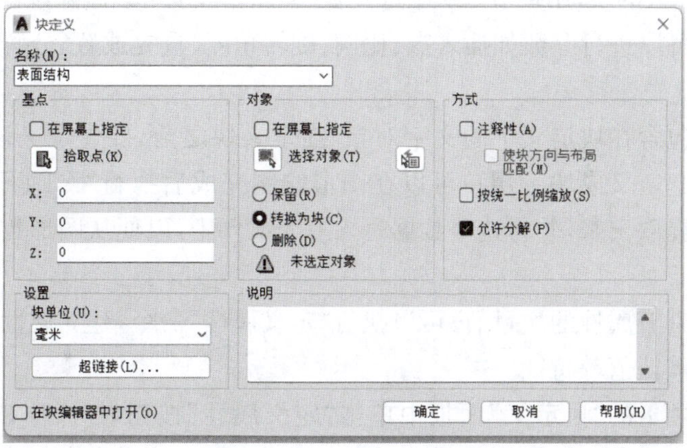

图 6-35　“块定义”对话框

用“写块”命令可以将文件中的块作为单独的对象保存为一个新文件，被保存的新文件可以被其他图形使用，又称为外部块。

在“插入”选项卡的“块定义”面板中，单击“创建块”下拉列表中的“写块”按钮，打开如图 6-36 所示的“写块”对话框。在该对话框中可以设置组成块的对象来源，当块的来源为对象时，用户可根据需要使用“基点”选项组设置块的插入基点位置；使用“对象”选项组设置组成块的对象。另外，在该对话框的“目标”选项组中，用户可以指定文件的名称名和路径，以及插入块时所用的测量单位。

图 6-36　“写块”对话框

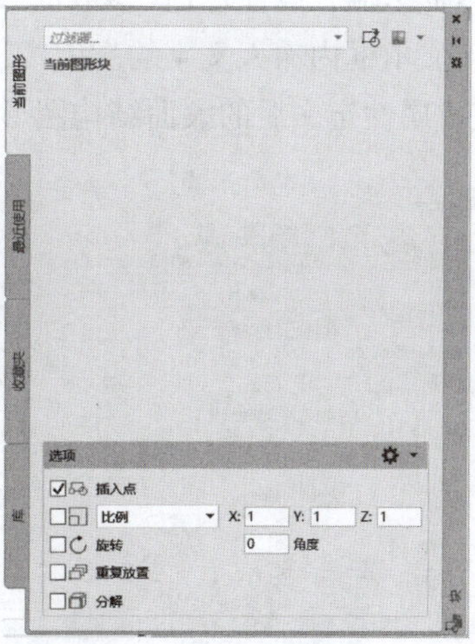

图 6-37　“块”选项板

二、插入块

当图形被定义为块后，可使用“插入”命令直接将图块插入图形中。插入块时可一次插入一个，也可一次插入呈矩形阵列排列的多个块参照。

执行“插入”→“块选项板”命令，打开如图 6-37 所示的“块”选项板。“当前图形”选项卡将当前图形中的所有块显示为图标或列表，用户可以从中选择要插入的块；“最近使用”选项卡显示所有最近插入的块，用户可以从中选择要插入的块，也可以删除该选项卡中的块。

通过“选项”可以进行参数如插入点、比例、旋转角度、重复放置、分解的设置。

三、块属性及属性定义

块属性是指包含在块定义中的文字对象，在定义块之前，要先定义该块的属性，然后将属性和图形一起定义成块。用户可以在图形绘制完成后执行“ATTEXT”命令将块属性数据从图形中提取出来，并将这些数据写入一个文件中，以便从图形数据库文件中获取数据信息。

要创建一个带有属性的块，用户可以执行“定义属性”命令，建立属性定义来描述属性的标记、提示符、默认值等特征。

在“插入”选项卡的“块定义”面板中单击“定义属性”按钮，打开如图 6-38 所示的“属性定义”对话框。其中“模式”选项组用于在图形中插入块时设定与块关联的属性值选项；“属性”选项组用于设定属性数据；“插入点”选项组用于指定属性位置；“文字设置”选项组用于设定属性文字的对正、样式、高度和旋转角度。

四、创建表面结构符号块

1. 绘制表面结构图形符号

用“直线”命令绘制如图 6-39 所示的表面结构图形符号，用“多行文字”命令在图示位置输入字符“*Ra*”。

2. 创建表面粗糙度参数值属性

单击“块”面板中的“定义属性”按钮，打开“属性定义”对话框，如图 6-38 所示。在“标记”文本框里输入属性标记“参数值”；在“默认”文本框内输入 *Ra* 的默认值“3.2”；在“文字高度”文本框内输入文字的高度“2.5”。单击“确定”按钮，在屏幕上指定参数值的插入点。完成属性定义后的表面结构图形符号如图 6-39 所示。

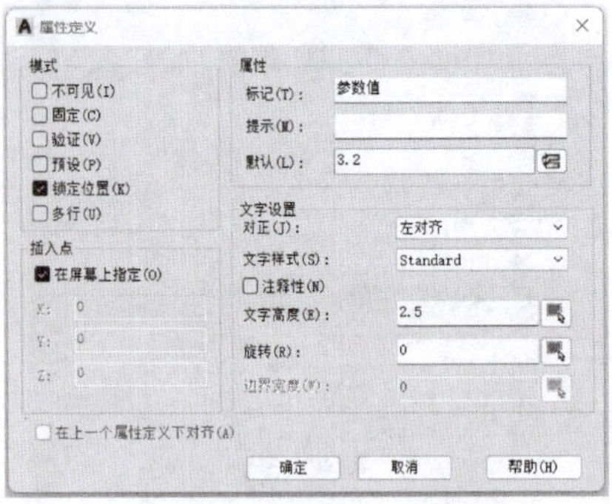

图 6-38 “属性定义”对话框

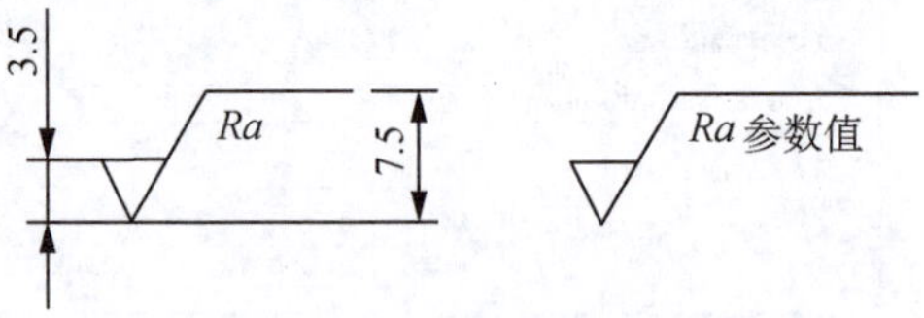

图 6-39 表面结构的块定义

3. 创建表面结构图块

单击“块”面板中的“创建”按钮，打开“块定义”对话框，在“名称”文本框中输入“表面结构”，单击“拾取点”按钮，在屏幕上拾取图 6-39 所示图形符号的尖端作为插入基点，在屏幕上选择表面结构图形符号及属性作为块的对象。单击“确定”按钮，即完成对带属性块的定义。

任务实施

一、读图分析

如图 6-1 所示铣刀头主轴零件图共采用了六个视图，主视图关于轴线对称，应用“镜像”命令可提高绘图速度；断面图上的键槽可应用“偏移”命令快速绘制；局部放大图的绘制可应用“缩放”命令。

二、绘图步骤

1. 设置绘图环境

创建 A3 图幅(420 mm×297 mm)，参照学习情境一任务二的内容设置图层、文字样式、尺寸标注样式，并绘制图框和标题栏等。

2. 绘制主视图

① 执行“直线”“修剪”“倒角”等命令绘制轴的上半部分外轮廓，如图 6-40(a)所示。

② 执行“镜像”命令快速生成轴的下半部分外轮廓，如图 6-40(b)所示。

3. 绘制局部视图、断面图和局部放大图

① 执行“直线”“圆”“修剪”等命令绘制局部视图，如图 6-40(c)所示。

② 执行“直线”“圆”“偏移”“修剪”等命令绘制移出断面图，如图 6-40(c)所示。

③ 执行“复制”“缩放”“修剪”“样条曲线”等命令绘制局部放大图，如图 6-40(d)所示。

(a) 绘制轴的上半部分外轮廓

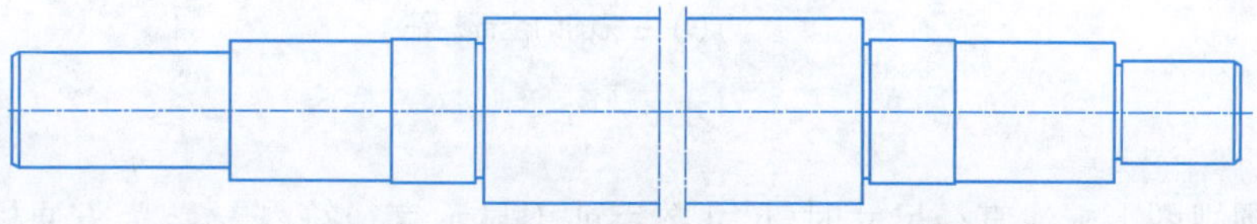

(b) 执行“镜像”命令生成轴的下半部分外轮廓

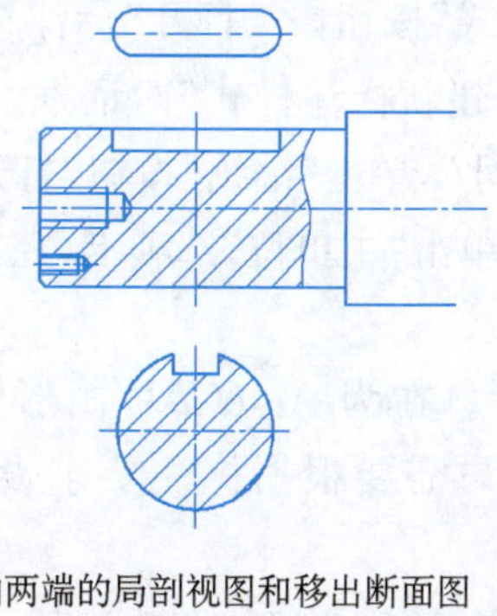

(c) 轴两端的局剖视图和移出断面图

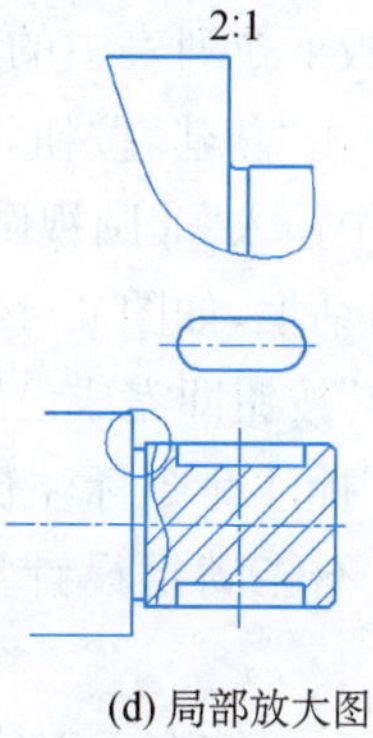

(d) 局部放大图

图 6-40　铣刀头主轴视图的绘制

4. 标注尺寸

① 执行“线性”标注命令，完成主视图的轴向尺寸标注，如图 6-41(a)所示。

② 执行“线性”标注命令，完成主视图的径向尺寸标注，如图 6-41(b)所示。

全部的标注尺寸如图 6-41(c)所示。

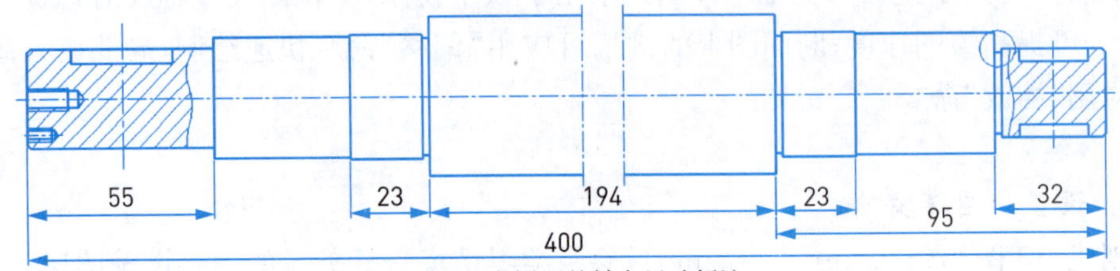

(a) 主视图的轴向尺寸标注

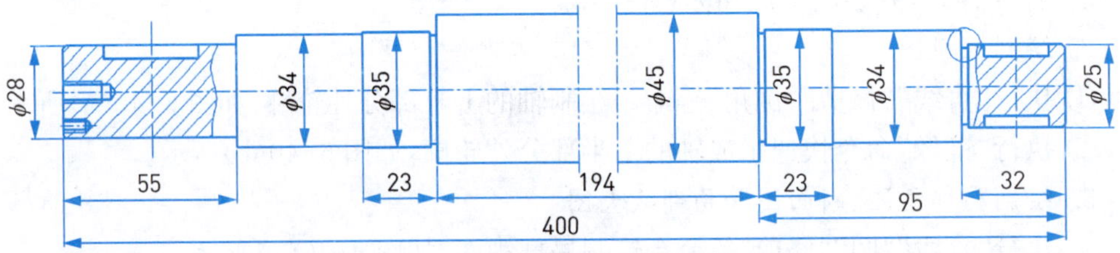

(b) 主视图的径向尺寸标注

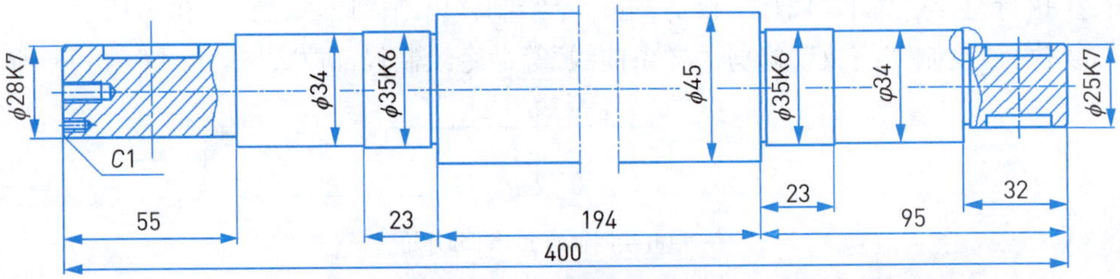

(c) 主视图的全部标注

图 6-41　铣刀头主视图的轴的尺寸标注

在非圆视图上标注直径尺寸时，尺寸数字前不显示直径符号“ϕ”，为方便标注轴的径向尺寸，可新建一种“非圆视图直径尺寸”标注样式。

单击“注释”面板下拉列表中的“标注样式”按钮，打开“标注样式管理器”对话框，如图 6-42 所示。单击“新建”按钮，打开“创建新标注样式”对话框，如图 6-43 所示。在“新样式名”文本框中输入“非圆视图直径尺寸”，单击“继续”按钮，打开“新建标注样式：非圆视图直径尺寸”对话框，如图 6-44 所示。单击“主单位”选项卡，在“前缀”文本框中输入“%%c”，单击“确定”按钮即完成设置。

③ 执行“引线”标注命令标注倒角尺寸。在为 AutoCAD 图形添加多重引线时，单一的引线样式往往不能满足设计要求，用户需要根据标注要求设置或定义新的引线样式。

单击“注释”面板中的“多重引线样式”按钮，打开“多重引线样式管理器”对话框，如图 6-45(a)所示。单击“修改”按钮，打开“修改多重引线样式：Standard”对话框。将“引线格式”选项卡中的“箭头”选项组的“符号”设置为无，如图 6-45(b)所示。单击“引线结构”选项卡，将“基线设置”选项组中的基线距离设置为 0，如图 6-45(c)所示。单击“内容”选项卡，将“文字选项”选项组中的文字高度设置为 2.5，将“引线连接”选项组中的连接位置设置为“最后一行加下划线”，将“基线间隙”设置为 0，如图 6-45(d)所示。单击“确定”按钮即完成引线设置。

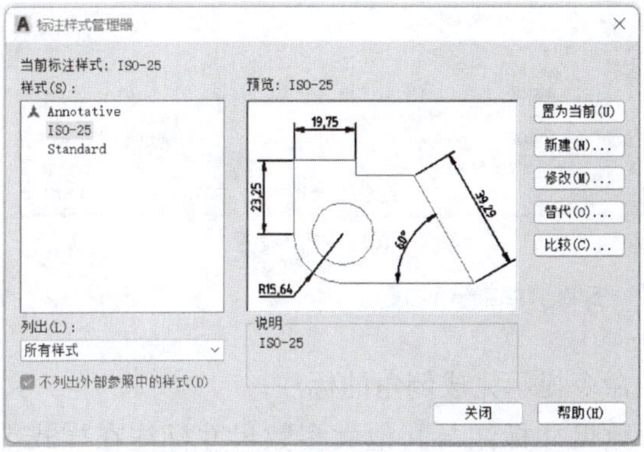

图 6-42　“标注样式管理器”对话框

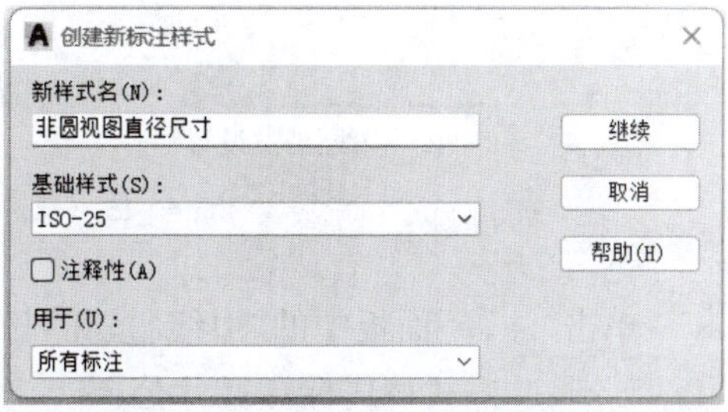

图 6-43　“创建新标注样式”对话框

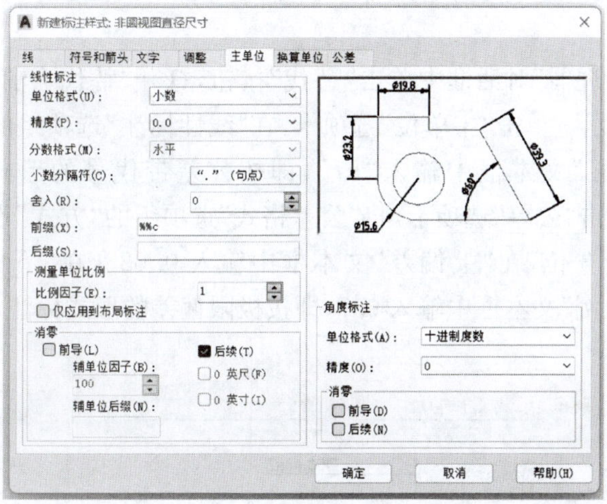

图 6-44　“新建标注样式：非圆视图直径尺寸”对话框

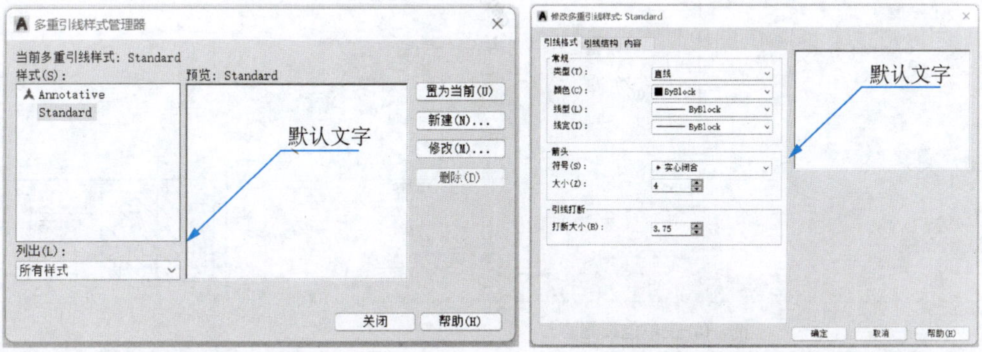

(a)“多重引线样式管理器”对话框　　(b)“修改多重引线样式：Standard”对话框

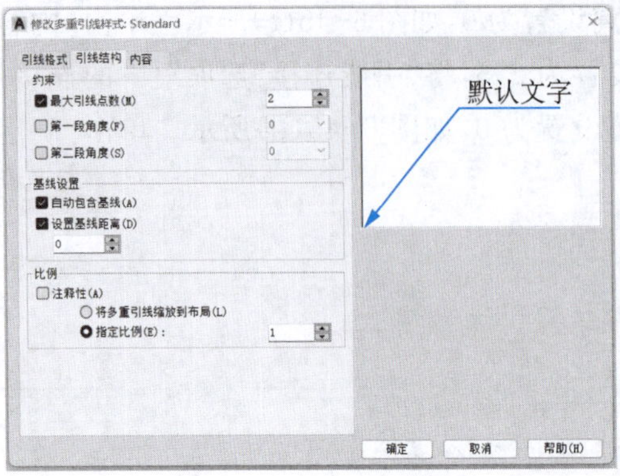

(c)“引线结构”设置

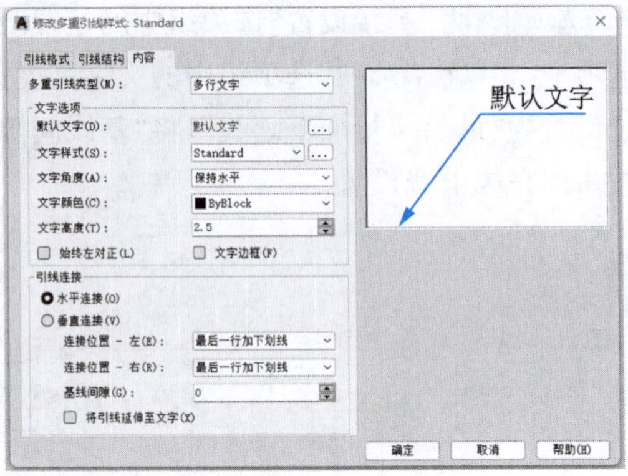

(d)“内容”设置

图 6-45　标注倒角多重引线样式设置

单击“注释”面板中的“引线”按钮，按照命令提示完成倒角的标注。

④ 通过样式替代标注尺寸公差。当少数尺寸标注与其他大多数尺寸标注在样式上有差别时，若无须创建新的标注样式，可以创建标注样式替代。如零件图中的尺寸公差标注样式，一般需要在基本尺寸后面标注公差带代号或极限偏差，用户可通过样式替代进行标注。

在“标注样式管理器”对话框中单击“替代”按钮，打开“替代当前样式：ISO-25”对话框，如图 6-46(a)所示。单击“主单位”选项卡，在“线性标注”选项组的“前缀”文本框中输入“%%c”，在“后缀”文本框中输入“k7”，即按公差带代号的形式标注尺寸公差；如图 6-46(b)所示，单击“公差”选项卡，将“公差格式”选项组的“方式”设置为极限偏差，“精度”设定小数位数为 3 位，在“上偏差”文本框中输入 0.023，在“下偏差”文本框中输入 −0.002，在“高度比例”文本框中输入 0.7，即按极限偏差的形式标注尺寸公差。

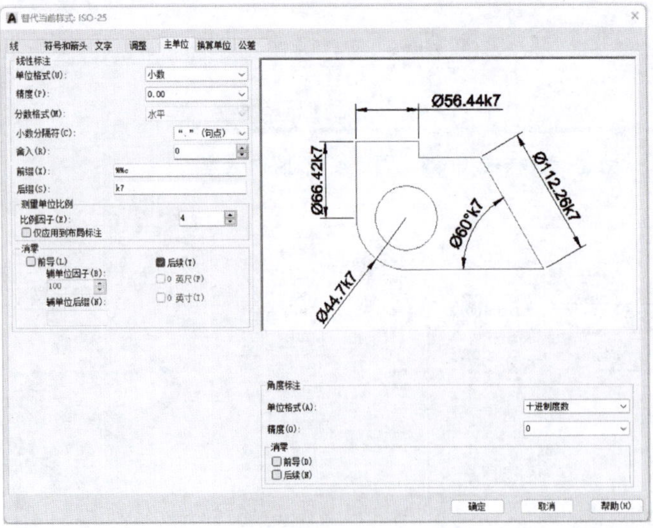

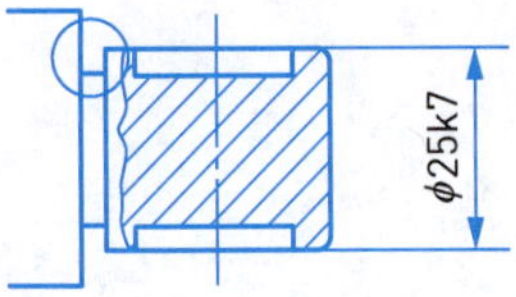

(a) 主单位设置

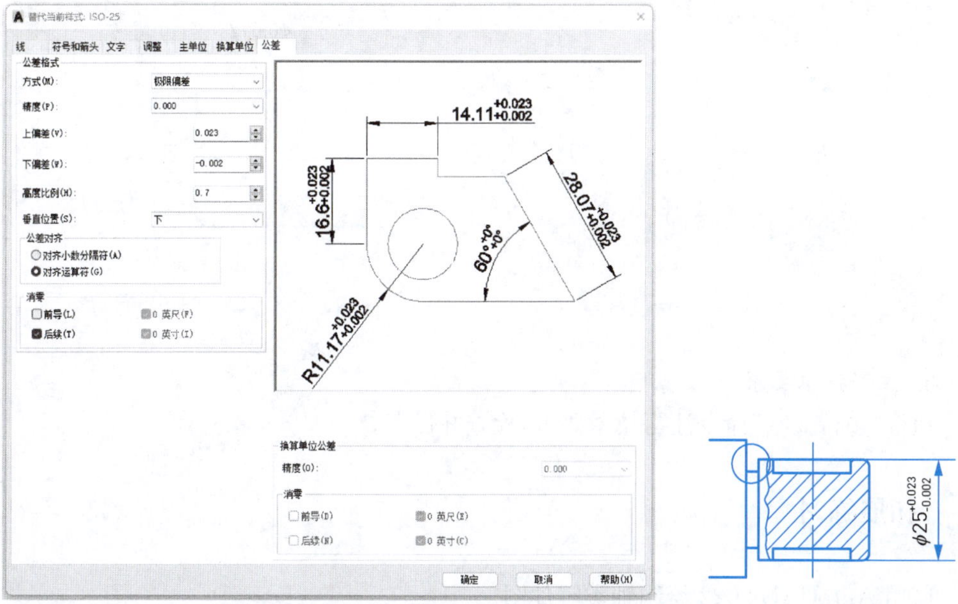

(b) 公差设置

图 6-46　样式替代标注尺寸公差

5. 标注技术要求

1）标注表面结构代号

单击“块”面板中的“插入块”按钮，在打开的“块”选项板中选择“表面结构”块，按照系统提示指定插入点和 *Ra* 参数值，即可标注图形中的表面结构代号。

2）标注几何公差

执行“标注”→“公差”命令，打开“形位公差”对话框，如图 6-47 所示，单击符号下方的黑色方框，弹出“特征符号”面板，如图 6-48 所示。选择同轴度符号，返回“形位公差”对话框，单击“公差 1”下方的黑色方框，插入直径符号中，在“公差 1”文本框中输入“0.012”，在“基准 1”文本框中输入“A”，单击“确定”按钮，按照系统提示指定公差位置，即完成几何公差的标注，如图 6-49 所示。几何公差基准符号可直接绘制，也可预先定义基准符号块并插入块。

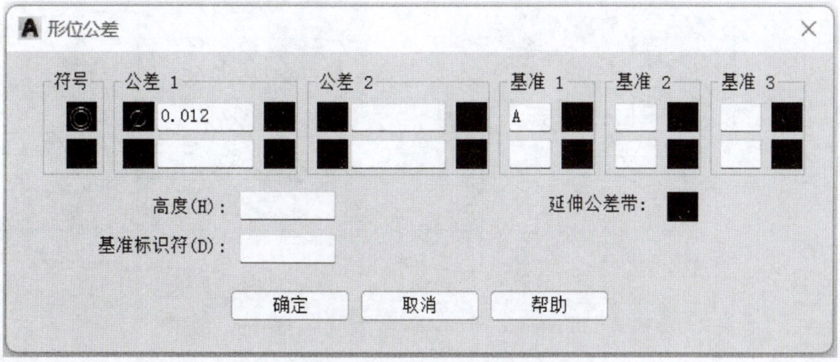

图 6-47　“形位公差”对话框

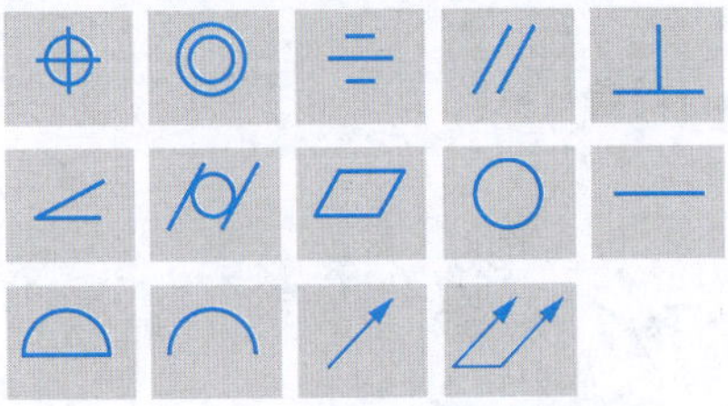

图 6-48 “特征符号”面板

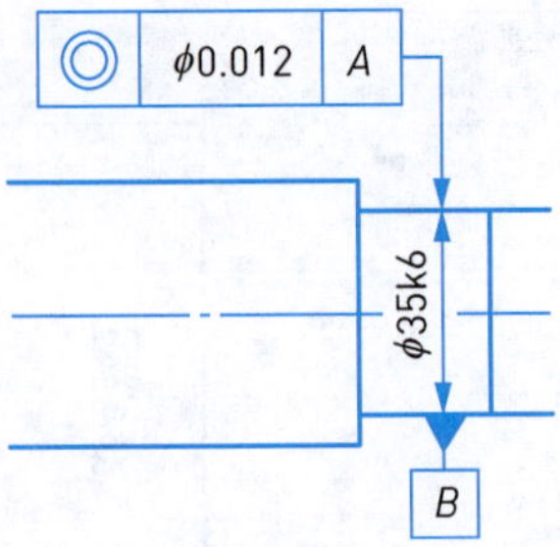

图 6-49 标注几何公差

6. 注写技术要求

执行“多行文字”命令注写技术要求，检查并保存。

拓展练习

应用 AutoCAD 2022 绘制轴类零件图。

(1) 建立 A3 图幅，按 1∶1 绘制下图所示传动轴的零件图

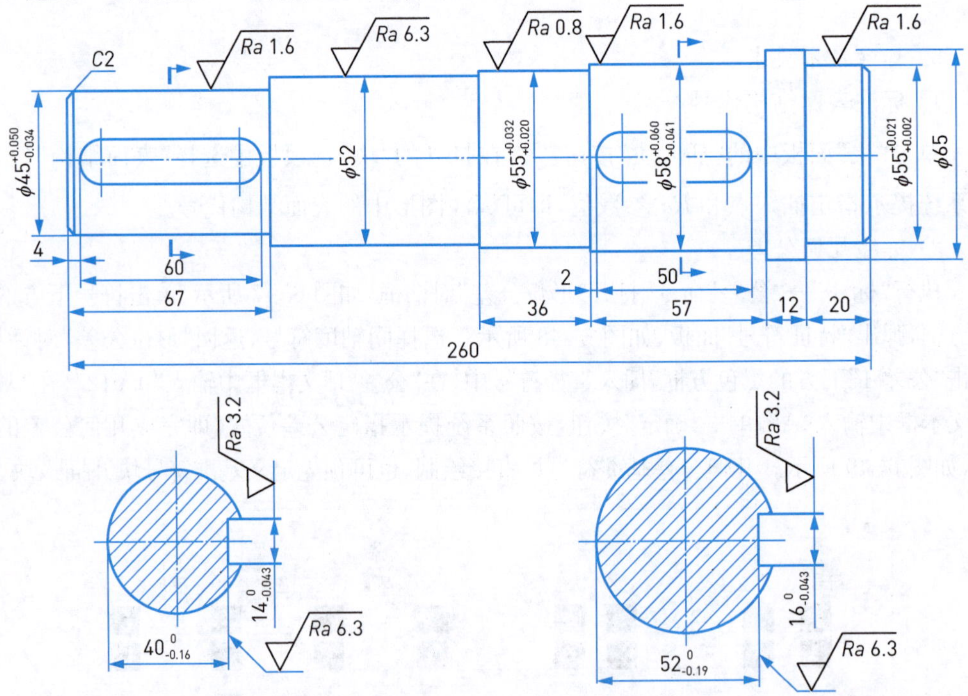

(2) 建立 A3 图幅，按 1∶1 绘制下图所示输出轴的零件图

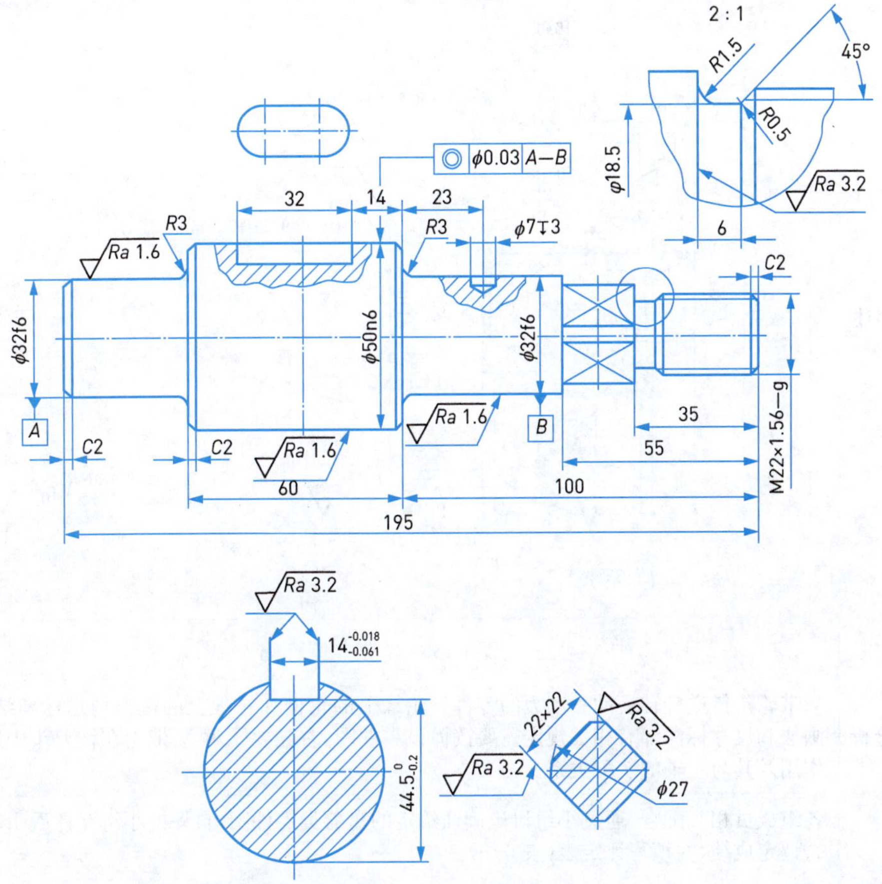

任务二
识读与绘制盘盖类零件图

子任务一　识读铣刀头 V 带轮零件图

学习任务单

任务名称	识读铣刀头 V 带轮零件图
任务描述	如图 6-50 所示为铣刀头 V 带轮零件图，识读其结构、形状、大小和加工要求。

任务描述

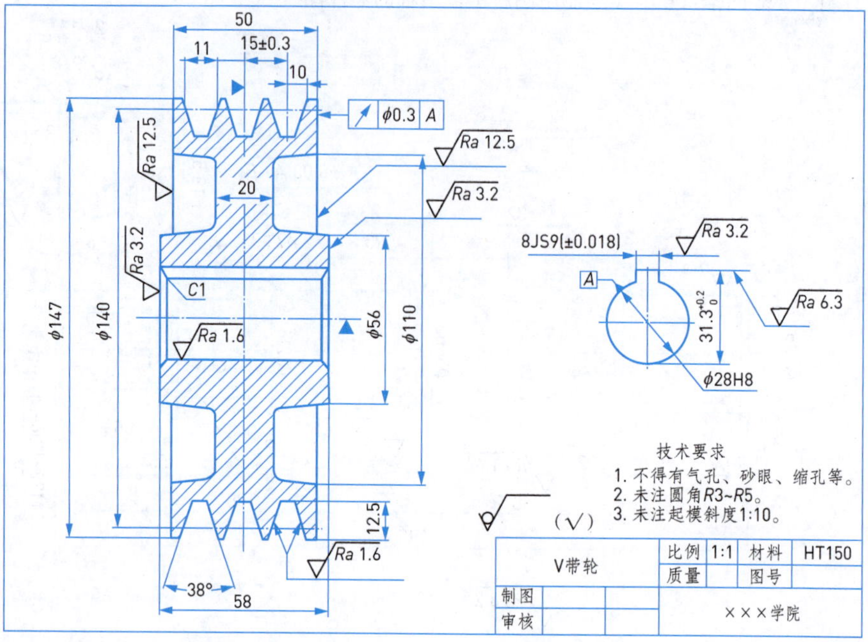

图 6-50　V 带轮零件图

任务分析

V 带轮是传递旋转运动和动力的零件。轮缘上的轮槽和轮毂上的键槽均是标准结构，其画法和尺寸标注都有相关规定。要读懂该零件图，首先要了解 V 带轮在铣刀头中所起的作用及其与主轴的装配关系。

成果展示与评价

各组成员相互配合，通过小组讨论读懂给定的盘盖类零件图，自评或小组互评后由教师综合评定成绩，并填写评定表(表 6-9)。

表 6-9　识读铣刀头 V 带轮零件图任务评定表

能力目标	相关知识	权重	自测分数	教师评分
了解相关知识	盘盖类零件图的结构特点	20 分		
熟练掌握知识点	(1) 零件图的内容； (2) 盘盖类零件的表达； (3) 盘盖类零件图中的尺寸及技术要求	30 分		
应用知识分析案例	盘盖类零件图中的尺寸及技术要求的正确分析	50 分		

知识概述

一、V 带和 V 带轮

V 带的尺寸已经标准化，按截面尺寸由小到大，普通 V 带分为 Y、Z、A、B、C、D、E 七种型号，窄 V 带分为 SPZ、SPA、SPB、SPC 四种型号。V 带的高度 h 与其节宽 bp 之比称为相对高度。普通 V 带的相对高度约为 0.7，窄 V 带的相对高度约为 0.9。

V 带轮结构一般由轮缘、轮辐和轮毂三部分组成。轮缘是带轮上具有轮槽的部分，截面尺寸按标准确定；轮毂是带轮与轴配合的部分，它的外径和长度按经验公式计算；轮辐是轮缘和轮毂的连接部分，根据带轮基准直径的不同可制成四种：实心带轮 S 型、腹板带轮 P 型、孔板带轮 H 型和椭圆轮辐带轮 E 型。

二、盘盖类零件的结构特点及视图选择

盘盖类零件通常指轮、盘、盖类零件。其主体部分多为同轴回转体，常具有倒角、键槽、销孔、凸缘、均布孔、轮辐、螺纹、退刀槽、砂轮越程槽等结构，主要在车床、镗床上加工。如图 6-51 所示为典型的盘盖类零件。

图 6-51　阀盖

盘盖类零件一般按主要加工位置选择主视图，轴线水平放置，多以垂直于轴线的方向作为主视图的投射方向。一般选择两个基本视图，采用全剖的主视图表达其内部结构及各组成部分的相对位置，再用左(或右)视图表达零件的外形及均布孔、轮辐等结构的数量及分布状况，如图 6-52 所示。

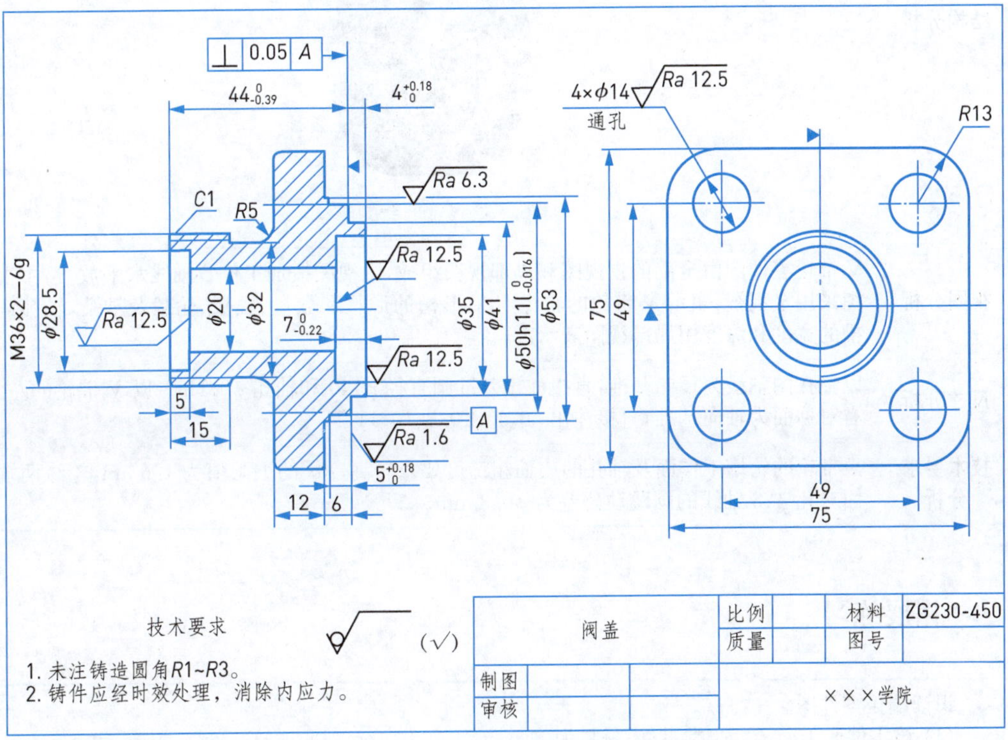

图 6-52　阀盖零件图

三、盘盖类零件的尺寸标注及技术要求

盘盖类零件的结构特点是以回转体为主，通常以轴孔的轴线为径向基准，以重要端面(如装配面)作为轴向尺寸基准，圆周上均匀分布小孔的定位圆直径是这类零件典型的定位尺寸。如图 6-52 所示，以阀盖与阀体的装配面为长度方向的主要尺寸基准，以前后、上

下对称平面作为宽度和高度方向的尺寸基准。

盘盖类零件上有配合要求的轴孔尺寸精度要求较高，配合面及轴向定位端面（装配面）的表面粗糙度要求较高，此外，有配合要求的内、外回转面应有同轴度要求，重要端面有垂直度或跳动公差要求。如图 6-52 所示，阀盖与阀体的装配面对 ϕ35 mm 圆柱孔轴线 A 的垂直度公差为 0.05 mm，该表面的粗糙度参数 Ra 为 1.6 μm。

任务实施单

整体分析	由图 6-50 标题栏可知该零件为 V 带轮、材料为 HT150 铸铁。该零件图采用一个主视图和一个局部视图，主视图采用全剖视。
结构分析	V 带轮的主体结构为带轴孔的同轴回转体，V 带轮通过键与轴连接。从图 6-50 中可看出 V 带轮的轮毂上有轴孔和键槽结构，V 带轮的轮缘上有 3 个 A 型轮槽，轮毂与轮缘用辐板连接。由此可想象出 V 带轮的结构如图 6-53 所示。  图 6-53　V 带轮的结构
视图分析	V 带轮零件图由全剖的主视图和局部视图组成，主视图按加工位置轴线水平放置，主视图采用全剖视，表示 V 带轮的轮缘上 V 形槽的形状和数量、辐板、轮毂及轴孔，轴孔键槽的宽度和深度用局部视图表示。
尺寸分析	以轴孔的轴线为径向基准，直接注出基准圆直径 ϕ140 和轴孔 ϕ28H8。以 V 带轮的左、右对称面为轴向基准，直接注出 50、15±0.3、10、11 等。
技术要求分析	V 带轮的轮槽工作面及轴孔的表面粗糙度要求较高，Ra 的上限值为 1.6 μm，轮缘两端面对孔 ϕ28 轴线的圆跳动公差为 ϕ0.3 mm。

拓展练习

识读端盖零件图。

(1) 该零件属于________类零件，材料为________。

(2) 该零件图采用________个基本视图，主视图采用________剖视，它的剖切位置标注在________视图中，剖切面的种类是________。

(3) 该零件左端凸台为________形，定形尺寸为________，右端凸台为________形，定形尺寸为________。

(4) 用指引线和文字在图中注明径向尺寸基准和轴向尺寸基准。

(5) 该零件轴向定位尺寸有________，径向定位尺寸有________。

(6) 该零件上有________个沉孔，分布有________个螺纹孔。

(7) 在图中指定位置绘制出 K 向局部视图。

(8) 说明图中几何公差代号的含义。

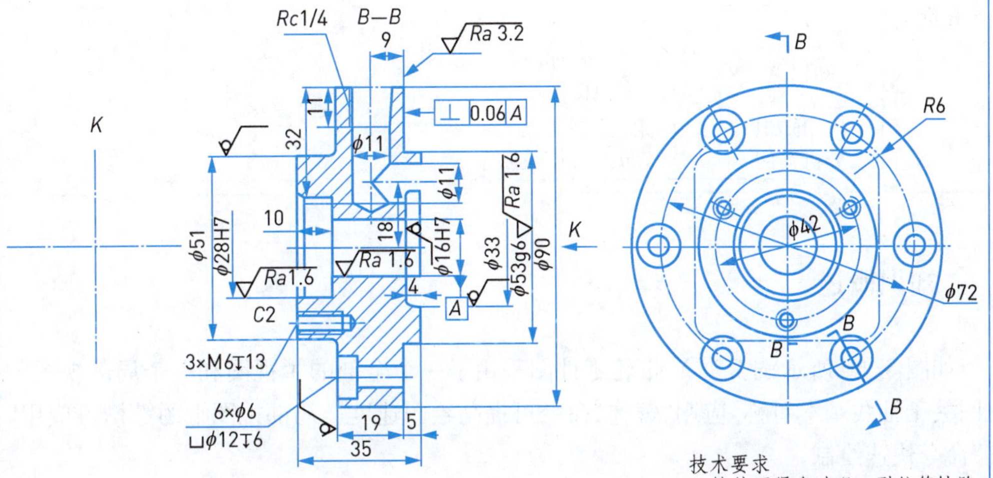

技术要求

1. 铸件不得有砂眼、裂纹等缺陷。
2. 未注圆角 $R2 \sim R3$。
3. 锐边倒角C0.5。

Ra 6.3 (√)

端盖		比例		材料	HT150
		质量		图号	
制图					
审核					

子任务二　应用 AutoCAD 2022 绘制 V 带轮零件图

学习任务单

任务名称	应用 AutoCAD 2022 绘制 V 带轮零件图。
任务描述	建立 A4 图幅，按 1∶1 绘制图 6-50 所示 V 带轮零件图。
任务分析	要应用 AutoCAD 2022 绘制 V 带轮零件图，首先要根据该类零件的结构特点和图形特点，选择合适的绘图与编辑命令完成图形的绘制，其次应掌握尺寸及技术要求的标注方法。
成果展示与评价	各组成员每人独立完成 V 带轮零件图，并按要求保存上传图形文件，自评或小组互评后由教师综合评定成绩，并填写评定表(表 6-10)。

成果展示与评价

表 6-10　应用 AutoCAD 2022 绘制 V 带轮零件图任务评定表

能力目标	相关知识	权重	自测分数	教师评分
了解相关知识	(1) 尺寸公差设置； (2) 形位公差设置； (3) 表面粗糙度块的设置	15 分		
熟练掌握知识点	(1) 尺寸公差标注； (2) 形位公差标注； (3) 表面粗糙度块	25 分		
应用知识分析案例	(1) 图线绘制； (2) 规范进行相关标注	60 分		

知识概述

如图 6-50 所示铣刀头 V 带轮零件图采用了一个全剖的主视图和一个局部视图。主视图关于轴线基本对称，应用“镜像”命令可提高绘图速度。局部视图上的键槽可应用“偏移”命令快速绘制。

任务实施

1. 设置绘图环境

创建 A4 图幅(210 mm×297 mm)，设置图层、文字样式、尺寸标注样式，绘制图框和标题栏，或直接调用“A4. dwt”图形样板文件，使用设置好的绘图环境。

2. 绘制视图

① 执行“直线”“偏移”“圆角”等命令绘制 V 带轮上半部分左侧轮廓，如图 6-54(a)所示。轮毂、轮缘处 1∶10 的起模斜度可结合相对坐标绘制，轮缘上 V 形槽的夹角为 38°，绘制其轮廓时将极轴追踪增量角设置为 71°。

② 执行“镜像”命令快速生成带轮上半部分右侧轮廓，如图 6-54(b)所示。

③ 执行“镜像”命令快速生成带轮下半部分轮廓，如图 6-54(c)所示。

④ 执行“直线”“圆”“偏移”“修剪”等命令绘制局部视图及主视图上轮毂轴孔的轮廓，如图 6-54(d)所示。

⑤ 执行“图案填充”命令绘制主视图的剖面线，如图 6-54(e)所示。

3. 标注尺寸

① 执行“线性”标注命令，标注主视图的轴向和径向尺寸，倒角用“引线”命令标注。

② 执行“直径”和“线性”标注命令，标注局部视图尺寸。

③ 通过样式替代标注尺寸公差。

4. 标注技术要求

① 标注表面结构代号。可通过在当前图形中“创建块”和“插入块”的方式，还可选择“最近使用”的块进行表面结构代号的标注。

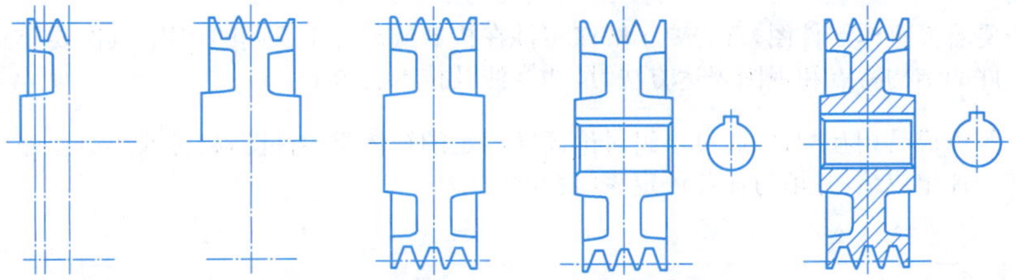

图 6-54　V 带轮零件图绘制过程

② 标注几何公差。执行“引线”和“公差”命令标注图中的几何公差。

5. 注写技术要求

执行“多行文字”命令注写技术要求，检查并保存。

任务三
识读与绘制箱体类零件图

子任务一　识读铣刀头座体零件图

学习任务单

任务名称	识读铣刀头座体零件图
任务描述	如图 6-55 所示为座体零件图，识读其结构形状、尺寸大小、加工要求等。 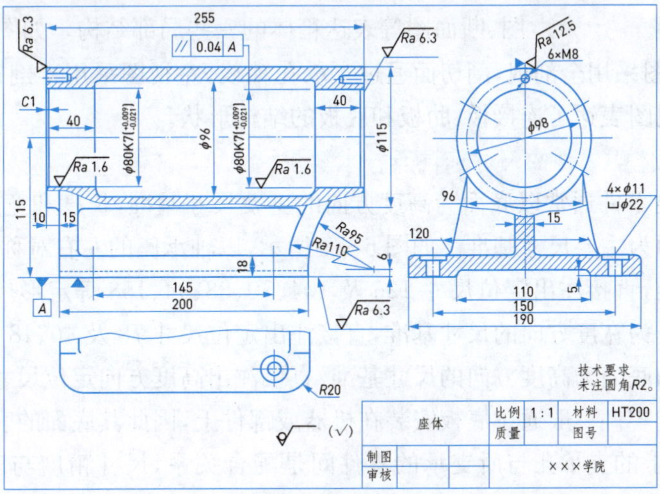 图 6-55　座体零件图

<table>
<tr><td>任务分析</td><td>要看懂座体零件图，首先要了解该零件在机器或部件中所起的作用，其次要熟悉箱体类零件的结构特点和视图表达方法、尺寸标注及技术要求等。</td></tr>
<tr><td>成果展示
与评价</td><td>各组成员相互配合，通过小组讨论读懂给定的箱体类零件图，自评或小组互评后由教师综合评定成绩，并填写任务评定表(表 6-11)。
表 6-11　识读铣刀头座体零件图任务评定表
<table>
<tr><th>能力目标</th><th>相关知识</th><th>权重</th><th>自测分数</th><th>教师评分</th></tr>
<tr><td>了解相关知识</td><td>箱体类零件的结构特点及视图选择</td><td>20 分</td><td></td><td></td></tr>
<tr><td>熟练掌握知识点</td><td>(1) 箱体类零件的视图表达形式；
(2) 箱体类零件图中的尺寸及技术要求</td><td>30 分</td><td></td><td></td></tr>
<tr><td>应用知识分析案例</td><td>箱体类零件图中的尺寸及技术要求的正确分析</td><td>50 分</td><td></td><td></td></tr>
</table>
</td></tr>
</table>

知识概述

一、箱体类零件的结构特点及视图选择

箱体类零件指泵体、机床床身、阀体、变速箱的箱体等。此类零件的结构形状比较复杂，毛坯多为铸件，加工工序多，有较多形状、大小各异的凸台和孔等结构。箱体类零件主要起到包容、支承其他零件的作用，内部以圆形或方形腔体为主要特征，如图 6-56 所示的轴承座。

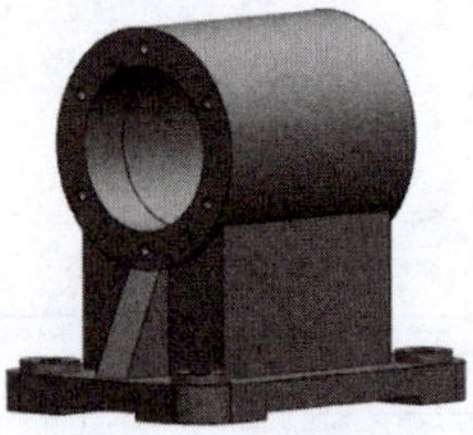

图 6-56　轴承座轴测图

箱体类零件一般采用三个或三个以上的基本视图，通常按工作位置和结构形状特征来选择主视图，并以垂直或平行于主要支承孔轴线方向作为主视图的投射方向。一般用通过主要支承孔轴线的剖切来表达其内部结构，另外采用局部视图、局部剖视、斜视图、断面图等表达箱体的一些局部结构。如图 6-57 所示的轴承座零件，主视图采用全剖视，剖切面通过支承孔轴线，左视图采用半剖视和局部剖视，$A—A$ 剖面的俯视图表达了连接板、肋板和底板的结构形状。

二、箱体类零件的尺寸标注及技术要求

箱体类零件通常以底面为高度方向的主要尺寸基准，长度和宽度方向通常以重要端面或对称面为主要尺寸基准。如图 6-57 所示，以轴承座的左右对称平面为长度方向的主要尺寸基准，直接注出定位尺寸 126 及 104、70、88、94、158 等定形尺寸；以轴承座的前后对称平面作为宽度方向的尺寸基准，直接注出定位尺寸 78 及 40、48、72、110 等定形尺寸；以轴承座的底面为高度方向的尺寸基准，直接注出高度方向定位尺寸 98。

箱体类零件一般通过底板安装在机器或部件上，因此其底面的表面粗糙度要求较高。另外，箱体上的支承孔与所支承的零件间是配合关系，尺寸精度与表面粗糙度要求都很高。如图 6-57 所示，轴承座底面的表面粗糙度 Ra 的上限值为 6.3 μm，$\phi62$ 的支承孔注有尺寸公差，其表面粗糙度 Ra 的上限值为 1.6 μm。

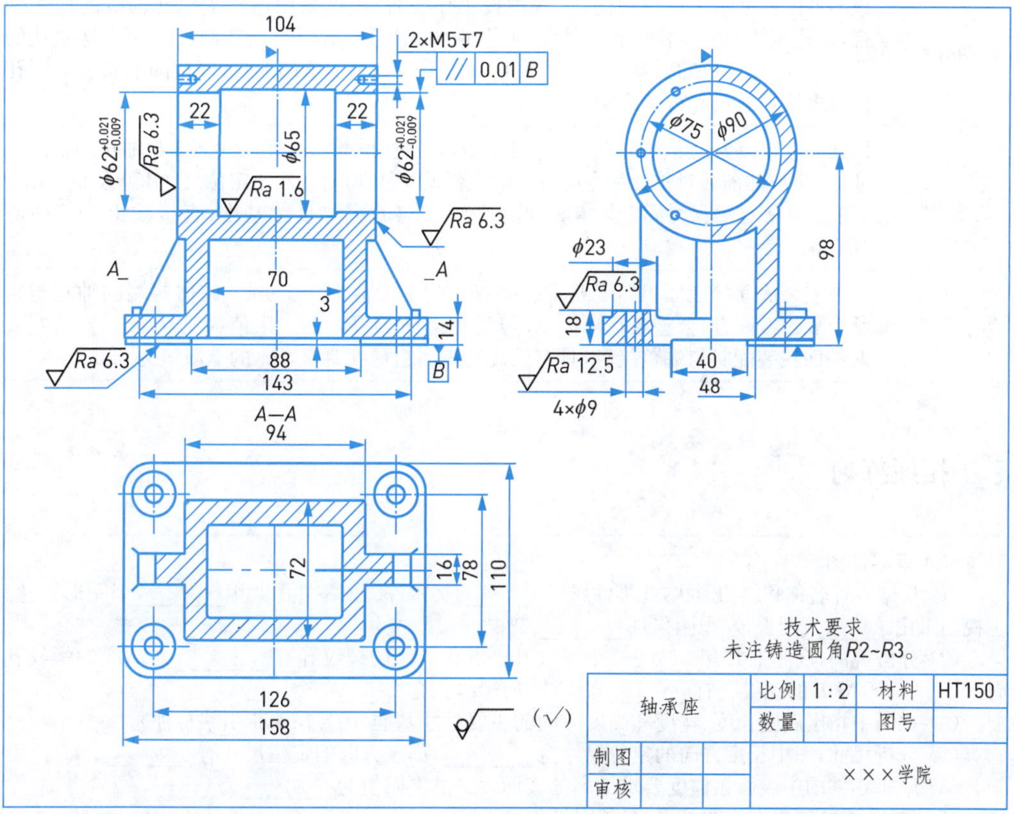

图 6-57 轴承座零件图

任务实施单

整体分析	由图 6-55 标题栏可知该零件为座体，材料为 HT200 铸铁。该零件图共采用三个视图，主、左视图采用局部剖视。
结构分析	座体在铣刀头部件中主要起支承轴的作用，座体的结构可分为四部分：上部为圆筒状，两端的轴孔支承轴承，轴孔直径与轴承外径一致，左右两端面上加工有螺纹孔（与端盖连接用），中间为圆形腔体（直接铸造不加工）；下部是方形底板，有四个安装孔，为了安装平稳和减少加工面，底板下部开通槽；座体的上、下两部分之间是连接板和肋板。由此可想象出座体的结构如图 6-58 所示。 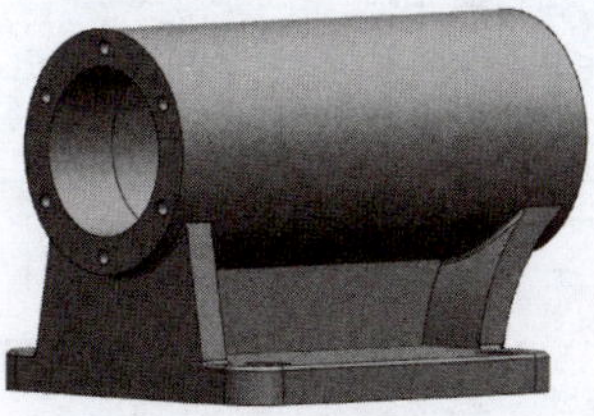 图 6-58 座体轴测图

视图分析	该零件图共采用了三个视图：主视图按工作位置放置，采用通过支承孔轴线的局部剖视，表达座体的形体特征和腔体结构；左视图采用局部剖视，表达圆筒端面上螺纹孔的分布情况、连接板的形状、肋板的厚度、底板上沉孔和通槽的形状；底板的形状和安装孔的位置则通过局部视图表示。
尺寸分析	以圆筒左端面为长度方向的主要尺寸基准，直接注出圆筒长度尺寸 255 和轴孔的长度尺寸 40；以座体前后对称面为宽度方向的主要尺寸基准，直接注出定位尺寸 150 及 96、120、110、190 等定形尺寸；以座体底面为高度方向的主要尺寸基准，直接注出圆筒中心高 115。
技术要求分析	座体安装底面的表面粗糙度要求较高，*Ra* 的上限值为 6.3 μm。座体两端的轴孔与轴承形成过渡配合，公差带代号为 K7，其表面粗糙度 *Ra* 的上限值为 1.6 μm。圆筒左右两端面在装配时与端盖接触，具有较高的表面粗糙度要求，*Ra* 的上限值为 6.3 μm。

拓展练习

读底座零件图。

（1）根据零件名称和结构形状，此零件属于________类零件。该零件图共用________个图形表达，主视图采用________剖视，左视图采用________剖视。

（2）分析视图，底座上共有________个螺纹孔。其中 M4 的螺纹孔有________个，M6 的螺纹孔有________个，M10 的螺纹孔有________个，M5 的螺纹孔有________个。

（3）在图中指出底座长度、宽度和高度方向的主要尺寸基准（用带箭头指引线标注）。

（4）分析尺寸，图中长度方向的定位尺寸有________，高度方向的定位尺寸有________。

（5）底座零件图中表面粗糙度要求最高的表面，*Ra* 的上限值为________。

（6）按 1∶1 绘制出左视图外形（另外附纸作答）。

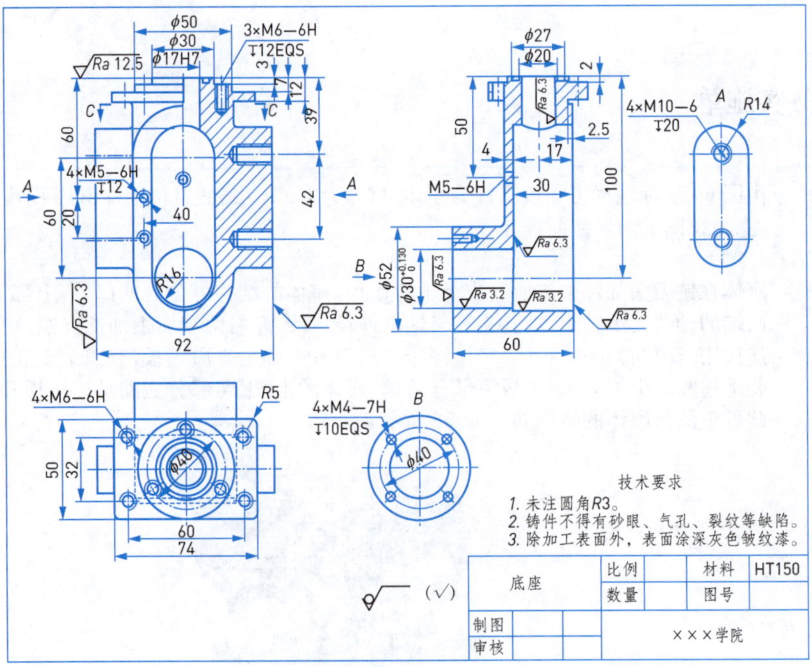

子任务二　应用 AutoCAD 2022 绘制座体零件图

学习任务单

<table>
<tr><td>任务名称</td><td>应用 AutoCAD 2022 绘制座体零件图</td></tr>
<tr><td>任务描述</td><td>建立 A3 图幅，按 1∶1 绘制图 6-55 所示座体零件图。</td></tr>
<tr><td>任务分析</td><td>要应用 AutoCAD 2022 正确绘制座体零件图，首先应根据各视图的图形特点选择合适的绘图与编辑命令完成图形的绘制，其次应掌握尺寸公差、几何公差及表面结构等技术要求的标注方法。</td></tr>
<tr><td>成果展示与评价</td><td>各组成员每人独立完成座体零件图，并按要求保存上传图形文件，自评或小组互评后由教师综合评定成绩，并填写评定表(表 6-12)。
表 6-12　应用 AutoCAD 2022 绘制座体零件图任务评定表
<table>
<tr><th>能力目标</th><th>相关知识</th><th>权重</th><th>自测分数</th><th>教师评分</th></tr>
<tr><td>了解相关知识</td><td>(1) 尺寸公差设置；
(2) 表面粗糙度块的设置</td><td>15 分</td><td></td><td></td></tr>
<tr><td>熟练掌握知识点</td><td>(1) 尺寸公差标注；
(2) 表面粗糙度块</td><td>25 分</td><td></td><td></td></tr>
<tr><td>应用知识分析案例</td><td>(1) 图线绘制；
(2) 规范进行相关标注</td><td>60 分</td><td></td><td></td></tr>
</table>
</td></tr>
</table>

知识概述

如图 6-55 所示座体零件图采用了主、左两个基本视图，表达了座体的外形及腔体结构、连接板的形状、肋板的位置及厚度、底板上沉孔和通槽的形状。局部视图表达了底板的形状。根据图形特点，绘制图时灵活运用图形编辑与绘图辅助工具有助于快速准确地绘图。

任务实施

1. 设置绘图环境

创建 A3 图幅(297 mm×420 mm)，设置图层、文字样式、尺寸标注样式，绘制图框和标题栏。

2. 绘制视图过程

绘制视图过程如下。

① 绘制基准线。用“直线”“偏移”命令绘制基准线，如图 6-59 所示。

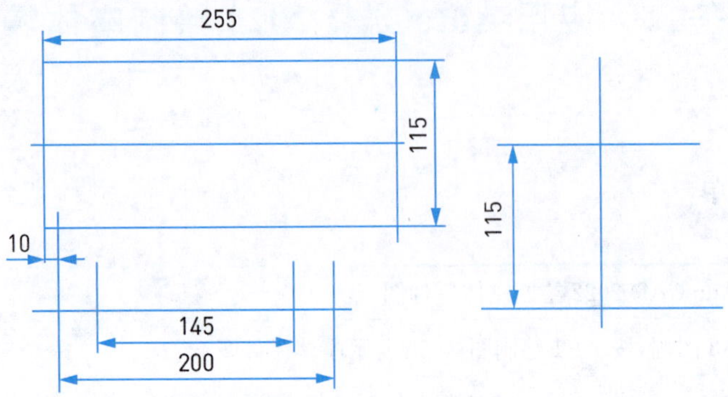

图 6-59　绘制基准线

② 绘制圆筒。用“偏移”“修剪”命令绘制主视图及左视图上半部分。用“圆”命令绘制 ϕ115 mm 圆和 ϕ80 mm 圆。对称图形可只绘制一半，另一半用“镜像”命令复制，结果如图 6-60 所示。

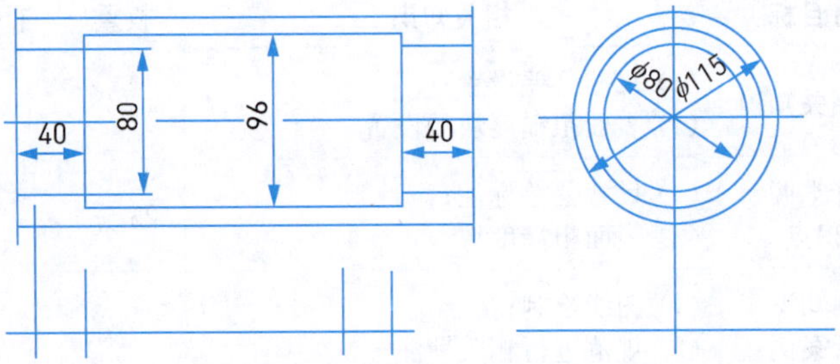

图 6-60　绘制圆筒

③ 绘制底板、肋板和连接板。先绘制左视图下半部分左侧图形，用镜像命令复制出右侧图形，然后绘制主视图下半部分图形，注意投影关系，如图 6-61 所示。

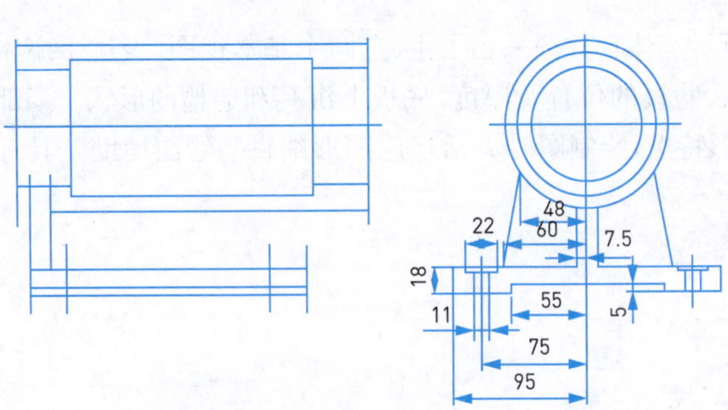

图 6-61　绘制底板、肋板和连接板

④ 绘制圆弧形连接板。作辅助线 AB，以 A 点为圆心，以 95 mm 为半径作辅助圆，确定圆心 O。以 O 点为圆心，绘制 R110 mm、R95 mm 两段圆弧，如图 6-62 所示。

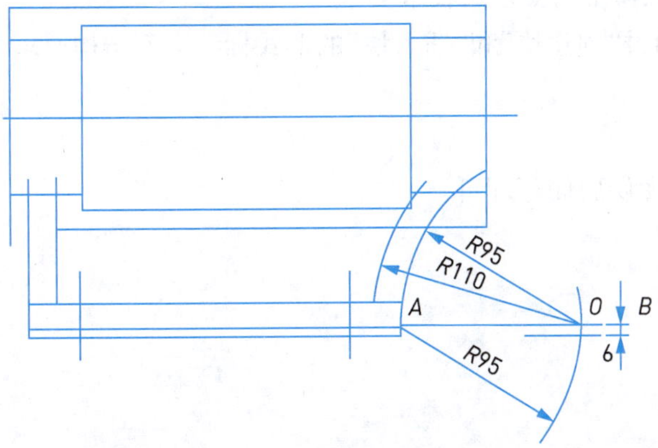

图 6-62　绘制圆弧形连接板

⑤ 绘制 M8 螺纹孔、波浪线，添加倒角、圆角等细节。用“直线”命令绘制螺纹孔，用“倒角”命令绘制主视图两端倒角，用“圆角”命令绘制铸造圆角，用“样条曲线”命令绘制波浪线，结果如图 6-63 所示。

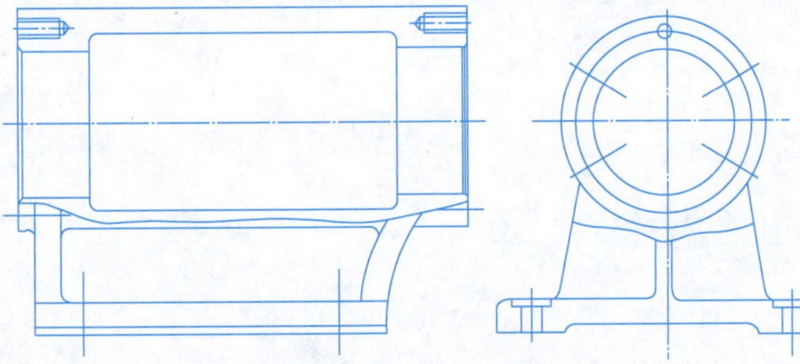

图 6-63　绘制 M8 螺纹孔、波浪线

⑥ 绘制局部视图，并绘制剖面线，更改线型。用“直线”“圆”命令绘制局部视图，用“图案填充”命令绘制剖面线，并将图中各图线分别置于相应的图层，使其线型分别更改为相应的粗实线、细实线、中心线和虚线，如图 6-64 所示。

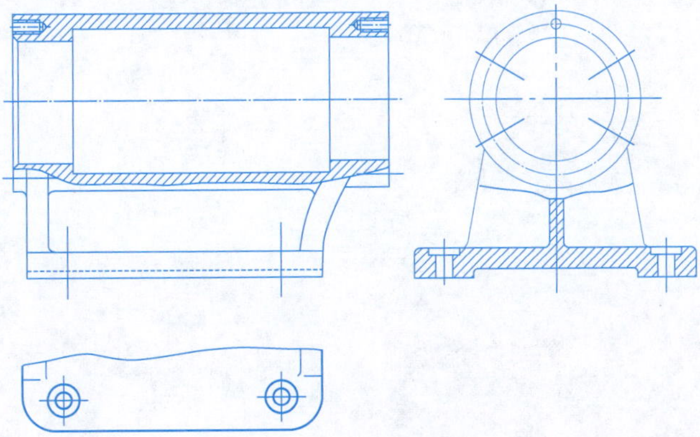

图 6-64　绘制局部视图

3. 标注尺寸、表面结构要求及技术要求

标注尺寸，并通过“创建块”和“插入块”的形式标注表面结构要求，通过“多行文字”命令注写技术要求。

4. 检查，保存

检查所绘图形无误后保存即可。

学习情境七

识读与绘制装配图

情境概述

配图是用来表达机器部件的工作原理，及零件(部)件间装配关系的重要图样，是机械和生产中的重要技术文件之一。在产品设计中，无论是开发新产品，还是对已有产品进行改造，一般都是先根据产品的工作原理图绘制出装配草图，然后将装配草图整理成装配图，再根据装配图进行零件设计，并绘制出零件图。在产品制造中，先按零件图加工出合格的零件再按装配图制装配工艺规程，进行设备装配和检验。在机器使用和维修时，也需要通过装配图了解机器的工作原理和构造。

学习目标

- 熟悉装配图的作用和内容；
- 熟悉装配图中的规定画法和特殊表达方法；
- 熟悉装配图的尺寸标注；
- 熟悉零件序号、明细栏和技术要求；
- 熟悉读装配图的方法和步骤；
- 熟练掌握使用 AutoCAD 2022 软件绘制装配图。

教学目标

通过介绍装配图和零件图的不同表达方法，培养学生顾全大局的集体观念；培养学生树立适应时代要求的设计思想，以及认真负责的工作态度和一丝不苟的工作作风及工匠精神；使学生树立勇于创新精神，为中国制造强国战略贡献智慧和力量。

任务一 识读铣刀头装配图

学习任务单

任务名称	识读铣刀头装配图
任务描述	铣刀头是安装在铣床上的一个部件，用来安装铣刀盘。如图 7-1 所示为铣刀头的装配图。铣刀头工作时，动力通过 V 带轮带动轴转动，轴带动铣刀盘旋转，对工件进行平面铣削加工。轴通过滚动轴承安装在座体内，座体通过底板上的四个沉孔安装在铣床上。试通过装配图的识读方法完成铣刀头装配图的识读。

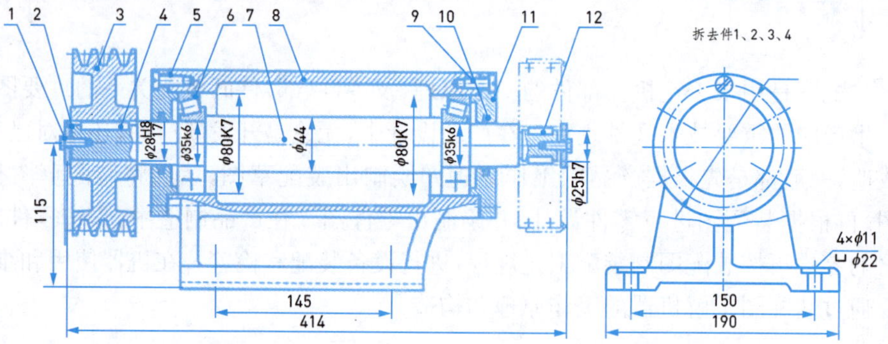

序号	代号	名称	数量	材料	备注
12	GB/T 1096	键6×6×20	2	45	
11		端盖	2	HT200	
10		调整环	1	35	
9	GB/T 65	螺钉M8×20	12	Q235A	
8		座体	1	HT150	
7		主轴	1	45	
6	GB/T 297	轴承30307	2	GCr15	
5		毡圈	2	半粗羊毛	
4	GB/T 1096	键8×7×40	1	45	
3		V带轮A型	1	HT150	
2	GB/T 892	挡圈B35	2	35	
1	GB/T 5781	螺栓M6×20	2	Q235A	

铣刀头		比例	数量	材料	图号
		1:2			
制图			×××学院		
审核					

图 7-1 铣刀头装配图

任务分析	从图 7-1 的铣刀头装配图，可以看到装配体中各零件，装配位置、装配关系和工作原理。根据读识装配图的方法及步骤，读铣刀头装配图应通过以下步骤：①明确铣刀头装配体的名称、用途。②明确铣刀头各装配件之间的组成、零件间装配关系，及工作原理。③明确各铣刀头装配图中各零件的主要结构形状和作用。④明确铣刀头装配件的装、拆步骤和方法。⑤通过铣刀头装配图了解装配体的尺寸和技术要求。
成果展示与评价	各组成员独立完成给定装配件的装配图的读识，自评或小组互评后由教师评定成绩，并填写评定表(表 7-1)。

成果展示与评价	表 7-1　识读铣刀头装配图任务评定表				
	能力目标	相关知识	权重	自测分数	教师评分
	熟悉装配图的相关知识	(1) 装配图的作用和内容； (2) 装配图中的规定画法和特殊表达方法； (3) 装配图的尺寸标注	30 分		
	了解装配图中技术要求的撰写方法，零部件序号的编写，明细栏的填写要求	(1) 零部件序号的编写方法； (2) 技术要求的撰写方法； (3) 明细栏的填写要求	30 分		
	熟练掌握识读装配图的方法和步骤	(1) 识读装配图的方法； (2) 识读装配图的步骤	40 分		

知识概述

一、装配图的作用和内容

1. 装配图的作用

装配图是机器设计中设计意图的反映，是机器设计、制造的重要技术依据。在机器或部件的设计制造及装配时都需要用到装配图。用装配图来表达机器翻译或部件的工作原理、零件间的装配线关系和各零件的主要结构形状，以及装配、检验和安装时所需的尺寸和技术要求。

① 在新设计或测绘装配体(机器或间件)时，要绘制出装配图表示该机器或部件的构造和装配线关系，并确定各零件的结构形状和协调各零件的尺寸等，这是绘制零件图的依据。

② 在生产中装配线机器翻译时，要根据装配图制订装配工艺规程，装配图是机器装配、检验、调试和安装工作的依据。

③ 使用和维修中，装配图是通过机器或部件工作原理、结构性能，从而决定操作、保养、拆装和维修方法的依据。

④ 在进行技术交流、引进先进技术或更新改造原有设备时，装配图也是不可缺少的资料。

2. 装配图的内容

1) 一组图形

用一组图形(包括各种表达方法)正确、完整、清晰和简便地表达机器或部件的工作原理、零件间的装配线关系及零件的主要结构形状。

2) 必要的尺寸

只标注出反映机器或部件的性能、规格、外形以及装配、检验、安装时所需要的一些尺寸。

3）技术要求

用文字或符号准确、简明地表示机器或部件的性能、装配、检验、调整要求，验收条件，试验和使用、维修规则等。

4）标题栏、序号和明细栏

用标题栏注明机器或部件的名称、规格、比例、图号以及设计、制图者的姓名等。

装配图上对每种零件或组件必须进行编号；编制明细栏，依次写出各种零件的序、名称、规格、数量、材料等内容。

二、装配图中的规定画法和特殊表达方法

1. 装配图中的规定画法

1）接触面与配合面的画法

零件间接触面、配合面的画法相邻接触面和配合面，只绘制一条轮廓线。无论间隙大小，均要绘制成两条轮廓线。

2）装配图中剖面符号的画法

装配图中相邻两个金属零件的剖面线，必须以不同方向或不同的间隔绘制出。同一零件的剖面线方向、间隔必须完全一致。

3）剖面符号画法

装配图中，对于紧固件及轴、球、手柄、键、连杆等实心零件，若沿纵向剖切且剖切平面通过其对称平面或轴线时，这些零件均按不剖绘制。如需表明零件的凹槽、键槽、销孔等结构，可用局部剖视表示。

2. 装配图中的特殊表达方法

1）拆卸画法

在装配图的某一视图中，为表达一些重要零件的内、外部形状，可假想拆去一个或几个零件后绘制该视图。

2）假想画法

在装配图中，为了表达与本部件存在装配关系但又不属于本部件的相邻零部件时，可用双点画线绘制出相邻零部件的部分轮廓在装配图中，当需要表达运动零件的运动范围或极限位置时，也可用双点画线绘制出该零件在极限位置处的轮廓。

3）单独表达某个零件的画法

在装配图中，当某个零件的主要结构在其他视图中未能表示清楚，而该零件的形状对部件的工作原理和装配关系的理解起着十分重要的作用时，可单独绘制出该零件的某一视图。

4）简化画法

① 在装配图中，若干相同的零部件组，可详细地绘制出一组，其余只需用点画线表示其位置即可。

② 在装配图中，零件的工艺结构，如倒角、圆角、退刀槽、拔模斜度、滚花等均可省略。

5）夸大画法

在装配体中存在一些很薄的薄片、细丝的弹簧、零件间很小的间隙和锥度较小的锥

销、锥孔等，若按它们的实际尺寸绘制则图样不明显，因此在装配图中允许将它们放大绘制出。

6）展开画法

为了表示部件传动机构的传动路线及各轴之间的装配关系，可按传动顺序沿轴线剖开，将其展开绘制出。

三、装配图的尺寸

1）特征尺寸

特征尺寸是表示装配体的性能或规格的尺寸，这类尺寸在装配体设计前就已确定。

2）装配尺寸

装配尺寸是与装配体质量有关的尺寸，包括配合尺寸和相对位置尺寸。

① 配合尺寸：表示两个零件之间配合性质的尺寸，一般用配合代号注出。

② 相对位置尺寸：表示相关联的零部件之间较重要的相对位置尺寸。

3）安装尺寸

将装配体安装到其他部件或地基上时，与安装有关的尺寸。

4）外形尺寸

表示装配体的总长、总宽和总高的尺寸。

5）其他重要尺寸

对实现装配体的功能有重要意义的零件结构尺寸或运动件运动范围的极限尺寸。

四、零件序号、明细栏和技术要求

1. 装配图的零件序号

1）零件序号编写规则

① 装配图中每种零件或组件都要编写序号；

② 形状、尺寸完全相同的零件只编写一个序号，数量填写在明细栏内；

③ 形状相同而尺寸不同的零件，要分别编号。

2）编写序号的方法

序号由点、指引线、横线（或圆圈）和序号数字组成如图 7-2 所示。指引线、横线用细实线绘制出。指引线相互不交错，当指引线通过剖面线区域时应与剖面线斜交，避免与剖面线平行。序号数字比装配图的尺寸数字大一号或两号。

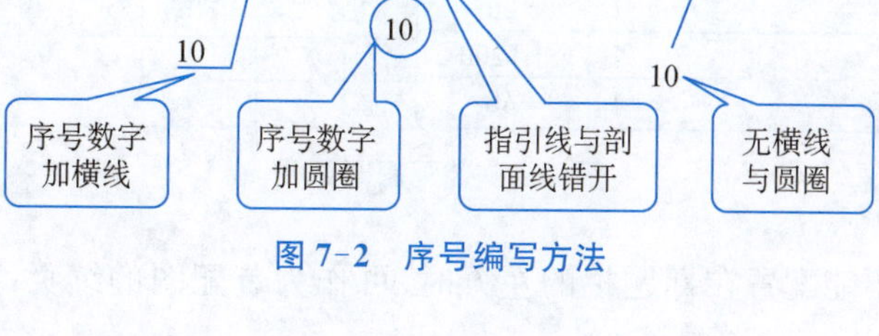

图 7-2　序号编写方法

3）编写序号的注意事项

① 指引线不能相交，必要时可绘制成折线，但只能弯折一次，如图 7-3 所示。

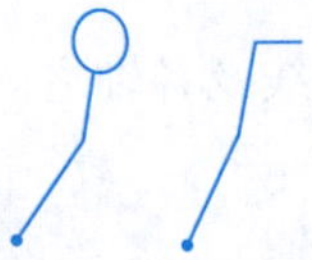

指引线弯折一次

图 7-3　画成折线的引线

② 标准件，可采用公共指引线编号，如图 7-4 所示。

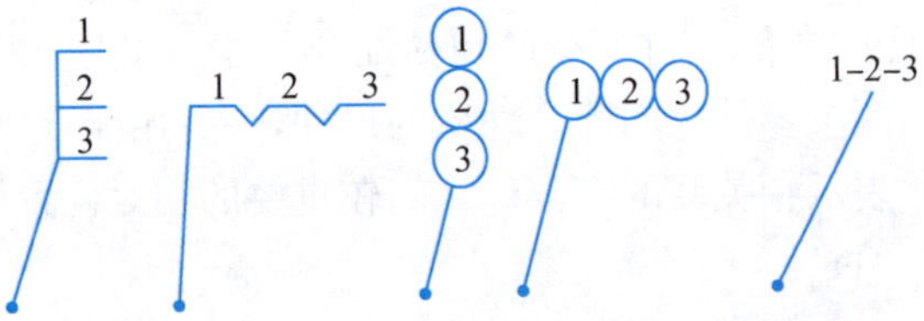

图 7-4　公共指引线

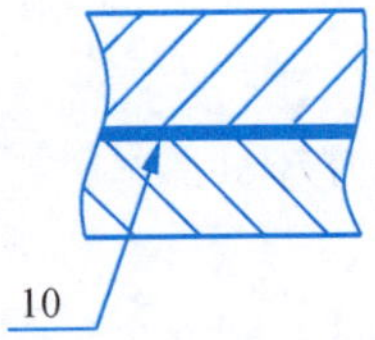

图 7-5　指引线末端为箭头

③ 标准化组件（如轴承）可作为一个整体只编写一个编号。

④ 编号应按次序水平或垂直方向排列整齐。

⑤ 薄零件或涂黑的剖面内不便绘制圆点，可在指引线的末端绘制出箭头，如图 7-5 所示。

2. 装配图的明细栏

① 明细栏是机器或部件中全部零部件的详细目录，应绘制在标题栏的上方。

② 零部件的序号应自下而上填写，如空间不够时，可将明细栏分段绘制在标题栏的左方，如图 7-6 所示。

16	垫圈　GB/T 93 6	1	65Mn
15	螺栓　GB/T 5783 M6×20	1	Q235
14	挡圈　GB/T 892 B32	1	35
13	键　GB/T 1096 6×20	2	45
12	毡圈	2	羊毛毡
11	端盖	2	HT200
10	螺钉　GB/T 70 M8×25	12	Q235A
9	调整环	1	30
8	座体	1	HT200
7	轴	1	45

6	轴承　GB/T 297-94 30307	2	
5	键　GB/T 1096 8×40	1	45
4	胶带轮　A型	1	HT150
3	销　GB/T 119 3×12	1	35
2	螺钉　GB/T 168 M6×18	1	Q235A
1	挡圈　GB/T 891 35	1	35
序号	零件名称	数量	材料

铣刀头		比例	质量	共1张	
		1:2		第1张	
制图		×××学院			
校核					

图 7-6　装配图明细栏

③ 当明细栏不能配置在标题栏的左方时，可作为装配图的续页，按 A4 幅面单独绘

制，其填写顺序应自上而下。

3. 装配图的技术要求

一般可以从以下三个方面来考虑。

① 装配要求：机器或部件在装配过程中需注意的事项及装配后应达到的要求，如装配间隙、润滑要求等。

② 检验要求：对机器或部件基本性能的检验、试验及操作时的要求。

③ 使用要求：对机器或部件的规格、参数及维护、保养、使用时的注意事项及要求。装配图中的技术要求，通常用文字注写在明细栏的上方或图纸下方的空白处。

五、识读装配图的方法和步骤

1. 识读装配图的方法

在设计、制造、使用和维修时，都需要识读装配图。识读装配图的主要要求如下。

① 了解部件或机器的用途、工作原理、结构。

② 了解零件之间的装配关系以及它们的拆装顺序。

③ 弄清楚零件的主要结构形状和作用。

2. 识读装配图的步骤

(1) 概括了解并分析表达方法

① 了解部件或机器的名称和用途，可通过调查研究和查阅明细栏及说明书获得。

② 了解标准件和非标件的名称、数量和材料；对照零部件的编号在装配图上查找这些零部件的位置。

③ 对视图进行分析，根据装配图上视图的表达情况，找出各个视图、剖视、剖面的位置及投影方向，从而明确各视图的表达重点。

通过以上这些内容的初步了解，参阅有关尺寸，可以对部件的大体轮廓和内容有一个概略的印象。

(2) 了解工作原理和装配关系

对照视图仔细研究部件的工作原理和装配关系，这是识读装配图的一个重要环节。在整体分析的基础上，分析各条装配干线，弄清楚各零件间相互配合的要求，以及零件间的定位、连接方式、密封等问题。再进一步搞清楚运动零件和非运动零件的相对运动关系。经过这样的观察分析，就可对部件的工作原理和装配关系有所了解。

(3) 分析零件的结构形状

分析零件就是明确每个零件的结构形状及其作用。一般先从主要零件着手，再分析其他零件。当零件在装配图中表达不完整时，可对有关的其他零件仔细观察和分析后，再进行结构分析，从而确定该零件的内外形状。

(4) 分析尺寸

分析装配图上所注的尺寸有助于进一步了解部件的规格、外形大小、零件间的装配关系、配合性质以及该部件的安装方法等。

(5) 总结归纳

为了加深对装配件的全面认识，还需从拆装顺序、安装方法、技术要求等方面综合考虑，以加深对整个部件的进一步认识，从而完整识读部件或整台机器。

任务实施单

<table>
<tr><td>结构分析</td><td>从图 7-1 标题栏、明细栏中可以看出，铣刀头共有十二种零件组成，其中六种为标准件，其余为非标准件。从铣刀头这个名称可以得知，该部件属于机械加工系统中铣床部件，主要是通过带轮，滚动轴承，主轴等零件组合来传递动力用以切削加工机械零件。</td></tr>
<tr><td>视图分析</td><td>该装配图共有两个视图，主视图采用局部剖视图，表达了铣刀头的主要传动路线和装配关系。左视图采用拆卸画法和局部剖视，表达了铣刀头的外形轮廓及安装尺寸。</td></tr>
<tr><td>工作原理分析</td><td>该部件以铣刀头座体为主体，电机通过带传动带动 V 带轮 3 旋转，V 带轮 3 通过键联接带动主轴 7 转动，主轴 7 支承于滚动轴承 6 和座体 8 上，最后主轴 7 通过键联接带动铣刀盘旋转，从而达到切削加工零件的目的。</td></tr>
<tr><td>装配关系分析</td><td>零件间的配合关系：主轴 7 与 V 带轮 3 之间的配合尺寸为 $\phi 28\frac{H8}{f7}$，属于基孔制间隙配合；主轴 7 与滚动轴承 6 内圈之间的配合为 $\phi 35k6$，属于基孔制过渡配合；座体 8 与滚动轴承 6 外圈之间的配合为 $\phi 280K7$，属于基轴制过渡配合。
零件间的连接关系：主轴 7 两端通过滚动轴承 6 支承于座体 8 上；V 带轮 3 通过挡圈 2、螺栓 1、键 4 固定在主轴 7 左端；端盖 11 通过螺钉 9 固定在座体 8 上，起到密封的作用；铣刀盘通过键 12、螺栓、挡圈固定在主轴 7 的右端。</td></tr>
<tr><td>分析零件的结构形状</td><td>首先根据明细栏中零件序号和视图中剖面线的方向，从主视图中逐一将各个零件的轮廓分离出来。铣刀头的主要零部件有座体 8、主轴 7，V 带轮 3 及端盖 11 等，其中座体 8 属于箱体类零件，是部件的躯干零件，起着支承轴，带轮和铣刀盘的作用。</td></tr>
<tr><td>归纳总结</td><td>归纳总结，综合想象出铣刀头的结构形状，如图 7-7 所示。

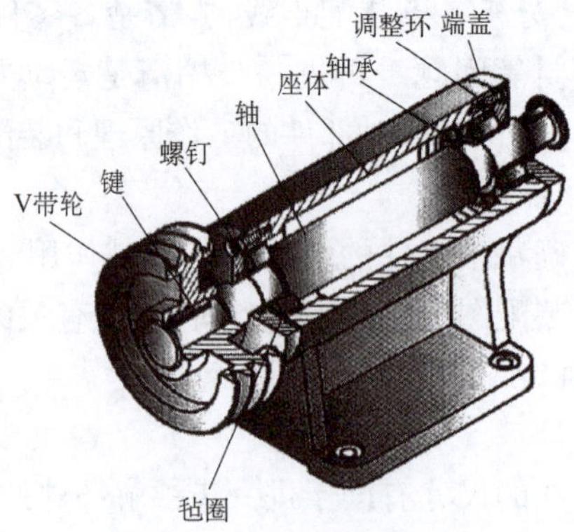

图 7-7　铣刀头的结构形状</td></tr>
</table>

拓展练习

根据装配图的识读方法和步骤，识读如图 7-8 所示的齿轮油泵装配图。

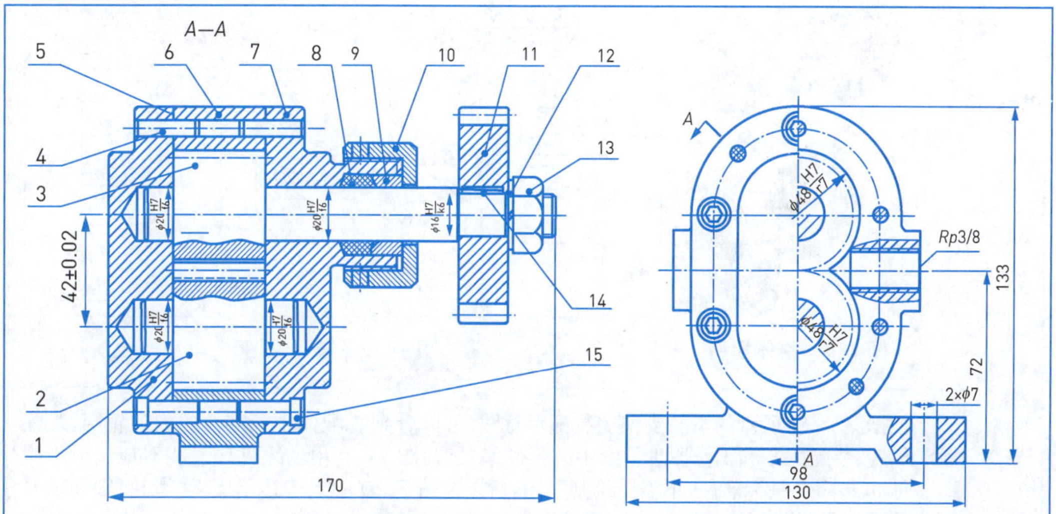

技术要求
1. 齿轮安装用手转动传动齿轮轴时，应灵活。
2. 两齿轮啮合面应占齿长的3/4以上。

15	螺钉M6×16	12	35	GB/T 10.3	5	垫片	2	油纸	GB/T 67
14	键5×10	1	45	GB/T 1096	4	销A5×18	4	45	GB/T 115
13	螺母M12×1.5	1	35	GB/T 6170	3	传动齿轮轴	1	45	m=3, z=14
12	垫圈12	1	65Mn	GB/T 93	2	齿轮轴	1	45	m=3, z=14
11	传动齿轮	1	45	m=2.5, z=25	1	左端盖	1	HT200	
10	压紧螺母	1	35		序号	名称	数量	材料	备注
9	轴套	1	45		齿轮油泵			比例	1:1
8	密封圈	1	橡胶					共1张	第1张
7	右端盖	1	HT200		制图			×××学院	
6	泵体	1	HT200		审核				

图 7-8　齿轮油泵装配图

任务二

应用 AutoCAD 2022 绘制装配图

学习任务单

任务名称	应用 AutoCAD 2022 绘制装配图
任务描述	支架是生产、生活中常用的简单机构，其基础零件是支架，滑轮由轴和轴套支承，并用垫片和螺母紧固。安装顺序：在轴套上安装滑轮（间隙配合）后，一起安装在小轴上（过盈配合），接着将轴穿过支架上的孔，并用螺母、垫片将它们固定在支架体上。如图 7-9 所示是一种滑轮支架装配体，图 7-10 所示是装配体中各零件的零件草图。试利用 AutoCAD 2022 绘制出该装配体的装配图。

任务描述

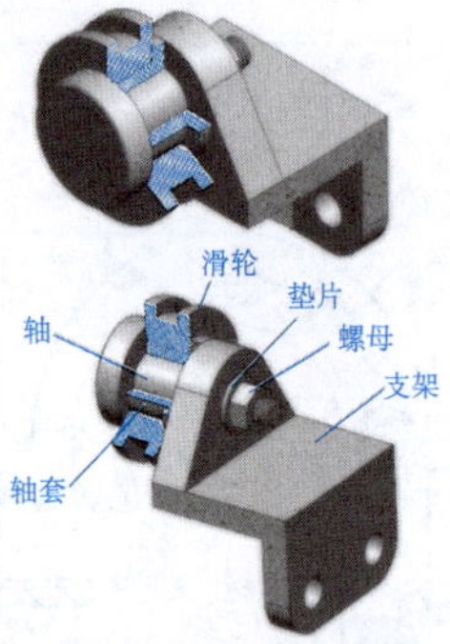

图 7-9　物体模型

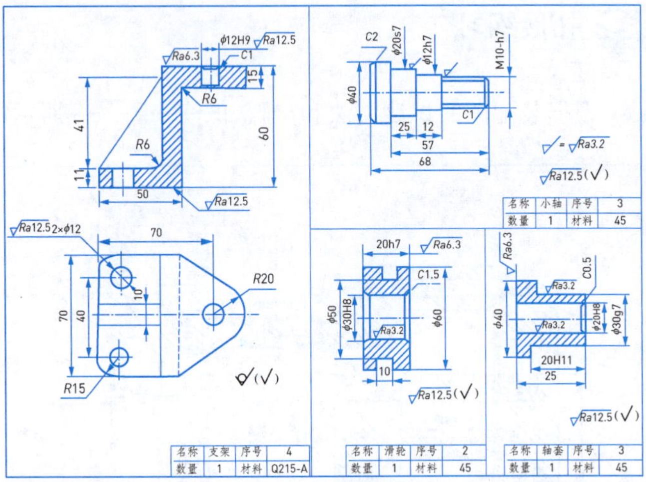

图 7-10　零件草图

任务分析

根据图 7-11 所示的滑轮支架的装配示意图，可以看到装配体中各零件的大致轮廓，装配位置、装配关系和工作原理。图中的零件编号，与图 7-10 中的零件序号相对应。由于螺母 5、垫圈 6 是标准件，不需要绘制草图，所以在图 7-10 中只表达了支架、滑轮、轴和轴套等零件的草图。

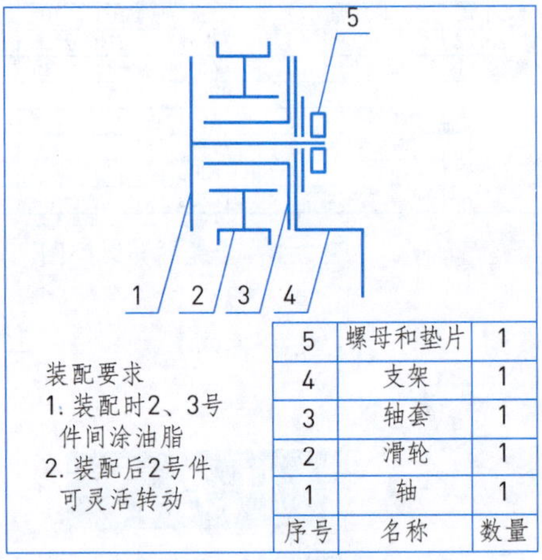

图 7-11　装配示意图

成果展示与评价

各组成员独立完成给定装配件的装配图，自评或小组互评后由教师评定成绩，并填写评定表(表 7-2)。

表 7-2　应用 AutoCAD 2022 绘制装配图

能力目标	相关知识	权重	自测分数	教师评分
熟悉相关知识	(1) 装配示意图； (2) 零件草图； (3) 装配图	30 分		

（续表）

	能力目标	相关知识	权重	自测分数	教师评分
成果展示与评价	熟练掌握绘制零件图的技能	（1）读懂零件草图，分别绘制出四个零件图； （2）绘制出螺母、垫片两个标准件的零件图	30 分		
	熟练掌握绘制装配图的技能	（1）利用 AutoCAD 2022 绘制装配图步骤； （2）绘制出滑轮支架装配图	40 分		

知识概述

一、在 AutoCAD 2022 中绘制装配图的步骤

1. 绘制装配体中各零件的零件图

根据图 7-10 中的零件草图，分别绘制四个零件的零件图并分别保存在四个文件中。

2. 基于上述各零件图绘制装配图

① 新建一个图形文件，然后根据装配图的图幅尺寸绘制出图幅边框线和图框线，接着根据需要创建图层、选择标注样式及文字样式等。

为了便于显示或隐藏各零件，我们可将不同的零件放置在不同的图层上，且各图层的名称最好能够反映其上零件的名称或类型。

② 打开该装配体中基础零件的 AutoCAD 零件图，关闭该文件中尺寸线和表面粗糙度符号等标注所在图层，然后将该文件中的基本视图逐个复制粘贴到上步所绘制的图框线内，并使用“移动”命令将其移动到所需位置。

③ 采用同样的方法，按照零件的装配顺序依次将各零件的视图复制粘贴到装配图的图框内，然后使用“移动”命令将各视图按照装配关系移动至其所在位置。

④ 利用“删除”“修剪”等命令编辑装配图，标注尺寸和零件序号，然后填写明细栏、标题栏和技术要求等，完成装配图的绘制。

二、在 AutoCAD 2022 中绘制滑轮支架的装配图

根据零件草图，分别绘制轴、滑轮、轴套、支架等四个零件的零件图并分别保存为单个文件备用（四个文件名与零件名对应，依次为“轴. dwg”“滑轮. dwg”“轴套. dwg”“支架. dwg”）。如图 7-12 所示为支架零件的零件图，其他零件图参照图 7-12 格式绘制。按如图 7-13 所示尺寸，

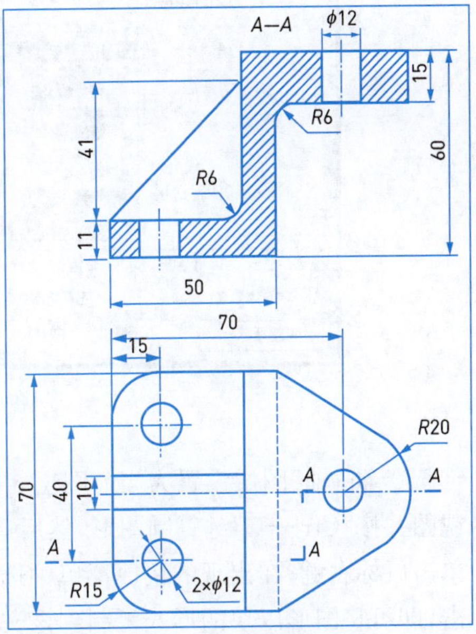

图 7-12　支架零件

绘制螺母、垫片的零件图并分别保存为单个文件备用（“螺母. dwg”“垫片. dwg”）。

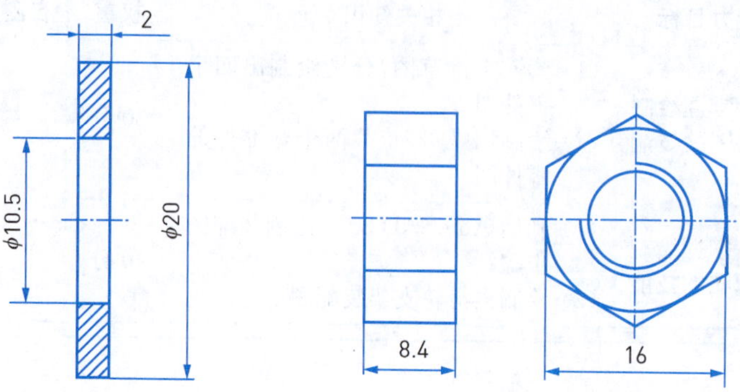

(a) 绘制垫片平面图　　(b) 绘制M10六角螺母

图 7-13　垫片和螺母

任务实施

① 启动 AutoCAD 软件，然后打开已制作好的“A4. dwg”样板文件，并确认状态栏中的“极轴”“对象捕捉”“对象追踪”和“线宽”按钮均处于打开状态。

② 创建各零件的图层，线型均为“Continuous”，线宽为“默认”，各图层的颜色不同即可，设置结果如图 7-14 所示。

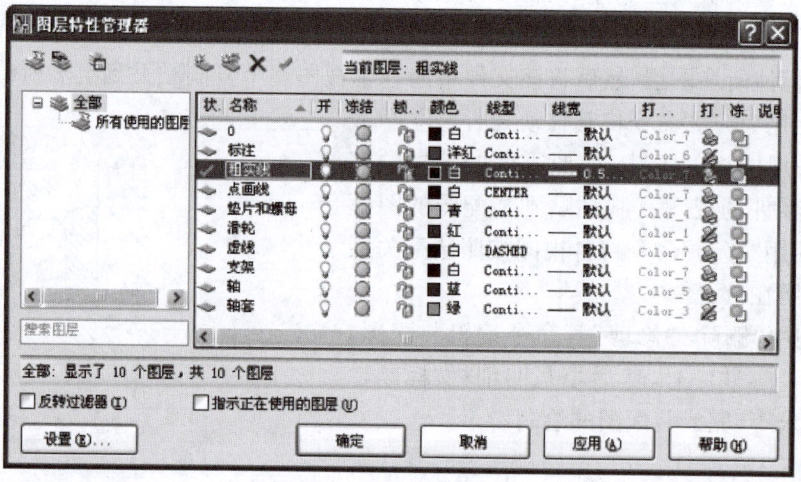

图 7-14　创建图层

③ 将“轴”图层设置为当前图层。打开“轴. dwg”文件，关闭“标注”图层，然后选取主视图并按“Ctrl+C”键复制图形，然后选择“窗口”→“A4. dwg”菜单，在绘图区的合适位置单击鼠标右键，在出现的快捷菜单中选择“粘贴为块”选项，然后移动光标并在合适位置单击，即可将图形以块的形式复制到该文件中。

④ 双击复制得到的轴，打开“编辑块定义”对话框，如图 7-15 所示。单击该对话框中

的“确定”按钮，然后在打开的块编辑器界面中选择该轴的所有轮廓线（除中心线外），并在“特性”工具栏的“颜色控制”列表框中单击，在弹出的下拉列表中选择“蓝”。在打开的“AutoCAD”对话框中单击“是”按钮，此时系统将返回至“A4.dwg”窗口。

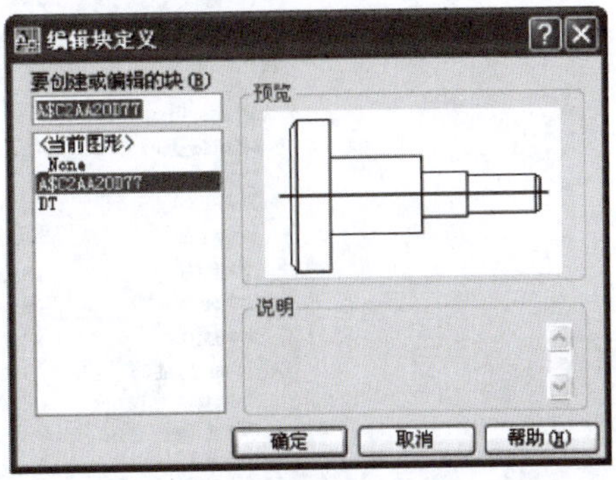

图 7-15　“编辑块定义”对话框

⑤ 将“轴套”图层设置为当前图层。打开“轴套.dwg”文件，关闭“标注”图层，采用同样的方法将轴套复制粘贴到“A4.dwg”窗口中，然后使用“旋转”命令将其旋转 180°，接着使用“移动”命令将其移至所需位置。双击该块，然后在块编辑器界面中将其轮廓线的颜色设置为“绿”并删除中心线，最后结果如图 7-16 所示。

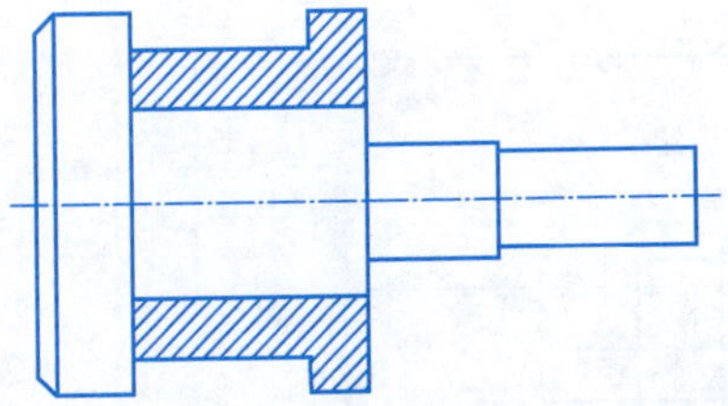
图 7-16　装配轴套零件图

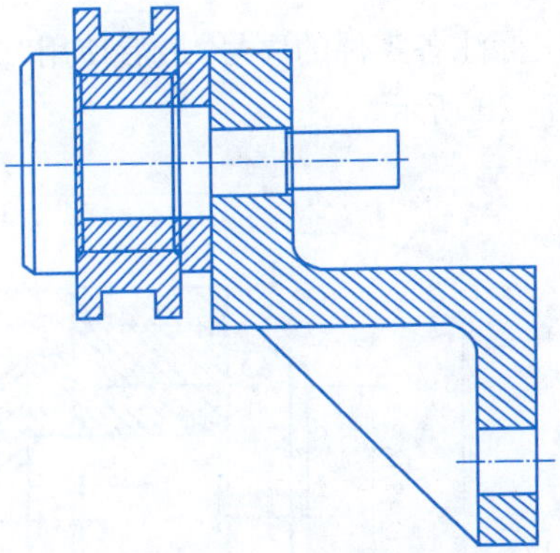
图 7-17　装配滑轮和支架零件

⑥ 采用同样方法，依次将滑轮和支架的主视图复制到“A4.dwg”窗口中，并分别在块编辑器界面中将滑轮的轮廓颜色设置为“红”，并删除中心线；将支架的轮廓颜色设置为“白”，并删除中心线，结果如图 7-17 所示。

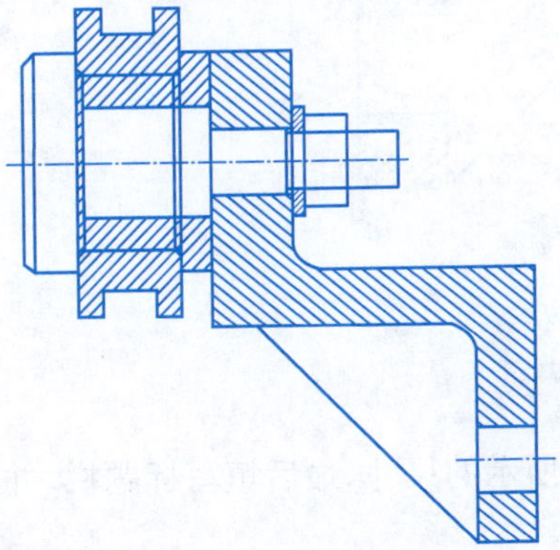
图 7-18　装配垫片和螺母

⑦ 采用同样的方法将支架的俯视图复制到“A4.dwg”窗口中，然后使用“旋转”命令将其旋转 90°，接着在块编辑器界面中删除俯视图中的剖切符号，并参照装配草图修改俯视图。

⑧ 将“垫片和螺母”图层设置为当前图层，采用同样的方法依次装配垫片和螺母，结果如图 7-18 所示。

⑨ 创建“零件编号”多重引线样式。其中，“引线格式”选项卡中箭头类型为“小点”，大小为 1；“引线结构”选项卡中“最大引线点数”为 2，基线距离为 1；“内容”选项卡中的设置如图 7-19 所示。

⑩ 单击“多重引线”工具栏中的“多重引线”按钮，

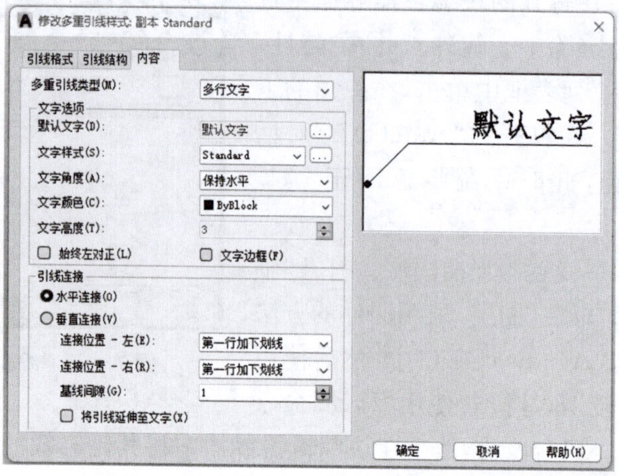

图 7-19　设置"零件编号"多重引线样式

然后依次标注各零件的序号，最后使用"多重引线对齐"命令将所有零件序号水平对齐，结果如图 7-20 所示。

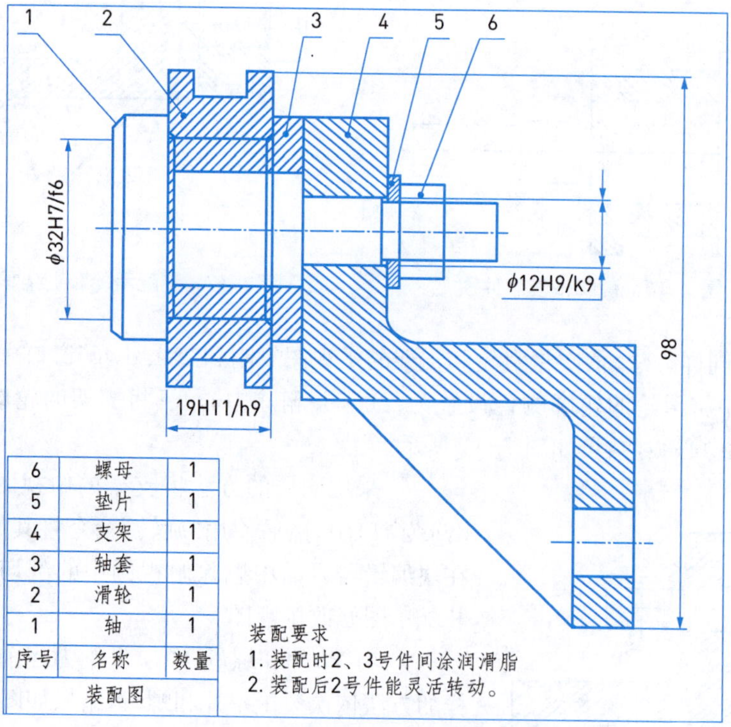

图 7-20　标注零件序号和装配尺寸

⑪ 利用"标注"工具栏中的"线性"命令标注图 7-20 所示的尺寸，最后填写标题栏，并编写技术要求。

拓展练习

应用 AutoCAD 软件绘制下列装配件的装配图。

1. 已知球头手握器和双头螺柱的零件图，按装配技术要求装配。

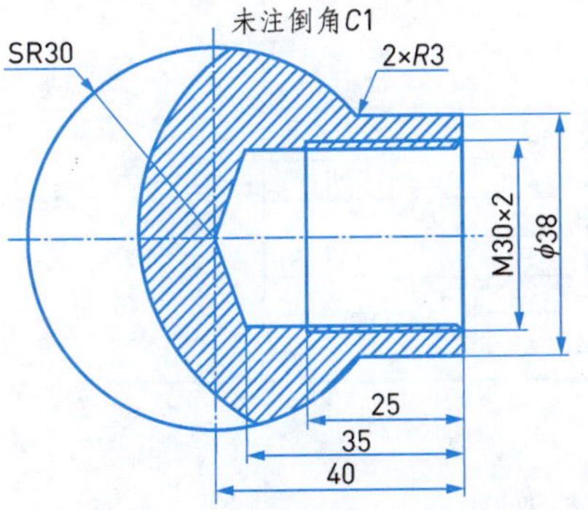

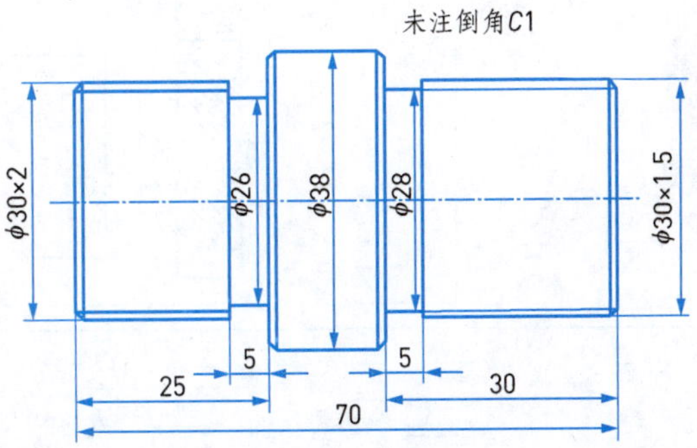

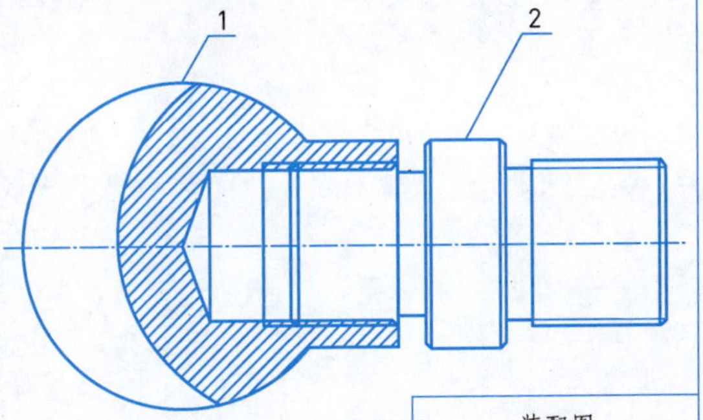

装配要求：
1. 双头螺柱完全旋入球头手握器的内孔螺纹中。

装配图		
序号	名称	数量
1	球头手握器	1
2	双头螺柱	1

2. 绘制装配图。

(1) 已知直齿圆柱齿轮的零件图，将两个相同规格的直齿圆柱齿轮啮合装配。

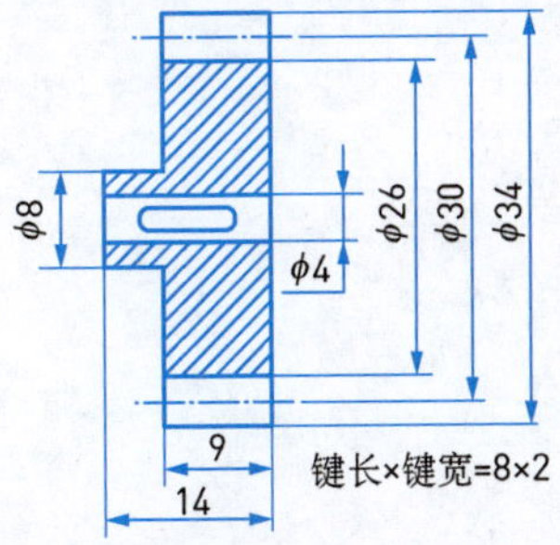

(2) 将两个相同规格的直齿圆柱齿轮啮合装配到一起使用。

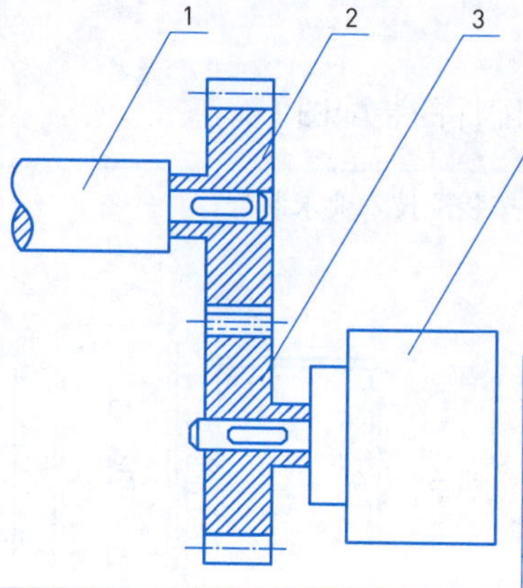

直齿圆柱齿轮啮合传动		
序号	名称	数量
1	丝杠轴	1
2	从动齿轮	1
3	主动齿轮	1
4	伺服电动机	1

参考文献

[1] 金璐玫. 机械制图[M]. 北京:机械工业出版社,2021.

[2] 邵娟琴. 机械制图与计算机绘图[M]. 3版. 北京:北京邮电大学出版社,2020.

[3] 王冰,邢伟. 机械制图与 AutoCAD[M]. 北京:航空工业出版社,2023.

[4] 胡胜. 机械制图[M]. 3版. 北京:机械工业出版社,2021.

[5] 胡建生. 机械制图[M]. 2版. 北京:机械工业出版社,2021.

[6] 高辉松,肖露. 现代机械制图习题集[M]. 北京:机械工业出版社,2021.

[7] 南玲玲,杨虹. 机械制图及实训[M]. 北京:机械工业出版社,2010.

[8] 周明贵. 机械制图典型题解366例[M]. 西安:西安电子科技大学出版社,2014.

[9] 曾萍,任仲伟,韩正功. 工程制图[M]. 西安:西北工业大学出版社,2018.

[10] 董晓倩. 工程制图习题集[M]. 北京:北京理工大学出版社,2011.

[11] 山颖,闫玉蕾. 工程制图与CAD[M]. 北京:机械工业出版社,2019.

[12] 徐文胜. 机械制图及计算机绘图[M]. 北京:机械工业出版社,2015.